Edgar H. Schein

Prozessberatung für die Organisation der Zukunft

EHP – ORGANISATION

Hrsg. von Gerhard Fatzer
in Zusammenarbeit mit Wolfgang Looss und Sonja A. Sackmann

Der Autor:

Edgar H. Schein, Professor emeritus der Sloan School of Management am Massachusetts Institute of Technology, wo er heute noch arbeitet. Als Schüler von Douglas McGregor und Richard Beckhard und einer der Mitbegründer der Organisationspsychologie und der Organisationsentwicklung war er Co-Leiter von Kurt Lewins Forschungszentrum für Gruppendynamik am MIT; zahlreiche bahnbrechende Veröffentlichungen zur Entwicklung der Prozessberatung als grundlegender Form von OE, zur Analyse und Entwicklung der Organisationskultur und zur Karriereentwicklung sowie zur Organisationspsychologie; zusammen mit Warren Bennis und Chris Argyris Trainer in den National Training Labs in Bethel; Berater von großen Konzernen, Regierungen und Führungskräften in der ganzen Welt. Vor seinem ethnologischen und sozialpsychologischen Hintergrund entwickelte sich seine Praxis als Gruppendynamiker und Prozessberater.

1969 begründete er zusammen mit Dick Beckhard die erste Buchreihe zur Organisationsentwicklung; sowohl seine eigenen Bücher als auch die von ihm herausgegebenen Titel und die seiner Schüler sind in eine Vielzahl von Sprachen übersetzt; seit 1999 Herausgeber der Zeitschrift *Reflections. International Journal for Change, Learning, Dialogue,* und von *Profile. Internationale Zeitschrift für Veränderung, Lernen, Dialog;* Consulting Editor der Reihe *EHP-Organisation.*

Neben dem vorliegenden Klassiker sind seine Bücher *Organisationskultur, Aufstieg und Fall von Digital Equipment Corporation* und *Führung und Veränderungsmanagement* dem deutschsprachigen Leser zugänglich.

Edgar H. Schein

PROZESSBERATUNG FÜR DIE ORGANISATION DER ZUKUNFT

Der Aufbau einer helfenden Beziehung

EHP
– 2010 –

www.ehp-koeln.com

Original English language title: Process Consultation Revisited: Building the Helping Relationship

Published by arrangement with the original publisher, ADDISON WESLEY LONGMAN, a Pearson Education company

Aus dem Amerikanischen von Isabella Bruckmaier

Redaktion: Maria Michels-Kohlhage

Bibliografische Information der Deutschen Nationalbibliothek
Die Deutsche Nationalbibliothek verzeichnet diese Publikation in der Deutschen Nationalbibliografie; detaillierte bibliografische Daten sind im Internet über http://dnb.d-nb.de abrufbar.

3. Auflage 2010

Umschlagentwurf: Gerd Struwe
– unter Verwendung eines Bildes von Claudine Fessler –

Satz: MarktTransparenz Uwe Giese, Berlin

Gedruckt in der EU

ISBN 978-3-89797-010-6

Inhalt

Zur Reihe *EHP-Organisation*

Die Reihe *EHP-Organisation* verfolgt das zentrale Anliegen, neben der Übersetzung wichtiger amerikanischer Originaltexte (zum Bereich der Organisationsentwicklung und des »Change Managements«) auch Grundlagen zur Organisationskultur, zu interkulturellen Entwicklungen, zur Verbindung Management und neue Technologien, zur lernenden Organisation, aber auch zu Grundlagen der »systemischen Intervention« in Organisationen, zu defensiven Routinen, zu neuen Formen der Organisation, zu wichtigen historischen und konzeptionellen Grundlagen der Organisationsentwicklung und des »Managements« von Veränderungen und theoretischen Ansätzen wie Aktionsforschung, Systemtheorie, Prozessberatung und Gestaltansätzen der OE darzustellen. Dabei werden selbstverständlich auch die verwandten Interventionsformen wie Supervision und Coaching ausführlich erörtert und in ihrer Unterschiedlichkeit und Ähnlichkeit gewürdigt. Dabei soll nicht nur der interkulturelle Austausch zwischen Europa und Amerika im Vordergrund stehen, sondern auch neue Interventionsformen der OE wie Dialog und Wissensmanagement in Form von »Lerngeschichten in Organisationen«. Es werden neue Organisationsformen wie Joint Ventures, Strategische Allianzen und Mergers & Acquisitions thematisiert.

Die Reihe soll sowohl Diskussionsgrundlagen und Denkfiguren im Bereich OE für das 3. Jahrtausend als auch historische Grundlagen der OE in ihrer Aktualität bereitstellen. Damit ist die Reihe bewusst ein Stück unmodern und zeigt auf, dass die Professional Community der OE-Berater, Coaches, SupervisorInnen zum Teil diese Grundlagen nicht kennt und dass auch kein interkultureller Dialog zwischen Europa und den USA stattfindet. Es soll ein Gegentrend zu den gängigen Einbahnstraßen der Wahrnehmung und zur kulturellen Ignoranz geschaffen werden, indem auch Autorinnen und Autoren zu Wort kommen, die diesen interkulturellen Dialog praktizieren und konzeptionell untermauern. Damit soll der herrschenden Flut von Publikationen, die zum Teil nur konzeptlos aus dem amerikanischen Sprach- und Kulturraum übersetzt und in deutschsprachigen Versionen publiziert werden, eine Reihe mit ausgewählten Titeln entgegengesetzt werden. Inspiriert ist die Reihe auch durch unsere amerikanischen Kollegen und langjährigen Wegbegleiter Chris Argyris, Edgar H. Schein, Fred Massarik, Ed Nevis, Warren Bennis und die Kollegen um Peter Senge am MIT, aus deren Kreis sich auch die Consulting Editors von *EHP-Organisation* rekrutieren.

Herausgeber sind vier Kolleginnen und Kollegen aus dem Feld: als Hauptherausgeber Gerhard Fatzer in Zusammenarbeit mit Wolfgang Looss und Sonja Sackmann.

Die ersten Titel waren Ed Nevis' *Organisationsberatung*, ein Meilenstein, in dem Gestalt-, System- und Prozessberatungsansätze in Verbindung mit gestaltpsychologischen Grundlagen dargestellt wurden; dann das Buch von Albert Koopman, *Transcultural Management*, das praktisch und konzeptionell ein großes und erfolgreiches interkulturelles OE-Projekt zwischen Weißen und Schwarzen in Südafrika illustriert. Es folgten Titel der Herausgeber der Reihe, Gerhard Fatzer *(Supervision und Beratung)*, ein Handbuch, das die Grundlagen von Supervision und Organisationsberatung als eines der ersten Handbücher 1990 umfassend thematisierte und bereits in 9. Auflage erscheint; die verschiedenen *Trias-Kompasse* aus dem Trias-Institut (als erste *Erfolgsfaktoren von Veränderungsprozessen*). *Organisationsentwicklung für die Zukunft* ist eine breite Darstellung der Grundlagen der lernenden Organisation von Peter Senge und zahlreichen Kollegen wie Bill Isaacs, Ed Schein; es enthält die ersten deutschsprachigen Texte von Chris Argyris zur »eingeübten Inkompetenz« und zu »defensiven Routinen«, die diesen wichtigen Vordenker in Europa bekannt machten. In der Gegenüberstellung zu den amerikanischen Autoren schreiben immer die wichtigsten deutschsprachigen Autorinnen und Autoren zu diesen Themen wie Wolfgang Looss, Kornelia Rappe-Giesecke, Wolfgang Weigand, Jörg Fengler, Kurt Buchinger, Rudolf Wimmer, Sonja Sackmann, Jane E. Salk, Lothar Nellessen u.a.m.

Neuere Titel sind der Band von Fatzer, Rappe-Giesecke und Looss zu *Qualität und Leistung von Beratung*, der die Grundlagen von Supervision, Coaching und OE vergleicht, in ihren Qualitätsansprüchen dokumentiert und zugleich eine »Informationsbroschüre« für Kunden und Auftraggeber ist; es folgte der *Trias-Kompass* von Beucke-Galm, Fatzer und Rutrecht zu *Schulentwicklung als Organisationsentwicklung*, der den aktuellen Entwicklungsstand von OE in der Schule für die drei Länder Deutschland, Schweiz und Österreich darstellt und in vielen Fallbeispielen in ihren jeweiligen lokalen Ausprägungen dargelegt. Zudem werden die Ansätze des Dialogs und der lernenden Organisation für die Schule adaptiert.

Der neueste Titel ist der vorliegende Klassiker eines Mitbegründers der Organisationspsychologie und der Organisationsentwicklung, Edgar H. Scheins *Prozessberatung für die Organisation der Zukunft*, der die Grundlagen von Prozessberatung als einer Philosophie des Helfens für Einzelpersonen, Teams und ganze Organisationen aufzeigt. Das Buch ist angereichert durch

Fallbeispiele und Übungen aus 50 Jahren weltweiter Praxis in Unternehmen und vor dem Hintergrund der langjährigen Forschung am Massachusetts Institute of Technology in Boston, wie sie ursprünglich durch Douglas McGregor und Kurt Lewin dort begründet wurde. Schein stellt auch die Grundlagen von Dialog im Kontext von Kulturentwicklung dar. Zudem hat das erfolgreiche Herausgeberteam Barbara Heimannsberg und Christoph Schmidt-Lellek einen interessanten Band zum Thema *Interkulturelle Beratung und Mediation* zusammengestellt, in dem die immer wichtiger werdenden Grundlagen der Mediation auf den interkulturellen Bereich und auf die Organisationsentwicklung angewendet werden.

Zudem freut es uns, auch das bahnbrechende Buch von William I. Isaacs (ebenfalls Mitglied der Fakultät des MIT) zum strategischen Dialog in Unternehmen anzukündigen, in dem der Begründer des Dialog-Ansatzes in Organisationen aufzeigt, worin Dialog besteht und wie er auf die Kommunikation von Unternehmen, Führungskräften und gesellschaftlichen Gruppen und im interkulturellen Kontext angewendet werden kann; eine zukunftsweisende Konkretisierung der lernenden Organisation aus dem Kontext MIT und schon jetzt ein Klassiker.

Neue Titel werden dazu beitragen, das Verständnis von Menschen, Teams und Organisationen in einer immer turbulenter werdenden Umwelt zu fördern. Zu erwähnen ist in diesem Kontext auch die neue Zeitschrift *Profile* (Internationale Zeitschrift für Lernen, Veränderung und Dialog), die dieser Zielsetzung ebenfalls verpflichtet ist und als Periodikum unsere Buchreihe ergänzt.

Selbstverständlich soll die Reihe auch den Dialog zu den Lesern und innerhalb der globalen Professional Community fördern und der Fortentwicklung des Feldes von Organisationsentwicklung und Supervision, von Coaching und Lernen, von Veränderung und Dialog dienen. Herausgeber und Verlag laden Sie dazu ein.

Gerhard Fatzer, Grüningen/Zürich

Vorwort

Ursprünglich schrieb ich 1969 mein Buch *Prozessberatung* aus einem Gefühl der Unzufriedenheit heraus, Unzufriedenheit damit, dass meine Kollegen nicht wirklich verstanden, was ich machte, wenn ich mit Klienten in Organisationen arbeitete. Dreißig Jahre später habe ich das Gefühl, dass die Kollegen und die Klienten, die ich zu erreichen versuche, immer noch nicht die Bedeutung der Prozessberatung verstanden haben. Prozessberatung ist keine Technik, keine Sammlung von Interventionen für die Arbeit mit Gruppen, wie sie leider immer noch häufig (miss-)verstanden wird. Prozessberatung ist nicht einfach ein Modell der nichtdirektiven Beratung für die Anwendung in Organisationen, sie ist kein Beruf, kein Full-Time-Job. Vielmehr ist sie eine Philosophie des Helfens, eine Technik oder Methodik des Helfens.

Hilfe benötigen zu unterschiedlichen Zeiten in unserem Leben immer wieder alle möglichen Leute von uns: unsere Freunde, unsere Ehepartner und Kinder, unsere Kollegen, Vorgesetzten und Untergebenen und manchmal sogar Fremde. Genau dann, wenn wir wahrnehmen, dass Hilfe gebraucht wird, oder wenn wir direkt um Hilfe gebeten werden, genau dann bekommt die Prozessberatung ihre Bedeutung. Aber wie alle professionellen Helfer wissen, zeigt es sich, dass es nicht einfach ist, Hilfe zu leisten, so wenig wie es leicht ist zuzugeben, dass man Hilfe benötigt, und so wenig es leicht ist sie anzunehmen, wenn sie angeboten wird. Genau deshalb ist es für das Verständnis von Prozessberatung notwendig, viel mehr psychologischen und soziologischen Einblick in die Dynamik der helfenden Beziehung zu bekommen.

In den früheren Versionen des vorliegenden Buchs war ich davon ausgegangen, dass meine Leser eine ganze Menge vom Gewähren und Annehmen von Hilfe verstehen, aber genau auf diesem Gebiet entdeckte ich dann bei meinen Studenten, Klienten und Kollegen die größten Defizite. Als ich begann, über eine neue Version von *Prozessberatung* nachzudenken, bemerkte ich, dass 40 Jahre Erfahrungen mit dem Versuch hilfreich zu sein, neue Perspektiven auf den Prozess des Helfens selber eröffnet haben. Deshalb habe ich mein Denken reorganisiert und anstatt einer dritten Ausgabe der alten Bände habe ich ein neues Buch geschrieben, das sich spezifischer dem Versuch widmet, ein generelles Modell der helfenden Beziehung zu entwickeln. Viel Material dieses Buchs stammt aus den Vorgängerbänden, aber es ist vollständig neu organisiert. Im vorliegenden Band beschäftige ich mich vor allem mit der Beziehung zwischen Berater und Klienten in der Angesicht-zu-Angesicht-Situation und in Kleingruppensettings. Ziel ist ein Modell für alle Arten des Helfens, nicht nur für den Organisationsberater. Der Therapeut, Sozialarbeiter, Studienberater, Coach, Elternteil, Freund, Manager und jeder, der helfen möchte, sollte hier eine brauchbare Sammlung von Ideen, Vorlagen und Prinzipien finden.

Wenn jemand Hilfe benötigt und darum bittet, bildet sich eine komplizierte Dynamik zwischen dem Helfer und dem »Klienten«, weil der Helfer automatisch dazu eingeladen ist, die Expertenrolle zu übernehmen. Das impliziert, dass der Helfer etwas hat, das dem Klienten fehlt; und der Helfer ist in der Lage, dieses »Etwas« zu gewähren oder zurückzuhalten. Diese Ausgangssituation lädt den Helfer nicht nur ein, sich als Experten zu sehen, sondern sie bringt ihn automatisch in eine Machtposition gegenüber dem Klienten. Dies Ungleichgewicht der Beziehung ist die Quelle der psychologischen Dynamik, die sowohl verstanden und eingeschätzt als auch bearbeitet werden muss, wenn Hilfe aktuell gewährt werden soll.

Gleichzeitig machen es die kulturellen Hintergründe des Helfens (Was bedeutet es, um Hilfe zu bitten, Hilfe zu akzeptieren oder zu gewähren? Und was bedeutet es, wenn ein Niveau an Unbefangenheit und Offenheit erforderlich ist, das nicht kulturell positiv sanktioniert ist?) notwendig, die soziologische Dynamik der helfenden Beziehung zu verstehen. Das vorliegende Buch ermöglichte es mir, eine breitere Perspektive zu eröffnen, die – vor meinem eigenen persönlichen Background – nicht nur Klinische Psychologie und Sozialpsychologie einschließt, sondern darüber hinaus Soziologie und Anthropologie.

Anders ausgedrückt versuche ich in diesem Buch eine allgemeine Theorie und Methodologie des Helfens vorzustellen, basierend auf dem Verständnis psychologischer und soziologischer Dynamiken. Die Wahl der Konzepte und die Methode der Präsentation spiegeln 40 Jahre Erfahrung mit unterschiedlichen Arten von Prozessen des Helfens wider. Ich hoffe, dass die beschriebenen Konzepte und Methoden für die Leser hilfreich sind.

Viele Menschen haben im Laufe der Jahre mein Denken beeinflusst, aber niemand mehr als Douglas McGregor, Alex Bavelas und Richard Beckhard. McGregor und Bavelas unterrichteten am MIT, als ich 1952 dort zum ersten Mal an einem Seminar teilnahm, und sie wurden meine Mentoren, als ich 1956 als Assistant Professor dorthin zurückkehrte. Dick Beckhard traf ich 1957 und begann eng mit ihm zusammen zu arbeiten, zuerst in Bethel und dann am MIT, als er dort Adjunct Professor wurde. Warren Bennis schloss sich 1958 unserer Gruppe am MIT an und wurde ebenfalls ein nahe stehender Kollege und Mitautor. Die mir wichtigste Lektion dieser Kollegen und Mentoren: Im Umgang mit Menschen ist es am besten nicht zu diktieren, sondern dabei zu helfen die eigenen Bedürfnisse zu entdecken, um dann einem Lotsen gleich den Weg dorthin hilfreich zu begleiten. Man kann nicht wirklich in der Lage sein, die Motive, Haltungen und Gedanken der Menschen zu kontrollieren; aber wenn man ihnen dabei helfen kann, ihre Bedürfnisse zu erkennen, muss man wenigstens die eigenen Bedürfnisse nicht zurückstellen und kann sie vielleicht sogar mit denen der anderen integrieren.

Eine Anekdote über Axel Bavelas ist mir immer im Kopf geblieben. Als er in den frühen 50er Jahren am MIT lehrte, soll er zu Beginn eines Seminars in der ersten Sitzung angekündigt haben: »Ich bin Axel Bavelas und mein Büro liegt dort hinten. Wenn Sie herausbekommen haben, was Sie in diesem Seminar lernen wollen, können Sie zu mir kommen.« Er verließ dann den Raum und kam solange nicht zurück, bis die Studenten ihn darum baten. Nachdem sie ihn einige Zeit »getestet« hatten, merkten die Studenten, dass es ihm ernst war; sie erarbeiteten sich ihre Interessen und Wünsche und profitierten den Rest des Semesters von einem sensationellen Seminar. Ich war immer der Meinung, dass diese Geschichte paradigmatisch für eine Überzeugung ist, die auf Kurt Lewin und Carl Rogers zurückgeht: Der Lernende muss immer selbst aktiv beteiligt sein am eigenen Lernen – und schlussendlich kann man den Leuten nur helfen, sich selbst zu helfen. Der Grundgedanke dieser Philosophie hat mich immer bei meiner Arbeit als Organisationsberater begleitet, und ich schulde besonders Dick Beckhard Dank dafür, dass er mir häufig gezeigt hat, wie man diesen Gedanken in die Tat umsetzt.

Ich habe noch etwas sehr Wichtiges von Dick gelernt, nämlich dass es beim Begleiten von menschlichen Beziehungen vor allem darum geht, Prozesse zu entwerfen und zu begleiten. Worin Helfer wirklich Experten werden müssen, das ist das Design und das Management von Prozessen, und dabei spielt das Design, der Entwurf dieser Prozesse die entscheidende Rolle. In den 15 Jahren Arbeit in Bethel habe ich das Design von ein- und mehrwöchigen Human-Relations-Workshops und von Konferenzen gelernt; durch meine Beratungstätigkeit habe ich das Design von Weiterbildungsinterventionen und -Workshops gelernt; durch meine Lehrtätigkeit habe ich gelernt, Lernerfahrungen und Gruppenprozesse zu entwerfen. Das Unvermögen zu gestalten und zu entwerfen ist eines der größten Probleme, dem Manager, Berater und Lehrer gegenüber stehen. Dick hat seine enormen Fähigkeiten im Entwerfen und Begleiten von Prozessen seinen frühen Erfahrungen als Regieassistent zu verdanken. Von ihm habe ich mehr als von jedem anderen gelernt, wie wichtig das Design für die Ergebnisse ist. Glücklicherweise hat er schließlich doch noch selbst ein Buch (Beckhard 1997) geschrieben, so dass auch andere von seinen enormen Erkenntnissen profitieren können.

Als ich begann, das vorliegende Buch zu planen und zu schreiben, profitierte ich von der Hilfe eines ganz anderen Kollegen, eines jüngeren Mitglieds unserer Zunft: Otto Scharmer. Er interessierte sich sehr für Prozessberatung und erklärte sich bereit, alle Kapitel zu lesen, so wie sie entstanden. Zusammen mit seiner Frau Katrin, ebenfalls eine begabte Sozialwissenschaftlerin, versorgte er mich während des Schreibens ständig mit Feedback zum Fortgang meiner Arbeit. Ich bin beiden zu immensem Dank verpflichtet, und viele ihrer Ideen haben Eingang in das Buch gefunden.

Meinen kritischen Lesern Warner Burke, Michael Brimm und Dick Beckhard verdanke ich wertvolle Hinweise und ständige Ermunterung. Ein anderer Kollege und Freund, David Coghlan, Professor an der Universität von Dublin, hat den Text ebenfalls gelesen und viele wichtige Anregungen gegeben, die aufgenommen wurden. Er hat eine besondere Rolle bei der Entwicklung meiner Ideen gespielt, nämlich durch seine eigenen fruchtbaren Arbeiten zur Prozessberatung und Organisationsentwicklung (Rashford/Coghlan 1994, Coghlan 1997).

Viele folgenschwere Stunden habe ich im Ringen um den Begriff »Lernen« mit meinem Freund und Kollegen Don Michael seit 50 Jahren verbracht; seine Arbeit über Organisationslernen und die Beziehung zur Planung eröffnete eigentlich erst ein Feld, lange bevor der Rest der Welt bereit war es wahrzunehmen und damit umzugehen (Michael 1973).

Von meinen Klienten habe ich in all den Jahren viel gelernt, und einige von ihnen waren ganz besonders hilfreich für mich: Betty Duval von General Foods, Ken Olson und John Sims von Digital Equipment Corporation, Jurg Leupold von Ciba-Geigy und in der letzten Zeit Peter Lanahan von Con-Edison und Laura Lake von AMOCO. Mit ihnen Erfahrungen zu teilen und zukünftige Lernerfahrungen für ihre Klientensysteme zu entwickeln, war stets eine wichtige Quelle meines eigenen Lernens.

Ein Buch zu schreiben ist immer eine stark beanspruchende und strapaziöse Erfahrung. Am dankbarsten bin ich meiner Frau Mary, dass sie sich damit abfinden konnte, dass ich viele endlose Stunden nur physisch anwesend war, während die Gedanken bei Problemen des Buchs verweilten. Ohne ihre Unterstützung hätte dieses Buch nicht geschrieben werden können.

Edgar H. Schein, Cambridge, MA

I. TEIL

DEFINITION VON PROZESSBERATUNG

In diesem Teil des Buches wird das grundlegende Konzept der Prozessberatung definiert und mit anderen bedeutenden Beratungskonzepten verglichen. Prozessberatung ist eine Philosophie des Helfens – des Prozesses des Helfens und der hinter der Hilfeleistung für Einzelne, Gruppen, Organisationen und Gemeinschaften stehenden Haltung. Es ist mehr als ein Satz bestimmter Methoden, die sich mit anderen Methoden vergleichen lassen. Prozessberatung ist die entscheidende philosophische Grundlage für Organisationslernen und Organisationsentwicklung, da ein Großteil dessen, was der Berater tut, wenn er einer Organisation hilft, sich auf eine zentrale Annahme zurückführen lässt: Man kann einem menschlichen System nur dabei helfen, sich selbst zu helfen. Der Berater weiß nie genug über die gegebene Situation und Kultur einer Organisation, um dieser bestimmte Maßnahmen zur Behebung ihrer Probleme empfehlen zu können.

Wurde andererseits eine effektive helfende Beziehung mit einem Klientensystem aufgebaut, können Klient und Berater die Situation gemeinsam diagnostizieren und angemessene Gegenmaßnahmen entwickeln. Letztlich ist das Ziel der Prozessberatung also der Aufbau einer effektiven helfenden Beziehung. Was der Helfer/Berater dazu wissen und können sollte, welche Haltung zum Aufbau und Erhalt einer effektiven helfenden Beziehung nötig ist und wie diese Philosophie des Helfens umgesetzt werden kann, ist das zentrale Anliegen dieses Buchs.

Die Fähigkeit, eine helfende Beziehung aufzubauen und aufrechtzuerhalten, lässt sich in vielen zwischenmenschlichen Situationen einsetzen. Eine Therapie oder eine Beratung sind ohne eine solche Beziehung nicht denkbar. Doch ihr Anwendungsbereich beschränkt sich nicht nur auf jene Situationen, in denen die Hilfeleistung im Vordergrund der Beziehung steht. Die Fähigkeit, effektiv zu helfen, ist auch in der Ehe und Partnerschaft, gegenüber Freunden und Arbeitskollegen, Eltern und Kindern sowie gegenüber Schülern von Nutzen. Manchmal wird ausdrücklich um Hilfe gebeten, manchmal spüren wir ein Bedürfnis nach Hilfe, obwohl dies nicht ausgesprochen wird, und manchmal fühlen wir, dass andere Hilfe brauchen, obwohl ihnen selbst dies verborgen bleibt. Die Fähigkeit, darauf zu reagieren, die Helferrolle anzunehmen, wenn um Hilfe gebeten wird oder wenn sie unserem Empfinden nach angebracht ist, macht einen verantwortungsbewussten Menschen aus. Die Philosophie und Methodologie der Prozessberatung sind daher bedeutsam für sämtliche zwischenmenschlichen Beziehungen, nicht nur für jene, die offiziell unter Helfer-Klienten-Beziehung rangieren.

Bei der Betrachtung der nachfolgenden Konzepte sollte der Leser zur besseren Anschauung seine alltäglichen Lebenssituationen heranziehen. Ich selbst habe festgestellt, dass ich am meisten in familiären Situationen und in Freundschaften über helfende Beziehungen lernte und weniger bei offiziellen Beratungssituationen in Organisationen. Weiter habe ich festgestellt, dass es in einer offiziellen Hilfesituation oft dysfunktional ist, sich zu sehr auf »Technik« oder »Methoden« zu konzentrieren statt auf die zwischenmenschliche Realität, die sich aus der Interaktion von Menschen ergibt, die eine Beziehung aufbauen wollen. So wie der Künstler zuerst lernen muss zu sehen, bevor er etwas schaffen kann, muss der Helfer lernen zu erkennen, was genau bei der Entstehung einer Beziehung vor sich geht, die Hilfe ermöglicht.

In den folgenden Kapiteln möchte ich dem Leser dabei helfen, das Geschehen besser zu sehen, und ihm grundlegende Konzepte und vereinfachende Modelle an die Hand geben, um dieses Geschehen besser erfassen und analysieren zu können. Das erste Kapitel enthält einige grundlegende Definitionen, stellt drei verschiedene Beratungs- bzw. Hilfemodelle vor und beleuchtet, inwiefern diese sich unterscheiden. Das zweite Kapitel beschäftigt sich mit den Hintergründen und spricht psychodynamische Aspekte an, mit denen sich Helfer und Hilfeempfänger auseinander zu setzen haben. Im dritten Kapitel werden die Auswirkungen dieser psychodynamischen Aspekte im Hinblick auf den Aufbau einer helfenden Beziehung untersucht, und es wird der Begriff des »aktiven Fragens« eingeführt. Das vierte Kapitel beschäftigt sich eingehender mit dem Konzept des »Klienten« und stellt im Zusammenhang mit verschiedenen Beratungssituationen, die sich im Verlauf einer Beratung ergeben (vor allem bei der Beratung einer Organisation oder Gemeinschaft), die einzelnen Kliententypen vor. Im zweiten Teil werden sodann Konzepte und vereinfachende Modelle vorgestellt, die dem Berater beim Verständnis der zwischenmenschlichen Realität helfen, auf die er im Verlauf der Beratung trifft.

Nachdem ich es mit einer Vielzahl verschiedener Situationen zu tun hatte, in denen Hilfe benötigt wurde, gelangte ich zu einigen allgemeinen Prinzipien, die meines Erachtens auf all diese Situationen zutreffen. Diese Prinzipien werden in verschiedenen Kapiteln entwickelt.

1. Kapitel

Was ist Prozessberatung

Dieses Buch beschäftigt sich mit den psychologischen und sozialen Prozessen, die eine Rolle spielen, wenn ein Mensch einem anderen zu helfen versucht. Ob ein Therapeut einem Patienten hilft oder mit einer Gruppe arbeitet, ein Elternteil einem Kind zur Seite steht, ein Freund seinem Freund oder ein Organisationsberater mit Managern arbeitet, um eine Organisation zu verbessern – es handelt sich dabei stets um dieselben grundlegenden Dynamiken. Das, was sich zwischen einem Helfer und dem Menschen, dem geholfen wird, abspielt, ist das, was ich »Prozessberatung« nenne.[1]

Die Betonung liegt auf »Prozess«, da es meines Erachtens genauso wichtig oder sogar noch wichtiger ist, wie die Angelegenheiten zwischen Menschen oder Gruppen geregelt werden, als was geregelt wird. Das Wie, oder der »Prozess«, verdeutlicht in der Regel eher als das Gesagte, worum es uns wirklich geht. Allerdings haben wir mit dem Prozess häufig weniger Erfahrung. Wir denken zu wenig »in Prozessen«, richten zu wenig das Augenmerk auf sie und setzen sie kaum zur Erreichung unserer Ziele ein. Es ist eher so, dass wir an Prozessen teilnehmen oder welche in Gang setzen, die sogar unseren Zielen entgegenarbeiten. Daher ist es entscheidend, sich mit interpersonellen Prozessen, Gruppen- und Organisationsprozessen sowie Prozessen in Gemeinden zu beschäftigen, sofern man die Funktionsweise von zwischenmenschlichen Beziehungen, Gruppen und Organisationen verbessern will.

Im Folgenden werde ich beschreiben, was Prozessberatung ist und welche Rolle sie im täglichen Leben und in der Organisationsentwicklung sowie bei Veränderungen und Lernprozessen spielt. Jede Form der Beratung impliziert, dass eine Person einer anderen hilft. Daher konzentriert sich diese Analyse darauf herauszufinden, was genau in einer zwischenmenschlichen Situation hilfreich ist und was nicht. Des Weiteren betrachte ich Prozessberatung als entscheidend am Anfang und beim weiteren Verlauf einer jeden Organisationsentwicklung (OE) und eines jeden Lernprozesses. Organisationsentwicklung wird in der Regel als ein geplantes, organisationsweites Programm definiert, aber die einzelnen Komponenten, aus denen sie sich zusammensetzt, sind Aktivitäten, die der Berater mit Einzelnen oder mit Gruppen durchführt. Die Art und Weise, in der dies geschieht, spiegelt die der Prozessberatung zugrundeliegenden Annahmen wider. In letzter Zeit wurden vor allem Lern-

und Veränderungsprozesse in Organisationen betont, es muss daher die Beziehung der Prozessberatung zu diesen Prozessen erläutert sowie ein Modell und eine Theorie des Helfens erstellt werden, die sämtliche dieser Organisationsprozesse einbezieht. Der zentrale Fokus bleibt jedoch auf der OE, da diese meines Erachtens ein allgemeiner Prozess ist, der Lern- und Veränderungsprozesse beinhaltet.

Im Mittelpunkt eines jeden Programms zur Verbesserung einer Organisation hat die Schaffung einer Situation zu stehen, die Einzelnen und/oder Gruppen Lernen und Veränderungen ermöglicht. Doch wie erreicht der Berater die Bereitschaft, sich auf Lern- und Veränderungsprozesse einzulassen? Wie wird der Berater Trainer, Lehrer, Mentor oder Coach bei Lern- und Veränderungsprozessen? Wie arbeitet der Berater mit den Schlüsselfiguren einer Organisation, um mit ihnen ein organisationsweites Programm zu planen, und/oder als Berater, falls Ängste und Bedenken bei diesen Schlüsselfiguren den Erfolg der gemeinsamen Anstrengungen zu gefährden drohen?

Bei der Behandlung dieser und anderer Fragen versuche ich zu zeigen, dass der Operationsmodus, für den der Berater sich immer wieder neu entscheidet, den entscheidenden Faktor für den Erfolg der Beratung darstellt. Der Berater muss lernen, zwischen folgenden Positionen zu unterscheiden: (1) der Beraterrolle des Experten, der dem Klienten sagt, was er zu tun hat; (2) dem Verkauf von Lösungen, die der Berater für gut hält, oder dem Verkauf von Techniken, deren Handhabung dem Berater vertraut ist; oder (3) der Miteinbeziehung des Klienten in einen Prozess, den letztendlich sowohl Klient wie Berater als hilfreich empfinden. Wie im weiteren Verlauf gezeigt wird, beruhen diese drei Modi auf grundlegend verschiedenen Modellen darüber, was »Hilfe« beinhaltet, und diese Modelle wiederum fußen auf vollkommen unterschiedlichen Annahmen dazu, was eigentlich Wirklichkeit ist und was Hilfe ausmacht.

In den letzten Jahren erlebte der Bereich Beratung einen Boom, doch nach wie vor herrscht Unklarheit über die Konzepte von Beratung und darüber, was Berater eigentlich für die Organisationen tun, wie sie ihre Arbeit anpacken und wie sie Hilfe verstehen. Leute, die sich Organisationsberater nennen, liefern zum Beispiel Informationen, analysieren mit Hilfe von eigenen Diagnosemethoden Informationen, identifizieren und diagnostizieren komplexe Probleme, für die sie Lösungen empfehlen, helfen Managern, schwierige oder unpopuläre Entscheidungen umzusetzen, unterstützen diese Manager und stärken ihnen den Rücken.

Viele Analytiker des Beratungsprozesses argumentieren, dieser Prozess funktioniere nur, wenn der Klient genau weiß, was er will, und wenn der

Berater auf das spezifische Problem zugeschnittene Lösungen anbieten kann. In einem solchen Modell werden die Klienten, wenn sie unzufrieden sind, beschuldigt, nicht klar genug ihre Wünsche ausgedrückt oder nur unwillig den Empfehlungen des Beraters gefolgt zu sein. Nach meiner Erfahrung jedoch wissen Hilfesuchende oft nicht, was sie eigentlich wollen, und man sollte dies auch nicht von ihnen erwarten. Sie sind sich nur insoweit sicher, dass etwas nicht so läuft, wie es laufen sollte, oder ein Ideal nicht erfüllt wird und deshalb Hilfe in Anspruch genommen werden sollte. Zu jedem Beratungsprozess gehört daher notwendigerweise, dem Klienten dabei zu helfen, seine Probleme oder Anliegen einzukreisen und erst im Anschluss daran über die Art der benötigten Hilfe zu entscheiden. Manager in einer Organisation spüren häufig, dass nicht alles so ist, wie es sein sollte, aber ihnen fehlt die Handhabe, aus diesen vagen Gefühlen klare Erkenntnisse zu destillieren, die konkrete Maßnahmen ermöglichen.

Der Beratungsmodus, den ich im Folgenden detailliert beschreiben werde, beschäftigt sich vor allem mit Situationen, wie ich sie hier vorstellte. Der Berater, der nach dem Prozessberatungsmodus vorgeht, erwartet vom Manager nicht, dass er bereits weiß, was im Argen liegt, welche Hilfe benötigt wird oder was der Berater tun könnte. Für einen konstruktiven Prozessbeginn ist nichts weiter nötig als der Wunsch des Klienten, etwas zu verbessern und dazu Hilfe in Anspruch zu nehmen. Der Beratungsprozess selbst hilft dann dem Klienten dabei, die Diagnoseschritte festzulegen, die letztendlich das Maßnahmenprogramm und die konkreten Veränderungen bestimmen, aus denen sich eine Verbesserung der Situation ergibt.

Beratungsmodelle und die impliziten Annahmen, auf denen sie beruhen

Am besten lassen sich Beratungs- und helfende Prozesse unterscheiden anhand einer Analyse ihrer impliziten Annahmen bezüglich des Klienten, bezüglich des Wesens der Hilfe, der Rolle des Beraters und bezüglich der letztendlichen Natur der Wirklichkeit, in der sich Klient und Berater bewegen. Die drei Grundmodelle, die nachfolgend diskutiert werden, lassen sich als verschiedene Operationsmodi auffassen und werden durch die drei verschiedenen Rollen definiert, die Beratern zur Verfügung stehen, wenn sie einem Klienten helfen. Diese drei Modelle lassen sich ebenso auf die verschiedenen Methoden anwenden, nach denen wir vorgehen, wenn wir in unserem Alltagsleben einem Hilfe suchenden Kind, Ehepartner oder Freund helfen wollen. Der Hauptgrund für die klare Unterscheidung zwischen den drei Modellen liegt darin, dass der Helfer sich von einem Augenblick zum anderen entscheiden muss, welche Rolle er gerade innehat oder welches Hilfemodell er anwendet. Doch alle drei Modelle gehen davon aus, dass Hilfe die primäre Funktion der Beratung ist. Das Konzept der Hilfe nimmt bei diesem Beratungsansatz eine derart zentrale Stelle ein, dass man nicht umhin kommt, es als das erste übergreifende Prinzip für den Umgang mit dem anderen aufzufassen.

> *ERSTES PRINZIP*
> ***Versuche stets zu helfen***
> *Beratung bedeutet zu helfen. Es versteht sich von selbst, dass ich ohne die Bereitschaft, zu helfen und daran zu arbeiten, wohl keine helfende Beziehung herstellen kann. Jeder Kontakt sollte, soweit möglich, als hilfreich wahrgenommen werden.*

Allerdings beruhen die drei Modelle auf grundverschiedenen Annahmen darüber, was Hilfe in jeder gegebenen Situation ausmacht. Und sie unterscheiden sich außerordentlich in ihren möglichen Konsequenzen. In jeder Situation, in der Hilfe angeboten oder um sie nachgesucht wird, müssen wir uns über die wirklichen Abläufe im Klaren sein und über die Helferrolle, die wir annehmen. Wir können nicht alle drei Rollen gleichzeitig ausfüllen, uns bleibt also nichts anderes übrig, als uns dessen bewusst zu sein, welche Rolle wir in der jeweiligen Situation vorziehen. Und um uns dessen bewusst zu sein, müssen wir fähig sein, die jeweilige Wirklichkeit zu entschlüsseln und zu erfahren sowie uns dieser Wirklichkeit entsprechend zu verhalten. Unter Wirklichkeit verstehe ich ein Gefühl für innere Vorgänge – dafür, was in einer Situation in mir oder einer oder mehreren anderen Personen vorgeht, und dafür, wie diese Situation selbst zu verstehen ist. Wunschdenken, Klischees, Projektionen, Erwartungen, frühere Pläne und alles andere, was eher auf alten Vorstellungen oder psychologischen Bedürfnissen beruht als auf Fakten aus dem Hier-und-Jetzt, behindern in der Regel eine weise Entscheidung darüber, wie man am besten hilft.

Dieses Wirklichkeitskonzept beruht auch auf der epistemologischen Annahme, dass die Kultur und das Denken die äußere Realität schaffen, in der wir uns bewegen, und dass wir uns daher in einem steten wechselseitigen Prozess der Entschlüsselung der Vorgänge um uns befinden. Weder der Berater noch die hilfesuchende Person können eine objektive äußere Realität definieren, die außerhalb ihrer Beziehung und des kulturellen Kontexts existiert. Doch zusammen können sie umreißen, wie ihre aktuellen Annahmen und Wahrnehmungen diese Realität schaffen und wie sie mit dieser Realität im Sinne des Klienten am besten umgehen, dem es um eine Verbesserung der Situation geht. Das zweite übergreifende Prinzip, das den Helfer/Berater in seinem Vorgehen leiten sollte, ist daher, sich stets mit der Realität des Hier-und-Jetzt auseinanderzusetzen.

ZWEITES PRINZIP

Verliere nie den Bezug zu der aktuellen Realität.

Ich kann nicht helfen, wenn ich mir nicht über die Realität im Klaren bin, d.h. darüber, was in mir und im System des Klienten vorgeht. Daher sollte jeder Kontakt zu jedem Angehörigen des Klientensystems sowohl für den Klienten als auch für mich weitere Informationen liefern zur Diagnose des aktuellen Standes des Klientensystems und zu der Beziehung zwischen dem Klienten und mir.

1. Modell:
Der Einkauf von Informationen oder das Expertenmodell: Telling and Selling

Das Telling-and-selling-Modell der Beratung geht davon aus, dass der Klient vom Berater Informationen und eine Expertendienstleistung erwirbt, die er selbst nicht erbringen kann. Der Käufer, gewöhnlich ein einzelner Manager oder der Vertreter einer Gruppe in der Organisation, definiert ein Bedürfnis und folgert, dass die Organisation weder über die Ressourcen noch über die Zeit verfügt, dieses Bedürfnis zu befriedigen. Daher wird ein Berater eingeschaltet, um diese Informationen oder diese Dienstleistung zu erbringen. Möglicherweise möchte ein Manager mehr über das Befinden einer bestimmten Kundengruppe herausfinden, oder er will wissen, wie eine Gruppe seiner Angestellten auf eine neue Personalpolitik reagieren wird oder wie das Arbeitsklima in einer bestimmten Abteilung beschaffen ist. Dann wird er einen Berater beauftragen, eine Erhebung mittels Interviews oder Fragebögen durchzuführen und die Daten zu analysieren.

Es kann auch sein, dass der Manager eine bestimmte Gruppe neu organisieren und vom Berater wissen will, wie solche Gruppen in anderen Unternehmen organisiert werden – zum Beispiel wie in Anbetracht der modernen Informationstechnologie die Buchhaltung und das Controlling organisiert werden können. Oder der Manager möchte das eine oder andere über Konkurrenzunternehmen in Erfahrung bringen, wie etwa ihre Marketingstrategie oder welcher Anteil ihrer Produktpreise durch die Produktionskosten bestimmt wird, wie sie ihre Forschungs- und Entwicklungsfunktionen organisieren, wie viele Beschäftigte sie in einer typischen Fabrik haben usw. Er beauftragt dann vielleicht einen Berater, um diese anderen Unternehmen zu studieren und ihm die entsprechenden Daten zu liefern. In all diesen Fällen wird davon ausgegangen, dass der Manager weiß, welche Informationen oder Dienstleistung er wünscht und was der Berater ihm bieten kann.

Wie wahrscheinlich es ist, dass diese Art von Hilfe funktioniert, hängt von folgenden Gegebenheiten ab:

1. Ob der Manager seine eigenen Bedürfnisse richtig erkannt hat.
2. Ob er diese Bedürfnisse dem Berater klarmachen konnte.
3. Ob er richtig eingeschätzt hat, inwiefern der Berater diese Informationen beschaffen bzw. diese Dienstleistung erbringen kann.
4. Ob er die Konsequenzen dieser Entscheidung bedacht hat, einen Berater diese Informationen einholen zu lassen oder die Veränderungen einzuleiten, die von diesen Informationen nahegelegt oder von dem Berater empfohlen werden.
5. Ob es eine externe Realität gibt, die sich objektiv studieren und übertragen lässt in Wissen, das dem Klienten dienlich ist.

Die häufige Unzufriedenheit mit Beratern und die niedrige Umsetzungsrate ihrer Empfehlungen sind leicht zu erklären, wenn man sieht, wie viele der obigen Annahmen erfüllt sein müssen, damit das Telling-and-selling-Modell effektiv sein kann. Des Weiteren sollte nicht außer Acht gelassen werden, dass der Klient in diesem Modell Macht abgibt. Der Berater wird beauftragt oder ermächtigt, für den Klienten wichtige Informationen oder wichtiges Know-how einzuholen. Doch sobald dieser Auftrag erteilt ist, wird der Klient abhängig von dem, was der Berater ihm liefert. Ein Großteil des Ressentiments gegenüber dem Berater in den späteren Stadien stammt vielleicht aus dieser anfänglichen Abhängigkeit und dem unangenehmen Gefühl, das dieses bewusst oder unbewusst beim Klienten hervorruft.

Dazu kommt, dass der Berater sich in diesem Modell versucht fühlen wird, alles zu verkaufen, was er weiß und worin seine Stärken liegen – für jemanden, der nur einen Hammer hat, scheint die ganze Welt aus Nägeln zu bestehen. Was die Gefahr in sich birgt, dass der Klient nicht richtig darüber informiert wird, welche Informationen oder Dienstleistungen ihm tatsächlich weiterhelfen würden. Und natürlich wird unterschwellig vermittelt, es gäbe

»da draußen« dieses Wissen, das in das Klientensystem geholt werden muss, und dass der Klient diese Informationen oder dieses Wissen verstehen und für sich einsetzen kann. Zum Beispiel geben Organisationen häufig Umfragen in Auftrag, in denen die Einstellung ihrer Angestellten zu bestimmten Themen ermittelt oder die Unternehmenskultur »diagnostiziert« werden soll. Treffen dann die »Experten«-Daten in quantitativer Form ein, brüten die Manager nach meiner Erfahrung oft über den Balkendarstellungen und quälen sich damit ab, herauszufinden, was sie jetzt wissen, wenn sie schwarz auf weiß vor sich haben, dass 62 Prozent der Angestellten das System der Karriereentwicklung ihres Unternehmens als mangelhaft einstufen. Welchen Informationswert besitzt eine solche Aussage in Anbetracht der Probleme, ein Sample zu wählen, einen Fragebogen zu entwerfen, der Semantik von Wörtern wie Karriere und Entwicklung, der Frage, ob nun 62 Prozent in einen größeren Zusammenhang gestellt eher als gut oder schlecht zu bewerten sind, der Schwierigkeit, sich darüber klar zu werden, was die Angestellten sich bei der Beantwortung der Frage dachten, usw.? In dieser Situation ist Wirklichkeit ein schwer zu fassendes Konzept.

Die Prozessberatungsalternative

Im Gegensatz dazu geht es nach der Prozessberatungs-Philosophie darum, den Klienten und den Berater in einen Prozess der wechselseitigen und gemeinsamen Diagnose einzubinden, was nur die Realität widerspiegelt, dass zu diesem Zeitpunkt der Kontaktaufnahme weder Klient noch Berater genug wissen können, um zu definieren, welches Wissen und Know-how in der gegebenen Situation relevant sind. Der Berater ist bereit, mit einem einzelnen Klienten oder einer Organisation zu arbeiten, ohne einen klaren Auftrag zu erhalten, ein Arbeitsziel oder ein festumrissenes Problem genannt zu bekommen. Denn er geht davon aus, dass bei jedem Menschen, jeder Gruppe oder Organisation Prozesse verbessert und effizienter werden können, falls es gelingt, die Prozesse herauszufiltern, die die Gesamtleistung entscheidend beeinflussen. Es gibt keine perfekte Organisationsstruktur und keinen perfekten Prozess. Jede Organisation hat ihre Stärken und Schwächen. Daher sollte ein Manager, wenn er das Gefühl hat, etwas liege im Argen, da Leistung und Moral zu wünschen übrig lassen, nicht überstürzt handeln, bevor er sich über die Stärken und Schwächen der gegenwärtigen Struktur und Prozesse seiner Organisation im Klaren ist.

Die Prozessberatung zielt vor allem darauf ab, dem Manager bei dieser Diagnose und der Entwicklung eines geeigneten, entsprechend dieser Diagnose ausgearbeiteten Handlungsplanes zu helfen. Dazu gehört implizit, dass weder Klient noch Berater Macht abgeben. Die beiden müssen sich die Verantwortung über die erlangten Erkenntnisse und geplanten Vorgehen teilen. Aus Sicht der Prozessberatung darf der Berater dem Klienten nicht das Problem abnehmen, sondern er muss sich darüber klar sein, dass dieses Problem ausschließlich das des Klienten ist und niemand sonst die Verantwortung dafür übernehmen kann. Der Berater kann nur die Hilfestellung geben, die der Klient braucht, um dieses Problem selbst zu lösen.

Eine gemeinsame Diagnose und Planung der Vorgehensweise ist allein deshalb unumgänglich, da der Berater so gut wie nie genug über eine Organisation in Erfahrung bringen kann, um wirklich sagen zu können, welche Vorgehensweise die beste ist oder welche Informationen wirklich weiterhelfen würden, denn die Art und Weise, wie die Mitglieder einer Organisation eine Information gedanklich verarbeiten und darauf reagieren, ist geprägt durch ihre Traditionen, ihre Werte und ihre unausgesprochenen Annahmen – d.h. durch die Kultur ihrer Organisation und den Stil und die Persönlichkeit ihrer entscheidenden Vertreter und Mitglieder.[2] Allerdings kann der Berater dem Klienten dabei helfen, selbst eine gewisse Diagnosefertigkeit zu erlangen und so Probleme besser lösen zu können. Es ist ein wesentlicher Gedanke der Prozessberatungsphilosophie, dass die Lösung von Problemen länger Bestand hat und effektiver ist, wenn die Organisation lernt, diese Probleme selbst zu lösen. Eine Aufgabe des Beraters besteht darin, Diagnose- und Problemlösungsmethoden zu vermitteln, er sollte jedoch nicht versuchen, die Probleme selbst zu lösen, es sei denn, er ist überzeugt, über die entsprechende Information und Erfahrung zu verfügen. Der Berater muss sich stets mit der Realität auseinandersetzen, wie sie sich durch die Zusammenarbeit mit dem Klienten herausschält, und es vermeiden, sich auf seine eigenen a priori gewonnenen Annahmen zu verlassen.

Auch in anderen Situationen, in denen Hilfe gesucht wird, muss, bei näherer Betrachtung, dieselbe Entscheidung zwischen Expertenmodus und Prozessberatungsmodus getroffen werden. Wenn mich mein Kind bittet, ihm bei einer Rechenaufgabe zu helfen; wenn mich ein Student nach einer bestimmten Auskunft bei einem Managementproblem bittet; wenn ich an einer Straßenecke nach dem Weg gefragt werde; wenn ein Freund von mir wissen will, welchen Film ich ihm empfehlen könnte; wenn mich meine Frau fragt, was sie zu einer Party anziehen soll, muss ich umgehend verarbeiten, worum es bei dieser Frage oder Bitte wirklich geht und welche Antwort oder Reaktion tatsächlich weiterhilft. Wie sieht die Realität in der jeweiligen Situation gerade aus?

Am einfachsten ist es, jede Bitte wortwörtlich zu verstehen und das Telling-and-selling-Modell anzuwenden – das heißt, auf die eigene Erfahrung zurückzugreifen und einfach die vorliegende Frage zu beantworten. Doch nicht selten verbirgt sich hinter der vorliegenden Frage ein tieferes Anliegen. Vielleicht will das Kind mit mir zusammen sein und ihm fiel nichts anderes ein, als das Rechenproblem vorzuschieben, um meine Aufmerksamkeit zu gewinnen. Vielleicht bewegt den Studenten eine ganz andere Frage, die er nicht zu stellen wagt. Vielleicht sucht der Fremde, der mich nach dem Weg fragt, etwas ganz anderes, ohne es zu wissen. Mein Freund möchte sich vielleicht vorsichtig danach erkundigen, ob ich mit ihm ins Kino gehe. Meiner Frau geht es möglicherweise darum, mir etwas über ihre Garderobe mitzuteilen, oder die Party bereitet ihr aus irgendeinem Grund Kopfzerbrechen.

Die Gefahr bei der Beantwortung der vorliegenden Frage liegt darin, dass das Gespräch dadurch beendet wird und der verborgene Anlass niemals ans Tageslicht kommen kann. Will ich helfen, muss ich ausreichend nachforschen, um entscheiden zu können, wo die Hilfe wirklich benötigt wird. Und das bedeutet, den Prozessberatungsmodus einzuleiten. Erst nachdem ich die Situation gemeinsam mit dem anderen ausgelotet habe, befinde ich mich in einer Position, um zu beurteilen, ob mein Expertenwissen oder meine Informationen tatsächlich relevant und hilfreich sind. Verallgemeinernd lässt sich also voranschicken, dass der Prozessberatungmodus zu Beginn eines jeden helfenden Prozesses unabdingbar ist, da sich nur durch diesen Modus herausfinden lässt, was wirklich vorgeht und welche Art von Hilfe benötigt wird.

Die Realität sieht so aus, dass der Berater zu Beginn keiner Beziehung weiß, was wirklich verlangt und benötigt wird. Und genau dieser Zustand der Ignoranz ist die wichtigste Richtschnur für den Berater, um zu entscheiden, welche Fragen er stellen und welchen Rat er geben muss oder, allgemein gesprochen, wie der nächste Schritt auszusehen hat. Der Berater muss in der Lage sein zu erspüren, was er oder sie noch nicht weiß, und dieser Prozess kann nur ein aktives Suchen aus den Tiefen des Nichtwissens sein, da wir voller Vorurteile, Abwehr, unbewusster Annahmen, Hypothesen, Klischees und Erwartungen stecken. Herauszufinden, auf welchen Gebieten wir ignorant sind, kann sich als schwierig erweisen. Wir müssen uns dazu durch unsere Vorurteile arbeiten und so manche Abwehrmauer überwinden. Das aktive Wort »zugreifen« drückt daher das dritte übergreifende Prinzip aus – anderen zu helfen. Durch den erfolgreichen Zugriff auf die Bereiche unserer Ignoranz können wir uns auf eine echte gegenseitige Erforschung einlassen. Und durch die schrittweise Beseitigung dieser Bereiche des Nichtwissens werden ständig neue Schichten der Wirklichkeit erkennbar, was uns eine genauere Definition von Hilfe ermöglicht.

DRITTES PRINZIP

Setze dein Nichtwissen ein.

Ich kann meine innere Realität nur entdecken, wenn ich zu unterscheiden lerne zwischen dem, was ich weiß, dem, was ich zu wissen glaube, und dem, was ich wirklich nicht weiß. Ich kann nicht entscheiden, was die aktuelle Wirklichkeit ist, wenn ich spüre, was mir über die Situation nicht bekannt ist, und ich nicht so weise bin, mich danach zu erkundigen.

2. Modell: Das Arzt-Patient-Modell

Ein weiteres verbreitetes generisches Beratungsmodell ist das Arzt-Patient-Modell. Ein oder mehrere Manager in der Organisation beschließen, einen Berater zu holen, um sie zu »checken«, um herauszufinden, ob es in der Organisation Bereiche gibt, die nicht richtig funktionieren und die vielleicht mehr Aufmerksamkeit benötigen. Möglicherweise hat ein Manager Anzeichen dafür entdeckt, dass etwas im Argen liegt, sinkende Verkaufszahlen, einen Anstieg von Kundenbeschwerden oder Qualitätsprobleme, aber er weiß nicht, wie er die Ursache des Problems herausfinden kann. Der Berater wird in die Organisation geholt, um festzustellen, was wo in der Organisation falsch läuft, um anschließend, wie ein Arzt, eine Behandlung zu verschreiben. Vielleicht stoßen führende Organisationsmitglieder darauf, dass in anderen Organisationen neue Therapien angewendet werden wie Total-Quality-Programme, Reengineering oder autonome Arbeitsgruppen, und sie verlangen, dass ihre Organisation ebenfalls einen Versuch mit diesen neuartigen Therapien startet, um ihre Schwächen auszubügeln. Dann wird ein Berater geholt, um das Programm umzusetzen. In diesem Modell geht der Klient von einem gewissen professionellen Standard des Beraters aus. Er erwartet, dass er ihm seine Dienstleistung verantwortungsvoll verkauft, dass er sich dabei auf aussagekräftige Daten stützt und das Programm Abhilfe für das Problem schafft; dass der Berater über das diagnostische Know-how verfügt, um das Programm nur dort einzusetzen, wo es hilft; und dass die Behandlung greifen wird.

Es gilt dabei zu beachten, dass dieses Modell noch mehr Macht in die Hände des Beraters legt, da er sowohl das Problem diagnostiziert sowie die

Behandlung verschreibt und durchführt. Der Klient gibt nicht nur die Verantwortung dafür ab, sein Problem selbst zu diagnostizieren – wodurch er sich nur um so stärker in die Abhängigkeit von dem Berater begibt –, sondern er nimmt darüber hinaus auch an, dass jemand von außen in die Situation geholt werden kann und in der Lage ist, die Probleme zu identifizieren und zu beheben. Dieses Modell spricht die Berater natürlich besonders an, da es sie in eine starke Position versetzt und ihnen einen Röntgenblick zuschreibt. Die fachmännische Diagnose und Verschreibung von Behandlungen rechtfertigen die hohen Gelder, die Berater verlangen können, und verdeutlichen die Natur ihrer Dienstleistung. In diesem Modell kommen dem Bericht, der Darstellung der Befunde und der Empfehlungen eine besondere Bedeutung zu. Sie lassen die Aufgabe des Beraters klar hervortreten. Für viele Berater ist das der zentrale Punkt ihrer Arbeit, und sie sind erst dann überzeugt, ihre Arbeit ordentlich getan zu haben, wenn sie eine gründliche Analyse und Diagnose durchgeführt haben, die sie in eine schriftlich festgehaltene Empfehlung umsetzen können.

Zum Beispiel führt der Berater in einer Version dieses Modells, das bei Managern verwendet wird, eingehende Interviews und psychologische Tests durch. Diese gehören zur Diagnosephase, an deren Ende eine schriftliche Auswertung und Empfehlung für die weiteren Schritte steht. Eine andere Version sieht vor, dass der Berater Meinungsumfragen für bestimmte Bereiche der Organisation entwirft, die als Diagnosegrundlage dienen. Man erwartet, dass der Berater weiß, welche Fragen er zu stellen hat, welcher Prozentanteil positiver oder negativer Antworten ein Problem darstellt und welche Antwortenmuster auf mögliche Probleme in der Organisation hinweisen. Häufig werden raffinierte statistische Methoden ins Spiel gebracht, um die Diagnose zu untermauern und dem Klienten zu versichern, dass der Berater diagnostisch beschlagen ist.

Bei der vielleicht verbreitetsten Version dieses Modells vereinbaren Berater mit der Chefetage, in einer Reihe von ausführlichen Interviews zu erkunden, was im Unternehmen vor sich geht, anhand dieser Daten zu einer Diagnose zu gelangen und dem Klienten, der sie beauftragte, dann Projekte zur Behebung dieser Probleme vorzuschlagen. Eine zur Zeit populäre Version davon ist die Erstellung eines Kompetenzprofils, das bei einer bestimmten Aufgabenbeschreibung Erfolg verspricht: das Profil vorhandener Kompetenzen mit den Datenbanken einer Reihe von Organisationen zu vergleichen und, basierend auf den dabei entdeckten Profilunterschieden, Auswahl, Fortbildung und Karriereentwicklungsprogramme vorzuschlagen, um die Kompetenzen zu erhöhen, bei denen Mängel entdeckt wurden.

Wie den meisten Lesern aus ihrer eigenen Erfahrung klar sein wird, ist dieses Modell trotz seiner Popularität mit Problemen behaftet. Wir alle haben, als Klienten, die Erfahrung gemacht, wie irrelevant der Rat oder die Empfehlung eines Helfers sein kann oder wie sehr es einem zuwider laufen kann, wenn man gesagt bekommt, was man zu tun hat, selbst wenn man zuvor um Rat gefragt hat. Als Berater haben wir alle, öfter als uns recht ist, die Erfahrung gemacht, dass unser Bericht samt unseren Empfehlungen mit einem höflichen Kopfnicken entgegengenommen wird, um dann ordentlich weggestellt oder, schlimmer noch, ganz abgelehnt zu werden mit dem Hinweis, wir hätten die Lage des Kunden nicht wirklich verstanden. Klienten verfallen häufig in eine Abwehrhaltung und bemängeln an unseren Empfehlungen, wir hätten wichtige Faktoren übersehen oder der empfohlene Kurs sei bereits versucht worden und fehlgeschlagen. Berater, die nach diesem Arzt-Patienten-Modus arbeiten, sind häufig unzufrieden mit ihren Klienten – sie wüssten nicht, was sie wollten, sie sähen die Wahrheit nicht, wenn man sie mit dem Kopf darauf stoße, oder sie widersetzten sich einer Änderung und wollten eigentlich gar nicht, dass man ihnen hilft. Um diese Schwierigkeiten zu verstehen und das Prozessberatungsmodell in die richtige Perspektive zu rücken, müssen wir einige der impliziten Annahmen des Arzt-Patient-Modells analysieren.

Einer der offensichtlichsten Schwachpunkte dieses Modells ist die Annahme, der Berater könne allein an exakte Informationen für seine Diagnose gelangen. Dabei kann sich der als problematisch definierte Organisationsbereich weigern, die Informationen preiszugeben, auf die der Berater für seine Diagnose angewiesen ist. Es ist vorhersagbar, dass in den Fragebögen und bei den Interviews systematische Verzerrungen auftreten werden. Die Richtung dieser Verzerrungen hängt vom Betriebsklima ab. Ist dieses von Misstrauen und Unsicherheit geprägt, werden die Befragten aus Angst vor Vergeltung dem Berater gegenüber alles Negative verschweigen – mutige »Aufdecker« und »Nestbeschmutzer« können ein Lied davon singen. Oder die Befragten betrachten das Interview, die Umfrage oder den Test als Übergriff in ihren Privatbereich und antworten entweder nur so knapp wie möglich oder das, was man ihrer Ansicht nach von ihnen erwartet oder was sie für sicher halten. Ist das Klima dagegen von Vertrauen geprägt, werden die Befragten den Kontakt mit dem Berater als eine Gelegenheit sehen, sich ihren Kummer von der Seele zu reden, was zu einer Übertreibung der bestehenden Probleme führen kann. Wie dem auch sei, verwendet der Berater nicht viel Zeit darauf, die Abteilung selbst zu beobachten, wird er kein genaues Bild von den Vorgängen erhalten.

Ein weiteres Problem dieses Modells, das dem eben beschriebenen in nichts nachsteht, ist die häufig auftretende mangelnde Bereitschaft des Klienten, die Diagnose des Beraters ernst zu nehmen oder sich von seinen Abhilfemaßnahmen überzeugen zu lassen. In den meisten Organisationen finden sich wahrscheinlich ganze Schubladen voll mit Beraterberichten, die entweder vom Klienten nicht verstanden oder nicht akzeptiert wurden. Falsch gelaufen ist dabei natürlich, dass der Arzt es versäumte, einen gemeinsamen Bezugsrahmen mit seinem Patienten aufzubauen. Sie haben es nicht mit einer gemeinsamen Wirklichkeit zu tun. Falls der Berater mit der Diagnosearbeit beschäftigt ist, während der Klient passiv darauf wartet, sein Rezept ausgehändigt zu bekommen, wird sich mit ziemlicher Sicherheit ein Kommunikationsgraben zwischen den beiden auftun, der Diagnose wie Rezept irrelevant oder unverdaulich erscheinen lässt.

Selbst die wirklichen Ärzte im weißen Kittel erkennen immer mehr, dass Patienten nicht automatisch ihre Diagnose akzeptieren oder ihren Anweisungen Folge leisten. Am offensichtlichsten wird dies in kulturüberschreitenden Zusammenhängen, in denen Annahmen darüber, was eine Krankheit ist oder welche Maßnahmen sie erfordert, von Kultur zu Kultur differieren können. Auch in der Behandlung bei Brustkrebs wird dies zunehmend deutlich. Hier bezieht der Onkologe die Patientin verstärkt in die Entscheidung mit ein, ob die ganze Brust oder nur der Knoten entfernt wird und ob sie sich im Anschluss an die Operation einer Chemotherapie oder einer Bestrahlung unterzieht. Bei Schönheitsoperationen oder wenn die Entscheidung ansteht, ob eine Bandscheibenoperation nötig ist, wächst den Erwartungen und dem Selbstbild des Patienten eine ähnlich entscheidende Rolle zu, wenn bestimmt werden soll, wie erfolgreich die Operation letztendlich war. Wenn wir schon eine Version des Arztmodells aus dem medizinischen Bereich wählen, sind wir mit dem psychiatrischen Modell besser beraten. Denn hier zählen die Analyse des Widerstands und der Abwehrhaltung zu den entscheidenden therapeutischen Werkzeugen.

Das dritte Problem dieses Modells liegt darin, dass in menschlichen Systemen, mehr noch: in allen Systemen, der Diagnoseprozess selbst eine Intervention mit unbekannten Folgen darstellt. Werden in der Chefetage Persönlichkeitstests und in Teilen der Organisation Meinungsumfragen durchgeführt und die Mitarbeiter dabei zu ihrer Wahrnehmung des Unternehmens interviewt, beginnen sich diese zu fragen, was in ihrem Betrieb los sein könnte, dass Berater in das Unternehmen geholt werden. Obwohl sich der Berater keiner Schuld bewusst ist, kommt der Angestellte vielleicht zu dem Schluss, dass die Geschäftsführung das Unternehmen umzustrukturieren und Leute zu entlassen gedenkt. Der Berater tut sein Bestes, geht bei den Tests und Umfragen nach allen Regeln der Wissenschaft vor, doch der Angestellte empfindet das möglicherweise als Eindringen in seine Privatsphäre, gegen das er sich vielleicht sogar mit anderen Angestellten verbündet, wodurch sich die Beziehungen innerhalb der Organisation verändern. Ironischerweise legen die ausgetüftelten Vorsichtsmaßnahmen, die die Anonymität einer Umfrage gewährleisten sollen – indem man die Bögen z.B. an eine neutrale Partei schickt –, ein Misstrauen innerhalb der Organisation nahe, das als eine weitaus signifikantere Realität aufgefasst werden kann, als die Erhebung selbst vielleicht vermuten lässt.

Ein viertes Problem bei dem Arzt-Patient-Modell liegt darin, dass der Patient selbst bei einer validen Diagnose und Verschreibung vielleicht nicht in der Lage ist, die empfohlenen Änderungen durchzuführen. Was im Kontext einer Organisation wohl das häufigste Problem ist. Nicht selten liegt es für den von außen kommenden Berater auf der Hand, was zu tun ist, aber die Kultur des Unternehmens, seine Struktur oder seine Politik verhindern eine Umsetzung der Empfehlungen. Vielfach entgehen dem Berater diese kulturellen und politischen Strömungen, bis seine Empfehlungen zurückgewiesen oder unterlaufen werden. Doch dann kann es für eine echte Hilfe bereits zu spät zu sein.

Anders ausgedrückt, das Maß, in dem das Arzt-Patient-Modell funktioniert, hängt von folgenden Faktoren ab:

1. Inwieweit hat der Klient genau definiert, welche Person, Gruppe oder Abteilung tatsächlich krank oder therapiebedürftig ist.
2. Inwieweit ist der Patient motiviert, genaue Auskünfte zu geben.
3. Inwieweit akzeptiert der Patient die Diagnose, zu der der Arzt gelangt, und die von ihm empfohlene Verschreibung.
4. Inwieweit werden die Konsequenzen der Diagnoseschritte genau verstanden und akzeptiert.
5. Inwieweit ist der Patient zu den empfohlenen Änderungen fähig.

Die Prozessberatungsalternative

Der Prozessberatungsmodus dagegen konzentriert sich nicht ausschließlich auf eine gemeinsame Diagnose, sondern sieht einen weiteren Schwerpunkt in der Weitergabe der Diagnose- und Problemlösungskompetenz des Beraters an den Klienten. Möglicherweise erkennt der Berater bereits sehr früh im Verlauf seiner Arbeit das eine oder andere Problem in der Organisation und wie es gelöst werden könnte. Aber er wird aus zwei Gründen diese Erkenntnisse vorerst für sich behalten: (1) Er könnte sich irren. Falls er vorschnell zu einer falschen Diagnose gelangt, kann er in den Augen seines Klienten an Glaubwürdigkeit verlieren und ihrer gemeinsamen Beziehung schaden. (2) Ihm ist klar, dass selbst wenn er recht hat, der Klient mit Abwehr reagieren kann und vielleicht nicht zuhören oder das Gehörte abstreiten oder missverstehen will, was eine Therapie behindern würde.

Eine wesentliche Grundannahme der Prozessberatung ist, dass der Klient lernen muss, das Problem selbst zu erkennen, indem er an dem Diagnoseprozess teilhat, und dass er sich bei der Entwicklung einer Behandlungsstrategie aktiv beteiligt. Der Klient muss involviert werden, da der Diagnoseprozess selbst bereits eine Intervention darstellt und der Klient letztendlich für jede Intervention die Verantwortung zu übernehmen hat. Werden Tests oder Umfragen durchgeführt, muss der Klient die Gründe dafür verstehen und die Verantwortung für die Entscheidung, diese Erhebungen durchzuführen, übernehmen. Der Klient muss einem eventuell argwöhnischen Untergebenen erklären können, warum dies gemacht wird und warum ein Berater in das Unternehmen geholt wurde, wenn die beschriebenen Probleme nicht auftreten sollen.

Dem Berater mag eine Schlüsselrolle zukommen, was die Ausarbeitung der Diagnose angeht, und er wird vielleicht dem Klienten Vorschläge zur Behebung der Probleme unterbreiten, auf die dieser nicht von selbst gekommen wäre, doch er beschränkt sich darauf, dem Klienten bei der endgültigen Entscheidung über die diagnostischen und therapeutischen Mittel lediglich den Rücken zu stärken. Dies geschieht wiederum aus der Überlegung heraus, dass die alten Probleme wohl gründlicher behoben und eventuelle neue Probleme vom Klienten selbst gelöst werden können, wenn dieser selbst lernt, die diagnostischen und therapeutischen Mittel einzusetzen.

Des Weiteren gilt es festzuhalten, dass der Berater nicht unbedingt ein Experte sein muss, was die Lösung der zu entdeckenden Probleme betrifft. Ein ausschlaggebender Punkt bei der Entscheidung für den Prozessberatungsmodus ist, dass eine entsprechende inhaltliche Kompetenz weniger relevant ist als die Fähigkeit, den Klienten bei der Diagnose seiner eigenen Probleme zu beteiligen und ihm dabei zu helfen, eine seiner spezifischen Situation und seinen Bedürfnissen entsprechende Lösung zu finden. Der Berater braucht das Expertenwissen. Nur so kann er Hilfe geben und eine Beziehung mit den Klienten aufbauen, die Hilfe erst ermöglicht und gemeinsame Wirklichkeit entstehen lässt, ohne die eine Kommunikation unmöglich ist. Der in diesem Modus arbeitende Organisationsberater muss kein Experte sein, was Marketing, Finanzen oder Unternehmensstrategien anbelangt. Treten in diesen Bereichen Probleme zu Tage, kann der Berater dem Klienten bei der Suche nach einem entsprechenden Fachmann helfen und – was wichtiger ist – ihn dabei unterstützen, eine Strategie zu entwickeln, wie er sicher gehen kann, von diesen Fachleuten die gewünschte Hilfe zu erhalten.

Das Arzt-Patient-Modell wird, wie das Telling-and-selling-Modell, in unserem Alltag ständig angewendet. Bittet mein Kind mich, ihm bei seiner Rechenaufgabe zu helfen, fühle ich mich versucht, umgehend nach einem Fehler zu suchen und diesen zu beheben. Erkundigt sich mein Freund nach einem Film, gebe ich ihm aufgrund meiner Annahmen, was ihm gefallen könnte, sofort einen Ratschlag. Bittet eine Studentin mich um Literaturvorschläge, die ihr bei ihrem Forschungsproblem weiterhelfen könnten, glaube ich sofort zu wissen, welche Art von Informationen sie benötigt und schlage ihre mehrere Bücher und Artikel vor. Wenn meine Frau mich fragt, was sie zu der Party tragen soll, bin ich überzeugt, über ihr Problem Bescheid zu wissen, und erteile ihr entsprechende Ratschläge. Die Versuchung, die Macht anzunehmen, die einem das Gegenüber durch die Bitte um einen Rat anbietet, ist überwältigend. Es bedarf in einem solchen Augenblick einer außerordentlichen Disziplin, um einen Augenblick innezuhalten und darüber zu reflektieren, was tatsächlich vor sich geht (sich mit der Realität auseinander zu setzen) und eine Frage zu stellen, die einen weiterbringt oder den anderen ermutigt, mehr zu erzählen, bevor man die Arztrolle übernimmt (die eigene Unwissenheit einzugestehen).

Damit der Berater helfen kann, müssen beide, der Berater wie sein Gegenüber, beachten, dass das zu lösende Problem klar definiert ist und sie eine Kommunikationsebene geschaffen haben, auf der sie sich verstehen, damit sie dieses Problem gemeinsam und effektiv lösen können. Letztendlich ist es gerade das Ziel der Prozessberatung, solche Kommunikationsebenen zu schaffen, um eine gemeinsame Diagnose und eine gemeinsame Problemlösung zu ermöglichen.

Die Tatsache, dass die Art und Weise, wie wir bei der Diagnose vorgehen, für das Klientensystem entscheidende Konsequenzen hat, lenkt den Blick auf ein viertes übergreifendes Prinzip. Wir müssen uns klar werden, dass das, was der Berater tut, stets eine Intervention ist. So etwas wie eine Diagnose an sich gibt es nicht. Die übliche Beschreibung einer Diagnosephase, an deren Anschluss Empfehlungen ausgesprochen werden, die sich in vielen Beratungsmodellen findet, ignoriert vollkommen die Wirklichkeit, dass der Interventionsprozess mit der Kontaktaufnahme mit dem Klientensystem beginnt. Unsere Vorgehensweise bei der Diagnose muss also aus dem

Blickwinkel betrachtet werden, welche Konsequenzen unsere diagnostischen Interventionen haben und ob wir bereit sind, mit diesen zu leben.

VIERTES PRINZIP

Alles, was du tust, ist eine Intervention.

So wie jede Interaktion diagnostische Informationen liefert, so birgt jede Interaktion Konsequenzen für den Klienten und für mich. Daher muss ich für alles, was ich tue, Verantwortung übernehmen und die Konsequenzen durchdenken, um sicherzugehen, dass sie meinem Ziel dienen, eine helfende Beziehung aufzubauen.

3. Modell: Das Prozessberatungsmodell

Ich will nun die Hauptthesen der – wie ich sie nenne – Prozessberatungstheorie oder des Prozessberatungsmodells zusammenfassen. Die folgenden Annahmen werden nicht immer standhalten. Doch wenn sie standhalten, wenn die Wirklichkeit für unser Gefühl am besten durch diese Annahmen beschrieben wird, dann muss die Hilfesituation im Prozessberatungsmodus angegangen werden.

Klienten, ob es sich nun dabei um Manager, Freunde, Kollegen, Studenten, Ehegatten oder Kinder handelt, sind sich oft nicht über das eigentliche Problem im Klaren. Doch nur ihnen »gehört« das Problem.

Klienten wissen oft nicht, in welcher Form Berater Hilfe anbieten. Man muss ihnen auf der Suche nach der für sie geeigneten Hilfe helfen. Klienten sind keine Experten in der Theorie und Praxis des Helfens.

Die meisten Klienten besitzen ein konstruktives Interesse, ihre Situation zu verbessern, doch sie brauchen Hilfe, um festlegen zu können, was verbessert und wie es verbessert werden soll.

Die meisten Organisationen könnten weitaus effektiver sein, wenn die Manager und Angestellten lernen, wie sie ihre eigenen Stärken und Schwächen diagnostizieren und mit ihnen umgehen können. Keine Organisationsform ist vollkommen. Also hat jede Organisation die eine oder andere Schwäche, für die es eine Kompensation zu finden gilt.

Nur die Klienten wissen, was letztendlich in ihrer Organisation funktioniert. Berater können unmöglich ohne erschöpfende und zeitraubende Untersuchungen oder Präsenz in der Klientenorganisation genug über ihre

Kultur lernen, um einen Katalog erfolgversprechender neuer Maßnahmen vorzuschlagen. Daher müssen solche Empfehlungen, falls sie nicht gemeinsam mit den Mitgliedern der Organisation erarbeitet werden, die wissen, was in ihrer Kultur Erfolg verspricht, notgedrungen falsch sein oder auf Ablehnung stoßen, da sie von einem Außenseiter kommen.

Solange die Klienten nicht lernen, die Probleme selbst zu erkennen und an den Lösungen dafür zu arbeiten, ist es nicht wahrscheinlich, dass sie die Lösung umsetzen und lernen, solche Probleme in Zukunft selbst zu beheben. Der Prozessberatungsmodus bietet Alternativen, aber die Entscheidung über diese Alternativen gehört nicht in die Hände des Beraters, sondern in die Hände des Klienten, um dessen Problem es sich handelt.

Letztendlich geht es bei der Prozessberatung darum, den Klienten das Diagnose- und Interventions-Know-how zu vermitteln, damit diese befähigt werden, die Organisation selbst sukzessive zu verbessern. In einem gewissen Sinne sind sowohl das Experten- wie das Arztmodell therapeutische Modelle, wogegen das Prozessberatungsmodell sowohl therapeutisch als auch präventiv arbeitet. Das Sprichwort »Statt den Menschen Fische zu geben, sollte man ihnen das Fischen beibringen« bringt diesen Ansatz ziemlich genau auf den Punkt.

An dieser Stelle unterscheiden sich die Modelle ganz klar insofern voneinander, als das Experten- und das Arztmodell sich mit dem Single-loop- oder adaptiven Lernen vergleichen lassen, wogegen Prozessberatung den Klienten in Double-loop- oder generatives Lernen verwickelt. Ein Ziel der Prozessberatung ist es, die Klienten das Lernen zu lehren. Im Experten- und Arztmodell wird das Problem behoben; Ziel des Prozessberatungsmodells ist es, die Lernfähigkeit des Klientensystems zu erhöhen, damit es zukünftige Probleme selbst lösen kann.[3]

Der Prozess des Helfens sollte stets im Prozessberatungsmodus beginnen, da wir, solange wir uns nicht erkundigt haben und uns im Zustand der Ignoranz befinden, tatsächlich nicht wissen, ob die obigen Annahmen standhalten oder ob es sicher oder wünschenswert wäre, in den Experten- oder Arztmodus zu wechseln. Sobald wir mit dem Sammeln von Informationen angefangen haben, werden wir feststellen, dass es für die Entscheidung, ob es besser ist, in der Prozessberatungsrolle zu bleiben oder in einen anderen Modus zu wechseln, hilfreich ist, das Problem des Klienten auf seine Eigenschaften hin abzuklopfen.[4] Sind sowohl Definition wie Lösung des Problems klar, ist das Expertenmodell angemessen. Ist die Problemdefinition klar, aber nicht die Lösung, muss der Arzt mit dem Patienten arbeiten, um die richtige adaptive

Reaktion zu entwickeln, die auf das technische Know-how des Patienten zurückgreift. Sind weder Problem noch Lösung klar, muss der Helfer sich zu Beginn auf die Prozessberatung stützen, bis offenkundig wird, was genau vorgeht, welche Hilfe benötigt wird und wie sie am besten zu bekommen ist. Die Entscheidung, ob ein technischer Eingriff oder eine adaptive Reaktion vonnöten ist, hängt dann davon ab, in welchem Ausmaß der Klient oder Ratsuchende seine Einstellungen, Werte und Gewohnheiten zu ändern hat.

Definition der Prozessberatung

Mit diesen Überlegungen im Hinterkopf können wir Prozessberatung definieren:

Prozessberatung ist der Aufbau einer Beziehung mit dem Klienten, die es diesem erlaubt, die in seinem internen und externen Umfeld auftretenden Prozessereignisse wahrzunehmen, zu verstehen und darauf zu reagieren, um die Situation, so wie er sie definiert, zu verbessern.

Prozessberatung konzentriert sich zu Beginn auf den Aufbau einer Beziehung, die es Klienten und Berater erlaubt, sich mit der Wirklichkeit auseinander zu setzen, die Wissenslücken des Beraters füllt und das Vorgehen des Beraters klar als Intervention einstuft. Dabei steht stets die Einsicht der Klienten in die Prozesse im Vordergrund, die um sie herum, in ihnen und zwischen ihnen und anderen ablaufen. Auf der Grundlage solcher Einsichten lernen die Klienten dann durch die Prozessberatung, Strategien für diese Situation zu entwickeln. Kern dieses Modells bleibt dabei die Philosophie, den Klienten vor allem dabei zu helfen, die Initiative zu behalten, womit sowohl die Initiative bei der Diagnose wie bei der Therapie gemeint ist, denn die identifizierten Probleme sind und bleiben die Probleme der Klienten, und nur sie wissen, wie komplex die Situation wirklich ist und welche Maßnahmen in ihrer Kultur wirklich Erfolg versprechen. Das kann als fünftes übergreifendes Prinzip festgehalten werden.

FÜNFTES PRINZIP

Das Problem und seine Lösung gehören dem Klienten.

Meine Aufgabe ist es, eine Beziehung aufzubauen, in der der Klient Hilfe findet. Es ist nicht meine Aufgabe, mir die Probleme des Klienten selbst aufzuladen, noch ist es meine Aufgabe, Rat und Lösungen für Situationen anzubieten, die ich nicht selbst durchlebe. Fakt ist, dass nur der Klient mit den Folgen des Problems und der Lösung leben muss, ich ihm also nicht die Verantwortung dafür abnehmen kann.

Die Ereignisse, die es zu beobachten, über die es Nachforschungen anzustellen und aus denen es Erkenntnisse zu ziehen gilt, findet man im normalen Arbeitsablauf, der Durchführung der Meetings, in offiziellen und inoffiziellen Begegnungen zwischen den Organisationsmitgliedern und den formaleren Organisationsstrukturen. Von besonderem Interesse dabei ist, was der Klient selbst tut und welche Auswirkungen dies auf die anderen in der Organisation hat sowie auf den Berater. Wie Berater und Therapeuten in anderen Gebieten nachwiesen, ist die Interaktion zwischen Klient und Berater sowie die Gefühle, die diese Interaktionen in beiden beteiligten Parteien hervorrufen, eine der wichtigsten Erkenntnisquellen.[5]

Diesem Modell implizit ist weiter die Annahme, dass alle Organisationsprobleme im Grunde von zwischenmenschlichen Interaktionen und Prozessen geprägt sind. Unabhängig davon, welche technischen, finanziellen oder anderen Dinge eine Rolle spielen mögen, es sind stets Menschen an der Entwicklung und Umsetzung dieser technischen Prozesse beteiligt, und es sind stets Menschen, die auf die Idee kommen, technische Lösungen könnten weiterhelfen. Eine gründliche Kenntnis menschlicher Prozesse und die Fähigkeit, an diesen Prozessen zu arbeiten, sind daher unverzichtbar, um Organisationsprozesse zu verbessern. Solange Organisationen Netzwerke sind, die aus an gemeinsamen Zielen arbeitenden Menschen bestehen, werden zwischen diesen Menschen die verschiedensten Prozesse ablaufen. Je mehr wir also über die Diagnose und die Optimierung solcher Prozesse wissen, desto größer werden unsere Chancen, Lösungen für die eher technischen Probleme zu finden und zu gewährleisten, dass diese Lösungen auch akzeptiert und von den Mitgliedern der Organisation verwendet werden.

Zusammenfassung, Implikationen und Schlussfolgerung

Das Konzept der Prozessberatung lässt sich nur schwer einfach und klar beschreiben. Es ist eher eine Philosophie oder eine Reihe unterschwelliger Annahmen über den Prozess des Helfens, die den Berater veranlassen, eine bestimmte Haltung gegenüber seiner Beziehung zum Klienten einzunehmen. Prozessberatung lässt sich am ehesten verstehen, wenn man sie als einen Operationsmodus sieht, den der Berater in jeder gegebenen Situation wählen kann. Vor allem zu Beginn der Begegnung ist dieser Operationsmodus erforderlich, da sich durch diesen Modus am ehesten erschließen lässt, was der Klient wirklich wünscht und welche Art von Helfer tatsächlich von Nutzen ist. Stellt sich heraus, dass es dem Klienten um einfache Information oder einen Rat geht, und der Berater zufrieden ist, dies anbieten zu können, kann er ohne Gefahr in die Experten- oder Arztrolle schlüpfen. Wählt der Berater eine dieser Rollen, muss er sich jedoch über die zugrundeliegenden Annahmen und die Folgen im Klaren sein, die es mit sich bringt, den Klienten dazu zu ermutigen, sich vom Berater abhängig zu machen. Des Weiteren sollte er darauf achten, das Problem des Klienten nicht zu seinem eigenen zu machen.

Auf einem Gebiet jedoch sollte der Berater Experte sein: Er sollte stets genau wissen, was im Augenblick vor sich geht und welcher Modus für die jeweilige Situation angemessen ist und den Aufbau einer helfenden Beziehung voranbringt. Keines dieser Modelle wird die ganze Zeit über verwendet. Aber der Berater muss sich stets auf eines beschränken. Der erfahrene Berater wird feststellen, dass er die Rollen häufig wechselt, wenn er merkt, dass sich die Dynamik ändert. Daher sollten wir Konzepte wie »der Prozessberater« vermeiden und »Prozessberatung« eher als einen dynamischen Prozess des Helfens sehen, den alle Berater, ja alle Menschen, in bestimmten Zeiten als angebracht empfinden.

Obwohl die Bedeutung von Prozessberatung in den Organisationen von heute ständig zunimmt, sollte man keineswegs vergessen, dass das Modell sich auch auf unsere alltäglichen Beziehungen zu Freunden, Ehegatten, Kindern und anderen übertragen lässt, die uns ab und zu um Hilfe bitten. Letztlich wird hier eine Philosophie und Methodik des Prozesses des Helfens beschrieben sowie versucht, dessen Bedeutung für die Organisationsentwicklung und das Lernen aufzuzeigen. Ein zentraler Bestandteil dieser Philosophie ist ein Regelsatz aus zehn Prinzipien, von denen bereits fünf identifiziert und diskutiert wurden:

1. *Versuche stets zu helfen.*
2. *Verliere nie den Bezug zu der aktuellen Realität.*
3. *Setze dein Nichtwissen ein.*
4. *Alles, was du tust, ist eine Intervention.*
5. *Das Problem und seine Lösung gehören dem Klienten.*

Arbeitet der Berater beständig nach diesen Prinzipien, ergibt es sich auf natürliche Weise, wann er Informationen liefert, die Arztrolle übernimmt oder in der Rolle des Prozessberaters bleibt. Allerdings ist es nicht einfach, das eigene Nichtwissen einzusetzen und sich mit der Realität auseinander zu setzen. Dabei handelt es sich um Fertigkeiten, die man einüben muss und für die konzeptionelle Modelle und auf Erfahrung basierende Einsichten unabdingbar sind. In den restlichen Kapiteln konzentriere ich mich besonders auf einige vereinfachende konzeptionelle Modelle, die den Berater/Helfer dabei unterstützen, mit den verschiedenen Facetten der Wirklichkeit umzugehen, auf die er trifft.

Fallbeispiele und Übung

Fallbeispiele werden das ganze Buch hindurch auf verschiedene Weise eingesetzt. Wo konkrete Beispiele benötigt werden, werden Illustrationen und auch längere Fallbeispiele direkt in den Text eingefügt. An anderen Stellen wiederum finden sich diese Beispiele am Kapitelende, um dem praxisorientierteren Leser eine Gelegenheit zu geben, sich ausführlicher mit den Fällen zu beschäftigen. Falls keine Unklarheiten mehr vorhanden sind, müssen diese Fallbeispiele nicht durchgearbeitet werden.

Fallbeispiel 1.1
Jahrestreffen der International Oil (Planung und Teilnahme)

Dieses Fallbeispiel soll aufzeigen, welche taktischen Feinheiten das Verbleiben im Prozessberatungsmodus mit sich bringt, und gleichzeitig den Kontrast zwischen den einzelnen Modi verdeutlichen. Dem Leser wird nicht entgehen, dass dieser Fall beschreibt, was genau mit »Prozess« gemeint ist – es ging bei den Interventionen fast ausschließlich darum, wie gearbeitet wurde, statt um die Inhalte, mit denen die Gruppe sich beschäftigte.

Bei dem Unternehmen handelt es sich um einen großen multinationalen Öl- und Chemiekonzern, dessen Hauptquartier sich in Europa befindet. Ich kannte einige Mitglieder in der Managemententwicklungsgruppe des Unternehmens und hatte vor Jahren in einem MIT-Kurs für Führungskräfte einen ihrer leitenden Manager, Steven Sprague, getroffen. Dass man mich ins Unternehmen holte, entsprang dem Wunsch einiger leitender Manager, die Kultur ihres Unternehmens genauer daraufhin unter die Lupe zu nehmen, ob sie den strategischen Gegebenheiten des nächsten Jahrzehnts Genüge tun würde. Einigen Mitgliedern der Managemententwicklungsgruppe war bekannt, dass ich vor kurzem einige Artikel und ein Buch über Organisationskultur veröffentlicht hatte.

Ich erhielt einen Anruf von einem Mitarbeiter des Stabs, der gerade mit anderen das jährlich stattfindende Treffen der 40 hochrangigsten Manager des Unternehmens plante. Der Vorschlag lautete, ich solle zwei Tage an diesem Treffen teilnehmen, die internen Diskussionen verfolgen und anschließend einen Vortrag über Unternehmenskultur halten, in den ich Beispiele aus ihrer eigenen Diskussion einflechten sollte, um ihnen Feedback zu ihrer eigenen Unternehmenskultur zu geben. Bei Veranstaltungsbeginn und -ende sollte ich nicht aktiv werden, das Ganze war also anfangs geplant als eine am zweiten Tag der Veranstaltung stattfindende weiterbildende Intervention. Obwohl es nach außen hin hieß, bei dieser weiterbildenden Intervention solle den Direktoren nur aufbereitetes Material präsentiert werden, ging es insgeheim auch darum, sie dazu zu bringen, sich realistischer mit ihrer eigenen Kultur und den damit verbundenen Konsequenzen auseinander zu setzen.

Mich interessierte dieses Unternehmen, außerdem wollte ich mehr über verschiedene Unternehmenskulturen lernen, die Abmachung erschien mir daher ideal. Ich erklärte mich mit den Vereinbarungen einverstanden und erfuhr dann, ich würde von Steven Sprague Näheres über das Meeting erfahren. Dieser war Vizepräsident geworden und unterstand direkt dem Chairman[6] *des Unternehmens. Wir vereinbarten für seine nächste Reise in die USA ein Treffen in New York. Sprague stimmte zu, ab diesem Zeitpunkt meine Spesen zu begleichen und mich nach meinen üblichen Stundensätzen zu bezahlen.*

Bei dem Treffen sprach Sprague ausführlich über die strategische Situation, in der sich das Unternehmen befand, und meinte, es sei von entscheidender Bedeutung, bei diesem Jahrestreffen einen Blick darauf zu werfen, ob der Kurs, den das Unternehmen eingeschlagen habe, noch Sinn mache oder ob er schneller verfolgt oder Geschwindigkeit weggenommen werden sollte; und wie die Gruppe der Topmanager auf die Entscheidung, egal wie diese ausfalle, eingeschworen werden konnte. Bei dieser Gelegenheit erfuhr ich auch, dass die Planung des gesamten dreitägigen Treffens Sprague unterstellt war und dass er mich nicht nur kurz unterrichten, sondern das gesamte Design mit mir durchgehen wollte.

Bei dem ursprünglichen Anruf war es darum gegangen, dass ich einen Vortrag über Unternehmenskultur halten sollte, doch nun bat Sprague mich, als Experte bei der Planung des Jahrestreffens zu helfen, und erklärte sich zu meinem primären Klienten. Ich sah, wie ich die Rolle des Prozessberaters gegen die des Planungsexperten eintauschte, da wir die Planung des Meetings besprachen, ein Thema, über das ich offensichtlich mehr wusste als er. Diese Veränderung in meiner Rolle war uns beiden klar und wir machten sie explizit.

Wir klopften die einzelnen Elemente des Meetings hinsichtlich der von Sprague angesprochenen Ziele ab und die Idee tauchte auf, es könne weiterhelfen, wenn ich während des gesamten Meetings als Prozessberater anwesend wäre. Da mein Terminkalender dies zuließ, entschied Sprague mit meinem Einverständnis, ich solle während des gesamten Treffens verschiedene Rollen übernehmen. Ganz zu Beginn des Meetings sollte ich mich kurz zu Kultur und Strategie äußern und meine Rolle erläutern. Diese Rolle sah vor, dass ich zu beobachten versuchen sollte, wie sich diese Themen im Verlauf des Meetings zu einander verhalten. Am zweiten Tag sollte ich meinen Vortrag über Unternehmenskultur halten und, ein entscheidender Punkt, die Sitzungen am dritten Tag leiten, also an dem Tag, an dem die Gruppen ihren Konsens hinsichtlich zukünftiger Strategieoptionen umreißen wollten.

Bei diesen Konsensbereichen sollte es um Unternehmensstrategien gehen, doch es wäre für mich einfacher als für einen Insider, diesen Konsens zu überprüfen. Außerdem konnte der Chairman so eine beratende Funktion einnehmen. Daher erschien es uns beiden zweckmäßig, dass ich die Rolle des Konsensüberprüfers übernahm. Zudem war ich der Meinung, Sprague kenne den Chairman gut genug, um beurteilen zu können, ob er es für akzeptabel hielt, dass ein Außenseiter eine solche Rolle annimmt. Nach Spragues Verhalten während des Gesprächs zu urteilen, war er mit den Themen vertraut und kannte das Unternehmensklima gut. Ohnehin bot sich nicht mehr die Gelegenheit, den Chairman zu sprechen, ich musste diese Rolle also annehmen.

Meine Teilnahme an diesen drei Tagen entwickelte sich wie geplant. Der Chairman fand es von Vorteil, auf jemand von außen Kommenden zurückgreifen zu können. Er hatte so das Gefühl, sich stärker auf den Inhalt konzentrieren zu können, auf die strategischen Probleme, mit denen sich die Gruppe herumschlug. Es erlaubte ihm ein Ausmaß an Freiheit, das er so nicht kannte, da er in den Meetings bisher immer sowohl den Berater als auch den Chairman gespielt hatte. Er erklärte den anderen leitenden Managern meine Rolle und übernahm die Verantwortung für die Entscheidung, mich in diesen verschiedenen Rollen dabeizuhaben.

Meine aktiven Interventionen konzentrierten sich vor allem auf den Aufgabenprozess. Zum Beispiel versuchte ich gelegentlich einen Punkt zu verdeutlichen, indem ich wiederholte, was ich gehört zu haben glaubte, klärende Fragen stellte, Ziele wiederholte, den Konsens überprüfte, wenn man sich auf Übereinkünfte geeinigt zu haben schien, und die Bereiche protokollierte, in denen bereits Konsens erreicht worden war, um mich darauf in meiner Input-Sitzung zu beziehen. Als der Zeitpunkt für mein Feedback zur Unternehmenskultur gekommen war, beschränkte ich mich einleitend auf einige Definitionen und Beschreibungen der Unternehmenskultur als einer Sammlung von Grundannahmen, bat dann jedoch die Gruppe um Erläuterungen. Einige der Anwesenden wollten genauer wissen, wie ich ihre Unternehmenskultur empfände und bewerte, aber nach meinen bisherigen Erfahrungen war es besser, hier vage zu bleiben, denn selbst wenn ich mit einer technisch unangreifbaren Antwort hätte aufwarten können, hätte dies zu Abwehr und Verleugnung führen können. Ich hörte nicht auf zu betonen, nur Insider könnten die entscheidenden Grundannahmen des Unternehmens wirklich verstehen, und forderte die Gruppe auf, mir dabei weiterzuhelfen.

Am letzten Tag überprüfte ich offiziell den Konsens. Dazu strukturierte ich die diskutierten Themen und lud die Gruppe ein, ihre Ergebnisse vorzutragen, die ich dann auf Flipcharts schrieb, damit sie für alle deutlich sichtbar wurden. Da ich dabei ganz direkt vorging, konnte der Chairman seine eigenen Schlussfolgerungen freier äußern, ohne auf sein Recht zurückgreifen zu müssen, gegensätzliche Meinungen zu überstimmen. Da ich die drei Tage zugehört hatte, konnte ich viele Themen auf den Punkt bringen. Und ich zwang die Gruppe, Farbe zu bekennen, wenn ich den Eindruck hatte, die Mitglieder flüchteten sich in vage Aussagen. In dieser Rolle handelte ich teils als Prozessberater und teils als Managementexperte, indem ich manchmal die erreichten Ergebnisse kommentierte.

Zum Beispiel war die Rede von einer Dezentralisierung in einzelne Geschäftseinheiten, was jedoch die Machtposition der bereits aufgebauten Geschäftseinheiten verringern würde. Die Hauptquartiere der Geschäftseinheiten befanden sich alle in der Heimatstadt, d.h. in Wirklichkeit wurde im selben Maße zentralisiert wie dezentralisiert. Ich stellte die Folgen heraus, die sich daraus für eine Reihe anderer Vorgehensweisen ergeben würden, wie den Transfer von Angestellten über Abteilungs- oder geographische Grenzen hinweg.

Der Ausklang des Meetings war sehr positiv, und man beschloss, in einigen Monaten die Ergebnisse zu überprüfen. Als ich mich dazu mit Sprague traf, erfuhr ich, dass sowohl seiner Meinung wie der des Chairmans nach alles wie erwartet gelaufen war. Sie fanden beide, es habe, was Inhalt wie Ablauf angeht, sehr geholfen, mich als Outsider hereinzuholen, auf den man nach Bedarf zurückgreifen konnte.

Merke: Der Berater muss bereit sein, in dem der Wirklichkeit des entsprechenden Augenblicks angemessenen Modus zu arbeiten. Der Beginn jeder Kontaktaufnahme zu einem Klienten hat im Prozessmodus stattzufinden. Nur so kann der Berater die Wirklichkeit des Klienten erkunden und herausfinden, womit genau er ihm am gezieltesten beim Umgang mit dieser Wirklichkeit helfen kann. Entsprechend der Entwicklung der Beziehung und der Veränderung des Klientensystems treten neue Rollen in den Vordergrund. Diagnose und Intervention sind nicht voneinander zu trennen.

Fallbeispiel 1.2
Verschobener Aufbau eines Teams bei Ellison Manufacturing

Dieser Fall soll verschiedene Elemente der Prozessberatung verdeutlichen. Ich will mich nicht weiter darauf einlassen, wie ich in die folgende Situation geriet, sondern möchte hervorheben, was es bedeutet, gemeinsam Verantwortung für den Prozess zu übernehmen; dem Klienten die Verantwortung für sein Problem zu überlassen; dass selbst unsere unschuldigsten Nachfragen Interventionen sind, die unbekannte Konsequenzen nach sich ziehen können; und wie wichtig es ist, sein Nichtwissen einzusetzen und sich mit der Wirklichkeit auseinander zu setzen.

Seit ein paar Monaten bereits hatten zwischen dem Manager einer am Ort ansässigen Fabrik und mir Beratungsgespräche stattgefunden. Er suchte nach einer Strategie, wie er mehr Vertrauen unter seinen Managern untereinander sowie den Arbeitern und der Führung aufbauen konnte. Nach mehreren dieser monatlichen Sitzungen kam er zu dem Schluss, der logische nächste Schritt sei, sein gehobenes Management (seine unmittelbaren Untergebenen) zu einer zweitägigen Klausur einzuladen, um aus ihnen ein Team zu schmieden. Er vereinbarte ein Arbeitsessen mit mir und seinem Mann für die Organisationsentwicklung, um das zweitägige Meeting zu planen und festzulegen, wie mein Part bei dem Meeting beschaffen sein sollte.

Als wir uns zu Tisch gesetzt hatten, erklärte ich, ich bräuchte noch mehr Informationen über die Vorgaben und Teilnehmer dieses Treffens. Ich fragte: »Wer sind denn die Teilnehmer an dem Treffen und was ist ihre Rolle?« (Diese Frage macht deutlich, was ich darunter verstehe, sein Nichtwissen zu benutzen. Ich konnte zu der Planung nichts beitragen, wenn ich nicht wusste, wer bei dem Treffen in welcher Rolle dabei sein sollte.) Der Fabrikdirektor ging seine Liste mit seinen Untergebenen durch, aber als er zu dem dritten Namen kam, zögerte er. »Joe ist für die Finanzen zuständig, aber ich bin mir noch nicht sicher, ob er es drauf hat. Ich weiß noch nicht so recht, inwieweit er für seinen Job geeignet ist und ob ich ihn auf der Position lassen oder woanders hin setzen soll.« Darauf fragte ich nach, ob es noch andere Personen auf seiner Liste gebe, bei denen er Vorbehalte habe. Er meinte, da sei noch eine Person, die ihre Fähigkeiten noch nicht unter Beweis gestellt habe und vielleicht für das Team nicht in Frage komme. Ich wollte wissen, was seiner Ansicht nach wohl geschehen würde, wenn wir weitermachten und später einen oder beide feuerten. Er kam zu dem Schluss, das würde den Aufbau des Teams behindern und wäre auch gegenüber den beiden Leuten unfair, bei denen er sich nicht sicher war.

Nachdem wir Für und Wider dieser Klausur diskutiert hatten, entschloss er sich, sich zuerst über diese zwei fraglichen Personen klar zu werden und die

Klausur bis dahin aufzuschieben. Wir alle atmeten auf, dass dieser Punkt bereits jetzt statt zu einem späteren Zeitpunkt aufgetaucht war.

Merke: Die wesentliche Information trat auf eine unschuldige Frage hin zu Tage. Der Prozess des Informationseinholens erlaubte es dem Fabrikmanager zu der Entscheidung zu gelangen, die Sitzung abzusagen, weil er selbst die einzelnen Themen noch einmal durchdachte. Für ihn war dieses Arbeitsessen eine der hilfreichsten Interventionen, obwohl wir den Aufbau des Teams für den gegenwärtigen Zeitpunkt abgeblasen hatten.

Fallbeispiel 1.3
Das unnötige Managementmeeting bei Global Electric

Die Auseinandersetzung mit der sich ständig verändernden aktuellen Wirklichkeit verlangt vom Berater häufig die Bereitschaft, eher weniger als mehr zu tun. Dieses Fallbeispiel illustriert, wie wenig sinnvoll es ist, sich als Anbieter von Dienstleistungen zu verstehen, unabhängig davon, was in dem Klientensystem abläuft.

Man trat an mich heran, an der jährlich stattfindenden Managementkonferenz eines großen Schweizer multinationalen Unternehmens teilzunehmen, um dem Präsidenten bei der Planung eines Managementführungsteams zu helfen. Die Abteilungen arbeiteten zu isoliert voneinander, und falls es uns gelänge, unter dem Vorwand der von mir angebotenen Weiterbildung regelmäßig eine kleine Gruppe zusammenzubringen, könnte diese Gruppe allmählich dazu bewegt werden, die Probleme des Unternehmens anzugehen.

Der Kontaktklient war der Direktor für Managemententwicklung und -training, der mich während einiger Meetings über die Situation des Unternehmens informierte. Man brauchte unbedingt einen Vorwand für die geplanten autonomen Meetings der Abteilungsleiter, hatte zugleich aber den Eindruck, diese Meetings würden ohne jemanden von außen, der sowohl als vorgeschobener Anlass für das Meeting – d.h. das geplante Seminar – diente als auch als Motor, nicht in Gang kommen. Eine Ausbildungsintervention war daher sinnvoll, auch wenn es in Wirklichkeit darum ging, ein stärker zur Zusammenarbeit bereites Managementteam aufzubauen.

Nachdem unsere Planung vorangeschritten und ein einige Monate entferntes Datum festgesetzt worden war, vereinbarten wir ein Treffen mit dem Präsidenten im Hauptquartier in Europa, um die Details des Projekts zu besprechen. Bei dem Meeting mit dem Präsidenten schälte sich ein etwas anders gelagertes Thema heraus. Er machte sich Sorgen darüber, dass zwei seiner Abteilungsmanager die ganze Zeit über miteinander im Clinch lagen und sich gegenseitig das Wasser abgruben. Der eine der beiden war zu dominant, der andere zu unterwürfig. Ihm ging es darum, die beiden in einer Gruppensituation zusammenzubringen, in der durch das Feedback der Gruppe ihre »Schwächen« korrigiert würden. Ich war etwas skeptisch hinsichtlich der Möglichkeiten einer Gruppe, dies zu erreichen. Doch er wollte die Sache langsam angehen. Wir kamen zu dem Schluss, dass ihnen ein Seminar über Karriereanker und unterschiedliche Managementstile, wie es in einem anderen schweizerisch-deutschen Unternehmen erfolgreich durchgeführt worden war, weiterhelfen würde (Schein 1985).

Zwei Monate vor dem Seminar rief mich der Kontaktklient an und erklärte, es tue ihm schrecklich leid, aber das Seminar sei abgesagt worden, die Gründe dafür werde er mir später erklären; ich solle ihnen die Zeit berechnen, die mir verloren gegangen sei; sie wüssten noch nicht, ob das Seminar später stattfinden werde. Was tatsächlich vorgefallen war, erfuhr ich später, als ich einen anderen Klienten besuchte, der die Leute dieses Schweizer Unternehmens gut kannte. Die Abenteuer dieses Unternehmens hatten in der Industrie für einigen Gesprächsstoff gesorgt.

Ich hörte, der Präsident, habe sich über den »schwächeren« Manager so aufgeregt, dass er ihn ersetzte. Und dadurch schienen sich die meisten Schwierigkeiten, wegen derer man das Seminar anberaumen wollte, aufgelöst zu haben. Außerdem erfuhr ich von meinem Kontaktklienten, dass mein langes Gespräch mit dem Präsidenten zu dieser Entscheidung beigetragen hatte. Er hatte seine ursprüngliche Entscheidung und die Gründe dafür noch einmal gründlich durchdacht. Meine Skepsis hinsichtlich der Möglichkeiten der Gruppe war ihm nicht entgangen und daher hatte er einen anderen Weg zur Behebung der Probleme eingeschlagen.

Merke: Zwar war der Beratungsprozess kurz und anscheinend beendet, bevor er überhaupt begonnen hatte, doch scheinen die Interventionen dem Präsidenten während unseres Gesprächs über die Weiterbildungsintervention die Augen geöffnet zu haben, so dass er eine andere Strategie zur Problemlösung für angemessener hielt. Der Berater kann nicht von einem Moment auf den anderen wissen, welche Interventionen dem Klienten entscheidend weiterhelfen, aber in diesem Fall war mein Fachwissen über Gruppen und meine Frage, ob eine Gruppe ein zwischenmenschliches Problem zwischen zwei gewichtigen Spielern lösen könne, offensichtlich ausschlaggebend.

Schlussfolgerung: Probleme bei der Definition der Beraterrolle

Diese Beispiele machen deutlich, wie schwierig es ist, die sich ständig verändernde Wirklichkeit in einer dynamischen Klientensituation zu definieren, und wie notwendig, entsprechend neuer Informationen die Rollen zu verändern. Nicht nur die Richtung, in die der Klient sich bewegt, ist schwer vorhersehbar, dazu kommt, dass mit jeder Intervention neue Daten auftauchen, die das Hilfekonzept in einem neuen Licht erscheinen lassen. Häufig muss der Berater in den Expertenmodus wechseln, doch gewärtig sein, jederzeit ohne viel Aufhebens in den Prozessberatermodus zurückzuwechseln.

Viele Beschreibungen des Beratungsprozesses betonen, wie notwendig es sei, gleich zu Beginn einen schriftlichen Vertrag aufzusetzen. In meiner Wirklichkeit sieht es so aus, dass das Wesen dieses Vertrages und der Klient, mit dem ich diesen Vertrag schließen soll, ständig im Wandel begriffen sind. Der Abschluss dieses Vertrags hat daher mehr mit einem fortwährenden Prozess gemeinsam als mit einer Aktion, die es vor Beginn der Beratung zu erledigen gilt.

Der Berater solle sich auch, so heißt es bei vielen Modellen, klar darüber sein, wer genau der Klient ist. Ich bin mir immer vollkommen klar darüber, wer, wenn ich angerufen oder besucht werde, der Kontaktklient ist, aber sobald ich mit der Arbeit begonnen und wir den nächsten Schritt definiert haben, beginnt sich die Klientengemeinde auf unvorhersehbare Weise zu vermehren.

Übung 1.1

Reflexion über das Helfen

Diese Übung soll Ihnen klarmachen, dass Sie in der Helferrolle möglicherweise verschiedene Rollen übernehmen müssen. Sie können die Schritte 1, 2 und 6 alleine durchführen (20 Minuten) oder, wenn Sie sich in einem Workshop befinden, alle sechs Schritte mit einem Partner durcharbeiten (1 Stunde).

Erinnern Sie sich an die letzten Tage. Benennen Sie zwei oder drei Vorfälle, bei denen Sie jemand um Hilfe oder um Rat bat.

Versuchen Sie sich das Gespräch ins Gedächtnis zu rufen und identifizieren Sie die Rolle, die Sie in Reaktion auf diese Bitte um Hilfe übernahmen. Was wollte der andere von Ihnen? Wie reagierten Sie darauf? Hätten Sie auch anders reagieren können? Lässt sich Ihre Reaktion eindeutig in eine der oben beschriebenen Beratungsmodi – Experte, Arzt, Prozessberatung – einordnen?

Wenn Sie sich in einem Workshop befinden, suchen Sie sich nun einen Partner und beschreiben Sie Ihre Fälle, um sich dann von Ihrem Partner berichten zu lassen, wie er Ihr Verhalten sieht.

Analysieren Sie die Reaktion Ihres Partners auf Ihre Geschichte unter dem Gesichtspunkt, welche Rolle er in der Reaktion auf Ihre Geschichte einnahm und wie Sie darauf reagierten.

Kehren Sie die Rollen um und reagieren Sie nun auf die Geschichte Ihres Partners und analysieren Sie dann Ihre Reaktion und welche Reaktionen diese bei Ihrem Partner auslöste.

Reflektieren Sie über die Rollen, die Sie spontan einzunehmen scheinen, wenn Sie um Hilfe gebeten werden, und hinterfragen Sie, ob diese Rollen im Rückblick auf die Situation angemessen erscheinen. Gibt es andere Rollen, die Sie erlernen sollten?

2. Kapitel:

Die Psychodynamik der helfenden Beziehung

Beratung wird im Lexikon als Ratsuche oder professionelle Beratung definiert. Diese Definition passt ausgezeichnet zu dem im ersten Kapitel beschriebenen Arzt-Patient-Modell. Prozessberatung als Philosophie erkennt, dass hinter der Suche nach Rat oder hinter Beratung ein grundlegenderes Ziel steckt: Es geht um Hilfe für ein empfundenes Problem. Wir wollen einen Rat oder beraten werden, um Probleme zu lösen, die wir allein nicht lösen können. Und wir hoffen, dass die Beratung oder der Rat uns dabei weiterhelfen. Aber wie wir alle aus eigener Erfahrung wissen, helfen uns häufig Ratschläge und Beratung nicht weiter, was bei dem Hilfesuchenden zu Widerstand und Abwehr führt. Um diesen Widerstand besser zu verstehen, müssen wir uns näher mit der Psychodynamik der helfenden Beziehung beschäftigen und untersuchen, welche Bedingungen erfüllt sein müssen, damit Hilfe tatsächlich möglich wird.

Ebenso gilt es, die helfende Beziehung von einer Reihe anderer Beziehungen zu unterscheiden, die sich zwischen Menschen entwickeln können – wie die zwischen Gebendem und Nehmendem, zwischen Lehrer und Schüler, Freunden, Ehegatten sowie zwischen Vorgesetztem und Untergebenem. In jedem dieser Fälle kann Hilfe ein Thema der Beziehung sein, allerdings ein Thema unter vielen. Aber bei vielen Interaktionen zwischen Menschen geht es auch um den Austausch von etwas anderem als Hilfe.

Man kann dieses Feld unter anderem erkunden, indem man den expliziten und impliziten psychologischen Vertrag zwischen den Helfern und denen, denen sie helfen, genannt »Klienten«, untersucht. Wovon geht die jeweilige Partei aus, was glaubt sie zu geben und zu bekommen? Welche psychologischen Bedingungen müssen für einen erfolgreichen Austausch erfüllt sein? Zum Beispiel sind gegenseitiges Vertrauen, gegenseitige Akzeptanz und gegenseitiger Respekt unabdingbar für eine erfolgreiche helfende Beziehung. Wenn dies so ist, wie lassen sich diese Bedingungen herstellen? Der erste Schritt dazu ist ein klares Verständnis der psychologischen Kräfte, die am Werk sind, wenn ein Mensch einen anderen um »Hilfe« bittet.

Das anfängliche Statusungleichgewicht in helfenden Beziehungen

In vielen Kulturen wird Selbstvertrauen betont und großer Wert darauf gelegt, seine Probleme selbst zu lösen. Hilfe zu suchen und sich damit für eine gewisse Zeit abhängig von jemand anderem zu machen, gilt damit de facto als Eingeständnis der eigenen Schwäche oder des eigenen Versagens. Dies trifft vor allem auf westliche, wettbewerbsorientierte, individualisierte Gesellschaften zu. Die beiden an einer helfenden Beziehung beteiligten Parteien befinden sich zu Beginn in einer schiefen oder unbalancierten Beziehung. Dabei ist der Helfer »oben« und der Hilfesuchende »unten«. Aus diesem »Unten« des Klienten ergeben sich, das kann man sich ausrechnen, ein oder mehrere bewusste oder unbewusste Reaktionsmöglichkeiten, von denen jede darauf zielt, die Beziehung wieder ins Lot zu bringen.[7]

Mögliche Reaktionen und Gefühle des Klienten

1. Ablehnung und Abwehr (gegenseitige Abhängigkeit) manifestiert sich beim Klienten in der Nutzung jeder Gelegenheit, den Berater in ein schlechtes Licht zu rücken, seine Ratschläge herabzusetzen, die vorgebrachten Fakten anzuzweifeln und ihn herunterzuziehen, um sich selbst wieder gleichwertig fühlen zu können.

   »Ihr Vorschlag kann nicht funktionieren, weil …«
   »Daran habe ich auch schon gedacht und das geht nicht.«
   »Sie verstehen das nicht wirklich. Die Situation ist viel komplexer.«

2. Erleichterung darüber, das Problem und die damit verbundene Frustration endlich jemanden anvertraut zu haben, der einem vielleicht dabei weiterhelfen kann.

   »Ich bin so froh, mit jemandem darüber reden zu können.«
   »Dass Sie mir vielleicht bei meinem Problem helfen können, ist wunderbar.«
   »Ich bin froh, dass Sie verstehen, was ich durchgemacht habe.«

3. Abhängigkeit und Unterwerfung manifestieren sich in der vorrangigen Suche nach Bestätigung, Rat und Unterstützung.

»Was soll ich jetzt tun?«
»Ich habe Folgendes vor ... Sind Sie nicht auch der Meinung, dass das die richtige Vorgehensweise ist?«
»Ich bin so froh, dass mir jetzt jemand anderer einen Rat gibt, was ich tun soll.«

4. Übertragung von Wahrnehmungen und Gefühlen auf den momentanen Berater, die auf früheren Erfahrungen mit Helfern basiert. Diese Übertragung erscheint zunächst als gleichrangig mit den oben beschriebenen Reaktionen, beruht jedoch auf tieferen, unbewussten Projektionen, von denen vorerst weder Berater noch Klient etwas ahnen. Zum Beispiel kann der Berater als ein freundlicher oder unfreundlicher Elternteil oder als geliebter oder gehasster Lehrer aus der Vergangenheit wahrgenommen werden.

Dieses Gefühl, »unten« zu sein, wirkt sich nicht nur auf das Selbstwertgefühl aus, es macht sich noch weitaus stärker in der Beziehung zu anderen in der Organisation bemerkbar. In vielen Unternehmen wird das Hinzuziehen eines Beraters mit dem Eingeständnis gleichgesetzt, man sei nicht in der Lage, seine Arbeit zu machen. Während meiner vierteljährlichen Besuche bei einem europäischen Unternehmen, in dem ich fünf Jahre lang als Berater tätig war, wurde ich gelegentlich in die Kantine für Führungskräfte zum Essen eingeladen. Dort traf ich einige Manager, mit denen ich an verschiedenen Projekten gearbeitet hatte, und musste feststellen, dass sie mir auswichen und es vermieden, mir in die Augen zu sehen, als würden sie mich nicht kennen. Mein Gastgeber erklärte mir, sie wollten nicht, dass ihre Kollegen erführen, dass sie mit mir gearbeitet hatten, um nicht an Ansehen zu verlieren. Das Gegenstück zu diesem Gefühl sind die peinlichen Blicke, die bisweilen zwischen den Patienten ausgetauscht werden, die das Behandlungszimmer eines Psychiaters verlassen und denen, die im Wartezimmer sitzen. Manche Psychiater sind deshalb dazu übergegangen, einen Seiteneingang einzurichten, um ihren Patienten ein solches Spießrutenlaufen zu ersparen.

Reaktionen und Gefühle der Helfer

Die Gefühle des Klienten, seine Abwehr, Erleichterung, seine Entspannung und Abhängigkeit werden den Berater mit ziemlicher Wahrscheinlichkeit dazu verführen, den höheren Status und die Machtposition anzunehmen, die der Klient ihm anbietet. Wenn der Berater dann »oben« ist, kann das bei ihm eine Reihe von Gefühlen und Verhaltensweisen auslösen.

1. Diese Macht und Autorität dazu zu nutzen, voreilig Weisheiten von sich zu geben und den Klienten so noch kleiner zu machen.

   »Ganz einfach, gehen Sie nur wie folgt vor…«
   »Das ist kein wirkliches Problem. Ich will ihnen einmal erzählen, was ich in einer ähnlichen Situation gemacht habe, und das war damals wirklich übel.«
   »Ich weiß genau, was Sie da tun können. In dieser Situation war ich schon sehr häufig.«

2. Sich einlassen auf die Abhängigkeit und Überreaktion darauf, was sich gewöhnlich darin äußert, den Klienten unangemessenerweise zu unterstützen und zu bestärken.

   »Sie armer Kerl. Sie tun mir wirklich leid, das ist ja ganz schlimm für Sie.«
   »Sie stecken aber in der Klemme. Machen Sie einfach, was Ihnen richtig erscheint.«
   »Ich bin sicher, was Sie planen, wird klappen. Und wenn es nicht klappt, ist es nicht Ihre Schuld.«

3. Auf Abwehr mit noch größerem Druck antworten.

   »Ich glaube nicht, dass Sie meinen Vorschlag verstanden haben. Ich will Ihnen erklären, wie ich mir das vorstelle.«
   »Ich verstehe, dass Sie zögern, das auszuprobieren. Lassen Sie mich Ihnen nun erklären, warum bei diesem Vorschlag gar nichts schief gehen kann.«
   »Sie hören mir nicht zu. Das wird funktionieren. Vertrauen Sie mir. Versuchen Sie es.«

4. Widerstand, sich auf die Beziehung einzulassen, da die Aufgabe der Machtposition, »oben« zu sein, vom Berater verlangt, sich beeinflussen zu lassen und seine Wahrnehmung der Situation zu ändern.

   »Ich kann nicht sicher sagen, was hier helfen könnte. Aber Sie könnten Folgendes versuchen…«
   »Sie könnten es hiermit probieren…, aber wenn das nicht funktioniert, müssen wir einen neuen Termin vereinbaren, da ich nur wenig Zeit habe.«

»Haben Sie das bereits mit … besprochen? Vielleicht könnte er ihnen helfen.«

5. Gegenübertragung des Helfers, der einige seiner Gefühle und Wahrnehmungen auf den Klienten überträgt, die frühere Berater-Klienten-Beziehungen wiederherstellen. Es kann sein, dass der Klient den Helfer an jemanden aus der Vergangenheit erinnert und er auf diesen Klienten deshalb unbewusst genauso reagiert, wie er auf den Klienten damals reagierte.

Der Helfer bringt viele psychologische Neigungen und kulturelle Vorurteile mit in die Beziehung. Allein die Tatsache, um Hilfe gebeten zu werden, weist enorme Macht zu, impliziert, dass der Klient dem Helfer unterstellt, ihm helfen zu können, ihm Expertenwissen und die Verantwortung zutraut, die Situation nicht auszunutzen, und dass der Klient, falls er für die gewünschte Hilfe zahlt, mit einer entsprechenden Gegenleistung rechnet. Gleichzeitig fühlt sich der Helfer vielleicht frustriert, da er häufig glaubt, dem Klienten so viel mehr geben zu können, als dieser zu verlangen scheint; oder er fühlt sich enttäuscht, wenn das, was er als Hilfe auffasst, vom Klienten als nicht besonders hilfreich empfunden wird. Häufig sind Berater frustriert, dass sie zwar Hilfe anbieten, aber niemand zu ihnen kommt. Vor allem betriebsinterne Berater finden sich oft in dieser Situation wieder. Kommt dann endlich jemand und braucht Hilfe, sind sie so erleichtert, dass sie viel mehr »Hilfe« geben, als benötigt oder gewünscht wird.

Im weiteren Verlauf der Beziehung entdeckt der Berater häufig viel früher mögliche Lösungen als der Klient oder – schlimmer – gelangt zu der Einstellung, der Klient sei wirklich dumm, bekomme nichts geregelt, sehe nicht, was auf der Hand liegt, oder kapiere nichts. Ungeduld, Wut und Verachtung sind die Folge. Eines der frustrierendsten Rätsel für Helfer ist, dass seines Erachtens brillante Erkenntnisse oder Interventionen kaum wahrgenommen werden, während reine Routinefragen oder Beobachtungen vom Klienten als entscheidende Interventionen gepriesen werden. Nicht selten machen eher zufällige Ereignisse einen weitaus größeren Unterschied als sorgfältig berechnete Interventionen, was ein Beispiel zeigt.

Vor ein paar Jahren arbeitete ich mit dem Topteam eines jungen Unternehmens. Es ging dabei um ihre wöchentliche Freitagnachmittagssitzung. Mein Job dabei war, ihnen dabei zu helfen, ihre Sitzungen effektiver zu gestalten. Ich sah eine hart arbeitende Gruppe, die es nie schaffte, in den zwei Stunden mehr als die Hälfte ihrer mindestens zehn Punkte umfassenden Agenda abzuarbeiten. Ich versuchte verschiedene Interventionen, die darauf abzielten, ergebnislose Diskussionen oder Abschweifungen zu nicht auf der Agenda stehenden Themen zu unterbinden – vergebens. Mir dämmerte, ich musste mich zuerst damit befassen, wie diese Gruppe arbeitet. Gleichzeitig wurde mir klar, dass ich »mein Nichtwissen noch nicht eingesetzt« hatte, das heißt, ich hatte nicht wirklich verstanden, warum sie so arbeiteten, wie sie arbeiteten. Ich war von einem Stereotyp ausgegangen, wie das Meeting laufen sollte.

Nachdem ich viele frustrierende Sitzungen gesehen hatte, fragte ich schließlich vollkommen blauäugig, wie denn die Agenda zustande komme. Man erklärte mir, sie werde von der Sekretärin des Präsidenten zusammengestellt. Dabei wurde uns schlagartig klar, dass niemand wusste, wie sie die Liste zusammenstellte. Wir baten die Sekretärin ins Zimmer und sie erzählte uns, sie nehme die Themen, wie sie hereinkämen und tippe sie für das Meeting sorgfältig ab. Ohne dass ich ein Wort sagte, beschloss die Gruppe sofort, dieses System zu ändern. In Zukunft sollte sie eine Liste mit Themenvorschlägen präsentieren, in der die Gruppe dann ihre Prioritäten setzen würde, so dass die weniger wichtigen Themen nach hinten rückten oder fallen gelassen wurden. Die Qualität des Meetings und das Gefühl, weitergekommen zu sein, profitierten immens. Am meisten hatte der Gruppe dabei meine vollkommen unschuldige Frage nach der Herkunft der Agenda geholfen.

Eine der größten Schwierigkeiten für einen Helfer ist es, Leute zu finden, mit denen der Prozess des Helfens selbst diskutiert werden kann, mit denen die wunderbaren Interventionen, die zum Durchbruch führenden Erkenntnisse und die entsetzlichen Fehler besprochen und analysiert werden können. Der Klient ist sich häufig gar nicht bewusst, wie sanft ihm die Interventionen des Beraters zu entscheidenden Einsichten verhalfen – und es wäre kaum angebracht, würde der Berater ihn darauf hinweisen. Um Anerkennung zu finden und sich gegenseitig zu helfen, gründen in helfenden Berufen Tätige darum häufig Verbände. So können sie gegenseitig ihr Verhalten in einem sicheren Peer-Umfeld analysieren. Hier können sie Geschichten erzählen darüber, was hervorragend funktionierte, und Hilfe finden, wenn etwas weniger hervorragend funktioniert. Aus genau diesem Grund ist es bei der Arbeit mit Gruppen und Organisationen entscheidend, die Probleme als Teil eines Beratungsteams anzugehen, das sich nicht selten aus Insidern und Outsidern zusammensetzt, die die Interventionen gemeinsam planen und dann die Ergebnisse überprüfen.

In Anbetracht dieser Kräfte ist es nicht verwunderlich, dass die meisten Berater umgehend in eine Variante der Experten- oder Arztrolle schlüpfen, da der Klient dies ihrer Ansicht nach wünscht. Nach dem Motto: »Wenn ich keine brillante Diagnose liefere und einen guten Rat gebe, mache ich meine Arbeit schlecht und erfülle nicht die Erwartungen des Klienten.« Und: »Wenn ich bezahlt werde, muss ich dann nicht eine professionelle Arbeit abliefern, am besten in schriftlicher Form?«

Was ist dabei das Problem? Was ist hier falsch? Warum nicht einfach munter drauflos arbeiten als Arzt oder Experte? Vom Prozessberatungsstandpunkt aus betrachtet ist das Problem bei dieser Vorgehensweise, dass der Klient aus einem bewussten oder unbewussten Gefühl der Verwundbarkeit heraus häufig nur ungern die tiefer liegenden Gründe oder die ganze Komplexität dessen enthüllt, was ihm Sorge bereitet, solange er nicht überzeugt ist, dass der Berater ihn akzeptiert, unterstützt und – vor allem – bereit ist, ihm zuzuhören. Die Problemdarstellung am Anfang fungiert dabei oft als Test, um die Reaktion des Helfers zu sehen. Das wirkliche Problem taucht erst später auf, wenn gegenseitiges Vertrauen aufgebaut ist. Der Klient verbirgt bei den ersten Treffen vielleicht sogar manches vor sich selbst, gesteht sich vieles erst ein, wenn die Beziehung auf gegenseitigem Vertrauen beruht.

Um tatsächlich zu helfen, muss der Berater daher als erstes eine Beziehung schaffen, die das Selbstwertgefühl des Klienten wiederherstellt, das Statusgefälle zwischen Klient und Helfer wieder ins Lot bringt und das Gefühl der Abhängigkeit oder Gegenabhängigkeit abbaut, das der Klient möglicherweise anfangs empfindet. Wird es versäumt, eine solche gleichwertige Beziehung aufzubauen, besteht das Risiko, dass der Klient sein Problem nicht offen legt, nicht zuhört, in der Abwehrhaltung verharrt und auf vielfältige Weise die angebotene Hilfe unterminiert. Dann sind Klient wie Helfer auf der Verliererseite.

Aushandeln von impliziter Rolle und Status

Man muss, will man die Beziehung ins Lot bringen, über die soziale Dynamik von Status und Rolle Bescheid wissen. Eine subtile, aber gewaltige Macht in helfenden Beziehungen kommt dabei dem Status und der Rolle zu, die sich die beiden Parteien anfangs entsprechend den kulturellen Normen und persönlichen Gewichten gegenseitig zuweisen. Wenn wir uns mit einem Problem herumschlagen und glauben, ohne Hilfe von außen nicht weiterzukommen, durchlaufen wir eine Reihe bewusster und unbewusster Prozesse, durch die wir uns klar werden, ob wir uns damit an einen Freund, unseren Ehegatten, den Chef, einen Therapeuten, Psychiater, Sozialarbeiter, Arzt, Anwalt oder einen anderen Berater wenden. Entschließen wir uns dazu, einen professionellen Berater aufzusuchen, müssen wir uns überlegen, ob wir zu einem fremden oder einem uns bereits bekannten Berater gehen wollen. Im ersteren Fall stellt sich das Problem, jemanden auszusuchen, dem wir zutrauen, uns wirklich zu helfen. Wie sollen wir dabei vorgehen? In diesem Selektionsprozess bauen wir eine Vorstellung darüber auf, was wir von dem Helfer bekommen werden, und diese Vorstellung kann seinen tatsächlichen Möglichkeiten in die Quere kommen.

Aus diesem Grund wird in der Beratungsliteratur so großes Gewicht auf den »Vertrag« am Anfang der Beziehung gelegt. Doch in den frühen Stadien ihrer Beziehung reichen weder die Informationen des Helfers noch die des Klienten aus, um einen hieb- und stichfesten Vertrag ausarbeiten zu können. Vielleicht wäre es daher ein besseres Konzept, sich über »wechselseitige Erwartungen« zu einigen als über einen »Vertrag«. Der Helfer sollte sicherlich über die impliziten Erwartungen des Klienten Bescheid wissen, allerdings können einige dieser impliziten Erwartungen unbewusst sein und erst zum Vorschein kommen, wenn sie verletzt werden. Zum Beispiel gehen Klienten insgeheim oft davon aus, dass die Geschichte, die sie erzählen, zweifelsohne akzeptiert wird. Will der Berater dann wissen, warum der Klient dieses oder jenes getan hat oder zu tun gedenkt, ist er vielleicht schockiert und entsetzt. Erst dann wird den beiden beteiligten Parteien klar, dass stillschweigend von einer Billigung ausgegangen worden und diese auch gewünscht war.

Auf der Seite des Beraters kann es die implizite Erwartung geben, dass seine Vorschläge angehört werden und eine faire Chance bekommen. Er wird seinerseits geschockt und entsetzt sein, wenn der Klient sich gegen ihn wendet und seinen Vorschlag als trivial oder offensichtlich nicht umsetzbar abtut. Beim Aufbau einer helfenden Beziehung ist es wichtig, dass man versucht, aus solchen Gefühlen zu lernen und sie nicht als Anlass nimmt, voneinander enttäuscht zu sein. Sie müssen als normaler Prozess beim Aufbau einer Beziehung betrachtet werden, als ein Zugang zu neuen Erkenntnissen und Lernprozessen.

Diese sozialen Kräfte werden weiter kompliziert durch die Psychodynamik der Übertragung und Gegenübertragung, die vom Berater verlangt, sein Augenmerk auf die Projektionen des Klienten zu richten – darauf, was der Klient auf ihn projiziert, und darauf, was er selbst auf die Wirklichkeit des Klienten projiziert bzw. wie sehr er dazu tendiert, diese Wirklichkeit falsch zu verstehen. Für den Berater bedeutet die Wahrnehmung der Realität und der Umgang mit ihr vor allem zu lernen, seine eigenen inneren Verzerrungen wahrzunehmen und damit umzugehen. Es ist von entscheidender Bedeutung, dass Berater lernen, ihr Nichtwissen einzusetzen und ihre Stereotype zu überwinden.

Die Beziehung wird erst dann fruchtbar, wenn beide Parteien sich mit ihrem eigenen Status und ihrer eigenen Rolle sowie denen des Gegenübers wohl zu fühlen beginnen. Dabei beeinflussen kulturelle Normen unsere Anschauung darüber enorm, welche Form der Abhängigkeit wir legitimer finden. Man ist eher bereit, sich in eine Abhängigkeit zu begeben, wenn man einen hochangesehenen Therapeuten, Psychiater, Coach oder Berater aufsucht, als wenn man sein Problem einem Freund oder Bekannten anvertraut. Wer sich mit einem beruflichen Problem an seinen Chef wendet, wird sich weniger vorsehen, sich abhängig zu machen, als wer damit zu einem gleichrangigen Kollegen oder einem Untergebenen geht.

In jeder Gesellschaft gibt es Normen darüber, welche Formen der Abhängigkeit als legitim betrachtet werden und welche einen Gesichtsverlust zur Folge haben. In der westlichen, wettbewerbsorientierten, individualistisch geprägten Gesellschaft gilt so gut wie jede Abhängigkeit als Gesichtsverlust, während in vielen asiatischen Gesellschaften die Abhängigkeit von Älteren oder Höhergestellten geradezu erwartet wird. Je egalitärer eine Gesellschaft ist, desto schwieriger ist es, sich darüber klar zu werden, welche Gefühle gegenseitige Abhängigkeiten auslösen. Daher ist wohl die Klärung solcher Gefühle in der westlichen Gesellschaft schwieriger als in vielen anderen Kulturen.

Beziehungsaufbau auf verschiedenen Stufen gegenseitiger Akzeptanz

Bei der ersten Begegnung zwischen dem Hilfesuchenden und dem Helfer treten sämtliche oben beschriebenen Faktoren in Aktion. Wie entwickelt sich dann aus dem ersten Gespräch allmählich eine Beziehung, in der die beiden Parteien einander zuhören, verstehen und ihre wechselseitigen Bedürfnisse erfüllen? Das beste Modell, um diesen Prozess zu beschreiben, ist, das Ganze als eine Reihe gegenseitiger Tests zur Überprüfung zu sehen, auf welcher Stufe die Parteien einander jeweils akzeptieren können. Während der Klient seine Geschichte darstellt, wird er sehr genau darauf achten, inwieweit der Berater aktiv zuhört, das Gesagte versteht und ihn unterstützt. Erscheint ihm die Unterstützung sicher und hat er das Gefühl, was immer er sagt, wird – wenn auch nicht alles vollkommen gutgeheißen – so doch zumindest verstanden, wird er sich auf eine privatere, intimere Stufe vorwagen, bis er fürchtet, er könnte zuviel von sich preisgeben und damit den Helfer oder vielleicht sogar sich selbst überfordern. Der Berater muss sich darüber im Klaren sein, dass kulturelle Normen stets begrenzen, wie »offen« ein Gespräch werden kann. So etwas wie »alles raus lassen« gibt es nicht. Es wird immer Bewusstseinsebenen geben, die der Klient für sich behalten und nicht einmal einem Berater, dem er vertraut, enthüllen will. Und es gibt Bewusstseinsschichten, die wir nicht einmal selbst akzeptieren können und deshalb verdrängen.

Auf der anderen Seite wird der Helfer genau austarieren, wie der Klient auf seine Anregungen, Fragen, Vorschläge und auf sein ganzes Auftreten als Berater reagiert. Er will herausfinden, wie groß die Abhängigkeit ist, auf die der Klient sich einzulassen bereit ist, und wie bereit er (der Berater) selbst ist, sich auf diese Abhängigkeit einzulassen. Je mehr der Klient den Berater akzeptiert, desto bereiter wird dieser (der Berater) ihn in seine verborgeneren Gedankengänge einweihen und eine tiefere Gesprächsebene zulassen. Aber während dieses gesamten Prozesses überprüfen sich die beiden Parteien ständig gegenseitig und achten auf gefährliches Feedback. Tritt dieses dann auf, müssen beide Parteien ihre Beziehung erneut auskalibrieren und den psychologischen Vertrag überdenken: Hat eine der beiden Parteien eine implizite Grenze übertreten? Lässt sich der implizite Vertrag neu verhandeln oder hat die Beziehung eine Ebene erreicht, über die sie nicht hinauskommt? Oder, schlimmer noch, wurde sie in einem Ausmaß beschädigt, dass entweder Klient oder Berater das Gefühl haben, sie beenden zu müssen? Wir alle haben diese Erfahrung bereits gemacht, Vertrauen aufzubauen kostet weitaus mehr Kraft und Zeit, als es zu verlieren. Entscheidend bei dem Aufbau gegenseitigen Vertrauens ist daher, dabei langsam vorzugehen, das Ziel – zunehmende gegenseitige Akzeptanz und gleich hoher Status in der Beziehung – nicht aus den Augen zu verlieren. Die kritischen Interventionen bestehen darin, den Klienten seine Geschichte erzählen zu lassen und engagiert nachzufragen, d.h. der Helfer arbeitet mit seinem Nichtwissen und behebt seine Wissenslücken.

Dieser Prozess, das gilt es zu beachten, kann durchaus als wechselseitiger Prozess des Helfens betrachtet werden. Der Helfer kann Vertrauen herstellen, indem er tatsächlich auf jeder Ebene akzeptiert, was der Klient von sich preisgibt, und dabei vielleicht auch seine eigenen Vorstellungen über das Geschehen ändert. In einem gewissen Sinn ist der Helfer vom Klienten abhängig, um exakte Informationen zu erhalten und die benötigte emotionale Rückmeldung. Und der Helfer muss bereit sein zu helfen, damit der Klient das notwendige Vertrauen aufbauen kann, ohne das er seine tieferen Gefühle nicht zeigen wird. Je mehr die beiden Parteien sich gegenseitig helfen und helfen lassen, desto ausgeglichener wird die Beziehung.

Implikationen für die Praxis

Um ein Klima für eine effektive Beratungssituation zu schaffen, muss sich der Helfer zunächst die bislang dargestellten fünf übergreifenden Prinzipien vergegenwärtigen (»Versuche stets zu helfen«; »Verliere nie den Bezug zu der aktuellen Realität«; »Setze dein Nichtwissen ein«; »Alles, was du tust, ist eine Intervention«; »Das Problem und seine Lösung gehören dem Klienten«). Dem können wir nun ein sechstes Prinzip hinzufügen, dass es stets zu beachten gilt.

> *SECHSTES PRINZIP*
> ***Geh mit dem Flow***
> *Jedes Klientensystem entwickelt eine Kultur und versucht, seine Stabilität aufrechtzuerhalten, indem es an dieser Kultur festhält. Jeder Klient entwickelt seine eigene Persönlichkeit und seinen Stil. Da mir diese kulturellen und individuellen Wirklichkeiten nicht von Anfang an bekannt sind, muss ich erst herausfinden, wo der Klient motiviert ist und wo er bereit ist, sich zu ändern. In diesen Bereichen kann ich dann ansetzen.*

Der Helfer muss herauszufinden versuchen, in welche Richtung sich der Klient und die Beziehung entwickeln, und er darf nicht versuchen, die Situation mit zu vielen Anliegen oder Stereotypen zu überfrachten. Falls es mir tatsächlich darum geht, die Realität dieser Situation zu erfassen, und ich Zugang dazu habe, was ich wirklich nicht weiß, und mir darüber im Klaren bin, dass alles, was ich frage oder tue, eine Intervention ist und dass ich mir das Problem nicht selbst aufladen muss, erscheint mir die Vorstellung vollkommen natürlich, mit dem Flow zu gehen, mich von den Gefühlen des Klienten und meinen Reaktionen darauf leiten zu lassen, statt mich nach willkürlichen Regeln über den richtigen Verlauf einer Beratung zu richten.

Es hilft, wenn man sich dabei über die bereits erwähnten Fallen im Klaren ist und sich immer wieder fragt: »Arbeiten wir als Team?« »Ist die Beziehung, was den Status angeht, ausgeglichen?« »Bekommen und geben wir entsprechend den jeweiligen Erwartungen?« Prozessorientierte Fragen wie »Hilft dieses Gespräch?« »Bekomme ich einen Eindruck von dem Problem?« »Sprechen wir über die richtigen Themen?« helfen Ihnen dabei, den richtigen Kurs zu halten.

Geht der Berater davon aus, dass die Situation, in der der Klient sich befindet, wahrscheinlich komplex ist und er zu Beginn der Beziehung von dieser Komplexität keine Ahnung haben kann, wird er sich mit voreiligen

Bewertungen und Urteilen zurückhalten. Es geht nicht nur darum, damit nicht laut hinauszuplatzen, sondern vielmehr sollte man sich klarmachen, wie wenig man weiß und wie unangebracht es daher ist, die Situation erahnen oder beurteilen zu wollen. Eine nichtdirektive Interviewweise, die dem Klienten den Platz am Steuer überlässt und ihm erlaubt, seine Sichtweise darzustellen, wird einen am ehesten vor solchen vorschnellen Urteilen bewahren und den Klienten im Prozessverlauf das Gefühl vermitteln, ernstgenommen und geschätzt zu werden. Das nächste Kapitel beschäftigt sich eingehend mit dieser »aktiven Frageweise«.

Zusammenfassung und Schlussfolgerung

Ich versuchte die wesentlichen psychodynamischen Punkte in der helfenden Beziehung darzustellen, indem ich die psychologische Ausgangslage des Hilfesuchenden und des Helfers beschrieb sowie die ersten Interaktionen zwischen den beiden Parteien. Das strategische Ziel dabei ist, einen psychologischen Zustand zu schaffen, in der es einen funktionierenden psychologischen Vertrag gibt, eine Situation, in der jede Partei den jeweiligen Erwartungen entsprechend gibt und nimmt und in der Helfer und Klient sich als Team zu fühlen beginnen, dessen Zusammenarbeit sich zunächst auf die Diagnose des Klientenproblems konzentriert und sich dann den nächsten Schritten zuwendet. Die Schaffung eines solchen funktionierenden psychologischen Vertrags setzt bei beiden Parteien eine Einsicht in ihre ursprüngliche vorurteilsbehaftete Wahrnehmung der Situation voraus und die Bereitschaft, sich auf ein Gespräch einzulassen, in dem diese Vorurteile und Klischees auftauchen dürfen. Gleichzeitig dürfen beide es nicht an gegenseitigem Respekt und wechselseitiger Unterstützung fehlen lassen.

Das Dilemma beim Schaffen einer funktionierenden helfenden Beziehung ist, dass beide Parteien sich zunächst kennen lernen müssen, gleichzeitig jedoch eine sichere Umgebung für den Klienten bereitet werden muss, damit dieser seine Geschichte erzählen kann, da der Klient zu Beginn der Beziehung verletzlicher und abhängiger ist als der Helfer. Die Helfer müssen dem ursprünglichen Impuls widerstehen, in dieses Machtvakuum vorzurücken, das die Klienten mit ihrem Problemeingeständnis schaffen. Statt dessen sollten sie sich auf eine Balance zwischen ihrem Status und dem des Klienten konzentrieren. Helfer müssen erkennen, dass sie auf die Hilfe des Klienten angewiesen sind, wenn sie die Realität ihres Klienten wirklich erfassen wollen, und dass eine helfende Beziehung am besten funktioniert, wenn beide Parteien der Meinung sind, sich gegenseitig zu helfen, obwohl sie sich explizit mit den Problemen des Klienten befassen.

Die übergreifenden Prinzipien, die es dabei ständig im Kopf zu behalten gilt, lauten:

1. *Versuche stets zu helfen.*
2. *Verliere nie den Bezug zu der aktuellen Realität.*
3. *Setze dein Nichtwissen ein.*
4. *Alles, was du tust, ist eine Intervention.*
5. *Das Problem und seine Lösung gehören dem Klienten.*
6. *Geh mit dem Flow.*

Die im nächsten Kapitel geschilderten Fallbeispiele erläutern viele der hier vorgestellten Punkte.

Übung 2.1

Hilfe geben und nehmen

In dieser Übung sollen Sie lernen, (1) explizit in die Rolle des Helfers zu schlüpfen; (2) die psychologische Dynamik zwischen Helfer und Klient zu beobachten und (3) sich auf die Technik zu konzentrieren, bewusst mit Ihrem Nichtwissen zu arbeiten.

1. Bitten Sie einen Freund, über ein Problem oder ein Thema, das ihn bewegt, mit Ihnen zu sprechen.
2. Versuchen Sie ganz bewusst, während Ihr Freund Ihnen sein Problem darstellt, im Kopf oder auf einem Blatt Papier alles festzuhalten, was Ihnen zu dem Problem einfällt und worüber sie nichts wissen.
3. Versuchen Sie, eine Reihe von Fragen zu formulieren, durch die Sie mehr erfahren, und stellen Sie diese.
4. Bemühen Sie sich, auf die Geschichte Ihres Freundes nicht zu reagieren, weder mit einem Ratschlag, noch mit einem Urteil oder emotional.
5. Diskutieren Sie nach etwa zwanzig Minuten miteinander die Gefühle, die Sie während der vorangegangenen zwanzig Minuten bewegten. Achten Sie dabei darauf, ob darunter auch einige der in diesem Kapitel erwähnten Gefühle waren.

6. Werfen Sie einen Blick zurück auf die »Wissenslücken«, um zu überprüfen, wie erfolgreich Sie Ihre Klischees und Vorurteile überwinden konnten.

3. Kapitel:

Aktives Fragen und Zuhören zum Ausbalancieren des Statusgleichgewichts

Es muss nicht erwähnt werden, dass der Berater anfangs vor allen Dingen dem Klienten genau zuhören muss. Allerdings ist Zuhören eine komplexe Tätigkeit, bei der man aktiv oder passiv vorgehen kann. Wenn wir mit dem Flow gehen und mit unserem Nichtwissen arbeiten wollen, müssten wir, so könnte man auf den ersten Blick meinen, relativ passiv und aufmerksam sein, um den Klienten seine Geschichte so erzählen zu lassen, wie er es für richtig hält. Häufig jedoch stellt der Klient einfach eine oder zwei Fragen und verstummt mit einem erwartungsvollen Blick. Und in diesem Augenblick muss der Berater sich hüten, nicht in die Falle zu tappen und sich die gesamte Macht aufzuladen, die ihm angeboten wird.

Zum Beispiel kann der Klient nach einer langwierigen Diskussion über strategische Probleme, denen die Organisation sich gegenüber sieht, die Frage äußern: »Wie soll ich also mein Führungsteam organisieren?« Der Berater, erpicht darauf, sein Fachwissen zur Schau zu stellen, fühlt sich vielleicht versucht zu antworten: »Warum arbeiten Sie nicht mit der Gruppe und bauen ein Team auf? Ich könnte ein Seminar zur Teamentwicklung für Sie planen.« Nicht nur, dass der Klient dieses Angebot möglicherweise nicht versteht, möglicherweise gewinnt sein Bedürfnis nach Abhängigkeit die Oberhand, und er stimmt zu und lässt sich damit auf etwas ein, was unter Umständen gar nichts mit seinem Problem zu tun hat. Oder sein Gefühl, der Unterlegene zu sein, gewinnt die Oberhand, und der Klient zieht insgeheim den Schluss, sein Berater wolle nur sein Lieblingsstandardprodukt verkaufen, weshalb er den Vorschlag ablehnt, obwohl er durchaus die Lösung seines Problems bedeuten könnte. In keinem der beiden Fälle fand eine Hilfe statt.

Ginge man nach der Prozessberatungsphilosophie vor, achtete man vor allem auf die Psychodynamik, die am Werk ist, wenn der Klient erstmals ein Problem darstellt oder eine Frage stellt, und begänne erst dann, Fragen zu stellen. Diese Fragen dienten vielen Zielen, vor allem jedoch ginge es dabei darum, das Selbstwertgefühl des Klienten wiederaufzubauen und seinen Status zu heben. Im Zentrum dieses Aufbau- und Statussteigerungsprozesses steht das Anliegen, dem Klienten zu vermitteln, dass er seine eigenen Probleme besser verstehen (und vielleicht die nächsten Schritte selbst erarbeiten) kann.

Dahinter verbirgt sich die Annahme, der Klient müsse beginnen, sich in der Beziehung sicher zu fühlen, um auf die wesentlichen Punkte seiner Geschichte zu sprechen zu kommen und den Helfer nicht auf der Grundlage falscher Informationen arbeiten zu lassen. Der Trick dabei ist, während dieses Prozesses aktiv zu bleiben und die Fäden nicht aus der Hand zu geben, während man eine unterstützende, zuhörende Haltung einnimmt. Der Prozess, diese Situation zu schaffen, lässt sich als aktives Fragen und Zuhören auffassen, das mehr ist als einfaches Zuhören.
Der aktive Frageprozess dient verschiedenen Zwecken:

1. der Steigerung des Selbstwertgefühls und des Status des Klienten;
2. dem Einholen von möglichst vielen Informationen über die Situation;
3. dem Einbinden des Klienten in den Diagnose- und Planungsprozess;
4. der Schaffung einer Situation, in der der Klient sich sicher genug fühlt, angstauslösende Informationen und Gefühle preiszugeben.

Strategisch wird Statusausgleich und Aufbau eines Teams mit dem Klienten angestrebt, damit (1) diagnostische Erkenntnisse sinnvoll wirken können, da Klient und Helfer dieselbe Sprache sprechen, und (2) Abhilfemaßnahmen realistisch sind, da der Klient sie gemäß den Regeln seiner eigenen Kultur als wirksam empfindet. Taktisch muss man beim aktiven Fragen und Zuhören bewusst darauf achten, dass die Geschichte des Klienten zur Gänze enthüllt wird und der Klient anfängt, selbst diagnostisch zu denken. Falls die Geschichte des Klienten nicht in dessen eigenen Worten erzählt wird und nicht seine eigenen Vorstellungen und Konzepte zum Vorschein kommen, kann der Berater keinen realistischen Eindruck von den tatsächlichen Vorgängen bekommen. Es ist zu einfach, aus den eigenen Erfahrungen in das, was der Klient berichtet, hineinzuprojizieren. Der Berater muss also durch sein Verhalten am Anfang den Klienten dazu stimulieren, seine Geschichten so vollständig wie möglich zu erzählen, und ihm auf eine möglichst neutrale und nicht beurteilende Art zuhören.

Aktives, nichtbeurteilendes Zuhören versichert dem Klienten zudem, dass seine möglicherweise angstauslösenden Enthüllungen legitim sind. Die Beziehung zwischen Helfer und Klient muss sich zu etwas entwickeln, was Bill Isaacs einen sicheren »Container« (also Behältnis, Umfeld) nennt, der es ermöglicht, Themen anzugehen, die »für normale Verhältnisse zu heiß sind«.[8]

Dieser Prozess lässt sich mit Hilfe verschiedener Fragen stimulieren, die jedoch sorgfältig formuliert werden müssen, um nicht die Geschichte zu stören. »Die Geschichte« spiegelt wider, was nach Empfinden des Klienten abläuft und möglichst unverfälscht dargestellt werden sollte.

FORMEN AKTIVEN FRAGENS UND ZUHÖRENS

I. Reine Tatsachenfragen

Der Klient kontrolliert das Gespräch sowohl was den Prozess als auch was den Inhalt angeht. Die Rolle des Beraters besteht darin, den Klienten zum Erzählen anzuregen und aufmerksam und neutral zuzuhören.

»In welcher Situation befinden Sie sich?« »Können Sie mir schildern, was da passiert?« »Beschreiben Sie die Situation.« »Erzählen Sie mir mehr dazu. Fahren Sie fort.«

II. Explorative diagnostische Fragen

Der Berater leitet den Prozess ein, der die Art und Weise zum Gegenstand hat, wie der Inhalt analysiert und Analyse verarbeitet wird, nimmt jedoch Abstand, eigene inhaltlichen Ideen, Vorschläge, Ratschläge oder Optionen einzubringen.

1. *Exploration emotionaler Reaktionen*
   »Wie fühlten Sie sich dabei?« »Wie reagierten Sie darauf?« »Wie reagierten und fühlten sich andere?«
2. *Exploration der Ursachen und Beweggründe für Handlungen und Ereignisse*
   »Warum gingen Sie so vor?« »Warum geschah das Ihrer Meinung nach?« »Warum machte der andere das?«
3. *Exploration der Handlungen; Vergangenheit, Gegenwart und Zukunft*
   »Wie reagierten Sie darauf?« »Was wollen Sie tun?« »Was taten die anderen?« »Was werden die anderen tun?« »Welche Optionen haben Sie?« »Was sollten Sie tun?«

III. Konfrontative Fragen

Der Berater teilt dem Klienten seine eigenen Gedanken und Reaktionen zum bzw. auf den Prozess und den Inhalt der Geschichte mit. Durch die Äußerung seiner Ideen »zwingt« der Berater den Klienten, die Situation von einer neuen Perspektive aus zu überdenken, da diese Fragen per definitionem konfrontativ sind.

1. *Gedanken zum Prozess*
   »Hätten Sie nicht Folgendes tun können...?« »Haben Sie daran gedacht, ... zu tun?« »Warum sind Sie nicht so ... vorgegangen?« »Haben Sie andere Optionen in Betracht gezogen?« »Sie könnten...«
2. *Inhaltliche Gedanken*
   »Haben Sie die Möglichkeit in Betracht gezogen, dass Sie überreagierten?« »Machte Sie das nicht wütend (nervös, glücklich, etc.)?« »Vielleicht lief da ganz etwas anderes ab, als Sie dachten?«

© Schein 1998

Abb. 1: Formen aktiven Fragens und Zuhörens

Verschiedene Formen des aktiven Fragens und Zuhörens

Reine Tatsachenfragen

Vor den reinen Tatsachenfragen kommt *Schweigen*. Der Helfer sollte durch seine Körpersprache und Augenkontakt zeigen, dass er zuhört, aber er muss nichts sagen. Der Klient sollte einfach darauf vorbereitet werden, seine Geschichten auszubreiten. Reicht das Schweigen allein nicht, ihn zum Erzählen zu bringen, kann der Berater, wenn ihm das angemessen erscheint, zu einer der folgenden einleitenden Fragen greifen.

»Erzählen Sie mir, was los ist.«

»Wie kann ich Ihnen helfen?«

»So...« (begleitet von einem erwartungsvollen Blick)

»Was bringt Sie zu mir?«

»Können Sie mir Beispiele dafür nennen?«

»Können Sie mir detaillierter erzählen, was geschah?«

»Wann passierte das zum letzten Mal?«

Wichtig ist, in der einleitenden Frage keinesfalls ein Problem zu unterstellen, denn das könnte genau das sein, was der Klient zu verleugnen sucht. Anfangs sollte der Schwerpunkt ausschließlich auf dem Geschehen liegen, damit der Klient die Geschichten nach seinem Dafürhalten strukturieren kann. Wie wir im weiteren Verlauf sehen werden, fördern Warum-Fragen das diagnostische Denken und das könnte der Geschichte vorgreifen, wegen der der Klient überhaupt Hilfe suchte. Zum Beispiel kann der Klient aus seinem Unterlegenheitsgefühl heraus anfangen, den Berater über seine Qualifikationen zu befragen, ohne ein Wort darüber zu verlieren, warum er hier ist. Fragen wie »Was ist Ihr Problem?« unterstellen das Vorhandensein eines Problems, der Klient aber ist vielleicht gar nicht bereit, dieses Problem anzusprechen, solange er sich in der Beziehung nicht wohl fühlt.

Was immer der Klient nun berichtet, zum aktiven Fragen und Zuhören gehört das übliche Aufmerksamkeit bekundende Kopfnicken, ein gelegentliches Brummen oder ein anderes Zeichen dafür, dass der Berater bei der Sache ist und – falls notwendig – sporadisches Nachhaken wie »Erzählen Sie weiter«, »Erzählen Sie mir darüber etwas mehr« und »Was geschah dann?« Das Ziel ist nicht zu strukturieren, wie der Klient seine Geschichte erzählt, sondern ihn dazu zu bringen, die ganze Geschichte zu erzählen, damit der

Berater seine Wissenslücken füllen und zu einem umfassenden Verständnis der Situation gelangen kann. Der Bitte um Beispiele kommt als Option eine besondere Bedeutung zu, da die Geschichte häufig auf einer so abstrakten Ebene angesiedelt wird, dass der Berater leicht seine eigenen Hypothesen über die Abläufe auf die Geschichte projiziert und dabei übersieht, was der Klient wirklich zu sagen versucht.

Robert Fritz weist darauf hin, dass es beim Zuhören hilfreich sein kann, die Szene, die Beteiligten, das Setting und den Ablauf zu visualisieren und sich von dem Vorgang ein mentales Bild zu schaffen. Durch eine solche aktive Visualisierung beugt der Berater abschweifenden Gedanken oder Tagträumereien vor und behält die Details der Geschichte besser im Gedächtnis. Wie Fritz erklärt, erleichtert die aktive Visualisierung dem Zuhörer, die Wirklichkeit der Strukturen zu erkennen, in denen der Klient lebt.[9]

Irgendwann, das lässt sich nicht vermeiden, verlangsamt sich der Erzählfluss des Klienten oder er endet ganz. Dann bringt auch weiteres Nachhaken nichts mehr. Nicht selten bricht der Klient mitten in der Geschichte ab und fragt unvermittelt: »Was halten Sie davon?« oder »Was kann ich da machen?« Dann gilt für den Berater wieder äußerste Achtsamkeit, nicht in die Expertenfalle zu tappen, indem er auf diese Frage eingeht. Falls der Berater glaubt, der Klient sei noch nicht bereit für einen Rat oder einen Vorschlag, stehen ihm mehrere Optionen zur Verfügung, ihn am Haken zu behalten und ihn an seinem Problem arbeiten zu lassen. Eine Option ist, dem Gespräch eine Wende in Richtung diagnostische Erhebung zu geben.

Explorative diagnostische Fragen

Bei dieser Frageform beginnt der Berater das Denken des Klienten bewusst zu beeinflussen, indem er den Schwerpunkt auf andere Themen legt als die, die der Klient in seiner Geschichte in den Mittelpunkt rückte. Beachten Sie, dass diese Fragen nicht den Inhalt der Geschichte beeinflussen, sondern den Aufmerksamkeitsfokus in der Geschichte. Es gibt drei grundlegend unterschiedliche Möglichkeiten, diesen umzulenken.

1. Gefühle und Reaktionen

Den Klienten darauf fokussieren, wie er, auch emotional, auf die soeben beschriebenen Vorfälle reagierte:

»Wie fühlten Sie sich dabei?«

»Rief das bei Ihnen irgendwelche Reaktionen hervor?«

»Wie reagierten oder reagieren Sie darauf emotional?«

2. Hypothesen zu den Ursachen

Den Klienten auf seine eigenen Hypothesen dazu fokussieren, warum die Dinge sich so entwickelten, wie sie sich entwickelten:

»Warum geschah das Ihrer Meinung nach?«

»Warum reagierten Sie (sie, er, alle) genau so?«

»Warum taten Sie (sie, er, alle) das?«

3. Durchgeführte oder in Betrachtung gezogene Maßnahmen

Den Klienten darauf fokussieren, was er oder andere in der Geschichte taten, vorhatten zu tun oder in der Zukunft zu tun gedenken; hat der Klient bereits von Maßnahmen berichtet, kann der Berater darauf aufbauen, doch häufig wird die »Geschichte« nichts über vergangene, aktuelle oder zukünftige Schritte enthalten, seien es Schritte des Klienten oder anderer Personen:

»Was unternahmen Sie (er, sie, alle) in dieser Sache?«

»Was ist Ihr (ihr, sein) nächster Schritt?«

»Was unternahmen Sie (er, sie, alle) darauf?«

Diese Kategorien überschneiden sich zweifellos in jeder Geschichte und lassen sich je nach der Spezifik des Einzelfalls sowohl nacheinander als auch auf einmal aufklären. Trotzdem muss sich der Berater darüber im Klaren sein, dass jede Frage den Klienten aus seinen Gedanken reißt und in den Denkprozess des Beraters einbindet. Diese Fragen stellen daher weitaus größere Interventionen als die rein explorativen Fragen dar. Jede Frage à la »Wie fühlten Sie sich dabei?« »Warum geschah das Ihrer Meinung nach?« oder »Was wollen Sie in der Sache unternehmen?« verändert den Denkprozess des Klienten, weil der Klient dabei aufgefordert wird, ein Ereignis aus einer anderen Perspektive, mit einer neuen Brille, zu betrachten.

Konfrontative Fragen

Bei den konfrontativen Fragen ist entscheidend, dass der Berater seine eigenen Ideen über den Prozess oder den Inhalt der Geschichte in das Gespräch einfließen lässt. Statt den Klienten nur zu drängen, an der Geschichte zu arbeiten, macht der Berater nun selbst Vorschläge oder bringt Optionen ein, die der Aufmerksamkeit des Klient möglicherweise entgangen sind.

»Konfrontierten Sie ihn (sie) damit?«

»Könnten Sie nicht ... unternehmen?«

»Kam Ihnen nie der Gedanke, er (sie) verhielt(en) sich nur aus einer Nervosität heraus so?«

Die Intervention ist in diesen Fällen konfrontativ, weil der Berater den Klienten auf das Terrain seiner eigenen Vorstellungen und Emotionen lockt. Während die vorherigen Fragen den Klienten nur anhielten, seine eigenen Konzepte und Emotionen zu überprüfen, werden durch die konfrontative Intervention neue Ideen, Konzepte, Hypothesen und Optionen eingeführt, mit denen der Klient sich nun auseinandersetzen muss. Der Helfer beschäftigt sich jetzt auch mit den vom Klienten vorgebrachten Inhalten und beschränkt sich nicht mehr allein auf den Prozess.

Das Ausmaß dieses Schrittes kann nicht überbetont werden, auch wenn die Intervention eine ganz leise daher kommende Frage ist wie »Haben Sie sich Gedanken gemacht über Ihre Rolle dabei?« oder »Ärgerte Sie das?« Denn dem Klient wird dadurch nahegelegt oder ermöglicht, von seiner Geschichte abzurücken und mit dem vom Berater gelieferten Bezugsrahmen zu arbeiten. Die große Gefahr bei diesem Prozess besteht darin, dass weitere Informationen über die Wirklichkeit der Klientensituation verloren gehen, da dieser nun zur Gänze mit den neuen Konzepten beschäftigt ist und kein Interesse daran hat, in alten Erinnerungen zu stöbern. Der springende Punkt beim konfrontativen Fragen ist also, wann man damit beginnt und wie man dabei vorgeht.

Konstruktiver Opportunismus

Bei der Entscheidung, wann man von den reinen Tatsachenfragen in den diagnostischen oder konfrontativen Modus wechseln soll, kommt es ganz besonders auf das Timing an. Manchmal spricht bereits nach ein paar Minuten nichts gegen diesen Wechsel, und manchmal spricht alles dafür, während der gesamten Interaktion nur Tatsachenfragen zu stellen. Häufig ist es angebracht, zwischen den drei Modi hin- und herzuwechseln, je nachdem, wovon gesprochen wird und wie man selbst darauf reagiert bzw. was einem dazu einfällt. Einfache Kriterien für das richtige Timing gibt es hier nicht. Ideal wäre es, den Schwerpunkt auf die in der Geschichte erwähnten Ereignisse zu legen, die vielversprechend für ein besseres Verständnis des Themas oder Problems des Klienten zu sein scheinen oder – falls das Thema offensichtlich ist – den Weg zu möglichen Abhilfemaßnahmen weisen könnten. Die Gefahr besteht natürlich, dass man dabei die vorherigen Prinzipien vergisst – die Bedeutung zu helfen; sich mit der aktuellen Realität auseinander zu setzen; mit dem eigenen Nichtwissen zu arbeiten; zu erkennen, dass jede Frage de facto eine Intervention ist; dem Klienten sein Problem nicht abzunehmen und mit dem Flow zu gehen. Die Versuchung, sich mit seinen Einsichten und Vorschlägen auf den Klienten zu stürzen und seine eigene Version der Wirklichkeit auf ihn zu projizieren, ist gewaltig.

Genauso wenig kann man sich in eine passive Fragemaschine verwandeln, denn während man zuhört, steigen starke Gefühle und Ideen auf. Und was man fühlt und denkt, kann entscheidend dabei sein, dem Klienten zu helfen, seine eigene Realität zu verstehen. Mit dem Flow zu gehen, muss daher mit einem anderen Prinzip, dem des »konstruktiven Opportunismus«, ausbalanciert werden. Mein Hauptkriterium dafür, wann es den Fokus zu verändern gilt, ist, ob der Klient etwas gesagt hat, das offensichtlich für seine Geschichte signifikant und zugleich so eindrücklich ist, dass er sich daran erinnert. Anders ausgedrückt, eine Intervention muss sich erkennbar auf eine Aussage des Klienten zurückführen lassen, nicht nur auf meine Gedanken oder Gefühle.

Hat der Berater den Eindruck, das Timing ist richtig, muss er das Wagnis eingehen und die Gelegenheit nutzen, eine neue Erkenntnis, Alternative oder Sichtweise vorzustellen. Wie die nachfolgende Fallgeschichte illustriert, wird dem Berater dabei auch ein Fehler unterlaufen – entweder liegt er nicht richtig mit dem Timing oder er hat die Interventionsebene falsch eingeschätzt, weshalb der Klient ablehnend reagiert und die Beziehung zeitweise angespannt ist. Gerade dann ist es für den Berater wichtig zu erkennen, dass die Reaktion des Klienten nicht nur auf einen möglichen Fehler seinerseits schließen lässt, sondern auch neue Informationen liefert dazu, wie er bei bestimmten Inputs reagiert. Anders ausgedrückt, was immer passiert, kann als Information aufgefasst werden, die man für die weitere Arbeit nutzen kann.

In Konversationen unterlaufen uns ständig Fehler. Wir sagen das Falsche, sagen es auf die verkehrte Weise oder zum verkehrten Zeitpunkt. Statt uns von solchen Fehlern entmutigen zu lassen, müssen wir uns klar machen, dass wir aus ihnen lernen können. Wir sollten sie also begrüßen.[10] Dabei lernen wir unsere Lektion, vielleicht »Drück dich vorsichtiger aus« oder »Halte dich mit Mutmaßungen zurück, arbeite mit deinem Nichtwissen«, aber wir müssen stets über diese Lektion hinausgehen und uns fragen, was wir dabei über die Situation selbst Neues erfahren. Wir lernen also auf zwei Gebieten hinzu: Durch die Reaktion auf den Fehler erfahren wir Neues über uns selbst und was wir anders hätten machen können und über den Klienten – wie er über die Dinge denkt und wozu er bereit ist. Das lässt sich in drei weiteren Prinzipien zusammenfassen.

SIEBTES PRINZIP

Das Timing ist entscheidend.

Jede Intervention kann zu einem bestimmten Zeitpunkt greifen, zu einem anderen Zeitpunkt dagegen nicht. Daher muss ich ständig diagnostisch vorgehen und auf die Phasen achten, wann der Klient ansprechbar zu sein scheint.

ACHTES PRINZIP

Sei konstruktiv opportunistisch und arbeite mit konfrontativen Interventionen.

In allen Klientensystem gibt es instabile und offene Bereiche, in denen eine Bereitschaft zur Veränderung vorhanden ist. Diese vorhandene Motivation und kulturelle Stärke gilt es zu finden und als Grundlage zu benutzen. Gleichzeitig müssen Gelegenheiten genutzt werden, neue Erkenntnisse und Alternativen vorzustellen. Zwar sollte man mit dem Flow gehen, dabei aber die Balance halten und auch gewisse Risiken bei seinen Interventionen eingehen

NEUNTES PRINZIP

Alles liefert Daten; Fehler wird es immer geben, sie sind die wichtigste Quelle neuer Erkenntnisse.

Wie sorgfältig ich auch die hier genannten Prinzipien beachte, ich werde dennoch das eine oder andere tun oder sagen, das zu unerwarteten und unerwünschten Reaktionen seitens des Klienten führt. Aus diesen muss ich lernen und um jeden Preis eine Abwehrhaltung, Scham- oder Schuldgefühle vermeiden. Ich kann nie genug über die Wirklichkeit des Klienten wissen, um Fehler vollkommen ausschließen zu können. Doch Fehler führen zu Reaktionen, aus denen ich wiederum sehr viel über die Wirklichkeit des Klienten lernen kann.

Elemente des Entscheidungsprozesses

Das folgende Beispiel zeigt einige Elemente dieses Entscheidungsprozesses, die Wichtigkeit des Timings und wie man aus seinen Fehlern lernt.

Fallbeispiel 3.1

Ein Kollege, Jim, wollte herausfinden, warum er in seiner Rolle als Managementberater viermal hintereinander hinnehmen musste, dass sein Bericht beim Management schlecht aufgenommen wurde und er diese vier Kunden anschließend verlor. Jims Aufgabe war, sie bei der Organisation der Informationsfunktion in ihrem Unternehmen zu beraten. Unser Gespräch begann mit meiner Bitte, Jim möge mir über diese Fälle erzählen. Ich stellte nur reine Tatsachenfragen. Nach etwa 15 Minuten war klar, dass er mit seinen Klienten nur aus dem Arzt-Patient-Modell heraus gearbeitet hatte. Er glaubte, eine sorgfältige Diagnose und gute Empfehlungen geliefert zu haben, und konnte daher nicht verstehen, wie diese so schnell vom Tisch gewischt werden konnten.

Während er diese Geschichte erzählte, hatte er über seine Reaktionen gesprochen. Wie es ihm dabei emotional ergangen war, brauchte ich ihn daher nicht zu fragen. Er fühlte sich frustriert und inkompetent und er wusste nicht, was er tun sollte. Die Versuchung, den ganzen Frageprozess abzukürzen und ihm zu diesem Zeitpunkt meine Reaktion und meine Hypothese mitzuteilen, dass er die Abwehrhaltung durch seine Vorgehensweise vielleicht mit herbeigeführt hatte, war groß. Er hatte offizielle, allen zugängliche Berichte an Hierarchie übergreifende Managementgruppen abgegeben, in denen er heftig Kritik am Unternehmen übte. Mir war jedoch klar, dass ich damit genauso vorgehen würde wie er: ihn mit direkter Kritik konfrontieren. Mit dieser Art von Feedback würde ich sein Gefühl, unterlegen zu sein, nur verstärken und damit riskieren, ihn in eine Abwehrhaltung zu drängen.

Ich unterdrückte den Impuls und stellte ihm statt dessen eine diagnostische Frage: »Wie sieht Ihre Theorie dazu aus, warum Ihre Präsentation so schlecht aufgenommen wurde?« Eigentlich lautete meine Frage: »Warum, denken Sie, ist das passiert?« Damit legte ich den Schwerpunkt auf die Hauptereignisse und regte ihn an, gemeinsam mit mir die Situation zu diagnostizieren. Er kam schnell auf die Möglichkeit zu sprechen, dass die Klienten ungern Negatives über sich hören und ihre Abwehrhaltung wahrscheinlich legitim war. Aber er ging nicht so weit, in Betracht zu ziehen, seine Entscheidungen darüber, was und wie er berichtete, könnten zu dieser defensiven Reaktion geführt haben. Seine Analyse lieferte mir jedoch Information dazu, wo seine blinden Stellen zu finden waren, und regte ihn an, sich mehr Gedanken über die tatsächlichen Abläufe zu machen.

Die Frage »Warum« ist eine gewaltige Intervention, da sie den Klienten nicht selten zwingt, sich etwas bisher als gegeben Hingenommenes genau anzusehen und es aus einer neuen Perspektive zu untersuchen. Durch eine sorgfältige Wahl des Subjekts, auf das sich die Warum-Frage bezieht, kann der Berater einen ganz neuen mentalen Prozess einleiten, der zu vollkommen anderen Erkenntnissen führt. Entscheidend bei der Wahl ist unter anderem, ob man den Klienten darauf fokussiert, warum er so handelte wie er handelte oder warum ein oder mehrere andere an den Vorgängen Beteiligte(r) so handelte(n), wie er (oder sie) handelte(n). Oder warum ein bestimmtes Ereignis eintrat, an dem weder der Klient noch eine andere Person in der Geschichte beteiligt war.

Während er darüber spekulierte, warum er so negative Reaktionen bekam, erzählte Jim von einem besonders unangenehmen Meeting, in dem der CEO,[11] nachdem Jim seine Ergebnisse dem Führungsteam präsentiert hatte, ihn direkt vor allen anderen anzugreifen und ihn zu dem Eingeständnis zu zwingen versuchte, er habe sein Mandat übertreten, indem er darauf hinwies, die Kultur des Unternehmens sei nicht im Einklang mit den langfristigen Zielen, die man sich für die Informationsfunktion gesetzt habe. Der CEO hielt fest, Jim sei niemals gebeten worden, sich zur Unternehmenskultur zu äußern, einer Kultur, mit der sich der CEO als einer der Unternehmensgründer identifizierte. Jim erklärte, dies tue ihm außerordentlich leid, und entschuldigte sich öffentlich vor dem CEO. Doch zu seiner Überraschung kamen ihm mehrere Mitglieder des Teams zu Hilfe und äußerten, es sei durchaus gerechtfertigt, ja, werde sogar geschätzt, wenn er sich mit der Kultur das Unternehmens beschäftige und darüber hier berichte.

Die diagnostische Frage brachte neue Daten zum Vorschein, die bisher nicht erwähnt worden, dabei jedoch offensichtlich signifikant waren. An dieser Stelle entschloss ich mich, mehr über die diversen Maßnahmen herauszufinden, die in die Wege geleitet worden waren. Dazu ging ich zu handlungsorientierten Fragen über. Diese Art Fragen treibt nicht nur die Diagnose voran, sie enthüllt auch weitere Details über die mentalen Prozesse des Klienten sowie mögliche Handlungsoptionen. Handlungsorientierte Fragen wären z.B.: »Was taten Sie dann?« im Gegensatz zu der reinen Tatsachenfrage »Was geschah dann?« oder Fragen dazu, was die anderen Beteiligten unternahmen. Im Zentrum kann dabei die Vergangenheit stehen, um den Klienten anzuhalten, die Geschichte weiter zu erzählen; oder man kann auch Fragen zur Gegenwart oder Zukunft stellen wie »Welche Schritte planen Sie als nächstes?« oder »Welche Pläne haben Sie für die Zukunft?« Man kann auch nach den Plänen der anderen fragen »Was wird der oder die unternehmen?« oder, um den Prozess noch mehr zu komplizieren, anfangen, Fragen zu stellen, die Familientherapeuten als »zirkuläre Fragen« beschreiben. Dabei erkundigt man sich danach, was andere tun könnten als Reaktion auf eine Maßnahme des Klienten. Zum Beispiel hätte ich meinen Kollegen fragen können, was geschehen wäre, wenn er dem CEO widersprochen hätte, statt sich einfach zu entschuldigen. In diesem Fall entschloss ich mich dazu, mich auf den CEO zu konzentrieren, da mir sein Verhalten am meisten Kopfzerbrechen bereitete.

Ich fragte Jim, was die Gründe für das Verhalten des CEO hätten gewesen sein können. Jim konnte sich keinen Reim auf das Verhalten des CEO machen. Daher wechselte ich die Gangart und fragte ihn, warum er das Gefühl hatte, sich beim CEO entschuldigen zu müssen, was er denn falsch gemacht habe? Tatsächlich überprüfte ich meine Hypothese, dass Jim einen Entwurf seiner Präsentation zuerst dem CEO hätte vorlegen sollen, um ermessen zu können, wie er die Kritik an der Unternehmenskultur aufnehmen würde. Jims Erklärung spiegelte nur sein Schuldgefühl wider, seinen Eindruck, einen Fehler gemacht zu haben, was mich nur beflügelte, eine konfrontative Intervention zu wagen. Ich fragte Jim direkt, warum er mit seiner Analyse nicht zum CEO gegangen sei.

Beachten Sie, dass ich mit dieser Frage zum ersten Mal durchschimmern ließ, was ich über diese Situation und das, was dahinter stecken könnte, dachte. Das zwingt den Klienten, über andere inhaltliche Elemente der Geschichte nachzudenken, und wird daher zu Recht als »konfrontativ« betrachtet. Diese Art von Konfrontation lässt sich noch immer in Fragen kleiden wie: »Hatten Sie daran gedacht, den CEO unter vier Augen zu treffen, um ihm die Passagen über die Unternehmenskultur zu zeigen?« Oder man kann sie als ein Angebot mehrerer Alternativen formulieren, um den Klienten nicht vom Haken zu lassen: »Hätten Sie nicht mit einem Entwurf entweder zuerst zum CEO oder der Gruppe gehen können?«

Wie gefährlich es ist, nicht mit seinem Nichtwissen zu arbeiten, zeigte Jims Antwort auf meine Frage, ein leidenschaftliches: »Ich habe mit dem CEO unter vier Augen gesprochen und ihm das Material gegeben, aber offensichtlich war ich nicht gut oder schaffte es nicht, meinen Punkt rüberzubringen.« Was Jim so aufbrachte, war die Tatsache, dass der CEO in der Öffentlichkeit negativ reagierte, während er bei ihrem Gespräch unter vier Augen geschwiegen hatte.

Zu diesem Zeitpunkt wurde mir klar, dass meine Frage rhetorisch gewesen war. Eigentlich hatte ich zum Ausdruck gebracht, dass er zu dem CEO hätte gehen sollen, und war dabei davon ausgegangen, dass er dies nicht getan hatte. Der Fehler lag auf meiner Seite, da ich angenommen hatte, er habe nichts unternommen, statt ihn einfach danach zu fragen. Jims Antwort zeigte, dass ich einen Fehler gemacht hatte, er geriet sofort in eine Abwehrhaltung und begab sich in die Rolle des Schuldigen. Aber wichtige Information waren zum Vorschein gekommen, wodurch sich für mich die Frage stellte, wie ich weiter vorgehen sollte. Ich beschloss, meine Fragen in Zukunft vorsichtiger zu stellen, und dachte über mögliche Ursachen für meinen Fehler nach, z.B. Zeitdruck, Ungeduld oder Arroganz. Gleichzeitig hatte ich sehr viel Neues über den Fall erfahren und die Tendenz Jims, sich selbst die Schuld dafür zu geben, keine perfekte Leistung erbracht zu haben. Des Weiteren fragte ich mich, warum er dieses entscheidende Treffen in seiner Geschichte nicht erwähnt hatte, und was das wohl über seine Einstellung darüber, was wichtig oder unwichtig war, aussagte. Das Muster, sich selbst die Schuld aufzuladen, führte zu einer Situation, in der sich eine konfrontativere Intervention als ausgesprochen hilfreich erwiesen hatte.

Nachdem Jim erzählt hatte, dass er sich mit dem CEO unter vier Augen getroffen hatte, der Ausbruch in der Öffentlichkeit aber trotzdem stattfand, formulierte ich eine neue Hypothese, nach der das Problem möglicherweise war, dass der CEO keine Kritik an der Kultur seines Unternehmens vor seinem Team ertrug. Jim antwortete, das könne schon sein, aber er sei davon ausgegangen, das Team zöge bei diesem Projekt »an einem Strick«. Jim schien kein Gespür zu haben für das Status- und Machtgefälle zwischen dem CEO und dem restlichen Team. Er betonte auch nachdrücklich, er sehe sich als Berater verpflichtet, die Ergebnisse seiner Interviews so klar und getreu ohne Rücksicht auf die Zusammensetzung seines Publikums wiederzugeben. Sein Verständnis seiner Rolle als Experte war offensichtlich stärker als sein Gespür für die Vorgänge im Klientensystem.

Merke: Fehler passieren, aus Fehlern muss man lernen, und es gilt, einen klaren Unterschied zu machen zwischen inhaltlichen Fehlern und Timing- und Präsentationsfehlern. Ich hatte vielleicht Recht mit meiner Vermutung, da sei etwas mit dem CEO, aber der Zeitpunkt und die Art und Weise, wie ich diese Vermutung zum Ausdruck brachte, waren nicht richtig. Ich ging konfrontativer vor, als notwendig gewesen wäre, indem ich nur eine Hypothese in den Raum stellte, statt mehrere Optionen dazu zu bieten, was sich zwischen Jim und dem CEO abspielte. Ich hatte auch den Eindruck, mit meiner Hypothese nicht ganz falsch zu liegen, dass das Problem sehr viel mit der öffentlichen Kritik vor den Untergebenen zu tun hatte.

Hinweise auf Statusgleichgewicht

Im weiteren Verlauf des Gespräches bemerkte ich, dass Jim sich zunehmend wohler zu fühlen begann, als er mit mir über die möglichen Hintergründe spekulierte. Er fing an, offener über diese Ereignisse zu denken, auch wenn er bei der Sache mit dem CEO weiter in einer Abwehrhaltung verharrte. Ich spürte, dass unsere Beziehung ausgeglichen zu werden begann und Jim sich weniger abhängig und verletzlich fühlte, was es mir wiederum ermöglichte, ihn verstärkt zu konfrontieren. Sobald der Berater das Gefühl hat, die Beziehung habe ein gewisses Maß an Ausgeglichenheit erreicht, kann er das Gespräch in weitaus tiefere Gewässer lenken, ohne Gefahr zu laufen, eine Abwehrhaltung auszulösen, da der Klient nun daran interessiert ist, aktiv zu lernen und Neues zu erfahren. Ein »gewisses Maß an Ausgeglichenheit« ist nicht insofern wortwörtlich zu verstehen, als dass die beiden Parteien nun den gleichen Status hätten. Es bedeutet vielmehr, dass der implizite Vertrag zwischen ihnen, das Maß ihrer Abhängigkeit, die Rolle des Beraters und das Maß, in dem sich der Klient angenommen fühlt, die Erwartung beider erfüllen. Beide sind einverstanden mit dem, was sie geben und erhalten.

Die Signale dafür, dass dies so ist, springen nicht sofort ins Auge. Der Klient beteiligt sich etwas mehr an der Diagnose seiner Geschichte, seine Stimme klingt anders, was er äußert, wirkt selbstsicherer. Schuldzuweisungen an sich und andere nehmen ab und objektive Analyse nimmt zu. Allmählich entsteht das Gefühl, mit dem Klienten im Team herausfinden zu wollen, was aus welchen Gründen verkehrt lief. Jim begann in dem Gespräch mit mir weniger besorgt zu wirken und sich objektiver seinen Kunden und den Geschehnissen dort zuzuwenden. Wie sich im Folgenden zeigt, fühlte ich mich dadurch in der Lage, noch konfrontativer zu arbeiten.

Fallbeispiel 3.1
(Fortsetzung)

Das Muster in Jims Geschichte bestärkte mich in dem Gefühl, er operiere in dem »Super-Experten-Arzt-Diagnostiker-Modus« und sei so damit beschäftigt, in dieser Rolle sein Bestes zu geben, dass er vollkommen den Blick für den Prozess verlor. Ich beschloss, seine Bereitschaft zu testen, sich dieser selbstdefinierten Expertenrolle zu stellen, indem ich das Stadium des Fragens und der Informationserhebung verließ und ihm direktes und konfrontatives Feedback gab. Ich wusste, dass er mit meiner Unterscheidung der verschiedenen Beraterrollen vertraut war, konnte also direkt sprechen.

Ich sagte: »Sind Sie in diesen vier Situation, in denen Sie auf Ablehnung stießen, wirklich als der Arzt aufgetreten, der dem Patient Diagnosen stellt und Rezepte verschreibt, während der Situation vielleicht eher der Prozessmodus entsprochen hätte? Warum haben Sie mit niemandem von den Insidern, nicht einmal mit dem CEO, über das Prozessproblem gesprochen, was sie wem berichten sollten? Wieso glaubten Sie, Sie persönlich müssten sämtliche Entscheidungen, was Sie wem zu berichten haben und dass dies in schriftlicher Form und einer offiziellen Präsentation zu geschehen habe, allein treffen?«

Als ich zu dieser eher langatmigen Ausführung anhub, bemerkte ich, dass ich selbst etwas frustriert war, weil Jim gut Bescheid weiß über die Prozessberatung und er meiner Ansicht nach dieses Wissen nicht einbrachte. Ich setzte hinzu: »Warum glauben Berater immer noch, dass sie alle Prozessentscheidungen allein treffen müssen und keinesfalls die Insider des Kliententreffens mit einbeziehen dürfen? Wenn wir nicht wissen, wie wir vorgehen sollen, sollten wir dieses Problem den anderen mitteilen, statt uns in die Vorstellung zu verrennen, sämtliche Prozessentscheidungen alleine treffen zu müssen.« Ich sagte das alles, obwohl ich es für riskant hielt, da unsere Zeit allmählich knapp wurde und ich ihm meinen Standpunkt klar machen wollte, bevor unser Meeting zu Ende war.

Jims Reaktion auf diesen Ausbruch fiel positiv aus. Er beschäftigte sich sofort mit der Frage, warum er das Gefühl hatte, in der Arztrolle zu stecken. Schließlich wurde er für seine Diagnose bezahlt und er wollte gute Arbeit leisten und sein Fachwissen einsetzen. Aber er gelangte auch zu der entscheidenden Erkenntnis, dass es für die Art und Weise, wie er Bericht erstattete, wem er Bericht erstattete und in welcher Form der Bericht abgegeben wurde, mehrere Optionen gab, die er mit einigen seiner Vertrauten in der Organisation hätte besprechen sollen. Jim konnte nun dazwischen unterscheiden, (1) der inhaltliche Experte, was die Organisation der Informationsfunktion und ihrer Rolle in der Unternehmenskultur anging, zu sein und (2) ein Prozessexperte hinsichtlich einer Vermittlung der Daten, die es den Managern in den Schlüsselpositionen des Unternehmens möglich machte, sie als hilfreich zu akzeptieren. Diese Erkenntnis wurde umgehend auf die anderen drei Fälle übertragen, da Jim erkannte, wie er »perfekte« Präsentationen ausgeklügelt hatte, ohne zu bedenken, wie diese Präsentationen in die kulturellen und politischen Prozesse des Klientensystems passten.

Am Ende des Meetings hatten wir beide das Gefühl, dass die Stunde, die wir auf dieses Thema verwandt hatten, uns weitergebracht hatte. Ich war zwar noch verwundert und frustriert darüber, dass Jim – dem Prozessberatung durchaus vertraut war – nichtsdestotrotz vollkommen in die Falle der Arztrolle getappt war und nicht in der Lage gewesen war, dies selbst zu erkennen, geschweige denn, sich daraus zu befreien.

Ein wichtiges Prinzip, das bei dem Feedback auftauchte und das es den neun anderen Prinzipien hinzuzufügen gilt, ist: »Teile das Problem mit anderen.« Der Berater findet sich häufig in einer Situation wieder, in der er nicht weiß, wie er weiter vorgehen soll oder was etwas zu bedeuten hat. Vom Prozessberatungsstandpunkt aus ist es vollkommen angebracht, sich darüber mit den geeigneten Insidern oder Teilen des Klientensystems auszutauschen. Jim hätte, in seinem Fall, einfach den CEO, als er ihm unter vier Augen seine Präsentation vorstellte, fragen können, was seiner Ansicht nach ein geeigneter Schritt wäre, um diese Informationen den anderen Mitgliedern der Organisation zukommen zu lassen. Aber gelegentlich sind wir zu sehr mit unserem eigenen Fachwissen beschäftigt und vergessen, mit unserem Nichtwissen zu arbeiten – Jim wusste zu wenig über die Organisation, um den richtigen Weg zu finden, seinen Bericht zu übergeben. Er hätte das Problem mit jemandem besprechen und weitere Informationen dazu einholen sollen, dann hätte er sich besser mit der real existierenden Wirklichkeit befassen können.

> *ZEHNTES PRINZIP*
> ***Teile im Zweifelsfall das Problem mit anderen.***
> *Ich befinde mich oft in der Situation, dass ich nicht weiß, was ich als nächstes tun soll, welche Art von Intervention angemessen ist. In solchen Situationen hilft es häufig, das Problem mit dem Klienten zu teilen und ihn in die Entscheidung über den nächsten Schritt einzubinden.*

Das Konzept des anerkennenden Fragens

Der Prozess des Helfens wurde bislang hinsichtlich der Probleme oder Themen diskutiert, mit denen der Klient den Helfer aussucht. Eine Anzahl von Autoren/Beratern modifizierten diese Sichtweise entscheidend, indem sie einen Prozess des »anerkennenden Fragens« befürworteten, der »Probleme« in einen positiven Zusammenhang stellt.[12]

In Abbildung 2 wird der Kern ihrer Aussage dargestellt, nämlich wie sich der Fokus auf Problemlösung vom anerkennenden Fragen unterscheidet. Wir sind uns alle zunehmend bewusst, dass die Denkmodelle und Metaphern, mit denen wir arbeiten, um die Wirklichkeit zu decodieren und einzuordnen, strukturieren, was wir sehen und wie wir darüber denken. Von Cooperrider (1990) stammt die hilfreiche Feststellung, der »Problemfokus« selbst sei eine Metapher, die uns dazu verleitet, in defizitären, negativen, eine Korrektur beschreibenden Ausdrücken zu denken. Häufig bringt es mehr, in positiveren entwicklungsorientierten Ausdrücken zu denken und sich auf die funktionierenden Teile, die angestrebten Ideale und die Visionen für die Zukunft zu konzentrieren. In gewisser Weise wird beim anerkennenden Fragen der

Unterschied beleuchtet wischen »adaptivem Lernen«, d.h. der Behebung des vorliegenden Problems, und dem »generativen Lernen« oder dem Aufbau der Lernfähigkeit, die das erneute Auftreten solcher Probleme verhindern soll.[13] Die grundlegende Prozessberatungsphilosophie zielt auf das generative Lernen, doch steht am Anfang solcher Lernprozesse häufig ein – nach dem Dafürhalten des Klienten – Problem, das es zu beheben gilt.

DAS KONZEPT DES ANERKENNENDEN FRAGENS

Fokus auf der Problemlösung	**Anerkennendes Fragen**
»Empfinden eines Bedürfnisses«	Anerkennen, was vorhanden ist
Problemidentifizierung	Wertschätzen, was vorhanden ist
Ursachenanalyse	Visualisieren, was sein könnte
Analyse möglicher Lösungen	Besprechen, was sein sollte
Planung der Maßnahmen	In die Wege leiten, was sein wird

Problemlösung fußt auf der Annahme, »Realität« sei eine Ansammlung von zu lösenden Problemen. Anerkennendes Fragen fußt auf der Annahme, »Realität« sei ein Wunder, das es zu umarmen und mit dem es zu arbeiten gilt.

nach Barrett/Cooperrider 1990

Abb. 2: Das Konzept des anerkennenden Fragens

In einer ähnlichen Richtung äußerte sich vor kurzem Marshak (1993), als er mindestens vier verschiedene Möglichkeiten identifizierte, Veränderung gedanklich zu verarbeiten, wie in Abbildung 3 gezeigt wird. Die Tabelle stellt dar, wie wir implizit von einem technisch-physikalischen Blickwinkel aus operieren können und uns dann gedanklich der Fehlerbehebung, der Veränderung und dem Aufbau zuwenden werden; oder von einem Blickwinkel chemischer Prozesse aus, wobei uns dann Katalysatoreffekte und Veränderung von Prozessen interessieren wird, die wir durch das Zusammenbringen der richtigen Leute und das Schaffen der richtigen »Chemie« zu erreichen trachten; oder von einem landwirtschaftlich-biologischen Standpunkt aus, in dem Wachstum und Entwicklung zum Großteil von Einzelpersonen oder Gruppen kontrolliert und gefördert werden durch Nährstoffe, Sonnenschein und Düngemittel, mit denen der natürlichen Entwicklung auf die Sprünge geholfen werden soll.

VERÄNDERUNGSMETAPHERN

Technisch-physikalische Metaphern (Fehlerbehebung und Aufbau)	
Maschinenmetapher	Problem beheben, Reengineering
Reisemetapher	Sich an einen anderen Ort begeben, Umkehr/Laufrichtung ändern
Baumetapher	Etwas Neues aufbauen, Wiederaufbau
Chemiemetapher	Katalysieren, Zusammenbringen, Verbinden, Kristallisieren
Biologisch-/medizinische Metaphern (Heilung und Entwicklung)	
Landwirtschaftsmetapher	Wachstum, Regeneration, Fruchttragen, Ernte
Medizinische Metapher	Heilen, immunisieren, schneiden, amputieren
Psychologische/spirituelle Metaphern (Wiedergeburt, Revitalisierung)	
Psychologische Metapher	Einsichten erzeugen; Denkmodelle ändern
Spirituelle Metapher	konvertieren, befreien, erschaffen, umwandeln
Soziologische Metapher (Neugruppierung, Neuorganisation)	
	Rollenmodelle und Normen ändern, Kultur ändern

nach Marshak 1993

Abb. 3: Veränderungsmetaphern

Diese impliziten Modelle spielen vielleicht zu Beginn der Erhebung noch keine große Rolle, aber zweifelsohne werden sie die Vorgehensweise des Beraters bei der Diagnose und den konfrontativen Fragen beeinflussen. Der Berater muss sich daher seiner Metaphern und Annahmen bewusst sein. Steht am Anfang eine Problemorientierung, ist die Wahrscheinlichkeit größer, dass darauf Fragen zur Erhellung der Fehler folgen. Steht am Anfang dagegen ein anerkennender Ansatz, werden darauf wohl eher Fragen folgen, in denen hervorgehoben wird, was funktioniert, womit der Klient zufrieden ist, wo seine Ziele und Ideale liegen und welche Richtung ihm vorschwebt. Auf ähnliche Weise wird eine Orientierung auf Maschinenmodelle, bei denen es um Fehlerbehebung geht, versus eine Orientierung auf biologische Modelle, bei denen das Ermöglichen von Wachstum und Entwicklung im Mittelpunkt steht, entscheidend beeinflussen, wie dem Klienten bei der Diagnose der Situation, in der er sich befindet, geholfen wird, und welche Denkmodelle ihm nahegebracht werden, um über eine Veränderung nachzudenken.

Die geringste Rolle spielt der Kontrast zwischen den verschiedenen Ansätzen zu Beginn der helfenden Beziehung, da zu diesem Zeitpunkt die Metapher des Klienten die Situation diktiert. In Anbetracht der bereits vorgebrachten Punkte über das Nachsuchen um Hilfe in unserer Gesellschaft ist zu erwarten, dass die meisten Klienten mit einer technischen Problemorientierung beginnen werden. Sie werden nach einer Behebung des Problems verlangen, und zwar einer möglichst raschen. Arbeitet der Berater eher mit anerkennenden Fragen und von einer fähigkeitsaufbauenden Position aus, wird er, je mehr sich die Beziehung entwickelt, verstärkt positive, gesundheitsorientierte Fragen stellen und dem Klienten erkennen helfen, wie wichtig es ist, das anzuerkennen, was funktioniert, statt ständig darüber zu jammern, was nicht funktioniert. Cooperrider[14] erzählte bei einem Meeting das folgende exzellente Beispiel.

Eine Freundin, die als interne Beraterin arbeitete, suchte ihn um Hilfe auf, da sie seit Jahrzehnten Trainings in Sachen sexueller Übergriffe durchführte und allmählich immer mehr überzeugt war, dass das nicht wirklich etwas bringt. Statt weiter nach Details zu bohren, warum das Training womöglich nichts brachte, fragte er die Klientin, was ihr eigentliches Anliegen sei. Sie gab zu, eigentlich ginge es ihr um wirklich gut funktionierende Arbeitsbeziehungen ungeachtet des Geschlechts der Beteiligten. Sie beschlossen, im gesamten Unternehmen einen Aufruf durchzuführen, Gruppen, in denen Männer und Frauen ihrem Gefühl nach gut zusammenarbeiteten, möchten sich zu melden und ihre positiven Erfahrungen diskutieren. Dutzende solcher Gruppen meldeten sich, um ihre Erfahrungen auszutauschen, wodurch es der Beraterin möglich wurde, einen vollkommen neuen Ansatz in ihrer Arbeit mit sexuellen Übergriffen zu entwickeln. Durch die Analyse der Eigenschaften, die den funktionierenden Arbeitsbeziehungen gemein waren, gelang es ihnen, ein völlig anderes Trainingsprogramm aufzubauen, das sich als weitaus erfolgreicher erwies.

Zusammenfassung und Schlussfolgerung

Ich versuchte zu zeigen, wie ein Teil der problematischen Dynamik der helfenden Beziehung durch aktives Fragen gemildert werden kann. Denn der aktive

Frageprozess überlässt den Klienten den Platz am Steuer und erlaubt ihnen somit einen Statuszugewinn, indem sie selbst ihre Probleme aktiv lösen; und er gibt ihnen das Zutrauen, die Situation, in der sie sich befinden, bis zu einem gewissen Grad selbst zu decodieren und so viel Informationen wie möglich für die Arbeit von Berater und Klient zu enthüllen. Aktives Fragen verlangt mehr als gutes Zuhören. Dazu gehört ein Verständnis der psychologischen Dynamik der Hilfesuche und des Einflusses der verschiedenen Fragetechniken auf die Gedanken und Gefühle des Klienten.

Es gilt drei Frageebenen zu unterscheiden: (1) die reinen Tatsachenfragen, die ausschließlich die Geschichte des Klienten zum Gegenstand haben; (2) diagnostische Fragen, die auf Gefühle und Ursachen abzielen und auch handlungsorientiert sein können; und (3) konfrontative Fragen, in denen die Ansichten des Beraters über die Vorgänge zum Tragen kommen.

Die Entscheidung, wann man sich auf welcher Fragenebene bewegen soll, hängt von der jeweiligen Situation ab, welche Ereignisse der Geschichte wie erzählt werden und – keinesfalls zu vernachlässigen – der Einschätzung des Beraters, ab wann der Klient sich in der Beziehung nicht mehr unterlegen fühlt. Die Rollen, die sich Berater und Klient in der Beziehung anbieten, werden sich von Situation zu Situation ändern, doch die Beziehung gelangt erst ins Gleichgewicht, wenn es Helfer wie Klient durch den Frageprozess möglich wird, ihre Rollen zu finden, sich zu zeigen, dass sie sich akzeptieren und so einen arbeitsfähigen psychologischen Vertrag zu schaffen. In den ersten Stadien der Beziehung sind reine Tatsachenfragen relevanter, da sich damit die Erwartungen des Klienten besser eruieren lassen und der Helfer zum Ausdruck bringen kann, dass er den Klienten akzeptiert und unterstützt. Sobald der Klient selbst aktiv Probleme lösen kann, werden tiefer greifende Fragen diagnostischer und konfrontativer Art möglich.

Bei der Informationserhebung ist das Timing der Interventionen von entscheidender Bedeutung. Der Berater muss den richtigen Weg zwischen der Notwendigkeit, mit dem Flow des Klienten zu gehen, und einem konstruktiven Opportunismus finden. Bei diesem Prozess wird der Berater nicht umhin können, Dinge zu riskieren und Fehler zu machen. Doch diese Fehler sollten als Möglichkeit begrüßt werden, Neues sowohl über den Berater als auch über die gesamte Situation des Klienten und seine Reaktionen auf Interventionen zu erfahren.

Der Frage- und Informationserhebungsprozess richtet sich notwendigerweise nach den Lern-, Veränderungs-, Problemlösungs- und Entwicklungsmetaphern, die Klient und Berater in die Situation mitbringen. Berater sollten sich unbedingt über ihre impliziten Metaphern bewusst sein und ihre Entscheidungen auf Grund der Wirklichkeit der Situation treffen. Welche Metaphern der Berater jedoch auch immer benutzt, eine der zentralen Funktionen des Frageprozesses (noch wichtiger als die bereits genannten Punkte), ist die Schaffung von Bedingungen, in denen der Klient sich sicher fühlt und angsterzeugende Informationen preisgeben kann. Unsere ersten Interventionen, darüber müssen wir uns als Helfer im Klaren sein, ob es uns gefällt oder nicht, setzen den Ton und entscheiden über die Entwicklung der Beziehung. Indem wir mit unserem Nichtwissen arbeiten und uns so weit es geht auf reine Tatsachenfragen beschränken, gehen wir auf Nummer sicher beim Eruieren der Wirklichkeiten, mit denen wir uns im weiteren Verlauf der Beziehung werden auseinandersetzen müssen.

Hier noch einmal die zehn Prinzipien der Prozessberatung, wie wir sie bislang festhielten:

1. *Versuche stets zu helfen*
2. *Verliere nie den Bezug zu der aktuellen Realität*
3. *Setze dein Nichtwissen ein*
4. *Alles, was du tust, ist eine Intervention*
5. *Das Problem und seine Lösung gehören dem Klienten*
6. *Geh mit dem Flow*
7. *Das Timing ist entscheidend*
8. *Sei konstruktiv opportunistisch und arbeite mit konfrontativen Interventionen*
9. *Alles liefert Daten; Fehler wird es immer geben, sie sind die wichtigste Quelle neuer Erkenntnisse*
10. *Teile im Zweifelsfall das Problem mit anderen*

Bei der Reflexion über diverse Beratungs-Hilfe-Sitzungen, die von meinem Standpunkt aus nicht gut verliefen, stoße ich immer wieder darauf, dass ich eines dieser zehn Prinzipien verletzt habe. Auch wenn ich irgendwie feststecke und nicht weiter weiß, gehe ich diese zehn Prinzipien durch und gelange früher oder später zu der Erkenntnis, was falsch war und was richtig gewesen wäre und welcher Schritt sich daher als nächster empfiehlt. Und wenn das Problem dann noch immer nicht gelöst ist, wende ich das zehnte Prinzip an und teile es.

Fallbeispiel 3.2
Weigerung, den Arzt bei Hansen Laboratories zu spielen

Dieses Fallbeispiel illustriert einen klaren Konflikt und die Notwendigkeit, dass der Berater sich nicht nur seine Rolle genau überlegt, sondern auch über klare berufliche Standards verfügt. Was ich als strategisches Ziel des Projekts zu akzeptieren bereit war, deckte sich offensichtlich nicht mit den Erwartungen des Klienten an den Berater. Daher wurde die Beratung in einem frühen Stadium beendet.

Ein früherer Student von mir war leitender Manager in einer kleinen Firma, die jährlich alle Angestellten in Schlüsselpositionen aus der ganzen Welt zu einem Managertreffen einlud. Sein Onkel und dessen Bruder, der Präsident, leiteten das Unternehmen. Mein ehemaliger Student hatte sich an mich und seinen Onkel mit dem Anliegen gewandt, ein Berater wie ich (und hoffentlich hätte ich die Zeit dafür, meinte er) sollte an dem nächsten Jahrestreffen teilnehmen, um als Moderator während der Diskussionsrunden zu helfen.

Meine Aufgabe sei es, so sagte man mir, die ruhigen Gruppenmitglieder »herauszuholen«, indem ich ihnen konfrontative Fragen zu den Präsentationen zukünftiger Strategieentwicklungen stellte, die das Topmanagement vorstellen wolle. Sie dachten, ein Prozessexperte wie ich könnte diese Schweiger auf eine Weise zum Reden bringen, wie sie es nicht vermochten.

Um mehr darüber zu erfahren, stellte ich ganz offen die Frage, warum sie glaubten, dafür jemanden von außen zu brauchen – und erfuhr, dass die Meetings in den letzten Jahren »schlecht« verlaufen seien in dem Sinn, dass sich die ausländischen Manager nicht in dem Maße beteiligt hatten, wie man es von ihnen erwartete. Ich bat, mir den Ablauf der Meetings zu beschreiben. Diese Frage gab meinem Kontaktklienten den Anstoß, diagnostisch zu denken, und ich erfuhr, dass das leitende Management Vorträge über zukünftige Strategien hielt, auf die es Reaktionen erwartete, dass jedoch das Klima, das es dabei verbreitete, nur Zustimmung hervorrief. Außerdem hatten viele Manager, von denen Reaktionen und Kritik erwartete wurde, Sprachschwierigkeiten und konkurrierten untereinander. Ich vermutete, dass es nicht sicher war, sich bei dem Jahrestreffen zu Wort zu melden, da man sowohl bei den gleichrangigen wie den höhergestellten Managern einen schlechten Eindruck riskierte. Darüber hinaus stand nicht fest, ob das leitende Management wirklich andere Meinungen hören wollte.

Zu diesem Zeitpunkt erschien es mir am hilfreichsten, wenn ich meinen Kontaktklienten zu der Einsicht brachte, dass die Bedingungen für ein Engagement vielleicht nicht vorhanden waren und das Hinzuziehen eines Beraters von draußen dieses Problems nicht beheben würde. Daher stellte ich eine Reihe konfrontativer Fragen, um herauszufinden, wie ernst es dem leitenden Management mit seinem Wunsch nach mehr Engagement war, und wie genau dieses Klima beschaffen war, das sie bei den Treffen schufen. Ich fragte mich, ob sie nicht zuerst ihr eigenes Engagement ansprechen müssten, bevor sie sich darüber Gedanken machen konnten, wie es bei anderen zu erreichen sei. Ich erklärte, wenn ihnen tatsächlich so viel an Beteiligung und Engagement der Manager gelegen sei, sie das doch sicher kommunizieren und Mittel und Wege finden könnten, um die schweigenden Manager einzubeziehen. Ich bot an, ihnen bei letzterem zu helfen, widersprach aber, dass ein Moderator von außen in dieser Situation helfen könne.

Der Kontaktklient, mein ehemaliger Student, glaubte, sein Onkel wolle die Verantwortung nicht übernehmen und die Stärke des Präsidenten sei womöglich nicht gerade, seine Mitarbeiter zu Engagement zu motivieren, daher wollten sie jemand von draußen hinzuziehen. Er glaubte jedoch, dass beiden sehr viel an einem Engagement gelegen sei. Als ich mir das durch den Kopf gehen ließ, gelangte ich zu der Überzeugung, dass ich mit diesem Meeting nichts zu tun haben wollte, weil mir zu wenig klar war, was genau dort ablaufen würde und welche Rolle die Gefühle der leitenden Manager dabei spielten. Um in dieser Situation zu helfen, erschien es mir richtig, die Familie zu einer klareren Einsicht in ihre Probleme zu bringen.

Ich bat meinen Studenten, seinem Onkel zu sagen, ich sei bereit, mich mit ihm zu treffen, um den Ablauf des Meetings zu diskutieren und zu besprechen, ob es sinnvoll sei, jemanden von außen hinzu zu ziehen, aber dabei handle es sich um eine Beratung, für die sie mir meinen üblichen Stundensatz bezahlen müssten. An dieser Stelle ging es mir darum, mehr über diesen Onkel zu erfahren und darüber, ob sie wirklich motiviert waren, an diesem Problem zu arbeiten.

Der Onkel rief mich an, und wir vereinbarten ein Treffen von zwei Stunden. Bei dem Meeting wiederholte er, was sein Neffe gesagt hatte, und drängte mich, an dem Jahrestreffen teilzunehmen. Wir sollten alle mit einem Bus zu einem Hotel auf dem Land fahren, dort drei Tage bleiben und danach wieder mit dem Bus zurückfahren. Ich könnte helfen, die Gruppe während der Busfahrt aufzulockern, den Leuten beim Meeting Fragen stellen, wenn sie sich nicht selbst zu Wort meldeten und den Prozess auf der Heimfahrt noch weiter fördern. Als ich sie fragte, warum sie ihrer Ansicht nach nicht selbst eine Atmosphäre schaffen konnten, die zu mehr Engagement einlud, wich der Onkel aus und argumentierte, ihnen fehle das notwendige Fachwissen, wobei er sich wieder ausgesprochen auf seinen Bruder bezog.

Bei mir löste das emotional eine zunehmende Anspannung und Widerstand aus. Mit der ganzen Situation stimmte etwas nicht, die Motive passten nicht zu den vorgeschlagenen Vorgehensweisen. Nach dem Gespräch mit dem Onkel kam ich zu dem Urteil, dass sie nicht wussten, was sie eigentlich wollten, wahrscheinlich gemischte Signale aussandten oder möglicherweise auch sehr genau signalisierten, dass sie ausschließlich willfährige Zustimmung wünschten. Nach meinem Dafürhalten lief ein Berater in dieser Situation Gefahr, alles nur schlimmer zu machen, indem er zu einem Engagement aufforderte, das vielleicht gar nicht willkommen war. Vorsichtig konfrontierte ich den Onkel mit diesen Überlegungen und stieß auf eine überraschend große Verleugnung und Abwehr. Er war überzeugt, ein Moderator von außen sei die Lösung. Ich erklärte ihm, ich könne das nicht machen und hoffe, er würde das Problem intern angehen.

Meines Erachtens sprachen die tatsächlichen Verhältnisse dagegen, den nächsten vom Klienten vorgeschlagenen Schritten zuzustimmen, ließen diese sogar als unklug und gefährlich erscheinen. Was sie wirklich wollten, war ein Arzt, der kam, eine Diagnose stellte und ein Problem behob, das sie möglicherweise selbst falsch einordneten. Und sie waren nicht bereit, für die vorgeschlagene Intervention Verantwortung zu übernehmen, indem sie sich selbst mehr am Prozessmanagement beteiligten. Es ließ sich nicht vorhersagen, ob die leitenden Manager es so begrüßen würden, wenn ihre Jungmanager ermutigt wurden, sich offen zu äußern, bzw. ob dies in deren Interesse wäre.

Meine Hilfe in diesem Fall bestand darin, dies an die Oberfläche zu bringen, damit der Neffe und sein Onkel selbst einen Einblick in diese Motivlage bekamen. Ich bekräftigte meine mündliche Analyse mit einem langen Brief, in dem ich meine Analyse und meine Bedenken genau ausführte. Ich erhielt meinen Scheck für die zweistündige Beratung, doch damit war der Kontakt beendet. Ich erfuhr also nicht, ob meine Interventionen letztendlich hilfreich waren oder nicht. Ich fühlte mich wohl damit, dass ich sehr früh konfrontativ intervenierte, um mehr über die impliziten Erwartungen des Klienten zu erfahren.

Übung 3.1

Formen von Fragen zur Informationserhebung

1. Bitten Sie einen Freund oder Kollegen, Ihnen von einem Problem zu erzählen, oder – falls Sie sich dabei nicht wohl fühlen – Ihnen einfach zu erzählen, was ihm in letzter Zeit zugestoßen ist.
2. Bemühen Sie sich, während der »Klient« seine Geschichte erzählt, nur reine Tatsachenfragen zu stellen.

3. Achten Sie darauf, wie häufig Sie sich versucht fühlen, danach zu fragen, warum jemand oder was jemand getan hat, obwohl es noch immer Ihr Anliegen sein sollte, die Geschichte in den Worten des Klienten zu hören.
4. Nehmen Sie sich fest vor, nicht zu diagnostischen oder konfrontativen Fragen überzugehen, selbst wenn es Sie danach drängt, solange Sie nicht das Gefühl haben, dass der Klient Ihnen alles, soweit es ihm möglich ist, in seinen eigenen Worten erzählt hat.
5. Entscheiden Sie sich dann dafür, zu diagnostischen Fragen überzugehen, und achten Sie darauf, wie sich das auswirkt.
6. Entscheiden Sie sich dann, zu konfrontativen Fragen zu wechseln, und beobachten Sie deren Einfluss.
7. Diskutieren Sie etwa nach 20 Minuten die Gedanken und Gefühle, die Sie beide während dieses Gespräches hatten. Überlegen Sie, wie sich die verschiedenen Frageformen zur Informationserhebung auf das Gespräch auswirkten.

Übung 3.2
Anerkennende Fragen

1. Bitten Sie einen Freund oder Kollegen, Ihnen ein Problem anzuvertrauen, das ihn im Augenblick beschäftigt.
2. Bringen Sie die Geschichte mit Hilfe der zuvor diskutierten Fragen zur aktiven Informationserhebung in Erfahrung.
3. Versuchen Sie, wenn Sie zu den konfrontativen Fragen kommen, bei denen Sie Ihre eigenen Gedanken mitteilen, diese ganz bewusst positiv auszudrücken, indem Sie Fragen stellen, die dem Klienten helfen, sein Augenmerk weniger auf das »Problem« und darauf, was nicht klappt, zu richten als darauf, was klappt, welche positiven Ziele angestrebt werden und welche Stärken dafür sprechen, dass dieses Ziel erreicht wird.
4. Gehen Sie die Übung noch einmal durch und achten Sie dabei auf (a) wie der Wechsel zum Positiven den Klienten beeinflusst und (b) was in Ihnen selbst vorging, als Sie versuchten, weg von dem Problem und hin auf eine positivere Perspektive zu schwenken.

4. Kapitel:

Das Konzept des Klienten[15]

Jeder Hilfe- oder Veränderungsprozess hat ein Ziel oder einen Klienten. Wenn ich mich bisher auf Klienten bezog, tat ich so, als seien diese stets klar identifizierbar, doch in Wirklichkeit kann sich die Frage, wer denn nun tatsächlich der Klient ist, als schwierig erweisen. Manchmal stelle ich fest, dass ich selbst nicht weiß, für wen ich arbeite, oder dass ich mit mehreren Klienten arbeite, deren Ziele einander entgegengesetzt sind. Häufig kann ich (Veränderungs-) »Ziele« festmachen, Leute, deren Probleme mir klar sind und denen ich gerne helfen würde, aber die blind sind ihren eigenen Problemen gegenüber und sich dagegen wehren würden, als »Klienten« betrachtet zu werden. Ich kann mit einem Individuum arbeiten, mit einer kleinen oder großen Gruppe, oder in einem großen Meeting mit einem kleinen Teil einer ganzen Organisation. Ich kann mir dessen bewusst sein, dass meine Arbeit mit einer Person oder Gruppe andere Personen oder Gruppen beeinflussen wird, ohne dass diese eine Ahnung davon haben, was vorgeht. Letztlich wird alles, was wir bei einer Intervention tun, sich auf die größere Gemeinschaft und Gesellschaft auswirken, in der wir leben.

Die Unklarheit, mit wem wir eigentlich arbeiten, betrifft nicht nur Berater. Der Manager, der es mit einer Gruppe Untergebener oder Gleichrangiger, der Freund, der es mit einer benachbarten Familie zu tun hat, und der Lehrer, der eine Klasse vor sich hat – für alle stellt sich praktisch dieselbe Frage: Auf wen genau zielt ihr Einfluss? Wer braucht welche Hilfe? Wer sucht Hilfe? Bei jedem dieser Fälle bleibt die Prozessberatungsphilosophie die gleiche – versuchen, Hilfe zu geben, aber wie wir sehen, werden sich Strategie und Taktik entsprechend der Klientendefinition ändern. Dazu kommt, dass parallel mit der allmählichen Entwicklung des Beratungsprozesses die Frage, wer wirklich der Klient und was das zu bearbeitende Thema oder Problem ist, immer komplizierter werden. Eine Methode zur Komplexitätsreduktion besteht darin, sich jeden Moment darüber im Klaren zu sein, mit wem man was versucht.

Wer? Grundtypen bei den Klienten

1. Kontaktklienten

Die Person(en), die den Kontakt zu dem Berater aufnimmt (nehmen), sich mit einer Bitte, einer Frage oder einem Thema an ihn wendet(n).

2. Mittelbare Klienten

Die Person(en) oder Gruppen, die im weiteren Projektverlauf in diverse Interviews, Meetings oder andere Maßnahmen mit einbezogen werden.

3. Primäre Klienten

Die Person(en), der (denen) letztlich das Problem oder das Thema gehört, das Arbeitsgegenstand ist; normalerweise ist (sind) diese identisch mit der (den) Person(en), aus deren Budget der Berater bezahlt wird.

4. Ahnungslose Klienten

Über, unter oder gleichrangig zu den primären Klienten angesiedelte Mitglieder der Organisation oder des Klientensystems, die von den Interventionen beeinflusst werden, sich aber dessen nicht bewusst sind.

5. Ultimative Klienten

Die Gemeinschaft, gesamte Organisation, Beschäftigungsgruppe bzw. jede Gruppe, derer sich der Berater annimmt und deren Wohl es bei jeder Intervention des Beraters zu beachten gilt.

6. Involvierte »Nicht-Klienten«

Schließlich gilt es zu beachten, dass es bei jedem Versuch, etwas zu verändern, Personen oder Gruppen geben kann, denen klar ist, was vor sich geht, auf die keine der oben dargestellten Klientenkategorien zutrifft und die daran interessiert sein können, den Prozess des Helfens zu verlangsamen oder zu stoppen. In jedem Gesellschafts- oder Organisationsumfeld gibt es politische Gegebenheiten, Machtspiele, verborgene Interessen und gegensätzliche Ziele, über die sich der Helfer bei der Planung und Durchführung seiner verschiedenen Interventionen im Klaren sein muss.

Der Kontaktklient, der den Berater anfangs kontaktierte, stellt ihn gewöhnlich den anderen in der Organisation vor, die vielleicht wiederum zusammen mit dem Berater Maßnahmen für wiederum andere in der Organisation Beschäftigte planen. Im weiteren Verlauf des Projekts sollte der Berater sorgfältig darauf achten, zwischen den Kliententypen zu unterscheiden, vor allem zwischen den primären Klienten, die für seine Arbeit bezahlen, den ahnungslosen und den ultimativen Klienten, die davon betroffen sind, und den Nicht-Klienten, die sich dagegen sträuben und es zu unterlaufen suchen. Die Definition dessen, was hilft, kann sich ändern, je nachdem, ob man mit indirekten, primären, ahnungslosen oder ultimativen Klienten zu tun hat. Der Berater braucht daher offenere Denkmodelle, in denen über Netzwerke, Einflussverläufe, Machtbeziehungen und die Dynamik größerer sozialer Systeme reflektiert werden kann.

Was? Klientenrollen nach Problem- oder Themenebene

Während der Prozess des Helfens allmählich in Gang kommt, muss der Berater auch über eine andere Klassifikation der Klientenrollen nachdenken, einer Klassifikation, die auf der Natur des anzugehenden Problems beruht. Dieses Thema arbeiteten Rashford und Coghlan in ihrem 1994 erschienen Buch *The Dynamics of Organizational Levels* deutlich heraus. Aufbauend auf ihrem Rahmen können wir sieben Problem- oder Themenebenen unterscheiden, die jeweils leicht unterschiedliche Personen oder Gruppen als Klienten involvieren.

1. Individuelle Personenebene

Unter der individuellen Personenebene sind die »intrapsychischen« Gegebenheiten zu verstehen, die eine Person in die helfende Beziehung einbringt. Im Gruppen- oder Organisationszusammenhang gehört dazu, was Rashford und Coghlan als das grundlegende Problem der Beziehungsfähigkeit und der Zugehörigkeit zu einer Organisation oder Gemeinschaft bezeichnen.

Die durchschlagendsten Interventionen berühren häufig wichtige Karriere- oder persönliche Punkte bei den Beteiligten. In der Regel werden sie während einer Einzelberatung durchgeführt, während eines Coachings, Mentorings oder Trainings. Im Organisationskontext geht es häufig darum, dem einzelnen Angestellten dabei zu helfen, ein effektiveres Mitglied der Organisation zu werden. Sowohl der Kontaktklient, als auch einzelne indirekte oder primäre Klienten, sogar ahnungslose oder ultimative Klienten können individuelle Hilfe in den oben aufgeführten Formen erhalten.

2. Interpersonelle Ebene

In diese Ebene gehören Probleme oder Themen, die die Beziehung zwischen dem Einzelnen und anderen Mitgliedern der Organisation oder des Klientensystems angehen. Bei diesen Fällen arbeitet der Berater mit mehr als einer Person gleichzeitig, bzw. er behandelt, falls er mit Einzelnen arbeitet, vorrangig die Beziehung und weniger die intrapsychischen Themen. Der Eins-zu-eins-Kontext bliebe vielleicht gleich, doch bei der Informationserhebung stünde die näher zu klärende Beziehung im Mittelpunkt, die Rolle, die der Klient in den verschiedenen Gruppen innehat, und seine Effektivität als Teammitglied. Die für die individuelle Personenebene beschriebenen Interventionen können sich sehr wohl mit den Interventionen überschneiden, die sich am besten für diese Ebene eignen, aber der Berater wird sich in einem Fall der individuellen Personenebene verstärkt auf den Einfluss der Beziehungen auf den Einzelnen konzentrieren, und in einem Fall der letzteren Ebene mehr auf den Einfluss, den das Verhalten des Einzelnen auf andere hat.

Typische Intervention für diese Ebene sind Rollenverhandeln, Mediation, Einbeziehen einer »dritten Partei« bei der Konfliktlösung und Beziehungsberatung, wie sie bei der Eheberatung oder Familientherapie geläufig ist. Fokussiertere und formellere Interventionen dieser Art würden natürlich nur verwendet werden, wenn die Berater-Klient-Beziehung eine Ebene erreicht hat, auf der beide gemeinsam beschließen, sich auf interpersonelle Probleme zu konzentrieren.

3. Angesicht-zu-Angesicht-Ebene

In dieser Ebene treten Probleme oder Themen bezüglich der Art und Weise in den Mittelpunkt, wie eine Gruppe oder ein Team als Gruppe arbeitet. »Angesicht zu Angesicht« bedeutet hier, dass die Gruppe sich selbst als Gruppe empfindet, auch wenn sie nicht am selben Ort arbeitet oder nicht regelmäßig persönlich zusammenkommt. Elektronische Verbindungen können die Kommunikation von Angesicht zu Angesicht ersetzen, wenn die Mitglieder selbst das Gefühl haben, zusammenzuarbeiten. In diesen Fällen spielt der Berater eine Vielzahl von Helferrollen. Sie reichen vom nichtdirektiven Moderator von Treffen bis hin zum Verantwortlichen für die Agenda. Er kann selbst dabei helfen, die Arbeit der Gruppe zu strukturieren. Möglicherweise trifft sich der Berater mit einzelnen Gruppenmitgliedern, um Themen oder die Agenda zu besprechen. Diese einzelnen Gruppenmitglieder können jeder der besprochenen Klientenkategorien angehören. Doch der Schwerpunkt liegt darauf, wie die Gruppe als Gruppe arbeitet. Ein Großteil der Arbeit, der unter die Bezeichnung »Teamentwicklung« (Dyer 1995: »team building«) fällt, gehört in diese Ebene. Nun würde sich das Konzept vom »Klienten« auf die gesamte Gruppe erstrecken.

4. Intergruppenebene

In dieser Ebene rücken Probleme oder Themen in den Mittelpunkt, die die Beziehung zwischen Gruppen, Teams, Abteilungen und anderen Arten von Organisationseinheiten berühren sowie die Koordination ihrer Arbeit im Interesse der Organisation oder des Klientensystems. Der Berater muss nun auf der Systemebene intervenieren und sich mit Interventionen auseinandersetzen, die auf mehrere Einheiten zugleich zielen.[16] Blakes *Intergroup Exercises* (Blake u.a. 1989) und Beckhards *Confrontation Meeting* (Beckhard 1967) sind Beispiele für die Einbindung ganzer Einheiten als »Klientensysteme«. Alternativ hierzu kann der Berater auch mit den jeweiligen Führungskräften der verschiedenen Abteilungen oder Gruppen arbeiten oder auch mit einer kleineren Gruppe, deren Mitglieder als Repräsentanten ihrer Einheiten fungieren. Die Konfiguration der Klienten wird unterschiedlich sein, aber die auf dieser Ebene angesprochenen Themen werden stets die Koordination und Ausrichtung der beteiligten Organisationseinheiten betreffen. Wieder gilt es zu betonen, dass solche Interventionen den vorherigen Aufbau einer Beziehung mit Mitgliedern des Klientensystems voraussetzen, denn die Klienten sollen eine Vorstellung davon haben, was bei diesen umfassenderen, systemischen Interventionen auf sie zukommt.

5. Organisationsebene

In diese Ebene gehören Themen oder Probleme, die das Ziel, die Strategie und das Gesamtwohl des ganzen Klientensystems betreffen, unabhängig davon, ob es sich dabei um eine Familieneinheit, eine Abteilung, eine Organisation oder eine ganze Gemeinschaft handelt. Auch hier ändert es sich von Fall zu Fall, ob der Berater mit einzelnen Führungskräften, Gruppen oder Intergruppen arbeitet, doch im Mittelpunkt stehen stets das gesamte System betreffende Probleme. Beispiele dazu finden sich in: Survey Feedback Projects (Likert 1961), Weisbords Future Search Conferences (Weisbord/Janoff 1995), Open

Systems Planning (Beckhard/Harris 1987), Grid OD (Blake/Moutons 1969, 1989), Integrated Strategic Change (Worley/Hitchin/Ross 1996) und einige Formen kultureller Analyse, wenn diese vom Topmanagement durchgeführt wird (Schein 21992).

6. Interorganisationsebene

In diese Ebene gehören die Punkte der Koordination, der Zusammenarbeit und der Ausrichtung, die auftreten wenn ganze Einheiten, Organisationen oder Gemeinschaften ein Konsortium oder Interorganisationsnetzwerke zu bilden beginnen (Chisholm 1998). In der Regel arbeitet der Berater mit den Repräsentanten in großen oder kleinen Gruppen und konzentriert sich bei der Einzelberatung auf die Netzwerkthemen. Der Unterschied zwischen den hier angesprochenen Themen und den Intergruppenthemen besteht darin, dass die Gruppen hier autonom sind und nicht notwendigerweise durch ein übergreifendes Ziel oder eine politische Gemeinschaft zusammengehalten werden. Zum Beispiel könnte der Berater mit einem UN-Komitee arbeiten, einem Konsortium mehrerer Firmen, die zusammengekommen sind, um mehr über »Organisationslernen« zu erfahren, oder einem Gemeindenetzwerk, das an einem regionalen Entwicklungsprogramm arbeitet.

7. Umfassendere Systemebene

In diese Ebene schließlich gehören Probleme oder Themen, die sich auf eine breitere Gemeinschaft oder Gesellschaft beziehen. Der Berater arbeitet hier vielleicht mit sozialen Netzwerken, Gruppen von Organisationen oder Gemeinden und behandelt Themen, die sich auf die Gesundheit größerer Systeme, ja, im Falle umweltorientierter Projekte wie *The Natural Step*[17] sogar des Planeten beziehen.

Mir geht es bei der Darstellung dieser Kategorien darum, die inhärente Komplexität der Klientenidentifikation zu beleuchten und anzumerken, dass sich der Problemschwerpunkt dramatisch ändert, wenn die jeweiligen Klienten verschiedene Rollen annehmen, selbst wenn der Berater die meiste Zeit mit einem Klienten allein oder in kleinen Gruppen arbeitet. Die unterschiedlichen Themenebenen lenken unsere Aufmerksamkeit auch auf die Tatsache, dass die aus den diagnostischen Interventionen zu Beginn resultierenden späteren und häufig »tieferen« Interventionen weit andere Konsequenzen nach sich ziehen, sobald sie sich auf ein umfassenderes Klientensystem beziehen. Der Grund dafür, warum Unternehmensumfragen in den meisten Beratungsmodellen als »Intervention« gelten, während »diagnostische Interviews« weniger Führungskräfte in Schlüsselpositionen als »rein diagnostisch« betrachtet werden, liegt an den umfassenderen Auswirkungen der Umfrage und den Problemen, die diese gewöhnlich anspricht. Trotzdem ändert sich nichts grundlegend an der Psychodynamik der Beziehung zwischen Berater und Klient, selbst wenn sich der Problemschwerpunkt auf eine andere Ebene verschiebt. Aber was wird dann anders, wenn sich der Schwerpunkt verändert?

Wenn der Berater-Helfer die Einzelberatung oder Gruppenarbeit hinter sich lässt, wird die Frage, mit wem er arbeiten, auf was er dabei den Schwerpunkt legen und wessen Interessen er bei der Planung der nächsten Schritte oder großen Interventionen berücksichtigen soll, sehr komplex. Um im Prozessberatungsmodus zu bleiben, muss der Berater diese Aufgabe mit dem Teil des Klientensystems besprechen, mit dem er gerade arbeitet. Keinesfalls sollte er allein hingehen und die nächsten Maßnahmen ausarbeiten, weil er unmöglich genug über die Kultur und Politik des größeren Systems wissen kann, um diese Entscheidungen zu treffen. Statt dessen sollte er das mittelbare und primäre Klientensystem so weit wie möglich bei der Entscheidung einbeziehen, auf welcher Ebene und mit welchen Mitteln der Prozess des Helfens fortgeführt werden soll. Das ist die Arena, in dem das Prinzip »Teile das Problem mit anderen«, statt ständig zu versuchen, alles allein zu lösen, am meisten Gültigkeit besitzt.

Eines der ethischen Dilemmata dabei, anderen zu helfen, unabhängig davon, ob es sich um Hilfe zwischen Berater und Klient, Manager und Untergebenen oder zwei Freunden handelt, ist eng mit der Tatsache verknüpft, dass der Helfer nie mit nur einem Teil des Klientensystems zu tun hat; und die verschiedenen Teile können sich in ihren Erwartungen und Bedürfnissen unterscheiden (Schein 1966). Im Managementzusammenhang betrachten wir diese als unterschiedliche »Anteilseigner« (»shareholder«) und sehen es als einen wesentlichen Bestandteil der Managerrolle an, die Interessen dieser Gruppen auszubalancieren. Daher können Manager und Berater durchaus voneinander lernen, wie sich solche multiplen Beziehungen bei Eingriffen in komplexen Systeme konzeptualisieren und führen lassen.

Nach der Beschreibung der allgemeinen Kategorien, in die sich Klienten einteilen lassen, und der Ebenen der Klientenanliegen, möchte ich mich nun einigen spezifischen Themen zuwenden, die bei den einzelnen Kliententypen auftreten.

Themen bei Kontakt- und mittelbaren Klienten

Jeder Prozess des Helfens beginnt mit einem Kontaktklienten, worunter man sich die erste Person vorstellen kann, mit der sich der Berater wegen eines bestimmten Problems oder Anliegens trifft. Dabei spielt es keine Rolle, ob diese Person das zu bearbeitende Problem als ihres betrachtet. Will ich gemäß den Annahmen der Prozessberatung helfen, muss ich so bald wie möglich herausfinden, wie dieser Kontaktklient und andere in seiner Organisation mich und meine Beratungsphilosophie wahrnehmen und was sie von uns erwarten. Vor allem möchte ich nicht vorschnell die Arzt- oder Expertenrolle zugewiesen bekommen; gleichzeitig möchte ich, dass der Klient das Gefühl hat, ihm sei geholfen worden, selbst wenn wir nur ein kurzes Telefongespräch führten. Hier gilt das Prinzip, dass jedes Telefongespräch vom anderen als hilfreich empfunden werden sollte.
In Anbetracht der erwähnten Anliegen muss ich die explorative Informationserhebung am Anfang breit anlegen. Hier kann ich meine Wissenslücken füllen und mehr darüber erfahren, was in dieser Situation vorgeht, welche Realitäten eine Rolle spielen (s. Kap. 3). Was beschäftigt den Klienten? Warum rief mich dieser Mensch an oder suchte mich auf? Warum gerade jetzt? Die von den Kontaktklienten genannten Gründe lassen Rückschlüsse auf ihre Wahrnehmung zu, die ich entweder verstärken oder »korrigieren« kann:

- Der Kontaktklient las ein Buch oder einen Artikel über meinen Beratungsstil.
- Er wurde von einem früheren oder aktuellen Klienten an mich verwiesen.
- Er lernte mich bei einem Workshop kennen.
- Er hörte einen Vortrag, las einen Artikel oder ein Buch über ein Thema, über das ich geschrieben habe, z.B. *Career Anchors* (1990) oder *Organizational Culture and Leadership* (1992), und hat das Gefühl, zwischen diesem Thema und dem Problembereich bestünde ein Zusammenhang.

Während ich mir die Antworten anhöre, versuche ich nach besten Kräften abzuschätzen, ob die Situation eine Fortsetzung der Beziehung rechtfertigt, d.h. ob ich in der Situation letztlich helfen kann. Ich muss beurteilen, ob der Kontaktklient und andere in der Organisation gewillt und bereit sind, sich in diese Art gemeinsamer Informationserhebung und Problemlösung einzubringen, die das Prozessberatungsmodell empfiehlt, und, falls das nicht der Fall ist, ob ich über anderes Fachwissen verfüge, mit dem ich dem Klienten helfen kann. Ich muss herausfinden, ob die Absicht des Klienten konstruktiv ist, damit ich nicht ahnungslos der Bauer im politischen Spiel eines anderen werde.

Natürlich erhalte ich die Antworten auf diese Fragen nur durch einen Prozess umsichtiger Fragestellung, der zugleich Informationen liefern und helfen sollte. Bei meiner Arbeit darf ich nie das übergreifende Prinzip außer Acht lassen, dass alles, was ich tue, eine Intervention ist, die in der unmittelbaren Situation (so weit dies möglich ist) als hilfreich empfunden werden sollte. Ich strebe an, dem Anrufer nicht nur das Gefühl zu geben, die gesuchte Information, sondern auch Denkanstöße hinsichtlich seines Problems bekommen zu haben. In den meisten Fällen geschähe dies wohl in der Form von Fragen, die dem Kontaktklienten zuvor nicht in den Sinn gekommen wären, oder Vorschlägen, wie der Kontaktklient eigene hilfreiche Interventionen und Anregungen in seine Organisation einbringen kann. Ein denkbarer Vorschlag wäre, dass ich, falls andere potentielle Klienten in der Organisation der Situation weiter auf den Grund gehen möchten, gegen Bezahlung für sie eine Stunde zur Verfügung stünde, um herauszufinden, ob ein weiteres Engagement meinerseits sinnvoll ist.

Es ist durchaus angebracht, ein solch exploratives Treffen in Rechnung zu stellen, da solche Besprechungen am Anfang einer Beziehung gewöhnlich zu brauchbaren Ergebnissen führen und häufig ein weiteres Engagement überflüssig machen. Der Kontaktklient und andere Personen, die er zu diesem Meeting mitnimmt, erfahren darin so viel über mögliche weitere Maßnahmen, dass darüber hinaus keine Hilfe von einem außenstehenden Berater mehr nötig ist. Zudem erfährt man häufig, wenn man explorative Sitzungen in Rechnung stellt, wie motiviert der Klient Hilfe sucht, und man sendet drittens die Botschaft, dass die Hilfe auf »Stundenbasis« erhältlich ist und keine langen Projekte oder ausgetüftelten formalen Verträge nötig sind.

Wird der erste Kontakt als hilfreich empfunden, planen der Kontaktklient und der Berater die nächsten Schritte gemeinsam. Dazu müssen gewöhnlich mittelbare oder primäre Klienten direkt einbezogen werden. In der idealen Situation ist der Kontaktklient der primäre Klient, doch häufig wollen primäre Klienten ihre Anliegen nicht offen legen, solange der Berater sich in ersten Kontakten nicht »legitimiert« hat. Der Kontaktklient will vielleicht prüfen, ob der Berater vom Typ her zum primären Klienten passt, und/oder der primäre Klient wünscht ein erstes Treffen, um »die Chemie zu prüfen«, bevor er sich auf eine weitere Zusammenarbeit festlegt.

Was die Ebene des Themas angeht, muss der Berater auf jeder Ebene zu arbeiten bereit sein und die ersten Kontakte dazu nützen, entsprechende diagnostische Informationen zu sammeln: ob das Problem auf der individuellen Personenebene, der interpersonellen, der Gruppen-, Intergruppen- oder auf der umfassenden Systemebene angesiedelt ist. Im Verlauf der Gespräche sollte der Berater nicht nur darauf achten, seine Wissenslücken zu füllen, sondern ständig am Aufbau der Beziehung arbeiten, unabhängig davon, mit welchem Klienten er gerade ein diagnostisches Team zu bilden versucht. Nur so kann gemeinsam die Verantwortung für die nächsten Schritte übernommen werden.

Der Kontaktklient muss nicht der Klient sein, dessen Problem im Mittelpunkt der Beratung steht und der finanziell für diese aufkommt. Er kann genauso als Mittelsmann für jemand anderen in der Organisation dienen, der nicht die Zeit dafür findet, oder der im Augenblick zu belastet ist, sich direkt um Hilfe zu kümmern, oder dem dies zu peinlich ist. Zum Beispiel erhalte ich häufig Anrufe aus den Personal- oder Ausbildungsabteilungen von Unternehmen, die sich im Auftrag von führenden Managern erkundigen, ob ich bestimmte Arten von Beratung durchführe. Der Anrufer gibt meist ohne weiteres zu, eine Liste mit Namen vor sich zu haben, denen er nun allen dieselben Fragen stellt. Um eine solche Frage vernünftig beantworten zu können, müsste ich wissen, um welche Art von Organisation es sich handelt und welcher führende Manager eine solche Aufgabe an einen Angestellten delegiert und warum. Ich sehe den Anrufer daher als Kontaktklienten, von dem ich durch explorative Interventionen herauszufinden versuche, ob ich weiter zu klären versuchen soll, wer der mittelbare oder primäre Klient ist.

> *»Können Sie mir etwas mehr über diesen Manager erzählen und worum es geht?«*
>
> *»Was genau geht im Augenblick vor, dass man einen Berater von außen hinzuziehen will?«*
>
> *»In welcher Beziehung stehen Sie zu diesem Manager in der Organisation?«*
>
> *»Können Sie mir sagen, wie Sie auf mich kamen oder warum Sie gerade mich anrufen?«*

Diese Fragen stelle ich, um (1) Informationen für die weitere Vorgehensweise zu erhalten; (2) um dem Kontaktklienten durch Fragen zu helfen, die bislang nicht in Betracht gezogen wurden; (3) um gleich zu Beginn einen Eindruck davon zu geben, wie meine Beratung abläuft. Daher geben diese Fragen dem Kontaktklient auch Anregungen für sein weiteres Vorgehen. Sie helfen ihm, seine nächsten Maßnahmen zu strukturieren. Die verbreitetste Taktik hierzu ist, den Kontaktklienten zu fragen, warum der führende Manager seiner

Ansicht nach Hilfe sucht und warum er dazu so vorgeht – jemand anderen die Namen potentieller Berater heraussuchen lässt. Durch diese Frage wird der Kontaktklient angeregt, selbst diagnostisch zu denken. Sie hilft ihm, die Verantwortung für seinen Teil des Problems zu übernehmen.

Im weiteren Verlauf des Gesprächs schlage ich dem Anrufer möglicherweise Alternativen vor, die er dem potentiellen primären Klienten unterbreiten kann – ein Meeting zwischen mir und dem Manager, ein Telefongespräch mit dem Manager oder vielleicht nur ein paar Fragen, die er dem Manager stellen kann, um mehr über seine Absichten herauszufinden. Sind der Kontaktklient und ich der Meinung, der nächste Schritt solle ein direkter Anruf dieses »mittelbaren Klienten« bei mir sein oder ein Treffen, verschiebt sich mein Fokus. Nun steht im Mittelpunkt, wie ich die Beziehung zum mittelbaren Klienten gestalte. Dazu gehört das Erstellen eines Zeitplans, weiter muss ich mir die Zeit für einen Anruf oder ein Treffen nehmen, mir einen geeigneten Ort überlegen, mir Gedanken über mögliche Teilnehmer machen, über die Dauer des Meetings und welches Ziel es hat. Beachten Sie, dass die Fragen selbst den Kontaktklienten nach wie vor an der Diagnose beteiligen und ihm nicht nur dabei helfen, die Verantwortung für die nachfolgenden Schritte zu übernehmen, sondern ihn auch anleiten, selbst diagnostisch zu denken.

Zu primären Klienten

Ein primärer Klient ist eine Person oder eine Gruppe mit einem bestimmten Problem oder Anliegen, dessentwegen er Hilfe sucht. Eine operationale Möglichkeit, den primären Klienten zu definieren, ist die Frage, aus welchem Budget die Beratung bezahlt wird. Diese Frage offenbart häufig eine Komplexität, bei deren Diagnose der Berater größte Umsicht walten lassen sollte. Ich befand mich in der Situation, dass ein führender Manager für meine Dienste zahlen wollte, falls ich jemand anderem in der Organisation helfe. Ein besonderer Fall, übrigens meine erste Erfahrung in der Organisationsberatung, illustriert dieses Dilemma.

Während meines zweiten Jahres als Assistenzprofessor am MIT fragte mich mein Mentor, Douglas McGregor, ob ich zusammen mit einem Kollegen einen Beratungsauftrag in einem nahegelegenen Unternehmen übernehmen wolle. Doug hatte keine Zeit, außerdem lag ihm daran, dass alle Mitglieder der Fakultät praktische Beratererfahrung sammelten. (Doug war, per definitionem, der Kontaktklient, da das Unternehmen sich an ihn gewandt hatte.)

Der Auftrag bestand darin, die technischen Angestellten im Forschungslabor zu interviewen. Nach Aussage des VP[18] *für Personalangelegenheiten war es um das Arbeitsklima im Labor nicht zum Besten bestellt und der Laborleiter wollte gerne herausfinden, was die Angestellten dachten, um die Probleme beheben zu können. Es war dieser VP, der McGregor persönlich kannte und Doug gebeten hatte, entweder die Umfrage durchzuführen oder jemanden anderen für diese Aufgabe zu finden. Der VP hatte die Studie nicht nur autorisiert, sie sollte auch aus seinem Budget finanziert werden. Er versicherte Doug, der Leiter der Forschungslabors sei mit an Bord und freue sich über die Studie. Diese Informationen erhielten wir von Doug, unserem Kontaktklienten. Den VP selbst lernten wir nie kennen, doch wir hatten ein kurzes Gespräch mit dem Laborleiter und erfuhren, er befürworte die Interviews und wolle alles mit seinen Technikern in die Wege leiten.*

Nachdem wir monatelang mit großer Sorgfalt die Angestellten interviewt hatten, schrieben mein Kollege und ich auf Grund der gesammelten Daten einen umfassenden Bericht über die von den Labortechnikern angesprochenen Probleme. Wie zu erwarten war, gab es unter den Beschwerden auch Klagen über den Managementstil des Laborleiters. Wir hielten diese Beschwerden in einem Abschnitt unseres Berichts fest. Eine Feedbacksitzung mit dem Laborleiter war vereinbart, in der mein Kollege und ich sämtliche Daten des Berichts durchgehen wollten. Wir veranschlagten zwei Stunden, da es eine große Datenmenge durchzugehen galt und wir mit Hilfe verschiedener Statistiken zeigen wollten, wie valid unsere Daten sind.

Mein Kollege und ich marschierten in das Büro des Laborleiters, überreichten ihm eine Kopie des Berichts (er bekam ihn als erster im Unternehmen zu sehen) und begannen mit unserer Präsentation, während er den Bericht durchblätterte. Er entdeckte sofort die Passage, die seinen Managementstil behandelte, überflog sie und unterbrach uns ziemlich verärgert mit einem barschen »Dankeschön«, um uns zu entlassen. Wir waren nicht länger als 15 Minuten beim Laborleiter gewesen und wurden auch nicht mehr eingeladen, weder von ihm, noch vom VP. Wir fanden nie heraus, was aus dem Bericht geworden ist, den wir bei dem Laborleiter zurückließen.

Dieser Fall illustriert eine Reihe von Fehlern, die wir, vom Prozessberatungsstandpunkt aus betrachtet, begingen – vor allem hinsichtlich der Klientenidentifikation. Im Nachhinein gesehen, haben wir es versäumt, unseren primären Klienten ordentlich zu identifizieren. War es der VP, der Laborleiter oder gar Doug McGregor? Jeder von ihnen war an dem Ergebnis interessiert und jeder hatte ein Problem, das er lösen wollte. Aber da wir uns Hals über

Kopf in die Arbeit stürzten, ohne uns zuvor kundig zu machen, fanden wir nie heraus, welches Problem eigentlich Gegenstand unserer Umfrage war. Wir wussten nicht wirklich, warum Doug uns diesen Auftrag geben wollte. Wir fanden nie heraus, worum es dem VP, der alles bezahlte, eigentlich ging. Könnte er es z.B. darauf abgesehen haben, den Laborleiter abzuschießen, und hielt dies für die ideale Gelegenheit? Wollte er den Managementstil des Laborleiters beeinflussen, und sah er dabei in der Umfrage eine hübsche Außenseiterintervention, um die Situation in den Griff zu bekommen? Oder unterstützte er nur eine Maßnahme zur Organisationsentwicklung, die ihm vorgeschlagen worden war?

Wir fanden nie heraus, ob der Laborleiter das Projekt tatsächlich unterstützte oder dazu vom VP nur überredet oder sogar »gezwungen« worden war. Und, was vielleicht am wichtigsten ist, wir fanden nie heraus, was sich der Laborleiter wirklich von der Umfrage erwartete. Offensichtlich wollte er keine Kritik an seinem Managementstil hören. Wir tappten in eine ganze Reihe von Fallen – mit nicht absehbaren Folgen – und nur aus dem Grund, weil wir nicht klärten, wer der primäre Klient ist, und weil wir diesen Klienten nicht an der Planung des Projekts beteiligten. Wir fanden nie heraus, was aus dem Bericht wurde, aus dem Laborleiter oder der Beziehung zwischen dem VP und McGregor. Hätten wir, im Nachhinein betrachtet, der Tatsache, dass das Projekt aus dem Budget des VP bezahlt wurde, Beachtung geschenkt, hätten wir auf einem Treffen mit ihm bestehen müssen, um mehr herauszufinden über seine Motive und seine Bereitschaft, die Rechnung zu übernehmen. Wir hätten fragen sollen, warum nicht das Forschungslabor für die Kosten aufkommt. Unsere Informationslücken und unser Fehler, nicht mit diesen Lücken zu arbeiten, verleitete uns zu einer Reihe von Interventionen, deren Auswirkungen wir nicht absehen konnten.

Sobald der primäre Klient klar feststeht, muss der Berater mit dieser Person oder dieser Gruppe in einen aktiven Prozess der Informationserhebung treten. Wie das vorhergehende Beispiel zeigt, kann man sich nicht darauf verlassen, was Kontaktklienten oder mittelbare Klienten über die Wünsche und Bedürfnisse des primären Klienten verlauten lassen. Information durch den primären Klienten garantiert nicht nur Genauigkeit, sondern trägt, was noch wichtiger ist, zum Aufbau einer Beziehung bei, die die Zusammenarbeit von Berater und primärem Klienten bei der Diagnose der Situation und der Entwicklung weiterer Interventionen ermöglicht. Die Beachtung des Prinzips, dass das Problem dem Klienten gehört, schützt uns davor, in die Beraterfalle zu tappen, auf Grund von Informationen aus zweiter Hand Vorschläge und Interventionen zu machen. Falls der Berater auf eigene Faust drauflos arbeitet, fühlt sich der primäre Klient vielleicht erleichtert und wird möglicherweise abhängig, und der Berater findet sich in der unangemessenen Situation wieder, das Problem zu seinem gemacht zu haben. Daher bin ich nur bereit, neue primäre Klienten zu übernehmen, wenn der Klient, mit dem ich gerade arbeite, diese Entscheidung mit mir gemeinsam zu tragen bereit ist und die von uns gemeinsam erarbeitete Vorgehensweise, den neuen Klienten einzubeziehen, uns beiden sinnvoll erscheint.

Zu ahnungslosen und ultimativen Klienten

Die ahnungslosen und ultimativen Klienten sind die Beteiligten, deren Interessen es schließlich zu schützen gilt, selbst wenn sie nicht mit dem Berater in direktem Kontakt stehen. Anders ausgedrückt, der Prozess des Helfens soll nicht einem primären Klienten nützen, falls dies offensichtlich auf Kosten eines primären Klienten oder einer anderen Gruppe geht, deren Wohl dem Berater ein Anliegen sein sollte. Werde ich gebeten, einem Manager in einem politischen Kampf mit einem anderen Manager zu einem Sieg zu verhelfen, muss ich mir selbst die Frage stellen, was letztlich für die gesamte Abteilung oder Organisation das Beste ist. Nur wenn ich es vor mir selbst rechtfertigen kann, dass es nach meinen eigenen Kriterien für den ultimativen Klienten so am besten ist, kann ich meine Hilfe für diesen Manager rechtfertigen.

Die Unterscheidung zwischen ahnungslosen und ultimativen Klienten ist hier hauptsächlich graduell zu verstehen. Der ahnungslose Klient ist der Gleichrangige, der Chef oder der Untergebene des primären Klienten, mit dem ich arbeite; die Konsequenzen unseres Tuns müssen also wegen dieser Nähe sofort beachtet werden. Unter ultimativem Klienten stellt man sich am besten die gesamte Organisation, Gemeinschaft oder sogar die Gesellschaft vor in dem Sinn, dass wir keinesfalls mögliche Kriminelle oder Terroristen beraten würden. Am extremen Ende sind Wertentscheidungen einfach. Aber für den unmittelbar betroffenen ahnungslosen Klienten kann sich die Situation weitaus zweischneidiger und komplexer darstellen. Zum Beispiel zogen mein Kollege und ich in dem vorher beschriebenen Fall niemals ernsthaft in Betracht, der Laborleiter könne ein ahnungsloser Klient sein, und ein für ihn ungünstiges Ergebnis einer Umfrage könnte ihm massive Nachteile bringen. Noch machten wir uns darüber Gedanken, wie der Laborleiter sich gegenüber seinen technischen Mitarbeitern verhalten könnte, wenn er über die negativen Bemerkungen über seinen Führungsstil außer sich geriet. Wir hielten die Interviews anonym, achteten also auf einer gewissen Ebene darauf, die Angestellten zu schützen, aber sie waren nicht die einzigen ahnungslosen Klienten in dieser Situation.

Die primären Klienten bezahlen direkt für die Dienstleistung. Die ultimativen Klienten bekommen die Ergebnisse zu spüren, ohne vielleicht von den Vorgängen zu wissen. Der Berater muss sich daher bei der Definition der ahnungslosen und ultimativen Klienten nach den eigenen beruflichen Kriterien richten. Das Problem gewinnt an Schärfe, wenn wir uns den Manager in einer Beraterrolle denken. Sollte ein Manager einem untergebenen Manager zum Beispiel dabei helfen, die Arbeiter auszubeuten? Sollte ein Vertriebsmanager seinen Vertriebsleuten helfen, auf Kosten der Kunden bessere Verträge auszuhandeln? Sollte ein Berater einem Unternehmen helfen, eine Fabrik in einer Gemeinde zu schließen, der daraus klare Nachteile erwachsen?

Auf solche Fragen gibt es keine einfachen Antworten, doch man muss sich in einer helfenden Beziehung stets über diese Fragen im Klaren sein. Jedes Mal, wenn wir jemandem helfen, stellen wir uns im Prinzip hinter die vom Hilfesuchenden repräsentierten Ziele und Werte. Wir können später nicht einfach die Verantwortung abtreten für die von uns geleistete Hilfe, falls sich herausstellt, dass diese einem anderen Teil der Organisation oder anderen Gruppen schadete.

Mit diesen Problemen habe ich in meiner Verwaltungsrolle als Universitätsdekan häufig zu tun, wo es die Interessen der Fakultät sowie die der Studenten zu berücksichtigen gilt. Baten mich Fakultätsmitglieder, Projekte, Stundenpläne oder Beratungsexkursionen zu organisieren, die meines Erachtens den Interessen der Studenten zuwiderliefen, musste ich entscheiden, wann die Studenten als ultimative Klienten wichtiger waren als die Fakultätskollegen, die die primären Klienten waren. Kamen mir Fragen dieser Art in den Sinn, war meines Erachtens stets die beste Intervention, sie sofort mit dem Klienten zu teilen, damit diesem das Problem ebenso gehörte. Dann konnten wir gemeinsam nach einer Lösung suchen, die sowohl die Bedürfnisse des primären Klienten wie die der ahnungslosen und ultimativen Klienten befriedigte.

Personen im Einflussbereich als Klienten und der Einfluss von Nichtklienten

In vielen Beratungsprojekten führt es zu einem großen Problem, wenn ein Einzelner, eine Gruppe oder eine Abteilung als Ziel identifiziert wird, das sich ändern soll, die Mitglieder dieser Gruppe jedoch nicht den Eindruck von sich haben, Hilfe zu brauchen. Möglicherweise handelt es sich bei ihnen sogar insofern um ahnungslose Klienten, als ihnen nicht bekannt ist, welche Aufmerksamkeit ihnen zuteil wird. Diese Situation entsteht gewöhnlich, wenn sich bei der Informationserhebung mit mittelbaren, primären oder auch Kontaktklienten herausstellt, dass das Problem wohl die Person A oder die Abteilung B zu sein scheint, mit der wir aber nicht direkt arbeiten.

Sind diese Zielgruppen hierarchisch unter dem Klienten angesiedelt, wird oft vom Berater erwartetet, dass er sie bereitwillig aufsucht und sich eine Eingriffsmöglichkeit verschafft. Zum Beispiel stellten wir in dem vorherigen Fall niemals in Frage, warum die technischen Angestellten ohne weiteres bereit waren, sich mit uns zu treffen, noch zogen wir in Erwägung, dass sie Klienten wurden, nachdem sie an der Umfrage teilgenommen hatten. Ist die Zielgruppe hierarchisch höher gestellt oder geographisch nicht erreichbar, stecken wir häufig fest und entscheiden, dass das Projekt nicht durchführbar ist. Interne Berater entwickeln in solchen Situationen bisweilen eine erstaunliche Kreativität, wie das folgende Beispiel einer großen Bank zeigt.

Frank, der Leiter der Organisationsentwicklung in der Apex-Bank wollte ein neues Programm zum Teamaufbau einführen, das sich in anderen Banken als sehr erfolgreich herausgestellt hatte. Allerdings war der CEO der Apex-Bank sehr konservativ und unnahbar, weshalb Frank schloss, dass es wohl vergeblich wäre, das Programm direkt vorzuschlagen. Auf der anderen Seite wäre es unmöglich, das Programm ohne die Zustimmung und Unterstützung des CEO starten zu wollen.

Das Problem bestand also darin, wie man den CEO, als Ziel der Veränderung, an Bord bekam und als Klienten gewann. Frank studierte eine Zeitlang das Verhalten des CEO und bemerkte, dass er die Apex-Bank aufmerksam mit anderen Banken verglich. Frank kannte auch Mary, die OE-Leiterin der Beta-Bank, in der das Programm zum Teamaufbau bereits lief. Und er wusste, dass sich die CEOs von Apex und Beta öfters trafen. Daher arrangierte Frank mit Mary, dass bei einem der nächsten gemeinsamen Arbeitsessen der beiden Bankdirektoren der CEO von Beta das Gespräch auf das Programm zum Teamaufbau in seiner Bank bringen und berichten würde, wie erfolgreich es gewesen sei. Mehrere solcher Arbeitsessen fanden statt und es dauerte nicht lange, bis der CEO von Apex sich telefonisch bei Frank meldete und die Durchführung eines solchen Programms zur Teambildung bei der Apex Bank verlangte.

Falls die Situation sich nicht so behandeln lässt und sich nicht für eine wohlwollende Manipulation eignet, müssen der Berater und der unmittelbare

Klient, mit dem er arbeitet, gemeinsam die Verantwortung für diese Zwickmühle übernehmen und zusammen nach einem Weg suchen, wie sie aus dieser Zielperson oder -gruppe einen Klienten machen können. Nach der Prozessberatungsphilosophie ist dies nur möglich, indem man sich gegenüber der (oder den) Zielperson(en) als Helfer erweist, wozu wiederum erst einmal Informationen erhoben werden müssen, welche Art von Hilfe diese brauchen könnte(n), falls überhaupt Hilfe gebraucht wird. Damit diese Informationen erhoben werden können, muss erst einmal ein Kontakt mit der Zielperson / den Zielpersonen hergestellt werden. Dazu ist der Berater oft auf die Unterstützung seines Klienten angewiesen. Zum Beispiel kann der interne Berater sich an den Manager wenden, der die Zielperson ist, und sich erkundigen, woran der Berater für ihn arbeiten könnte oder ob er dies von vornherein ablehnt. Das Angebot, an den Problemen der Zielperson zu arbeiten, eröffnet die Möglichkeit, eine Beziehung zu schaffen, die es später erlaubt, über Bereiche Informationen einzuholen, die für die Zielperson anfangs vielleicht im Dunkeln lagen oder über die sie nicht weiter nachdenken wollte.

Was aber ist mit den Nicht-Klienten, den Personen in der Organisation, die mitkriegen, was läuft, aber entschieden dagegen sind? Die häufigste Version dieses Dilemmas tritt auf, wenn Berater geholt werden, um bei der Implementierung einer technischen oder kulturellen Neuerung mitzuwirken, diese aber von einigen Mitgliedern der Organisation als heimliche Methode gesehen zu werden, ihre Position zu schwächen und sie vielleicht sogar um ihren Job zu bringen. In solchen Fällen ist der Berater womöglich voller Enthusiasmus dabei, eine Gruppe bei der Entwicklung und Implementierung eines Programms zu helfen, das ihm absolut sinnvoll erscheint, und stößt dann bei einer anderen Gruppe auf Widerstand. Ein Programm zur Produktivitätssteigerung, das vorschlägt, die Mitarbeiter an der Arbeitsplanung zu beteiligen, wird vielleicht von der Gewerkschaft abgelehnt, weil es als Unterfangen gesehen wird, für das gleiche Geld mehr Leistung von den Angestellten zu bekommen. Viele Programme zur »Aufgabenerweiterung« werden von den Angestellten nicht angenommen, weil sie mit ihren Routinejobs vollkommen zufrieden sind. Viele Umfragen oder Teamaufbauprojekte stoßen auf Widerstand, da sie von den Angestellten eher als Mittel der Ausbeutung betrachtet werden, denn als Mittel, ihnen zu helfen.

In all diesen Fällen muss der Berater sich darüber klar werden, was letztlich hilft, und mit der Gruppe der Nicht-Klienten konstruktiv umgehen. Dass kann die Herstellung einer besseren Kommunikation bedeuten, die Förderung von mehr Dialog und Verständnis zwischen den sich gegenüberstehenden Parteien und die Abklärung der Themen. Natürlich muss auch gewährleistet werden, dass der aktuelle primäre Klient den Standpunkt der anderen Seite verstanden hat. Erst dann ist eine gemeinsame Entscheidung von Berater und primärem Klienten über die weitere Vorgehensweise möglich.

Das Wissen und die Erfahrung des Beraters im Umgang mit der Dynamik in Organisationen spielt bei der Lösung dieser Probleme eine große Rolle. Denn dadurch können oppositionelle Gruppen bereits vor der Durchführung wichtigerer Interventionen einkalkuliert und identifiziert werden. Eine meiner – nach meinem Dafürhalten – wichtigsten Aufgaben ist, die Manager, wenn sie wichtige Neuerungen planen, dazu zu »zwingen«, genau zu durchdenken, wer davon profitiert, wer sich bedroht fühlt und wer diesen Neuerungen Widerstand entgegensetzt. Auf Grund solcher Analysen können wir eine Intervention entwickeln, die all diese Gruppierungen berücksichtigt.

Schlussfolgerung und Auswirkungen

Im Umgang mit Klienten ist das oberste Gebot für den Berater, dass er sich stets darüber im Klaren sein muss, wer sein Klient ist, und dass es strikt zu unterscheiden gilt zwischen Kontakt-, mittelbarem, primärem, ahnungslosem und ultimativem Klienten und den Nichtklienten. Es kann leicht geschehen, dass man vergisst, wer der eigentliche Klient ist – vor allem, wenn der Berater schon sehr lange in einer Organisation arbeitet oder öfters die Abteilung wechselt.

Zweitens muss sich der Berater stets bewusst sein, dass vor allem die Grenzen zwischen ahnungslosen, ultimativen und Nichtklienten fließend sein können, je nachdem, welche Problemebene im Vordergrund steht. Zum Beispiel kann die Arbeit mit dem CEO auf einer Eins-zu-eins-Basis entweder eine Beratung in einer persönlichen Angelegenheit mit wenig Auswirkung auf andere sein, oder es kann sich dabei um ein größeres strategisches Problem handeln, das für jeden innerhalb wie außerhalb der Organisation von Bedeutung ist.

Drittens gilt für beide Fälle, dass der Berater, sofern er glaubt, die nachfolgenden Maßnahmen hätten Folgen für andere, die der Klient möglicherweise unberücksichtigt ließ, diese Folgen an die Oberfläche bringt und sich vergewissert, dass der primäre Klient sich über sie im Klaren ist und sich bereit erklärt, die Verantwortung für sie zu übernehmen. Die Frage »Wer ist hier wirklich der Klient?« ist bei Kontakt-, mittelbaren und primären Klienten durchaus angeraten. Sowohl ihnen, als auch dem Berater hilft es ungemein, sich darüber eine klare Meinung zu bilden.

Fallbeispiele

Fallbeispiel 4.1
Komplexe Klientenbeziehungen in der Multi Company

Komplexe Klientenbeziehungen in einem sich entwickelnden Projekt lassen sich durch einen Rückblick auf einige Aspekte meiner Arbeit mit der Multi Company, einem großen, verzweigten europäischen Chemieunternehmen, darstellen, in dem ich über mehrere Jahre hinweg die verschiedensten Beratertätigkeiten durchführte (Schein 1985). Dieser Fall beleuchtet nicht nur Probleme im Zusammenhang mit den Klienten, sondern auch die vielfältigen Rollen, die der Berater übernehmen muss, und die Entwicklung einer Beratung von der Einzel- über die Gruppenberatung bis hin zur Beratung bei Problemen, die die gesamte Organisation berühren.

Am Anfang stand ein Anruf des Leiters der Managemententwicklung, Dr. Peter Stern, der mich einlud, beim in sechs Monaten anberaumten Jahrestreffen ein Seminar für die 45 obersten Manager von Multi abzuhalten. Ich sagte vorläufig zu, da ich Stern bei einem früheren Seminar kennen gelernt hatte, bei dem ich einen Vortrag gehalten hatte. Er überzeugte mich, eine ähnliche Präsentation wäre für ihr Unternehmen wichtig, und ich begann mich dafür zu interessieren, weil sich mir so die Gelegenheit bot, Kontakt zum Topmanagement eines großen multinationalen Unternehmens zu bekommen.

Bevor unsere Abmachung endgültig wurde, sollte ich noch den Präsidenten treffen, Richard Maier, um abzuklären, ob wir uns auf den Zweck der Präsentation einigen können und ob Maier mit meinem Ansatz bei dem Treffen einverstanden ist. Ein Besuchstermin wurde festgesetzt, und Maier wurde nun der mittelbare Klient. Wir trafen uns, einigten uns über die Ziele, stellten fest, dass wir gut miteinander konnten, und wollten daher beide weitermachen. Maier wurde nun der primäre Klient.

Der nächste Schritt eine Monat später war ein Treffen mit dem Ausbildungsleiter, Otto Kunz, der die Jahrestreffen plant und durchführt. Auch er wurde ein primärer Klient; unser Ziel war es, einen detaillierten Plan zu erstellen, wann und wie ich meine Präsentation abhalten würde und wie dies in die Struktur des Jahrestreffens passte. Seine Forderungen mussten sich jedoch mit den Zielen der Präsentation vereinbaren lassen, die Maier mir gegenüber angedeutet hatte. Gleichzeitig wurde Kunz mein Berater, da er mir half, meine Sitzung so zu planen, dass sie für die Themen, die Multi zu der Zeit am meisten beschäftigten, relevant war und dass sie in Multis Kultur passte.

Bei dem Jahrestreffen schließlich lernte ich eine Reihe weiterer Manager kennen. Die Mitglieder der Geschäftsführung waren eindeutig potentielle primäre Klienten, ebenso einige der Abteilungsleiter und regionalen Direktoren. In all diesen Beziehungen verfolgte ich die beiden Ziele, möglichst viel zu erfahren und gleichzeitig zu helfen, dies waren meine Kriterien für die Interaktion mit jedem Menschen, den ich kennen lernte. Das Meeting wurde die ganze Zeit über von einer Planungsgruppe – unter der Leitung Sterns und der Mitwirkung des Präsidenten und noch weiterer Mitglieder der Firmenleitung – kontrolliert und bei Bedarf umorganisiert. Sie baten mich, mich ihnen anzuschließen und mitzuarbeiten. Also wurde diese Gruppe bei dieser Aufgabe der primäre Klient.

Was meine tatsächliche Präsentation anging, war die gesamte Gruppe der 45 Manager mein primärer Klient, schließlich waren es ihre Probleme, um die es bei meinem Seminar ging. Einzelne Mitglieder der Gruppe sprachen mich während des Meetings an und wurden später primäre Klienten mit jeweils speziellen Problemen. Nach dem Meeting bat mich Maier, das Unternehmen weiter zu beraten und dabei zu helfen, es innovativer zu machen. Er definierte sich selbst, Stern und die Firmenleitung als primäre Klienten und bat Stern, sich während meiner Besuche um meinen Zeitplan zu kümmern. Wieder wurde Stern der Kontaktklient.

Im Verlauf dieses Szenarios arbeitete ich schließlich mit der Firmenleitung, verschiedenen Managern in der Firmenleitung und den Teilnehmern der nächsten zwei Jahrestreffen. Das Unternehmen als Ganzes war mit Sicherheit eine Ebene des ultimativen Klienten und mehrere Abteilungen, die durch spezifische Projekte betroffen waren, waren ahnungslose Klienten – vor allem, als das Unternehmen in mehreren Zweigen einen Downsizing-Prozess einleitete. Stern und Kunz behielten weiter ihre Zwitterrolle als Kontaktklienten und primäre Klienten bei, da Themen der Managemententwicklung und -ausbildung ein Hauptschwerpunkt der späteren Beratungsbemühungen wurden. Auch mehrere andere Manager wurden Kontakt- und primäre Klienten, da sie sich direkt an mich wandten wegen der Teilnahme an diversen Meetings und wegen spezifischer Probleme, bei denen sie meinen Rat einholten.

Als Ergebnis des Jahrestreffens wurde ein Lenkungsausschuss gegründet, der einen Plan ausarbeiten sollte, wie man das Unternehmen auf einen anderen Kurs bringen konnte, wozu gleichzeitig einige Zweige verkleinert werden und die Profitabilität anderer Abteilungen erhöht werden sollte. Dieser Ausschuss vergab Projekte an 25 Projektgruppen. Unter deren Projektleitern wandten sich einige an mich und baten mich, ihnen bei der Organisation ihrer Projekte zu helfen. In diesen Beziehungen galt der Klientenfokus zweifelsohne dem gesamten

Unternehmen, auch wenn ich mit einzelnen Mitarbeitern der Projektgruppen arbeitete.

Zudem wollte Stern das Karriereentwicklungssystem neu planen. Er bat mich als Experten um die Unterstützung bei der Entwicklung eines Forschungsprojekts, das die Karrieren von 200 leitenden Angestellten untersuchen sollte, um besonders vielversprechend scheinende Muster internationaler und funktionsübergreifender Mobilität herauszufinden. Eine sorgfältige Dokumentation dieser Fälle brachte einige überraschende Erkenntnisse über die Wichtigkeit von Auslandseinsätzen, die zu einer umfassenden Neuplanung der Versetzung von Managern führte.

Aus diesem Fall zog ich die Lehre, meine Beziehung zu den Leuten, mit denen ich es bei Multi zu tun hatte, ständig neu zu überprüfen, und mir den Einfluss bewusst zu machen, den Interventionen in einem Teil des Klientensystems auf einen anderen haben konnten. War ich mir über diese Einflüsse nicht sicher, griff ich darauf zurück, das »Problem zu teilen« und besprach diese Fragen mit Insidern, statt die Entscheidungen alleine zu treffen.

Außerdem lernte ich, dass ich gegenüber den vielen Klienten, mit denen ich es zu tun hatte, viele Rollen spielen musste. Es war dieses Unternehmen, in dem ich die Regel kennen lernte, dass es einen Statusverlust bedeutet, mit einem Berater gesehen zu werden. Ebenso lernte ich, wie mächtig die Regel sein kann, im Berater den Experten-Arzt zu sehen. Während all der Jahre, in denen ich mit ihnen arbeitete, zogen sie es vor, meine Meinung und meinen Rat zu hören. Erst nach vielen Erfahrungen mit dem Prozessberatungsmodus begannen sie allmählich, den Wert von Prozessinterventionen, gemeinsamer Informationserhebung und Diagnose zu erkennen.

Fallbeispiel 4.2
Beratung von Beratern – die Jackson-Strategy-Berater

Ein interessantes Beispiel für Probleme bei ultimativen Klienten tauchte in einem Projekt auf, in dem ich als Mitglied einer Fakultätsgruppe einer Strategieberatungsfirma half, als Berater effektiver zu arbeiten. Dazu nahmen die Mitarbeiter der Firma an einem Seminar für Berater teil. Eine Reihe von Fakultätsmitgliedern arbeitete mit mehreren führenden Beratern der Firma an Marketing-, Finanz- und Personalfragen sowie an der Beratungstechnik. Die Aufgabe der Fakultätsmitglieder bestand darin, Forschungsergebnisse bereitzustellen und der Beratungsgruppe dabei zu helfen, diese Informationen für die Analyse der Probleme ihrer Klienten zu nutzen.

Meine Rolle dabei war die des Experten in Sachen Beratungsmethode und Prozess. In meinen Einzelsitzungen mit den Mitarbeitern dieses Unternehmens und in den Gruppenseminaren diskutierten wir unter anderem, wie sich Klientenwünsche dekodieren lassen, was unter der Kultur der Organisation des Klienten zu verstehen ist und wie der Berater optimal mit den Klientenbeziehungen umgeht. Ich lieferte ihnen Konzepte, und sie lieferten das Fallmaterial, anhand dessen wir dann neu zu entwickelnde Analysemethoden für die Arbeit mit ihren Klienten diskutierten.

Die Grundregeln waren klar – die Fakultätsmitglieder arbeiten nicht direkt mit den Klienten, es sei denn, es gibt ganz besondere Gründe dafür. Daher wurde jede Hilfe, die den ultimativen Klienten (den Unternehmen, mit denen Jackson arbeitet) zuteil wurde, diesen durch die mittelbaren Klienten zuteil, den Beratern von Jackson. Oberflächlich betrachtet schien dies eine ganz klare Angelegenheit zu sein, aber das offene Dilemma dabei war, ob die Fakultät, die die Berater weiterbildete, ein Mitspracherecht hatte, welche Klienten Jackson akzeptierte, und ob wir ein solches Mitspracherecht haben sollten. Ich bemerkte, dass ich diesen Prozess ständig überwachte, indem ich z.B. auf meine Reaktionen auf die von den Jackson-Beratern vorgetragenen Fälle achtete. Ihre Fälle und ihr allgemeiner Ansatz entsprachen den Kriterien, die ich selbst an valide Hilfe anlege, daher konnte diese Frage ohne einen Konflikt beigelegt werden.

Dieser Fall unterscheidet sich von der häufigeren Situation – der Arbeit als Trainingsberater oder »Schattenberater« –, da die Fakultätsgruppe beauftragt war, die Effektivität der gesamten Beratungsfirma zu verbessern. Hätte die Firma nun Leute angestellt, deren Werte nicht mit unseren vereinbar gewesen wären, oder Klienten angenommen, mit denen wir nicht einverstanden gewesen wären, hätten wir dagegen nichts tun können. Ich stellte fest, dass ich diesen Prozess Schritt für Schritt überwachte, indem ich die Jackson-Berater um möglichst viel Material über ihre Klienten bat, so dass ich stets auf dem Laufenden war.

Übung 4.1

Wer ist der Klient? (Ein bis zwei Stunden)

1. Versuchen Sie, sich mit einem oder zwei Beraterkollegen zusammen zu tun oder, falls Sie Manager sind, mit Managerkollegen.
2. Lassen Sie sich die letzten ein, zwei Jahre durch den Kopf gehen und überlegen Sie sich dann, jeder für sich, ein oder zwei Situationen, in denen Sie anderen geholfen haben.

3. Nehmen Sie sich die Fälle nacheinander vor und versuchen Sie zu rekonstruieren, wer der Kontaktklient, wer die mittelbaren Klienten und wer die primären, ahnungslosen oder ultimativen Klienten (Zielpersonen) waren. Falls es Ihnen schwer fällt, festzulegen, wer welcher Kategorie zuzuordnen ist, ergründen Sie die Implikationen dieser Unklarheit.
4. Überprüfen Sie bei jedem einzelnen Fall, in welchem Ausmaß Sie die Bedürfnisse der ahnungslosen und ultimativen Klienten (oder Zielpersonen) berücksichtigten und wie sich dies auf Ihr Verhalten auswirkte.
5. Was lernen Sie aus der Analyse dieser Fälle?

II. TEIL

DEKODIEREN VERBORGENER KRÄFTE UND PROZESSE

Um ein effektiver Helfer zu werden, bedarf es einer Philosophie wie sie im I. Teil beschrieben wurde, viel praktischer Erfahrung und einer funktionierenden Theorie. Unter Theorie verstehe ich Denkmodelle über die Funktionsweise der Welt, die uns helfen, die Vorgänge um uns herum wahrzunehmen, zu verstehen, zu vereinfachen, zu erklären, vorherzusagen und zu kontrollieren. Gute Absichten und Motivation allein reichen nicht. Der kompetente Helfer/Berater muss etwas verstehen von der psychologischen und zwischenmenschlichen Dynamik, von der Gruppen- und Organisationsdynamik und der Dynamik zwischen den Organisationen, die die menschlichen Beziehungen beeinflussen. Ein solches Modell wurde im zweiten Kapitel dargestellt, in dem wir uns mit der Psychodynamik in der helfenden Beziehung beschäftigten. Verstehen entwickelt sich aus der Kombination einer solchen »Theorie« und Praxis, aus dem Erlernen von Konzepten und der Erfahrung, wie sich diese Konzepte in der Praxis der Helfenden bewähren – Einzelner wie Gruppen und größerer Organisationseinheiten oder Gemeinden. Aber die Praxis allein reicht nicht.

Viele Kräfte, die Beziehungen beeinflussen, sind verborgen und/oder schwer zu dekodieren. Um ein effektiverer Helfer zu werden, braucht man eine größere Fähigkeit zu sehen und zu hören, was vor sich geht. Denn nur so lassen sich diese verborgenen Kräfte entdecken und dekodieren. Man muss darüber hinaus aber auch persönlich sehr flexibel sein, um auf diese Kräfte reagieren zu können. Eine der wichtigsten Funktionen der Prozessberatung ist, das Unsichtbare sichtbar werden zu lassen. Dem Klienten nur zu sagen, was abläuft, ist meist zu wenig, denn unsere kulturellen Annahmen, unsere Abwehr und unsere vorurteilsbehaftete Wahrnehmung hindern uns daran zu sehen, was da draußen ist und was in uns am Werk ist. Der Experte oder Arzt kann eine noch so brillante Diagnose liefern und alle Vorgänge detailliert darlegen, und der Klient kann es vollkommen falsch verstehen, weil ihm die Fähigkeit und die Motivation zur Dekodierung fehlen.

Der erste Schritt, um die Abläufe sichtbar werden zu lassen, ist daher (1) das Schaffen von Bedingungen, die den Klienten motivieren, tiefer zu blicken, und (2) dem Klienten zu helfen, sehen zu lernen. Genauso wie Künstler lernen müssen zu sehen, was sie wiedergeben wollen, so müssen wir als Problemlöser lernen zu sehen, was wir schaffen, fördern oder korrigieren wollen. Wir brauchen alle das Gefühl, unser Leben zu kontrollieren, doch häufig fühlen wir uns ohne jede Kontrolle, empfinden uns als Opfer der Handlungen anderer oder sozialer Bedingungen jenseits unseres Einflusses. Gelingt es uns nicht, ein Gefühl der Kontrolle zu erlangen, geben wir uns häufig dafür selbst die Schuld, statt zu erkennen, dass vieles, was uns zustößt, das Ergebnis von Kräften und Strukturen ist, derer wir uns nicht bewusst sind. Einige dieser Kräfte sind das Ergebnis kultureller Annahmen, die wir erlernt haben und die nun unser Denken strukturieren, wobei wir uns nicht bewusst machen, dass sie erlernt sind und nicht naturgegeben. Einige dieser Kräfte sind das Ergebnis sozialer Strukturen und Systeme, in die wir eingebettet sind. Manche lassen sich auch zurückführen auf die komplexe Struktur unseres Denkens und unserer Persönlichkeit, unser Unbewusstes und auf die Art und Weise, wie unser Körper und unser Gehirn zusammengefügt sind.

In den nächsten zwei Kapiteln stelle ich mehrere Konzepte und Modelle vor, die mir geholfen haben zu verstehen, was unter der Oberfläche vorgeht, wenn zwei oder mehr Menschen in einer Beziehung zueinander stehen. Diese »verborgenen Kräfte« treten besonders in den Vordergrund, wenn ein Mensch dem anderen zu helfen sucht. Im fünften Kapitel konzentrieren wir uns zunächst darauf, was im Kopf passiert. Im sechsten Kapitel analysiere ich anschließend die kulturellen Kräfte, die die wesentlichen in der Beziehung »von Angesicht zu Angesicht« geltenden Muster und Regeln bestimmen und teilweise die Psychodynamik der im zweiten Kapitel dargestellten helfenden Beziehung erklären.

5. Kapitel:

Intrapsychische Prozesse: BRUI

Bei Beziehungen muss zunächst eines klar sein: was im Kopf vorgeht, vor allem im eigenen. Falls Agierende in einer Beziehung ihre eigenen Gefühle, Vorurteile, Wahrnehmungsstörungen und Impulse nicht beobachten und angehen können, können sie nicht sagen, ob sich ihre Handlungen und Interventionen auf die Wahrnehmung der Realität gründen oder nur auf ihrem Bedürfnis, sich auszudrücken und zu verteidigen. Um zu verstehen, was in unserem Kopf vorgeht und wie sich diese Vorgänge auf unser Verhalten auswirken, sind wir auf ein vereinfachendes Modell der in Wirklichkeit sehr komplexen Prozesse angewiesen. Die Komplexität der intrapsychischen Prozesse lässt sich darauf zurückführen, dass unser Nervensystem gleichzeitig ein System ist, das Daten sammelt, verarbeitet und dabei proaktiv arbeitet. D.h. wie beobachten (B), wir reagieren emotional auf das Beobachtete (R), wir analysieren, verarbeiten und urteilen aufgrund dieser Beobachtungen und Gefühle (U), und wir handeln nach außen, damit etwas passiert – wir intervenieren (I).[19]

Die einfachste Form des Modells ist ein Kreisdiagramm, wie es Abbildung 4 zeigt. Zwar laufen intrapsychische Prozesse in Wirklichkeit nicht so einfach und schematisch ab, trotzdem erlaubt uns das Modell, detailliert die Komplexität geistiger Vorgänge zu analysieren, die Art der Fallen, in die wir tappen, und wie unsere Interventionen dadurch an Effektivität einbüßen.

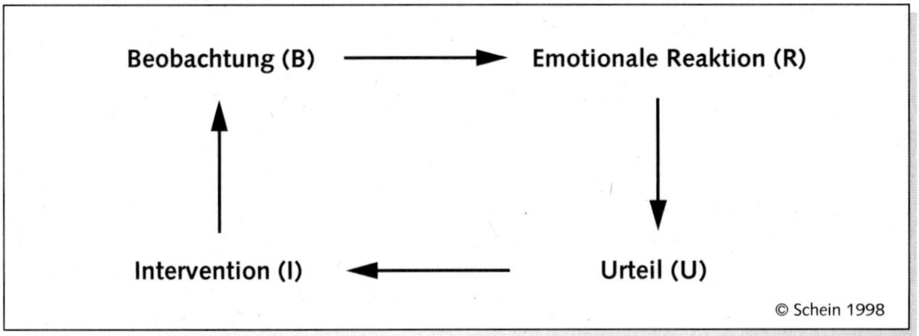

Abb. 4: Grundmodell des BRUI-Zyklus

Beobachtung (B)

Beobachtung sollte die akkurate Registrierung der tatsächlichen Vorgänge in unserem Umfeld durch sämtliche Sinne sein. Doch das Nervensystem arbeitet proaktiv, es ist durch viele vorhergehende Erfahrungen so programmiert, dass es die hereinkommenden Daten filtert. Mehr oder weniger sehen und hören wir, was wir aufgrund unserer früheren Erfahrungen »erwarten« oder »voraussehen«. Einen Großteil der potentiell verfügbaren Informationen blocken wir ab, wenn sie nicht unseren Erwartungen, vorgefassten Meinungen und Vorurteilen entsprechen. Wir registrieren die Informationen nicht passiv, sondern wählen aus der verfügbaren Datenmenge das aus, was wir – entsprechend unserer Sprache und der in unserer Kultur erlernten Konzepte und unserer Wünsche und Bedürfnisse – registrieren und klassifizieren können. Um es dramatischer auszudrücken: Nicht das, was wir sehen, ist Gegenstand unserer Gedanken und Gespräche, sondern wir sehen, worüber wir zu denken und sprechen in der Lage sind.

Psychoanalytische und kognitive Theorien zeigen, wie sehr die Wahrnehmung verzerrt sein kann. Die Abwehrmechanismen der Verleugnung (die Weigerung, bestimmte, sich auf uns beziehende Informationskategorien zu sehen) und Projektion (bei anderen zu sehen, was bei uns vor sich geht) sind vielleicht die einleuchtendsten Beispiele. Doch es wurde auch gezeigt, dass unsere Bedürfnisse unsere Wahrnehmung verzerren, z.B. wenn uns unser Durst dazu bringt, alles in der Wüste als Oase wahrzunehmen. Um mit der »Realität« zu arbeiten, nach Objektivität zu streben, zu versuchen, die Dinge so zu sehen, wie sie wirklich sind (wie es Künstler versuchen, wenn sie realistisch zeichnen oder malen), müssen wir die Verzerrungen am Anfang, zu denen unsere Wahrnehmung fähig ist und mit denen wir rechnen müssen, zu verstehen und zu reduzieren versuchen.

Einige Psychologen bringen diese »Fähigkeit zu sehen« mit den Funktionen der rechten Gehirnhälfte in Verbindung, wobei sie glauben, dass die linke »analytische« Gehirnhälfte für eine Vielzahl der falschen Wahrnehmungen verantwortlich ist. Diese Theorie stimmt mit der Argumentation vieler Kunstlehrer überein, wir könnten einfach deshalb nicht besser zeichnen, weil wir nicht sehen, was wir zeichnen; wir zeichnen, wie unserer Ansicht nach die Dinge aussehen sollten.[20] In eine ähnliche Richtung geht die Argumentation einiger Sportpsychologen, unsere analytische Gehirnhälfte störe unsere »natürlichen« Handlungsabläufe, ein Beispiel dafür sei ein Tennisspieler, der sich selbst einredet, er könne einen bestimmten Schlag nicht ausführen, der als Folge davon dann tatsächlich misslingt.[21] Beobachten zu lernen bedeutet also, mehr über die Fallen herauszufinden, für die wir durch eine lange Geschichte von (Lern-)Erfahrungen prädisponiert sind, und diese Fallen dann zu vermeiden. Der Berater kann nicht mit der Realität arbeiten, wenn er nicht in der Lage ist, das Geschehen exakt wahrzunehmen, und das bedeutet, sich auf seine eigene Geschichte einlassen, um seine Prädispositionen, Klischees und vorgefassten Meinungen zu identifizieren.

Reaktion (R)

Die meisten Schwierigkeiten beim Kennenlernen unserer eigenen emotionalen Reaktionen ergeben sich daraus, dass wir sie häufig gar nicht bemerken. Wir verleugnen unsere Gefühle oder halten sie für so selbstverständlich, dass wir sie letztlich überspringen und uns sofort auf das Urteilen und Handeln verlegen. Es kann sein, dass wir uns ängstlich, nervös, schuldig, verlegen, fröhlich, aggressiv oder glücklich fühlen und dies gar nicht merken, bis sich jemand nach unseren Gefühlen erkundigt oder wir uns die Zeit nehmen, darüber nachzudenken, was in uns vorgeht.

Gefühle sind ein wesentlicher Bestandteil unseres Lebens, jedes Augenblicks davon, doch wir lernen bereits sehr früh, dass es in vielen Situationen besser ist, seine Gefühle zu kontrollieren, zu unterdrücken, zu überwinden und auf verschiedenste Weise zu neutralisieren oder zu leugnen. Wenn wir bei unserer Sozialisation in unsere spezifische Gesellschaft die jeweiligen Geschlechter- und Berufsrollen lernen, lernen wir gleichzeitig, welche Gefühle akzeptabel sind und welche nicht, wann es als angemessen gilt, Gefühle auszudrücken, und wann nicht, wann Gefühle »gut« sind und wann »schlecht«. In unserer Kultur wird uns auch beigebracht, dass wir uns von unseren Gefühlen nicht in unseren Urteilen beeinflussen lassen sollten; dass Gefühle zur Verzerrung beitragen, und man lehrt uns, nicht impulsiv nach Gefühl zu handeln. Paradoxerweise handeln wir aber gerade dann am meisten nach unseren Gefühlen, wenn wir uns am wenigsten über sie bewusst sind und uns die ganze Zeit über vortäuschen, uns ausschließlich auf unser Urteil zu verlassen. Und häufig überhaupt nicht merken, wie sehr unsere Gefühle unsere Urteile beeinflussen.

Sind wir uns etwas nicht bewusst, können wir es auch nicht kontrollieren. Lernen wir jedoch unsere wahren Gefühle und die Auslöser für sie kennen, haben wir die Wahl, ob wir diesen Gefühlen nachgeben oder nicht. Kennen wir sie und ihre Ursachen dagegen nicht, sind wir de facto ihre Opfer. Nicht Impulsivität per se führt zu Schwierigkeiten, sondern sich von Impulsen, die man nicht bewusst versteht und daher nicht richtig bewertet hat, zu einer Handlung hinreißen zu lassen. Was Gefühle angeht, ist es daher wichtig, dass wir uns in Kontakt zu ihnen befinden, damit wir unsere Wahlmöglichkeiten erhöhen. Berater sollten unbedingt über ihre Gefühle Bescheid wissen, um ihre Reaktionen nicht zu verfälschen und um sie als diagnostischen Indikator für die Vorgänge in der Beziehung zum Klienten einsetzen zu können.

Urteil (U)

Wir verarbeiten ständig Daten, analysieren Informationen, bewerten und urteilen. Diese Fähigkeit zur Analyse im Vorfeld einer Handlung versetzt den Menschen in die Lage, sein Verhalten strategisch zu planen, um komplexe Ziele zu erreichen und Handlungsketten am Laufen zu halten, die Jahre in die Zukunft reichen. Die Fähigkeit zur Vorausplanung und zur plangemäßen Organisation unserer Handlungen ist einer der entscheidendsten Aspekte der menschlichen Intelligenz.[22]

Natürlich ist logisches Denken wichtig. Aber die ganzen Analysen und Bewertungen, in denen wir uns einbringen, sind nur so viel wert wie die Daten, auf denen sie fußen. Sind die Daten, nach denen wir operieren, das Ergebnis falscher Wahrnehmung oder durch unsere Emotionen verzerrt, müssen unsere Analyse und unsere Beurteilung falsch ausfallen. Es bringt daher wenig, sich mit ausgefeilten Planungen und Analysen aufzuhalten und der Art und Weise keine Beachtung zu schenken, wie die verwandten Informationen erhoben wurden und welche Fehlerquellen sie verfälschen können. Genauso wenig hilft uns die Analyse weiter, wenn unsere verstandesmäßigen Begründungen sich unbewusst nach unseren Gefühlsreaktionen richten. Es wurde gezeigt, dass wir selbst unter den besten Bedingungen nur zu begrenzter Rationalität fähig sind und systematische kognitive Fehler begehen. Wir sollten uns also wenigstens darum bemühen, die Verzerrungen beim Informationsinput am Anfang möglichst gering zu halten.[23] Die wichtigste Implikation für Berater ist von Anfang an die Erkenntnis, dass die Fähigkeit zu logischem Denken ihre Grenzen hat und nur so gut sein kann wie die Daten, auf denen es aufbaut.

Intervention (I)

Sobald wir zu einem Urteil gekommen sind, handeln wir. Das Urteil ist vielleicht nicht viel mehr als die auf einem emotionalen Impuls beruhende

»Entscheidung« zu handeln, was aber nichtsdestotrotz eine Entscheidung ist und gefährlich wird, falls es unbewusst bleibt. Anders ausgedrückt, wenn wir impulsiv reagieren, wenn wir sozusagen reflexartig zuschlagen, scheinen wir den rationalen Beurteilungsprozess abzukürzen. Doch in Wirklichkeit kürzen wir ihn gar nicht ab, sondern messen einer anfänglichen Beobachtung und unserer emotionalen Reaktion darauf einen zu hohen Stellenwert zu. Reflexartige Reaktionen, die uns in Schwierigkeiten bringen, sind Interventionen, die auf falschen Daten basierende Urteile sind, doch nicht notwendigerweise schlechte Urteile. Wenn mich jemand angreift und ich sofort einen Gegenangriff starte, kann das eine äußerst valide und angemessene Intervention sein. Habe ich mich aber in meiner Wahrnehmung getäuscht und ich wurde gar nicht angegriffen, erscheine ich durch meinen Gegenangriff als Aggressor, und womöglich erwächst daraus ein ernsthafter Zusammenbruch der Kommunikation. Als Berater muss ich mir ständig vor Augen halten, dass alles, was ich sage oder tue, eine Folgen nach sich ziehende Intervention ist.

Sehen wir uns ein paar Beispiele an, wie sie immer wieder in Gruppenmeetings auftreten.

Ich befinde mich in einem Gruppenmeeting mit Steve, der mich in den vergangenen Sitzungen ständig unterminierte oder mir widersprach. Ich treffe eine bestimmte Feststellung, und sofort meldet sich Steve und macht dazu eine Bemerkung. Der Zyklus könnte nun wie folgt ablaufen:

Beobachtung – Steve greift mich an, weil er eine andere Meinung äußert. Vielleicht merke ich nicht, dass ich Steves Äußerung nur als widersprüchliche Meinung wahrnehme, weil ich eine erwartete, und dass ich eine widersprüchliche Meinung als Angriff sehe, weil ich auch einen Angriff erwartete.

Reaktion – Ich bin nervös und daher auch wütend, weil ich mich ständig mit Einwänden und Angriffen auseinandersetzen muss. Mir ist sehr danach, zurückzuschlagen und meine Position klar zu machen. Womöglich bin ich mir aber im Augenblick nicht bewusst, dass meine emotionale Reaktion sich jetzt auf die Emotionen gründet, die ich Steve zuschreibe, und nicht auf seine tatsächlichen Motive. Ebenso wenig mache ich mir vielleicht bewusst, dass meine Angstreaktion auf die Wahrnehmung, angegriffen zu werden, zwar valide ist, dass es aber noch andere Möglichkeiten außer Wut und Gegenangriff gibt, um mit Angst umzugehen. Ich bin mir nicht bewusst, dass die Wut in gewisser Weise ein Gefühl ist, das ich gewählt habe und kein automatisches Gefühl.

Urteil – Ich gehe energisch gegen Steves Standpunkt vor. Er ist verwundert und muss sich nun mit seinem eigenen BRUI-Zyklus auseinandersetzen.

Falls sich seine Reaktion wiederum nicht vorhersagen lässt, werde ich das Geschehen nicht klären können, weil ich mir nicht bewusst war, inwiefern meine vorgefasste Meinung zu einer Intervention führte, die womöglich nichts mit Steves Absichten zu tun hatte.

Eine Rekonstruktion des BRUI-Zyklus zeigt oft, dass man zwar logisch urteilte, aber sich dabei auf »Tatsachen« stützte, deren Zustandekommen nicht das Geringste mit Logik zu tun hatte. Daraus folgt, dass der gefährlichste Abschnitt des Zyklus der erste Schritt ist, in dem wir viel zuviel zuordnen und uns von Vorurteilen leiten lassen, statt uns darauf zu konzentrieren, was wirklich geschieht. Wenn wir sagen, jemand handelte »emotional« statt logisch, meinen wir damit in der Regel, dass er sich in dieser Situation, wie wir sie wahrnahmen, unangemessen verhielt. Wir konnten keine Informationen entdecken, die diese Art von Verhalten, wie wir sie bei dieser Person sahen, rechtfertigen könnte. Wenn wir die »emotionale« Person später interviewen, stellen wir nicht selten fest, dass dieses Verhalten vom Standpunkt des Betroffenen aus durchaus rational und logisch war, dass die Person etwas »beobachtete« und sie darauf angemessen reagierte. Falls das Verhalten unangemessen war, liegt das nicht daran, dass es nicht rational war, sondern daran, dass die am Anfang stehende zugrundeliegende Beobachtung falsch war.

Ein treffendes Beispiel für einen solchen Prozess wurde vor kurzem in einem unserer Intensivprogramme für führende Manager erzählt. Dave (der Manager) lernte gerade intensiv für eine Finanzprüfung, die am nächsten Tag stattfinden sollte. Er zog sich zu Hause in sein Arbeitszimmer zurück und bat sein sechsjähriges Kind, ihn nicht zu stören. Eine halbe Stunde später tauchte das Kind in der Tür auf und riss Dave aus seiner Arbeit. Dave wurde sofort wütend, weil er gebeten hatte, nicht gestört zu werden, und er nun das Kommen des Kindes als Verstoß gegen das Verbot »beobachtete«. Dave hielt seine Wut für vollkommen angemessen (Urteil) und bestrafte das Kind, indem er es anbrüllte, er wolle nicht gestört werden (Intervention).

Später fiel Dave auf, dass das Kind sehr durcheinander war und stärker reagierte, als Dave gedacht hätte. Diese neue Beobachtung löste bei ihm neue Gefühle der Anspannung und der Besorgnis um das Kind aus. Er urteilte, es sei notwendig herauszufinden, was da los sei. Dave beschloss, seine Frau dazu zu fragen (Intervention). Diese Fragen schließen einen zweiten Zyklus ab. Dabei erfuhr Dave, dass das Kind auf Bitte seiner Frau zu ihm gekommen war, um ihn zu fragen, ob er eine Tasse Kaffee wolle, und um ihm Gute Nacht zu wünschen (neue Beobachtung). Als er diese Erklärung hörte, fühlte Dave sich schuldig und schämte sich wegen seines Tobsuchtsanfalls (Reaktion). Er gelangte zu dem Urteil, dass es ein Fehler gewesen war, so überstürzt zu handeln, und beschloss nun zu versuchen, sich bei seinem Kind zu entschuldigen und sich wieder mit ihm zu versöhnen (Intervention).

In diesem Fall bot sich Dave die Gelegenheit, seinen Fehler wieder gutzumachen. Und als er merkte, wie er die Situation falsch interpretiert hatte und wie dies zu einer unangemessenen Intervention führte, konnte er sich selbst dazu erziehen, in Zukunft seine Beobachtungen erst zu überprüfen, bevor er sich eine »emotionale« Reaktion gestattet. Er entdeckte, dass Emotionen nicht automatisch sind, dass sie auf unseren Wahrnehmungen basieren und dass wir, wenn wir unsere Wahrnehmungen überprüfen, damit auch unsere Emotionen kontrollieren können. Dabei gilt es anzumerken, dass wir, anders als Dave, häufig keine Chance zur Wiedergutmachung bekommen. Wir kommen unseren falschen Wahrnehmungen nicht auf die Spur und erfahren womöglich nie, warum unsere Handlungen nicht zu den erwünschten Ergebnissen führten. Die wichtigere Lehre, die es daraus zu ziehen gilt, ist, den BRUI-Zyklus zunächst realistischer einzuschätzen und unsere Fähigkeit weiterzuentwickeln, zu »sehen« und über das Gesehene zu reflektieren, bevor wir Urteile fällen und uns kopfüber in Aktionismus stürzen. Berater müssen sich über diese Dynamik bei sich selbst klar werden, aber sie müssen auch ihren Klienten dabei helfen zu verstehen, wie sie durch diese Prozesse zu unangemessenem Verhalten verleitet wurden, und sie müssen ihnen dabei helfen, zu einer realistischeren Einschätzung der Beziehung zwischen Wahrnehmung und Denken einerseits und Gefühlen und Verhalten andererseits zu gelangen.

Der realistischere BRUI-Zyklus

Versuchten wir nun, das soeben Besprochene zeichnerisch darzustellen, sähe dies wohl aus wie Abbildung 5.

ZIEL: 1) Lernen Sie bei sich selbst zu unterscheiden zwischen Beobachtungen, Reaktionen, Urteilen und Impulsen zu handeln (intervenieren).
2) Benennen Sie falsche Tendenzen in Ihrem Umgang mit diesen Prozessen.

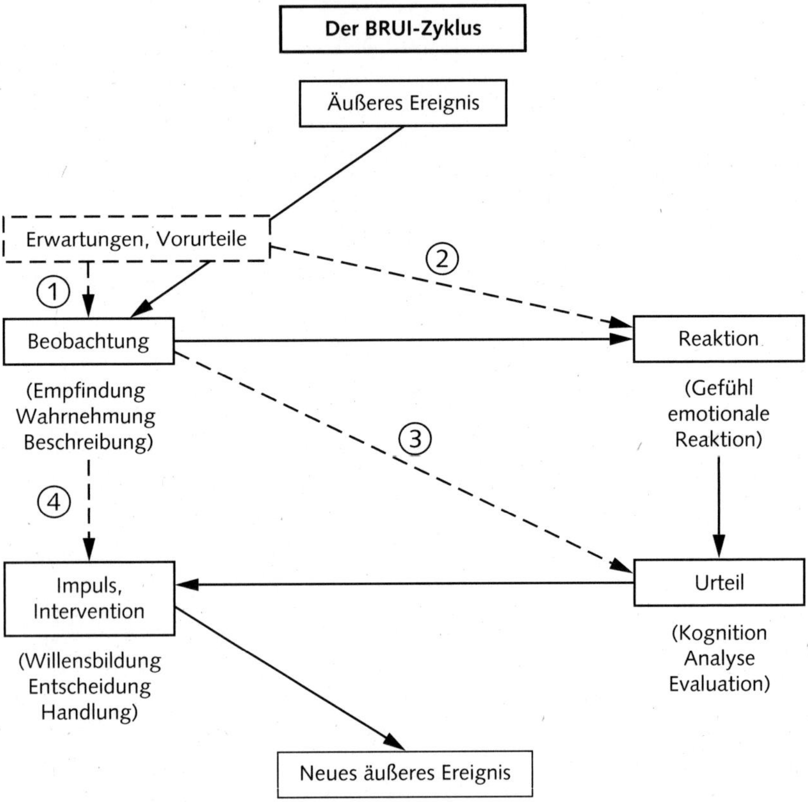

Fallen:
① Falschinterpretierte Wahrnehmung
② Unangemessene emotionale Reaktion
③ Auf falschen Daten basierende rationale Analyse
④ Auf falschen Daten basierende Intervention

Abb. 5: Eine realistischere Darstellung des BRUI-Zyklus

Nach dieser Abbildung können wir die im BRUI-Zyklus enthaltenen Fallen wie folgt zusammenfassen:

1. Falle: Falschinterpretierte Wahrnehmung

Aufgrund von Erwartungen, Vorurteilen, Abwehr oder Fehleinschätzungen nehmen wir das Geschehen und seine Ursachen nicht richtig wahr.

2. Falle: Unangemessene emotionale Reaktion

Eine unangemessene Reaktion könnte aus einer der folgenden zwei Gründe auftreten: (1) Falsche Wahrnehmung des Geschehens oder seiner Ursachen (1. Falle) und dass wir es uns »erlaubten«, auf unsere Interpretation emotional zu reagieren, ohne uns bewusst zu sein, dass sie auf falschen Daten basiert; oder (2) wir vielleicht lernten, auf valide Daten emotional überzureagieren, oder unsere emotionale Reaktion an sich unangemessen ist, z.B. auf eine liebevolle Geste mit Angst oder Wut zu reagieren.

3. Falle: Auf falschen Daten oder verkehrter Logik basierende rationale Analyse

Auch bei dieser Falle gibt es zwei Versionen. (1) Haben wir unsere Beobachtung und unsere emotionale Reaktion als korrekt eingestuft (1. und/oder 2. Falle), können wir richtig schlussfolgern und dennoch zu einem falschen Ergebnis kommen, da der Input nicht korrekt war. Alternativ dazu (2) sind vielleicht unsere Überlegungen falsch oder unlogisch, falls wir uns nicht unserer falschen kognitiven Tendenzen oder unserer Denkfehler bewusst sind.

4. Falle: Auf falschen Urteilen basierende Intervention

Falls wir uns selbst gestatten, ohne Überprüfung und Überdenken des gesamten Zyklus – d.h. Überprüfung unserer Beobachtung und emotionalen Reaktion auf ihre Richtigkeit und Angemessenheit hin – zu intervenieren, handeln wir zwar vielleicht rational, verschlimmern aber die Situation.

Beachten Sie dabei, dass die Fallen kumulativ aufeinander aufbauen und wir, wenn wir in die erste getappt sind, den nächsten nicht entkommen. Aber wir müssen lernen, unseren Entscheidungsprozess und unsere Handlung so weit zu durchdenken und zu analysieren, um allmählich zu lernen, den gesamten Zyklus zu sehen und zu diagnostizieren, wo Gegenmaßnahmen erforderlich sind. Wieder ist es die Aufgabe des Beraters, diese Dynamik zuerst bei sich selbst zu verstehen und dann den Klienten zu helfen, solche Fallen in ihren eigenen Denkprozessen ausfindig zu machen.

Wie man Fallen vermeidet

Kommunikationszusammenbrüche, verletzte Gefühle und kaputte Beziehungen sind häufiger das Ergebnis der oben beschriebenen Fallen als böse Absicht. Jeder Manager, der mit Untergebenen zu tun hat, jeder Berater, der mit Klienten arbeitet, und jedes Gruppenmitglied, das sich mit Kollegen auseinandersetzt, muss sich der Fallgruben intrapsychischer Prozesse bewusst sein, und alle müssen sich mit Routinen vertraut machen, diese Fallgruben zu vermeiden oder dagegen anzugehen.

Identifizieren möglicher Ursachen falscher Wahrnehmung

Es gibt zumindest drei verschieden Gründe für falsche Wahrnehmung, die es auseinanderzuhalten gilt:

1. Als gegeben betrachtete kulturelle Einstellungen

Dasselbe Verhalten kann in verschiedenen kulturellen Umgebungen etwas Verschiedenes bedeuten. In einer Organisation ist es vielleicht kulturell angemessen, alle Punkte durchzusprechen; in einer anderen Organisation gehört es sich womöglich, dem höherrangigen Mitglied einer Gruppe in der Öffentlichkeit nie zu widersprechen. Falls ich als Berater solches Verhalten entsprechend meiner eigenen Einstellung – und nicht der ihren – interpretiere, interpretiere ich es falsch und reagiere und interveniere unangemessen. Fallbeispiel 5.1 am Ende des Kapitels illustriert dies näher.

2. Persönliche Abwehrfilter oder Voreingenommenheiten

Bestimmtes Verhalten anderer werde ich aufgrund meiner Abwehrmechanismen und Voreingenommenheiten, die wiederum auf meinen bisherigen Erfahrungen beruhen, stets in einer ganz bestimmten Weise auffassen. Unter Umständen fasse ich eine andere Meinung immer als Angriff auf oder Schweigen als Zustimmung, weil es für mich »notwendig« ist, das so zu sehen. Als Berater muss ich mich selbst über einen gewissen Zeitraum hinweg beobachten und andere um korrigierendes Feedback bitten, damit ich meine systematischen Interpretationsfehler identifizieren kann. Sobald ich mehr darüber weiß, kann ich mich besser dagegen vorsehen, bevor ich reagiere.

3. Auf bisherigen Erfahrungen basierende Erwartungen an Situationen

Falls ich bereits des Öfteren Erfahrungen mit einer bestimmten Situation oder Person gesammelt habe, gelange ich womöglich zu der Auffassung, ich wisse bereits, was ich zu erwarten habe. In diesem Fall ist das bisher Gelernte die potentielle Fehlerquelle, und diese Fehlerquelle ist vielleicht am schwierigsten zu beheben, denn dazu müsste man seine bisher erworbenen »Erkenntnisse« »verlernen« oder ignorieren. Will ich als Berater helfen, muss ich mich bemühen, möglichst objektiv zu sein, und einkalkulieren, dass sich Situationen oder Menschen ändern. D.h. aufmerksam zu beobachten ist oberstes Gebot, selbst in Situationen, in denen ich bereits zu wissen glaube, was ich zu erwarten habe. Ich muss lernen, mit meiner Ignoranz, meinem Nichtwissen, zu arbeiten.

Eigene falsche emotionale Reaktionstendenzen erkennen

Ich habe eine systematische Tendenz, auf bestimmte Daten mit bestimmten Emotionen zu reagieren. Über diese Tendenz muss ich so viel wie möglich in Erfahrung bringen, um die Situationsangemessenheit meiner Gefühle beurteilen zu können. Falls ich z.B. dazu neige, defensiv zu reagieren und wütend zu werden, wenn ein Klient mir widerspricht, muss ich mir darüber klar werden, dass es sich hierbei um eine falsche Reaktionstendenz handelt, und lernen, dieses Gefühl zu kontrollieren oder zu kompensieren – vor allem, wenn ich zu dem Urteil gelange, ein Streit mit dem Klienten wäre für den Beratungsprozess nicht günstig. Abwehrverhalten oder Wut sind jedoch nicht immer verkehrt, sondern manchmal durchaus angemessen. Aber um eine Wahl treffen und entscheiden zu können, was in einer gegebenen Situation am meisten bringt, müssen wir über unsere Voreingenommenheiten und Reaktionstendenzen Bescheid wissen.

Kulturgebundene Eigenheiten bei Urteilsfindung und Argumentation erkennen

Argumentation und Urteilsfindung sind keine kulturunabhängigen Prozesse. Durch unsere Kultur sind uns gewisse Grundannahmen vorgegeben bezüglich unserer Argumentation und der Schlussfolgerungen, die aus bestimmten Daten zu ziehen sind. Falls uns diese Grundannahmen nicht bekannt sind, argumentieren wir vielleicht von unserem Standpunkt aus ganz richtig und machen in den Augen anderer dennoch Fehler. Nicht selten liegen diesen

Fehlern unausgesprochene Annahmen über Zeit und Raum zugrunde.[24] Angenommen, ich möchte meinen Klienten gerne, »alleine«, unter vier Augen sprechen. Entsprechend meiner Kultur ließe sich das bewerkstelligen, indem wir uns in eine ruhige Ecke eines Großraumbüros zurückziehen. Für meinen Klienten ist ein solches Zweiergespräch aber möglicherweise nur dann gegeben, wenn man sich hinter verschlossenen Türen und ohne von fremden Blicken gestört zu werden miteinander trifft. Wenn ich seine Definition von »allein unter vier Augen« nicht verstehe, wird mir wohl auch nicht klar sein, warum er sich so unbehaglich fühlt, obwohl uns niemand hören kann, wenn ich mit ihm in dem Großraumbüro zu sprechen versuche.

Ein anderes Beispiel: Wenn Pünktlichkeit in meiner Kultur als ein Zeichen von Effektivität und Respekt vor dem Zeitplan des Gegenübers betrachtet wird, kann es mich unangenehm berühren, falls mein Klient fünfzehn Minuten zu spät kommt. Nach den kulturellen Gepflogenheiten meines Klienten dagegen sind vielleicht fünfzehn Minuten Wartezeit angemessen. Vielleicht geht er davon aus, dass wir beide bei unseren Treffen die nachfolgenden Partner nach Lust und Laune warten lassen, denn so würde er seinen Respekt für unser Meeting zeigen. Diese kulturübergreifenden Fallen sind so allgegenwärtig und so schwer zu fassen, dass man bei Prozessen des Lernens auf Leute zurückgreifen sollte, die die hiesige Kultur verstehen.

Zum Beispiel leitete ich ein Seminar in Mexiko für zwei Gruppen einer Bank. Einer der Manager war mein Klient. Im Verlauf des Seminars bat er mich, verschiedene Möglichkeiten von Organisationsentwicklungsinterventionen zu beschreiben. Nachdem ich eine Intergruppenübung beschrieben hatte, bei der sich zwei Gruppen treffen, um jeweils ihr Selbstbild sowie das Bild, das sie sich von der anderen Gruppe machen, zu entwickeln, baten mich sowohl mein Klient als einer seiner Kollegen, ihnen genau zu zeigen, wie das geht. Ich schloss, sie wollten die Übung besser verstehen und sie daher ausprobieren, wobei mir vollkommen entging, dass sie diese Übung nur machen wollten, um ein wichtiges Problem zwischen sich zu klären.

Bei der Übung stellte sich heraus, dass die Gruppe meines Klienten mit seinem Führungsstil sehr unzufrieden war. Als dies offen herauskam, sah sich der andere Manager zu dem Vorschlag veranlasst, nun eine Reihe der bisher von meinem Klienten betreuten Funktionen zu übernehmen. Sie begannen zu streiten, und ich verlor die Kontrolle über das Meeting, da beide Gruppen plötzlich spanisch zu sprechen begannen und sich weigerten, sich an die ursprüngliche Abmachung, nur englisch zu sprechen, zu halten. Mein Klient erlitt einen beträchtlichen Gesichts- und Machtverlust durch diese Übung, und ich erkannte zu spät, dass ich ihre Motive komplett falsch verstanden hatte, als sie vorschlugen, diese Übung zu machen.

Was logisch und rational ist, hängt sehr stark von unseren stillschweigenden Annahmen ab, und diese Annahmen sind so eingefleischt, dass wir sie für gegeben halten. Daher ist es notwendig und angemessen, Reflexionsmethoden zu entwickeln, die uns dazu bringen, das, was wir für gegeben halten, zu untersuchen und vielleicht sogar in Frage zu stellen.

Einrichten von systematischen Überprüfungsroutinen

Explizites Fragen

Die beste Methode, um Fallen zu vermeiden, ist, die eigenen Beobachtungen, Reaktionen und Logik möglichst genau auf ihre Richtigkeit hin zu überprüfen. Das lässt sich erreichen, indem man vor einer Intervention noch mehr Fragen stellt und noch mehr beobachtet, dazu die eigenen Beobachtungen mit denen anderer vergleicht und dem Klienten Feedback über diese Beobachtungen gibt. So merkwürdig man sich gelegentlich dabei vorkommen mag, wenn man sagt: »Schauen wir mal, ob ich Sie richtig verstanden habe. Sie sagen also…« oder »Wenn ich Sie richtig verstehe, sagen Sie…«, ist dies bisweilen unumgänglich.

Schweigen als Intervention

Eine der wichtigsten Interventionen, zu denen man sich entschließen kann, besteht darin, nichts zu sagen und das Geschehen weiter zu beobachten. Ruhig zu bleiben und aktiv zuzuhören erscheint vielleicht nicht wie eine Intervention, aber es trägt möglicherweise entscheidend dazu bei, das Risiko einer falschen Wahrnehmung, einer unangemessenen Reaktion und eines falschen Urteils aufgrund einer Befangenheit minimal zu halten. Häufig erhalten wir gerade dann, wenn wir mit uns kämpfen, um zu schweigen und zuschauen und zuhören, die benötigten Informationen für eine hilfreichere Reaktion. Der Vater in dem früheren Beispiel, der gestört wurde, hätte nur ein paar Sekunden innehalten müssen, um herauszufinden, dass das Kind ihm Gute Nacht wünschen und eine Tasse Kaffee anbieten wollte.

Schweigen ist oft passend, selbst wenn eine direkte Frage gestellt wurde. Mir passierte es fortwährend, dass, während ich über eine Antwort nachdachte oder »mit meiner Pfeife spielte«, mein Gegenüber fortfuhr und manchmal sogar seine Frage selbst beantwortete oder seine Geschichte auf eine Art und

Weise weitererzählte, aus der man schließen konnte, dass er nicht wirklich eine Antwort von mir erwartete oder wünschte.

Den Geist der Informationserhebung aufrechterhalten

Die umfassendste Methode, nicht in diese Fallen zu tappen, ist, den Geist der Informationserhebung aufrechtzuerhalten, diesen Wunsch, herauszufinden, was wirklich vorgeht, engagiert zuzuhören und zu helfen, statt aktiv seine Gefühle zur Schau zu stellen und seinen Impulsen nachzugeben, bevor man weiß, ob sie der Situation gerecht werden. Ein wichtiger Unterschied zwischen diesen drei Beratungsmodellen ist, dass im Experten- und Arztmodell weniger Wert auf den Informationserhebungsmodus gelegt wird und die Versuchung größer ist, zu glauben, man habe die Antwort ohnehin. Das Prozessberatungsmodell argumentiert, da sowieso nur der Klient das Problem lösen könne, solle der Berater oder Manager, der nach diesem Modell arbeitet, ruhig in der Fragerrolle bleiben und sich der Gewissheit überlassen, dass seine Rolle auf lange Sicht zur besten Lösung führen wird.

Schlussfolgerung

Wenn sie helfen wollen, müssen Berater in Situationen intervenieren. Und man kann nicht nicht intervenieren, weil selbst Schweigen eine Intervention ist. Damit diese Interventionen passen und helfen, müssen sie auf einer genauen Beobachtung basieren, auf angemessenen Gefühlsreaktionen und einem Denkprozess, der die Beobachtungen des Klienten und seine Gedankengänge spiegelt (oder zumindest in gewissem Maße in Rechnung stellt). Dazu bedarf es etwas Selbsterkenntnis, und diese Selbsterkenntnis erreicht man am besten, indem man diesen Modus der Informationserhebung gegenüber sich selbst und anderen beibehält. Selbsterkenntnis kommt nicht von selbst. Dazu sind konzeptionelle Methoden wie das BRUI-Modell nötig, der Geist der Informationserhebung und genügend Zeit für Reflexion und Analyse, allein und mit anderen.

Um besser beobachten und reflektieren zu lernen, muss man sich diszipliniert die Zeit nehmen, genau hinzusehen und über das Gesehene nachzudenken. So wie der Künstler sich mit den Eigenheiten dessen auseinandersetzen muss, das er malen oder zeichnen möchte, muss der Helfer die Klienten, die Situationen und seine eigenen Reaktionen darauf studieren, um ein möglichst klares Bild von den Realitäten zu bekommen. Aufmerksames Zuhören und ein aktives Sich-Vorstellen des Gehörten, wodurch unsere Wahrnehmung fokussiert wird und Ablenkungen kontrolliert werden, sind dabei wichtige Elemente. Die Arbeit mit dem eigenen Nicht-Wissen, indem man sich aktiv damit auseinandersetzt, was man nicht weiß, ist letztlich eine der wichtigsten Prozessmethoden, die wir kennen.

Fallbeispiel 5.1
Managerselektion bei Esso Chem Europe

Ich habe mich dafür entschieden, die Firma in diesem Beispiel namentlich zu nennen, da niemandem dadurch Schaden entsteht und das beschriebene Geschehen sich vor mehr als zwanzig Jahren zutrug. In diesem Fall wird deutlich, welche dramatischen Konsequenzen die Unfähigkeit, seine eigenen kulturellen Voreingenommenheiten zu »sehen«, nach sich ziehen kann und wie dadurch Managemententscheidungen beeinflusst werden.

Ein interner Berater trat an mich heran, ihm bei einem Projekt zu helfen. Es ging dabei um die Interpretation einer Studie, nach der die Leistung älterer Manager mit zunehmendem Alter systematisch abzufallen schien. Als Vorbereitung auf dieses Projekt sollte ich an dem monatlichen Meeting der Unternehmungsführung teilnehmen, in dem es um ihre als vielversprechend eingeschätzten Spitzenkandidaten ging und deren Karriereplanung.

Bei einigen Meetings ging es ganz besonders um die Schwierigkeit, europäische Manager zu finden, die man in das Komitee aufnehmen könnte. Diese Situation war besonders vor dem Hintergrund schwer zu ertragen, dass die Tochterfirma ihr ganzes Geschäft in Europa abwickelte. Der Führungsausschuss, vielmehr das interne Komitee, in das ein paar Europäer aufgenommen werden sollten, bestand aus zwölf Spitzenmanagern, alle Amerikaner. Bei der Überprüfung der Kandidaten ging die Gruppe systematisch vor, unter anderem wurde jeder Kandidat eingehend diskutiert. Meine Rolle war dabei zuzuhören, um mehr über diesen Prozess herauszufinden.

Einige der Kandidaten waren Amerikaner, die Diskussion verlief stets auf dieselbe Weise. Mir ging ein Licht auf, als der erste europäische Kandidat vorgestellt wurde. Es handelte sich bei ihm um den Manager der italienischen Tochterfirma des Unternehmens. Die Gruppe diskutierte seine Leistung und sein Potential, das als sehr hoch eingeschätzt wurde, doch sie zögerte, ihn als guten Kandidaten zu bezeichnen. Während sich die Diskussion durch dieses Zaudern hinzuziehen begann, kam jemand darauf zu sprechen, dieser Manager sei, wenn auch sehr kompetent, doch »zu emotional«. Er erlaube, dass einige seiner Entscheidungen von Emotionen beeinflusst würden, und stelle bei Managementmeetings zu häufig seine Gefühle zur Schau. Die Implikation war, wegen dieser Emotionalität sei er wohl nicht »objektiv« genug für die gehobenere Managerposition. Die Amerikaner in der Gruppe lobten ihre eigene »unemotionale Objektivität«, die sie als wichtiges Kompetenzkriterium ansahen.

Der Gedanke, ihre Annahme, diese Aufgabe erfordere eine unemotionale Persönlichkeit, zu hinterfragen, kam der Gruppe nicht. Ebenso wenig kam ihr der Gedanke, dass ihre Probleme, einen Europäer auf dieser Ebene zu befördern, eine direkte Konsequenz ihrer Definition der Qualifikation für diese Aufgabe war. Die Gruppe war in der Falle zweier kulturimmanenter Annahmen gefangen, die sie sich nicht bewusst machen konnte: (1) dass man als leitender Manager nicht emotional sein dürfe und (2) dass europäische Manager, die emotionaler waren, weniger kompetent seien als ihre amerikanischen Gegenspieler.

Man erwartete von mir keine Intervention in diesem Prozess, daher konnte ich nur beobachten, was vorgeht. Allerdings ist es interessant, darüber nachzudenken, was ich hätte sagen können oder sollen, falls mich die Gruppe um meinen Kommentar zu diesem Prozess gebeten hätte. Was wäre in dieser Situation eine hilfreiche Intervention gewesen?

Übung 5.1

Die Fallen im eigenen BRUI-Zyklus erkennen

1. Versuchen Sie sich an einen Vorfall in der letzten Zeit zu erinnern, als Ihr Verhalten zu einem weder wünschenswerten, noch vorhergesehenem Ergebnis führte.
2. Rekonstruieren Sie detailliert, was Sie kurz vor Ihrer Intervention beobachteten, wie Ihre emotionale Reaktion darauf ausfiel, wie Ihr Urteil, und durch welche Argumentation Sie zu der Intervention gelangten (die Sie dann ausführten). Schreiben Sie jeden Schritt auf, um dabei so konkret wie möglich zu sein.
3. Versuchen Sie herauszufinden, wo in diesem Zyklus Ihr Fehler liegt.
4. Falls Sie nirgends einen Fehler entdecken können, bitten Sie einen Kollegen, das Geschehen Schritt für Schritt zu rekonstruieren. Vielleicht gelingt es ihm, herauszufinden, ob Sie sich irgendwo geirrt haben bei dem, was Sie sahen, fühlten, dachten und taten.
5. Untersuchen Sie mehrere Ereignisse auf diese Weise, um mögliche systematische Fehlerquellen in Ihrer Wahrnehmung, Ihrer emotionalen Reaktion, Ihrem Urteil und Ihrer Intervention aufzuspüren.

6. Kapitel

Dynamik in der Angesicht-zu-Angesicht-Situation: Kulturelle Regeln der Interaktion und Kommunikation

In diesem Kapitel soll eine andere Kategorie verborgener Kräfte erforscht werden, nämlich der Kräfte, die zwischen Menschen auftreten, sobald sie miteinander zu interagieren sowie zu kommunizieren und eine Beziehung aufzubauen versuchen. Oberflächlich betrachtet erscheint dies als ein Informations- und Meinungsaustausch. In Wirklichkeit findet zwischen zwei Menschen, die in einer Angesicht-zu-Angesicht-Situation miteinander kommunizieren, ein komplizierter interaktiver Tanz statt, in dem eine ganze Anzahl von Meinungen über eine ganze Anzahl von Kanälen ausgetauscht werden, wobei eine Anzahl von Zielen verfolgt wird. Einige Aspekte dieses komplexen Vorgangs wurden im zweiten Kapitel näher untersucht, in dem die Psychodynamik des Prozesses des Helfens analysiert wurde. Doch der Prozess des Helfens stellt nur eine Form der Interaktion und Kommunikation dar, wir müssen daher nun die allgemeineren Aspekte des Kommunikationsprozesses und die verborgenen kulturellen Kräfte verstehen, die eine Rolle darin spielen.

Warum kommunizieren Menschen überhaupt?

Kommunikation und menschliche Interaktion sind für uns etwas Gegebenes, und Menschen, denen daran nichts liegt, erscheinen uns merkwürdig, wenn

SECHS FUNKTIONEN MENSCHLICHER KOMMUNIKATION

1. Befriedigung unserer Bedürfnisse
2. Begreifen der anderen
3. Verstehen mehrdeutiger Situationen
4. Vorteilsnahme
5. Aufbau kollaborativer Beziehungen
6. Ausdruck und Verständnis der eigenen Persönlichkeit

Abb. 6: Sechs Funktionen menschlicher Kommunikation

nicht gar bedrohlich. Aber warum kommunizieren wir und warum behandeln wir Kommunikation als normalen Bestandteil alles Menschlichen? Abbildung 6 enthält eine Aufstellung verschiedener Funktionen der Kommunikation.

1. Uns und unsere Bedürfnisse anderen mitzuteilen, damit diese Bedürfnisse und Wünsche befriedigt werden können.

Von früher Kindheit sind wir uns klar über unsere Abhängigkeit von anderen und die Notwendigkeit zu lernen, mit ihnen zu kommunizieren, falls wir unsere Bedürfnisse erfüllt haben wollen.

2. Zu begreifen, wer oder was die anderen sind, sie kennen zu lernen.

In unserer frühen Kindheit lernen wir auch, dass die anderen eine Quelle der Befriedigung und Bedrohung sind und – das wohl an erster Stelle – ein Rätsel. Wir versuchen, mit ihnen in Kommunikation zu treten, um ihnen etwas von diesem Geheimnis zu rauben, sie zu verstehen und so entscheiden zu können, wie wir am besten mit ihnen umgehen. Dieses Thema spielt sehr oft in den Geschichten von Aliens und der Schwierigkeit, sich mit ihnen zu verständigen, eine Rolle.

3. Mehrdeutige Situationen zu verstehen, indem man sich über seine Wahrnehmung und Gedanken austauscht.

Das Leben überflutet uns ständig mit neuen Daten, die dekodiert werden müssen. Sobald wir eine gemeinsame Sprache haben, benutzen wir diese, um gemeinsam herauszufinden, was vor sich geht. Wird es heute regnen? Wen soll ich wählen? Stellt diese Abteilung eine Bedrohung für uns da? Was meinte Jane, als sie das sagte? Wie lassen sich die sinkenden Verkaufszahlen deuten? Wenn wir Gespräche analysieren, stellen wir fest, dass ein großer Prozentanteil davon der gemeinsamen Sinnfindung gewidmet ist, dem gemeinsamen Unterfangen, die Situation zu verstehen und zu definieren, um zu wissen, wie man sich in ihr verhalten soll.

4. Einen Vorteil zu gewinnen durch die Strukturierung der Situationen gemäß unseren Bedürfnissen, um zu überreden, zu verkaufen, zu überzeugen oder zu lehren.

Wir kommunizieren nicht nur, um Situationen besser zu verstehen, sondern auch, um sie zu unserem Vorteil zu strukturieren. Wir wissen häufig, was wir wollen, und kommunizieren dann dementsprechend. Dazu können wir auf formale rhetorische Prozesse zurückgreifen oder die Situation auf verschiedene Weise manipulieren, um eine verborgen Agenda durchzusetzen, doch in allen Fällen benutzen wir Kommunikation, um unsere Ziele zu erreichen.

5. Mehr zu erreichen, als wir auf uns gestellt könnten, indem wir kooperative, auf gegenseitige Hilfe ausgerichtete Beziehungen mit anderen aufbauen.

Wir kommunizieren, um kollaborative Beziehungen aufzubauen, Hilfe zu suchen, Hilfe anzubieten und Teams aufzubauen, weil uns klar ist, dass wir mit anderen zusammen arbeiten müssen, um eine Aufgabe zu erfüllen, die unsere Bedürfnisse befriedigen soll. Wollen wir nur unsere Bedürfnisse befriedigen, kommunizieren wir, um sie mitzuteilen oder Forderungen zu stellen. Wollen wir einen Vorteil herausziehen, überreden, verführen oder manipulieren wir. Versuchen wir, eine kollaborative Beziehung aufzubauen – oder eine »helfende Beziehung« wie in der Prozessberatung –, kommunizieren wir auf eine Art und Weise, die gegenseitige Verständigung erleichtert.

6. Um uns voll auszudrücken und selbst kennen zu lernen, indem wir unsere Persönlichkeit darstellen und in uns hineinhören.

Manchmal ist Kommunikation reiner Ausdruck, dem wir frönen, weil es Spaß macht und aufschlussreich ist zu sehen, was da aus unserem Mund kommt. Das ließe sich auch so ausdrücken: »Ich weiß nicht, was ich denke oder fühle, bis ich höre, was ich sage.« Dient die Kommunikation nur dem Ausdruck, der Darstellung unserer Persönlichkeit, können wir gleichzeitig unser eigenes Publikum sein. Obwohl wir auch an Selbsterkenntnis gewinnen, wenn wir die Reaktionen der anderen auf unsere Selbstdarstellung beobachten und »Feedback« von ihnen bekommen.

Jede dieser Funktionen (mit Ausnahme des Ausdrucks der einfachsten Bedürfnisse in der Kindheit) verlangt eine Form von Sprache, einen grundlegenden Satz von Symbolen, deren Bedeutung von anderen an der Situation Beteiligten geteilt wird.

Die Rolle der Sprache

Eine der gewaltigsten Leistungen der menschlichen Art ist die Evolution einer gemeinsamen Sprache, die abstrakte Kommunikation ermöglicht. Einige Kommunikationsfunktionen können durch Knurren und Gesten erfüllt werden, aber sollen wirklich mehrdeutige Situationen erfasst, Vorteile herausgeholt, Hilfe gesucht, kollaborative Beziehungen aufgebaut und die eigene Persönlichkeit zum Ausdruck gebracht werden, braucht man ein allgemeines Symbolsystem, um Situationen abstrakt analysieren zu können. Die Sprache ermöglichte es den menschlichen Gesellschaften, harmonisch zusammenzuleben und aus dem Leben in Gruppen Nutzen zu ziehen. Durch die Sprache entstanden abstrakte Muster und Symbole, die den Gruppen erlaubten, Normen und Annahmen über das Wesen der Welt zu entwickeln. Durch die Sprache entstand auch das, was wir unter Kultur verstehen, das auf dem Weg zur Umsetzung ihrer Ziele und interner Harmonie akkumulierte Wissen einer Gruppe. Sprache ist schließlich das wichtigste Artefakt der Kultur, da sie zum einen die von einer Gruppe historisch durchlebte äußere Realität repräsentiert und gleichzeitig diese Realität weitergibt, indem sie Hinzugekommene darin einübt, in dieser Tradition über ihr Umfeld zu denken und es wahrzunehmen.

In allen Kulturen kristallisierte sich heraus, dass für einen sicheren Umgang der Mitglieder untereinander Gesetze und Normen entwickelt werden müssen, die Angesicht-zu-Angesicht-Beziehungen regeln. Zum Beispiel müssen die Gesetze und Normen über den Umgang mit den unserer Biologie entspringenden Bedürfnissen und Trieben beachtet werden. Wir brauchen also vor allem Regeln für den Umgang mit unseren aggressiven und sexuellen Gefühlen und der Liebe. Die Gesellschaften entwickelten nicht nur verschiedene Formen von Familieneinheiten, die definieren, wen man lieben darf und wen nicht und wem gegenüber man aggressiv sein kann und wem gegenüber nicht, sondern auch detaillierte Regeln, um sämtliche Angesicht-zu-Angesicht-Beziehungen und das Leben im allgemeinen sicher und vorhersagbar zu machen. Diese Regeln sind den Mitgliedern der meisten Gesellschaften derart in Fleisch und Blut übergegangen, dass sie ihnen gar nicht mehr bewusst sind, es sei denn, sie werden verletzt. Diese Regeln firmieren oft unter dem Etikett »gute Manieren«, »Etikette« oder »Takt«, doch hinter diese Bezeichnungen verbirgt sich das tiefgehende Anliegen, wie sich das soziale Umfeld für uns alle sicher machen lässt. Glücklicherweise haben eine Anzahl von Soziologen einige dieser Regeln dekonstruiert und sie für unsere Analyse zugänglich gemacht.[25]

Kulturelle Regeln für die Interaktion von Angesicht zu Angesicht

Um die kulturellen Interaktionsregeln in unserer Gesellschaft richtig zu verstehen, müssen wir darüber nachdenken, inwiefern uns unsere Sprache Anhaltspunkte liefert, was »wirklich« in Angesicht-zu-Angesicht-Beziehungen abläuft. Was ist z.B. mit Begriffen wie »gute Manieren«, »Takt«, »Haltung«, »Respekt«, »Auftreten«, »Erniedrigung«, »Verlegenheit« und »das Gesicht wahren oder verlieren« gemeint? Warum sind Etikette und Diplomatie bei zwischenmenschlichen Angelegenheiten wichtig? Warum bezeichnen wir soziale Ereignisse oder Situationen als »Szenen« und reden davon, unsere »Rollen« richtig zu spielen? Warum erklären wir, wir fühlten uns in sozialen Beziehungen »betrogen« oder müssten jemandem Aufmerksamkeit »schenken«, wenn wir angesprochen werden? Warum sagen wir, wir »investieren« in Beziehungen und/oder müssten anderen geben, was ihnen »zusteht«?

Wenn wir genau hinhören, erfahren wir durch unsere Sprache, dass die Modelle, die am besten einen Großteil der zwischenmenschlichen Vorgänge erklären, das Gewicht auf (1) soziale Markwirtschaft und soziale Gerechtigkeit und (2) soziales Theater oder Drama legen. Während wir lernen, in verschiedenen Lebensstadien aufzutreten, lernen wir auch, welches das angemessene Verhalten für Schauspieler und Publikum ist und wann ein Austausch fair oder unfair ist. Unsere emotionalen Reaktionen werden zu einem großen Teil dadurch bestimmt, was wir als situationsangemessen halten und wann uns ein Austausch »fair« oder »gerecht« erscheint.

Für den Berater oder Manager ist das relevant, da Hilfe nur innerhalb dieser von diesen sozialen Regeln auferlegten Grenzen stattfinden kann. Sogar die Definition dessen, was hilft, ist kulturell determiniert. Der Helfer kann also nur sinnvoll arbeiten, wenn er sich in der Kultur, innerhalb der er sich bewegt, gut auskennt. Dabei sei nur an das Seminar in Mexiko (s.o. Kap. 5: Wie man Fallen vermeidet) erinnert, bei dem der primäre Klient verletzt wurde, weil ich die Regeln nicht verstand, nach denen sich er und seine Kollegen richteten, und, nachdem sie auf Spanisch gewechselt hatten, den Vorgängen nicht einmal mehr folgen konnte. Daher versteht sich, dass die Diskussion sich in diesem Kapitel notwendigerweise auf die westliche und die Kultur der USA beschränken muss.

Soziale Gerechtigkeit: Einfache Kommunikation muss faires Geben und Nehmen sein

Wir lernen alle früh im Leben, dass menschliche Kommunikation auf Gegenseitigkeit beruht. Wenn jemand das Wort an einen richtet, schenkt man ihm seine Aufmerksamkeit; wenn man etwas bekommt, bedankt man sich; wenn man beleidigt wird, verteidigt man sich auf die eine oder andere Weise. Wir lernen auch, welche Erwiderung angemessen ist und wann sie erwartet wird. Und wir entwickeln einen quantitativen Sinn dafür. Wenn wir etwas unserer Ansicht nach Wichtiges sagen und wir das durch unsere Körpersprache, unseren Ton und einleitenden Bemerkungen klarmachen, erwarten wir mehr Aufmerksamkeit und reagieren verärgert, wenn unser Gegenüber uns zu wenig Aufmerksamkeit zu schenken scheint. Überreichen wir ein wichtiges Geschenk oder geben wir eine große Party, erwarten wir einen entsprechenden Dank und sind außer uns, wenn der Empfänger bzw. die Gäste dies als selbstverständlich betrachten. Werden wir beleidigt und können uns nicht angemessen zur Wehr setzen, fühlen wir uns miserabel und sehnen uns nach Rache. Wir erwarten eine Entschuldigung, die dem Ausmaß der Beleidigung entspricht. Haben wir viel in eine Beziehung »investiert« und der andere kündigt sie mit leichter Hand auf, fühlen wir uns betrogen, sind wütend und verletzt. Wir erwarten eine Art von Wiedergutmachung, wenn die Beratung wiederaufgenommen werden soll.

Aus solchen Reaktionen erfahren wir, dass wir ein ausgeprägtes, durch Erfahrung erlerntes Gespür dafür besitzen, was ein fairer und gerechter Austausch ist, und dass dieser automatisch und ohne viel Aufhebens stattfindet. Die Ergebnisse »bemerken« wir nur insofern, als wir, wenn alles ausgeglichen verläuft, die Situation als normal empfinden und zufrieden sind; wenn wir eine Unausgeglichenheit festzustellen glauben, das Gefühl haben, etwas sei nicht in Ordnung, und unzufrieden sind. Und wenn wir von einer Beziehung »profitieren« wollten, und das gelang, fühlen wir uns beflügelt.

Überschreitet die Interaktion Status oder Rang, verfügen wir über weitere erlernte Regeln, die uns sagen, was das angemessene Maß an Respekt einem Höhergestellten gegenüber ist, beziehungsweise welches Auftreten einem Niedergestellten gegenüber angebracht ist. Der Niedergestellte erweist seinen Respekt, indem er aufsteht, wenn der Höhergestellte den Raum betritt, indem er Fragen stellt, statt sich mit Behauptungen hervorzutun, eine angemessen unterwürfige Körperhaltung einnimmt, Anweisungen befolgt und sich respektvoll verhält, z.B. den Höhergestellten nicht unterbricht, ihm aufmerksam zuhört, nicht offen widerspricht und den Höhergestellten in der Öffentlichkeit unterstützt.

Im Gegenzug benimmt sich der Höhergestellte angemessen, indem er die Situation kontrolliert, sich klar ausdrückt, damit seine Instruktionen oder Anweisungen befolgt werden können, sicher auftritt, nicht unangemessenes nervöses oder Abwehrverhalten zeigt, ein angemessenes Auftreten an den Tag legt und nichts tut, was seine Gefolgsleute, die sich mit dem Höhergestellten identifizieren, in Verlegenheit bringen könnte. Untergebene müssen nicht immer gelassen sein, Vorgesetzte müssen Haltung zeigen. Untergebene können menschliche Schwächen zeigen und taktlos sein, Vorgesetzte müssen Taktlosigkeit in der Öffentlichkeit vermeiden. Je höher der Rang des Vorgesetzten, desto mehr muss sein Image dem Stereotyp entsprechen, was Haltung, Kleidung oder andere Aspekte des öffentlichen Auftretens angeht. Daher müssen hochrangige Führungspersönlichkeiten ihr öffentliches Image sehr sorgfältig pflegen, damit sie ihre Untergebenen nicht »enttäuschen« und ihnen das Gefühl geben, betrogen worden zu sein. Wir denken an die privaten Toiletten der Chefs als Statussymbole und vergessen, dass eine ihrer wichtigeren Funktionen darin besteht, den Chefs etwas Raum zu geben, um sich *backstage* selbst vor ihren öffentlichen Auftritten zu sammeln und den Mythos des Übermenschen aufrechtzuerhalten, d.h. keine der gewöhnlichen körperlichen Bedürfnisse zu haben.

Anders ausgedrückt: Jedes Mal, wenn wir in eine Situation kommen, in der wir mit anderen interagieren und kommunizieren, verhalten wir uns umgehend und unbewusst nach den Regeln, die unserem Empfinden nach für diese Situation zutreffen. Diese Skripts haben wir bereits früh in unserer Kindheit durch Beobachtung, Anleitung durch unsere Eltern und Lehrer, durch Coaching und Feedback gelernt und durch unsere leiderfüllte Fehlersuche in Situationen, in denen etwas schief lief und unsere Bedürfnisse nicht erfüllt wurden oder unser Verhalten zu Unmut bei anderen führte. Zusammengefasst lässt sich festhalten, dass eine der wichtigsten verborgenen Kräfte, die zwischenmenschliche Interaktionen regeln, unser implizites Gefühl davon ist, was faires und gerechtes Geben und Nehmen ist.

Menschliches Geben und Nehmen als Drama

Die Interaktionsregeln und unsere Annahmen bezüglich Fairness und Gerechtigkeit gelten nicht gleichermaßen für alle Situationen und Beziehungen. Vielmehr lernen wir bereits sehr früh eine Vielzahl von Rollen in einer Vielzahl von Szenen zu spielen. Die jeweiligen Regeln, was sich gehört und was gerecht ist, sind eng mit diesen Rollen und Szenen verbunden. Eine der bewundernswertesten menschlichen Eigenschaften ist die Fähigkeit, sich die vielen Skripte zu merken, die zu den unzähligen menschlichen Dramen gehören, in denen wir mitspielen. Wir wissen, wie man ein Kind ist, ein Freund, ein Lehrer, Gatte oder Untergebener, Boss, Kunde, Anführer, Vater oder Mutter, Gastgeber, Gast usw. Unser Gehirn sortiert diese Rollen ständig, während wir uns von einer sozialen Situation in die nächste begeben.

Helfen als Drama

Beratung und Hilfe ist unter anderem deshalb so komplex, weil das Konzept des »Helfens« in unserer Gesellschaft als Skript oder Definition nicht besonders gut ausgearbeitet ist. Es existieren eine ganze Reihe von Definitionen und Konzepten, was es bedeutet, zu »helfen«. Um die Sache noch diffuser zu machen, gehört Helfen zu jenen Dramen, die stärker durch die Reaktion des Publikums definiert werden als durch den Skriptautor oder den Hauptdarsteller (d.h. den Berater). Anders ausgedrückt, Hilfe definiert sich dadurch, ob der Klient das Gefühl hat, ihm sei geholfen worden, und nicht durch die Versicherung des Helfers, er habe Hilfe geleistet. Aus diesem Grund müssen aufstrebende Helfer ihr eigenes Verhalten entsprechend den zurückströmenden Feedbacksignalen variieren, die sie von ihrem Publikum, den Klienten, erhalten, und sie müssen bereit sein, ihre Skripts konstant umzuschreiben. Zur Hilfe gehört »Publikumsbeteiligung«, und der Helfer ist auf die Hilfe des Publikums, des Klienten, angewiesen, will er herauszufinden, wie er helfen kann.

Manager und Berater gehen vielleicht von allgemeinen Prinzipien aus, wenn sie helfen wollen, doch bei der Umsetzung dieser Prinzipien in einer bestimmten Situation müssen sie innovativ sein. Helfen ist eine darstellende Kunst, die mehr gemein hat mit dem Improvisationstheater als mit dem formalen Drama. Aber wie in allen Künsten müssen die vom einzelnen Künstler eingeführten ästhetischen Elemente dennoch mit den Grundprinzipien von Entwurf, Farbe und Harmonie übereinstimmen. Um diese Analogie noch weiter zu treiben: Helfen als Improvisationstheater erfordert nicht nur Grundkenntnisse in der Schauspielerei und Publikumsreaktion, sondern auch Improvisationstalent und Spontaneität. Wie bereits früher betont wurde, muss der Berater »mit dem Flow« gehen, aber gleichzeitig bereits sein, »eine sich bietende Gelegenheit« zu nutzen.

Lassen wir diese allgemeinen sozialen Definitionen hinter uns und untersuchen wir, was im Laufe der Zeit zwischen Klient und Helfer vorgeht, so sehen wir, dass der Prozess des Helfens ein komplexes, reziprokes Schauspiel ist, zu dessen Beginn die hilfesuchende Person der Schauspieler und der potentielle Helfer das Publikum ist. Der Klient betritt die Bühne und stellt sein Problem dar, häufig quälend detailliert, während der potentielle Helfer aufmerksam lauscht. Sobald der Klient seinen Text abgeliefert hat, wird erwartet, dass der Helfer die Bühne betritt und seinen dramatischen Text gibt. Das ist der bereits beschriebene »Rollensog«, der uns so oft dazu verleitet, zum »Instant-Experten« oder Arzt zu werden. Das Heimtückische daran ist, dass der Klient nicht weiß, was er zu erwarten hat, wenn wir einen Experten oder Arzt spielen, und ihm der Text, den er da von uns zu hören bekommt, häufig nicht gefällt, weshalb er ablehnt, was wir zu bieten haben, und keine Hilfe geleistet wird.

Behält der Berater den Prozessberater-Modus bei, entwickelt sich ein anderes Szenario. Das Beibehalten des Prozessberatungsmodus ist identisch mit der Weigerung, die Bühne zu betreten, und statt dessen eine Rolle abseits der Bühne anzunehmen. Der Prozessberater achtet darauf, dass der Klient weiterhin im Rampenlicht steht, und hilft ihm dabei fortzufahren, wobei er ihn »zwingt« oder freundlich dahingehend manipuliert, seine Probleme anzupacken, d.h. sein Skript selbst zu schreiben. Der Helfer bleibt in der Publikums-/Coachrolle, sieht interessiert zu und unterstützt den Klienten in seinen Bemühungen, als Schauspieler sein Problem selbst zu lösen. Daher ist es unumgänglich, dass effektive Berater lernen, wie sie die richtigen Szenen herbeiführen und den dramatischen Prozess in die gewünschte Richtung, auf die angestrebten Ergebnisse hin, lenken – wobei sie die oben beschriebenen kulturellen Interaktionsregeln nicht verletzen dürfen.[26]

Wenn z.B. der Klient seine dramatische Erzählung mit den Worten beendet: »Was würden Sie in meiner Situation machen, Ed?«, lautet eine der hilfreichsten Antworten: »Das hört sich nach einem schönen Dilemma an. Erzählen Sie mir, wie Sie bisher vorgingen, oder was Ihrer Ansicht nach sinnvoll wäre.« Falls der Druck auf mich wächst, Vorschläge zu machen, kann ich sagen: »Wenn ich in Ihren Schuhen steckte, würde ich eine der folgenden Alternativen in Betracht ziehen: »A, B, ..., X, Y, Z, ... Aber ich stecke nicht in Ihren Schuhen. Glauben Sie denn, dass diese Alternativen Ihnen etwas brächten?« Indem man mehr als eine Alternative vorschlägt und den Klienten daran erinnert, dass das, was man selbst täte, in seiner Situation vielleicht völlig unangebracht sei, bleibt er im Rampenlicht.

Die Person als »heiliges Objekt«: Die Psychodynamik der »Gesichts-Wahrung«

Eine der verbreitetsten kulturellen Annahmen besagt, Beziehungen seien abhängig von der wechselseitigen Kooperation der beteiligten Parteien, durch die alle beteiligten Parteien bekommen, was sie beanspruchen. Bei zwischenmenschlichen Dramen müssen Schauspieler und Publikum gleich viel für sich herausziehen, aber beide Parteien müssen einen Weg finden, die zwischenmenschliche Interaktion zu »bewerten«, um die Gerechtigkeit hierbei beurteilen zu können. In einer zwischenmenschlichen Interaktion lässt sich »Wert« als die Höhe des Status denken, den jeder Beteiligte innerhalb des von externen sozialen Rollen und Status festgelegten Ermessensrahmens beansprucht. Zum Beispiel kann der Manager in einer Situation mehr Status für sich beanspruchen als der Untergebene, da die Gesellschaft die Managerrolle »höher« bewertet als die des Untergebenen. Der Manager kann daher den Untergebenen unterbrechen und leichter Aufmerksamkeit für sich beanspruchen als umgekehrt.

Subjektiv kann man den beanspruchten Wert als das auffassen, was wir unter Selbstwertgefühl verstehen, als den Wert, den wir uns in einer bestimmten Situation selbst beimessen. Wenn andere uns vorenthalten, was wir beanspruchen, oder wenn unser Verhalten den anderen zeigt, dass wir sehr wenig für uns selbst beanspruchen, fühlen wir uns »erniedrigt« (»Ich kam mir bei ihnen wie ein Idiot vor« oder »Ich machte einen Narren aus mir«). Erniedrigung im soziologischen Sinn lässt sich definieren als vorgeführt bekommen, dass man in einer Situation viel weniger wert ist, als man für sich selbst beanspruchte. Wenn wir jemanden demütigen, zerstören wie sein Selbstwertgefühl und sollten uns daher nicht über die ausgeprägte Gefühlsreaktion wundern, die diese Demütigung hervorruft.

Ein lebhaftes Beispiel einer aus einer Unkenntnis der örtlichen kulturellen Regeln resultierenden doppelten Demütigung spielte sich ab, als ich in einem Postamt einer kleinen Stadt in der französischen Provence ein paar Briefmarken kaufen wollte. Ich hatte mich geduldig angestellt, und als ich an der Reihe war, kam ein Mann in das Postamt, marschierte zum Schalter, unterbrach mich und erklärte, was er wollte. Ich dachte, die Schalterbeamtin würde ihn ignorieren und sich um meine Briefmarken kümmern, aber zu meinem Entsetzen schenkte sie ihm einige Minuten ihre ganze Aufmerksamkeit und erledigte sein Anliegen, bevor sie sich wieder dem meinen zuwandte. Ich brauche nicht weiter zu erwähnen, dass ich aufgebracht war über diese anscheinende

Regelverletzung; doch als ich später meinem französischen Kollegen davon erzählte, lächelte er und meinte: »Ed, die Situation ist noch schlimmer, als du denkst. Indem du zugelassen hast, dass der Mann die Aufmerksamkeit der Schalterbeamtin gewinnt, und deine Ansprüche nicht durchgesetzt hast, hast du allen in dem Postamt gezeigt, wie gering dein Selbstbewusstsein ist. Hättest du dich höher eingeschätzt, hättest du den Mann unterbrochen und mit aller Kraft darauf bestanden, dass du zuerst bedient wirst.« So viel zum effektiven Umgang mit einer Situation in einer Kultur mit etwas anders gearteten Regeln zur Gesichts-Wahrung.

Der Wert, der in einer bestimmten Situation beansprucht werden kann, ist abhängig von den institutionellen Bedingungen, vom formalen Statussystem und den Motiven des Betroffenen in der bestimmten Rolle. Vom Publikum werden diese Ansprüche dann bestätigt oder nicht. Unter dem zu wahrenden »Gesicht« wäre dann der soziale Wert zu verstehen, den eine Person implizit in einer bestimmten Rolle oder Situation für sich beansprucht. Diese Ansprüche werden jeweils am Anfang einer Situation durch verbale Hinweise kommuniziert. Das Gegenüber in der Situation, das Publikum, fühlt sich darauf automatisch verpflichtet, diesen Ansprüchen nachzukommen (d.h. der Person zu helfen, »das Gesicht zu wahren«). Seine Bereitschaft und seine Möglichkeit, diesen Ansprüchen nachzukommen, hängt davon ab, ob diese innerhalb der von den Institutionen vorgegebenen Grenzen für eine bestimmte Rolle oder einen bestimmten Status liegen.

Um ein Beispiel aus dem Alltag zu nennen: Falls ich zu Ihnen sage: »Ich muss Ihnen etwas Lustiges erzählen, das mir neulich passiert ist«, werden Sie mir umgehend Ihre »Aufmerksamkeit schenken« und sich darauf einstellen, sich zu amüsieren, sobald meine Stimmlage, meine Intonation oder Worte Ihnen zeigen, dass eine Reaktion von Ihnen erwartet wird. Wenn die Geschichte interessant und witzig ist, läuft dieser Prozess wie von selbst und Sie lachen an den passenden Stellen. Falls jedoch mein Anspruch, Sie zu amüsieren, nicht aufrechterhalten wird, falls Sie sich langweilen oder abgestoßen fühlen, werden Sie es mit etwas zu tun bekommen, was Goffman »face work«, »Gesichtsarbeit« nennt.

»Gesichtsarbeit« wird uns beide beschäftigen, wenn die erhobenen Ansprüche kurzfristig nicht befriedigt werden können, weil nach den kulturellen Regeln mein soziales Selbst und unsere Beziehung in einem umfassenderen Sinn trotz dieser enttäuschenden Interaktion irgendwie erhalten werden müssen. Die Gesellschaft ist darauf angewiesen, dass wir alle uns gegenseitig so weit wie möglich unseren Wert bestätigen und uns so wenig wie möglich demütigen und absichtlich unser Selbstwertgefühl unterminieren. Den kulturellen Regeln zufolge müssen Sie also meiner langweiligen Geschichte zuhören, ob Sie wollen oder nicht, und Sie müssen dabei ein freundliches Gesicht machen und anerkennend lachen, auch wenn Sie das ganze überhaupt nicht witzig finden. Würden Sie die Augenbrauen hochziehen und frei heraus erklären, meine Geschichte sei weder witzig, noch interessant, stützen Sie nicht den von mir erhobenen Anspruch, und ich »verliere das Gesicht«. Sie sagen mir damit, dass in diesem Augenblick mein sozialer Wert in unserer Beziehung niedriger ist, als ich behauptete. Den kulturellen Regeln zufolge können Sie das nur unter extremen Umständen tun oder wenn Sie mich absichtlich demütigen wollen. Sie müssen vorgeben, sich zu amüsieren, und Ihr Bestes dabei geben, mir zu helfen, das zu sein, was ich zu sein behaupte. Andererseits gebe ich mir jede erdenkliche Mühe, unterhaltsam und interessant zu sein, um ihnen dabei zu helfen, mir einen Gesichtsverlust zu ersparen. Selbst in Situationen, in denen ich weitaus mehr behaupte, als ich einlösen kann, werden Sie mich nicht demütigen, sondern allmählich dazu übergehen, mir langweiligem, arroganten Einfaltspinsel aus dem Weg zu gehen. Ein absichtsvoll herbeigeführter Gesichtsverlust ist ein seltenes gesellschaftliches Ereignis.

Täglich durchleben wir faktisch hunderte ähnlicher Situationen, in denen wir solche Behauptungen erheben oder solche Behauptungen mit unseren Reaktionen stützen, selbst wenn wir spüren, dass die erwünschte Reaktion nicht gerechtfertigt war. Wie oft haben wir nach einem Treffen bemerkt, wir hätten das Gefühl, betrogen worden oder nicht aufrichtig gewesen zu sein, uns habe nicht gefallen, was der oder die getan habe, sie hätten sich blamiert und uns daher enttäuscht. Trotzdem verbargen wir diese Gefühle, als wir mit den Betreffenden beisammen waren. Es ist sogar so, dass die Automatisierung der emotionalen Reaktionen ein Teil des kulturellen Lernprozesses ist, damit ein Großteil der »Gesichts-Wahrung« für alle Beteiligten des sozialen Dramas routinemäßig abläuft – wir nennen das Haltung, Takt, angemessenes Auftreten oder gute Manieren. Was wir empfinden und wie wir uns fühlen, ist sozial festgeschrieben, weshalb wir in vielen Situationen keinen Konflikt wahrnehmen zwischen dem, was wir fühlen sollen, und unseren »wirklichen« Gefühlen.[27]

Falls Menschen mehr einfordern, als ihnen von ihrem Status oder ihren Fähigkeiten her zusteht (»Sprüchemacher« oder »Wichtigtuer«), holen wir sie nicht von ihrem hohen Ross herunter, rauben ihnen nicht ihre Illusionen und sorgen auch sonst nicht irgendwie für einen Gesichtsverlust. Aber wenn jemand nicht aufhört, sich über seinen Status zu erheben, so wie der

Mitarbeiter, der uns Anweisungen zu geben versucht und sich benimmt, als wäre er der Chef, oder der Witzeerzähler, der niemals wirklich komisch ist, neigen wir dazu, diesem Menschen aus dem Weg zu gehen, und versuchen, so wenig wie möglich mit ihm zu tun zu haben. Wir sagen ihm gewöhnlich nicht direkt ins Gesicht, er solle »sich zum Teufel scheren«, zumindest nicht in der Öffentlichkeit, wo sein Gesichtsverlust für alle offenkundig wäre und wo auch wir unser Gesicht verlieren würden, wenn wir uns so daneben benähmen. Der wesentliche Punkt hierbei ist: Wir versuchen stets, anderen zu helfen, ihre Behauptungen aufrechtzuerhalten. Dabei nehmen wir große Mühen auf uns, nicht nur selbst das Gesicht zu wahren, sondern auch andere vor einem Gesichtsverlust zu schützen. Wir sind vorsichtig, in keiner Situation zuviel zu behaupten und innerhalb unserer Status- und Rollengrenzen zu bleiben, um anderen nicht zuviel Gesichts-Wahrung zuzumuten.

Letztlich ist Gesichts-Wahrung so entscheidend, weil das Leben, wenn wir uns nicht tagtäglich gegenseitig der Akzeptabilität unseres sozialen Selbst versichern, zu unvorhersehbar und gefährlich wird und die Gesellschaft zerbricht. Der implizite Vertrag, der uns alle miteinander verbindet, nach bestem Vermögen gegenseitig unser soziales Selbst zu stützen, macht das wahre Wesen der Gesellschaft aus. In diesem Sinne sind Menschen »heilige Objekte«, und ein absichtlich herbeigeführter Gesichtsverlust ist gleichbedeutend mit sozialem Mord. Wenn ich dir das antue, gestatte ich dir und anderen, mir dasselbe anzutun, und das macht jede Form von Gesellschaft unmöglich.

Absichtlich herbeigeführter Gesichtsverlust ist nur unter einer Bedingung kulturell sanktioniert, nämlich während des Sozialisationsprozesses, bei dem das Selbst aufgegeben und rekonstruiert werden muss. Zum Beispiel geht der Übergang von einer Organisation zu einer anderen oder einem Status zu einem anderen während des Erlernens einer neuen Rolle häufig mit absichtlich herbeigeführtem Gesichtsverlust und Erniedrigung einher.[28] Doch dies geschieht nur in der Übergangsphase, und auch dann gewöhnlich nur durch Eltern, Lehrer, Coaches, Vorgesetzte beim Militär und andere mit einer entsprechenden Lizenz ausgestattete »Veränderungsagenten«. Während der Trainingsperiode wird der Schützling, der für eine neue Rolle ausgebildet wird, gewöhnlich behütet, bis sein Status und sein Wert in der sozialen Gruppe durch eine Art Initiationsritus wiederhergestellt wird. Durch Initiationsriten und andere formale Beförderungsrituale weist eine Gesellschaft dem Einzelnen formal und öffentlich einen höheren Wert zu.

Gesichts-Wahrung in helfenden Beziehungen

Was hat das alles mit Beratung und Helfen zu tun? Sehr viel. Wie in dem Kapitel über die Psychodynamik in der helfenden Beziehung ausgeführt wurde, ist nichts gefährlicher für einen Menschen mit einem Problem als ein Helfer, der ihn demütigt, indem er ihm auf die eine oder andere Weise zu verstehen gibt, sein Problem sei trivial oder ihm fehle es einfach an der nötigen Härte. Wer sein Problem darstellt, gibt sich eine Blöße, riskiert einen Gesichtsverlust. Man gesteht ein, man sei nicht so gut, wie man gedacht habe. Dadurch ist man verletzbar und beansprucht weniger sozialen Wert, als einem zusteht. Man ist »unterlegen«.

Wegen dieser Verletzbarkeit behalten potentielle Klienten ihre »wirklichen« Probleme häufig für sich, leugnen, überhaupt ein Problem zu haben, behaupten, alles sei bereits unter Kontrolle, und prüfen auf andere Weise, inwieweit der Helfer bereit ist, ihnen in der Beziehung einfühlsam und vertrauenswürdig zu begegnen. Jeder Helfer macht immer wieder die Erfahrung, dass erst nach langem Zuhören und einfühlsamer Unterstützung das tatsächliche Problem an die Oberfläche kommt. So betrachtet ist die Reaktion des Klienten normal und vorhersehbar, der Helfer muss sich nur darauf einlassen.

Falls er beim Zuhören Ungeduld zeigt, lacht, dem Klienten zu verstehen gibt, er sei dumm, weil er nicht selbst eine Lösung gefunden hat, oder wegen des Problems wütend auf ihn wird, demütigt er ihn auf die eine oder andere Weise, und der Klient verliert das Gesicht. Den kulturellen Gesichtsverlustregeln zufolge gestattet er dem Klienten dadurch, seine Wut über diese Erniedrigung und diesen Gesichtsverlust offen zu zeigen. Die Lösung des Problems tritt dadurch in den Hintergrund, nun geht es vorrangig um Rache, um so die Situation wieder auszubalancieren.

Nichts davon wird bewusst ablaufen. Kulturelle Regeln sind derart verinnerlicht und werden so automatisch angewandt, dass der beschriebene Prozess nicht bewusst wahrgenommen wird. Der gedemütigte Klient findet den Vorschlag des Beraters dumm oder vollkommen daneben, oder er ertappt sich dabei, wie er dem Berater genauestens darlegt, warum diese Lösung nicht funktionieren kann. Dabei ist er sich nicht unbedingt klar darüber, dass der Grund für sein Verhalten nicht in der Qualität der vorgeschlagenen Lösung zu suchen ist, sondern in seiner Wut darüber liegt, gedemütigt worden zu sein, was er dem Berater nun heimzahlen möchte.

In der Managerbeziehung gilt es zusätzlich die Regeln des Respekts und des Auftretens einzuhalten. Für Vorgesetzte ist es ein Leichtes, Untergebene zu demütigen. Chefs sollten dann später nicht überrascht sein über die Wut, auf die sie bei ihren Untergebenen stoßen. Genauso wenig sollten Untergebene, die unabsichtlich für einen Gesichtsverlust ihrer Vorgesetzten sorgen, überrascht sein über das Ausmaß der späteren Widrigkeiten in Form von unangenehmen Aufträgen, verpassten Beförderungschancen und spitzen Bemerkungen. Ein soziologischer Grund für die Nachteile, die »Nestbeschmutzern« durch die Enthüllung möglicher Missstände in ihrer Organisation entstehen, liegt darin, dass sie dabei notwendigerweise einen Gesichtsverlust ihrer Vorgesetzten riskieren. In diesen Fällen können die Erfordernisse einer effizienten Aufgabenerfüllung und die kulturellen Regeln der Gesichts-Wahrung einander zuwider laufen.

Die Anwendung der Experten- oder Arztrolle in einer helfenden Situation erhöht das Risiko des Klienten, sich erniedrigt zu fühlen und das Gesicht zu verlieren. Meiner Erfahrung nach geschieht das häufig bei Diagnosen oder Verordnungen, bei denen sich später erweist, dass der Klient sie bereits in Erwägung gezogen und zurückgewiesen hat. Der Klient fühlt sich durch meine Vorschläge nicht ernstgenommen, da sie seines Erachtens implizieren, darauf hätte er nicht selbst kommen können. Hilfreicher ist es, im Prozessberatungsmodus zu beginnen, weil dadurch impliziert wird, der Klient sei durchaus in der Lage, sich selbst zu helfen, und habe wahrscheinlich schon einige Alternativen angedacht. Falls eine naheliegende Alternative nicht erwähnt wird, sollte der Berater sich zuerst fragen, »warum nicht«, bevor er damit als möglicher Lösung herausplatzt. Eine Schlüsselfrage, die man stellen sollte, bevor man Vorschläge macht oder Ratschläge gibt, lautet: Welche Lösungen hat der Klient bereits versucht oder angedacht?

Gelingt es dem Helfer, dem Klienten die Botschaft zu vermitteln: »Ihr Problem ist real, aber Sie können sich selbst helfen und ich werde Ihnen dabei helfen, sich selbst zu helfen«, wahrt er sein Gesicht und gibt ihm einen Vertrauensvorschuss, indem er ihm zeigt, dass er mehr wert ist, als er vielleicht für sich in Anspruch nimmt. Einen Vertrauensvorschuss zu gewähren entspricht in etwas dem, was ich im dritten Kapitel als »Ausbalancieren des Status« bezeichnete. Es macht deutlich, dass es nichts Verwerfliches ist, ein Problem zu haben. Eine Intervention, zu der ich gegenüber neuen Klienten sehr häufig greife, ist die Erwähnung anderer Fälle mit ähnlich gelagerten Problemen, mit denen ich es zu tun hatte. Damit prüfe ich einerseits, ob ich den Klienten richtig verstanden habe, und gebe ihm andererseits zu verstehen, dass sein Problem weder einzigartig ist, noch ein Grund, sich zu schämen. Hier zwei Fallbeispiele zur näheren Illustration.

Ralston, der Abteilungsleiter der Allen Company, und Stone, der Gründer und Präsident der Billings Company, unterscheiden sich vor allem in einer Hinsicht dramatisch: ihrer absolut entgegengesetzten Selbstdarstellung. Ralston ist ein ausgesprochen stolzer Mann. Er verhält sich gegenüber seinen Untergebenen sehr väterlich. Er ist nicht leicht zu konfrontieren, da er sich in zwischenmenschlichen Situationen einen hohen Wert beimisst und außerordentlichen Respekt erwartet. Er stellt sich gerne als Lehrer dar und kommuniziert dies, indem er bei Abteilungssitzungen lange Reden hält.

Widerspricht ihm jemand, bemüht er sich sehr, seine Position zu erklären und an ihr festzuhalten. Oberflächlich wünscht er sich Beiträge, doch sein Auftreten, seine Körpersprache und sein Kommunikationsstil signalisieren seinen Untergebenen häufig, dass seine Meinung bereits feststeht. Widerspricht man ihm, riskiert man seinen Gesichtsverlust. Konsequenterweise arbeiten seine Untergebenen »um ihn herum«, statt direkt über ihn, und sind nicht selten frustriert, weil sie nicht wissen, wie sie einen Punkt ansprechen können, wenn er nicht Ralstons Position entspricht.

Die Beziehung zwischen Ralston und seinen Abteilungsleitern wurde von den meisten letzteren als ungleich eingestuft, außerdem fühlten sie sich oft unfair behandelt. Ihrer Ansicht nach akzeptierten sie die hochgesteckten Ziele Ralstons und erreichten sie auch, erhielten jedoch weder die entsprechende Anerkennung noch eine Ruhepause, um sich etwas zu erholen. Statt dessen, so hatten sie das Gefühl, halste Ralston ihnen noch mehr neue Programme auf. Von ihrem Standpunkt aus betrachtet, kamen sie nie auf einen grünen Zweig. Irgendwie hatten sie immer das Gefühl, ihren Chef zu enttäuschen. Solche Ungleichheits- und Inkompetenzgefühle sind auf Dauer gefährlich, daher war eines der Hauptziele meiner Beratungsbemühungen in der Allen Co., dieses Problem zu lösen, entweder indem Ralston weniger verlangte oder indem er den Anstrengungen seiner Untergebenen mehr Anerkennung zollte. Ich konnte diese Punkte mit ihm besprechen, da er mich sehr respektvoll behandelte und häufig um Feedback und Hilfe bat. Dennoch mussten diese Themen auf eine Art und Weise angegangen werden, dass er sich geschätzt und anerkannt fühlte, was seine Führungsqualitäten anging, von denen er überzeugt war. Er änderte nur sein Verhalten, bestrafte z.B. weniger, wenn er merkte, dass er seine Ziele auch ohne Strafen erreichte. Er war durchaus in der Lage, sein Verhalten zu modifizieren, wenn sein Ego und sein Selbstwertgefühl in sozialer Hinsicht seiner Meinung nach davon nicht berührt wurde, wenn er die große Führungspersönlichkeit blieb, für die er sich hielt.

Im Gegensatz dazu präsentiert sich Stone, der Gründer der Billings Co., als einer von den Jungs, mit dem man reden kann, der sich jederzeit auf eine Auseinandersetzung einlässt, aber dank seiner Position immer ein Machtwort sprechen kann. Er kann sehr deutlich machen, wann es ihm reicht, obwohl sich seine Untergebenen bisweilen beschweren, er erkläre seine Entscheidungen, sobald er sie gefällt hat, nicht ausführlich genug.

Stone hält weniger Abstand zu seinen Untergebenen und ist bereit, viel Zeit damit zu verbringen, sich in den Meetings andere Meinungen anzuhören. Er sieht sich selbst als prozessorientierten Manager und fragte mich nach den Meetings stets, ob ich ihm Feedback geben könne, um diese Rolle effektiver auszufüllen. Respektbekundungsrituale waren in der Billings Co. weniger erkennbar, obwohl es durchaus Hinweise auf die Existenz von Bereichen gab, die Stone als tabu erklärt hatte. In diesen Bereichen wurde er also nicht mit Widersprüchen aus der Gruppe bedrängt.

Stones Selbstdarstellung erlaubte es, ihm direkt Feedback zu geben und Kritik an seinem Verhalten zu üben. Andererseits fühlte er sich ebenso aufgerufen, die anderen zu kritisieren, und das nicht selten in der Öffentlichkeit, wodurch viele Regeln der Gesichts-Wahrung in den Meetings geändert wurden. Die öffentliche Demütigung von Untergebenen war an der Tagesordnung und wurde rationalisiert als »keine wirkliche Demütigung«. Man konnte vor seinen Kollegen zerpflückt werden und trotzdem nicht an Status einbüßen, da dies bedeutete, man war Stone so wichtig, dass er die eigene Leistung verbessern wollte. Es war ein weitaus schlimmerer Gesichtsverlust, von ihm ignoriert zu werden, nicht wert zu sein, von ihm kritisiert zu werden!

Wohnte man den Meetings in den beiden Organisationen bei, merkte man sofort, wie viel Aufmerksamkeit der Gruppenmitglieder der gegenseitigen Gesichts-Wahrung galt. In der Allen Co. gab es die Methode, Meinungsunterschiede bestehen zu lassen. Das Übereinkommen, nicht übereinzukommen statt Probleme zu lösen, wurde ein Weg, anderen einen möglichen Gesichtsverlust zu ersparen, falls sie gezwungen würden nachzugeben. Trafen sich die Abteilungsleiter der Allen Co. ohne Ralston, gingen sie konfrontativer miteinander um und brachten die Themen zu einem Abschluss, aber sie schafften es, allen einen Gesichtsverlust zu ersparen, indem sie nicht bis zum Äußersten gingen, sondern sich bedeckt hielten. Ideen wurden als Versuchsballons präsentiert, und man holte die Meinung von Projektgruppen ein, damit niemand persönlich wegen einer Entscheidung in die Schusslinie geriet. Die Gruppe hatte es gelernt, Arbeitskonflikte zu lösen, ohne persönliche Gesichtsverluste zu riskieren.

Die Meetings in der Billings Co. andererseits boten lebhafte Beispiele an hochdramatischen Szenen, bei denen es sich manchmal um Komödien, manch-

mal um Tragödien handelte, die aber immer voll Sprengstoff waren. Stone und der Vizepräsident waren die Hauptdarsteller, der Rest der Gruppe fand sich häufig mehr oder weniger in einer Zuschauerrolle wider. Konfrontationen, Meinungsverschiedenheiten und gegenseitiges Niedermachen waren die Regel, wobei Stone die Führungsrolle innehatte. Nach jedem Meeting wurden Stunden damit verbracht, Botschaften zu entschlüsseln und Wunden zu lecken. Ein Großteil dieser nach den Meetings anstehenden Sinnsuche galt der Wiedergutmachung des erlittenen Gesichtsverlusts und der Rationalisierung, die öffentliche Demütigung sei nur ein Versuch Stones, ihnen zu helfen. Ihnen gefiel nicht, was sich da abspielte, doch sie wussten nicht, wie sie anders mit dieser Situation umgehen könnten. Stones starke Persönlichkeit und sein konfrontativer Stil zwang die Mitglieder der Gruppen genauso wie mich, sich nach seinen Kommunikationsregeln zu richten, doch um so mehr kamen die traditionellen kulturellen Normen in den die Meetings aufarbeitenden Meetings zur Geltung, in denen Beziehungen, Ansehen und Status mühevoll wiederhergestellt wurden.

Diese zwei Fälle zeigen, dass verschiedene Gruppen und Organisationen völlig verschiedene Methoden zur Gesichts-Wahrung entwickeln, aber die kulturellen Normen stark genug sind, dass jede Gruppe einen Weg findet zu überleben oder sich auflöst. Als menschliche Darsteller können wir in Szenen nicht überleben, in denen unser behaupteter Wert niemals bestätigt wird. Letztlich müssen Beziehungen als gleichwertig und gerecht wahrgenommen werden oder sie zerbrechen.

Filtern

Die kulturellen Interaktionsregeln erklären die Kommunalität der Kommunikation zu einem großen Teil und erklären faktisch, wie wir überhaupt miteinander kommunizieren können. Allerdings erklären sie nicht die Variation der Kommunikation, auf die wir ständig stoßen. Anders ausgedrückt: Innerhalb des kulturellen Umfelds ist Raum für eine gigantische Variation dessen, was wir sagen, zu wem wir es sagen, des Stils, in dem wir es sagen, unserer Körpersprache, unseres Timings, der Tonlage und der spezifischen Wortwahl. Diese Variation erklärt sich aus unserer jeweiligen persönlichen Geschichte, die eine Anzahl von Filtern schafft für die Kommunikation mit anderen, und die Art und Weise, wie wir ihnen zuhören und sie wahrnehmen. In jeder Begegnung von Angesicht zu Angesicht benützen sowohl der Sender als auch der Empfänger automatisch und unbewusst diese Filter, um auszuwählen, was sie senden und empfangen. Damit meine ich keine bewusste Zensur, obwohl es auch diese gibt. Was ich damit sagen will, ist, dass wir alle eine Auswahl treffen, was wir sagen, wie wir es sagen und wann wir es sagen, dass dabei komplexe Regeln zur Entscheidungsfindung zum Tragen kommen, die wir im Laufe unseres Lebens gelernt haben und die unsere einzigartige Geschichte widerspiegeln. Fünf solcher Filter lassen sich festmachen.

1. Mein Selbstbild

Sowohl der Sender, als auch der Empfänger haben ein Bild oder eine Vorstellung von sich und ein Gefühl, was ihren Wert oder ihre Selbsteinschätzung angeht. Die jeweilige Beschaffenheit ihres Selbstbildes und ihres Selbstwertgefühls bestimmen zu einem gewissen Teil ihre Kommunikation. Halte ich mich z.B. auf einem gewissen Gebiet für einen Experten und verfüge ich in einer bestimmten Situation über großes Selbstvertrauen (z.B. schätze meinen Wert hoch ein), ist es wahrscheinlicher, dass ich kommuniziere, wahrscheinlicher, dass ich einen selbstsicheren Stil und die Aussageform wähle als einen zurückhaltenden Ton, unwahrscheinlicher, dass ich anderen bei diesem Thema zuhöre, und wahrscheinlicher, dass ich im Falle eines Widerspruchs eine Abwehrhaltung beziehe. Schließlich bin ich ja der Experte. Bin ich mir, was meinen Status in einer bestimmten Gruppe anbelangt, nicht sicher, werde ich eher schweigen, echte Informationsfragen stellen und auf jede erdenkliche andere Weise die Möglichkeit vermeiden, jemanden vor den Kopf zu stoßen, bei dem ich mir nicht sicher bin, ob sein Status höher oder niedriger ist als meiner.

2. Mein Bild von dem/den anderen

Sowohl der Sender wie der Empfänger haben ein Bild oder ein Konzept von den anderen an der Situation Beteiligten und schätzen sie als Menschen entsprechend ihrer Wertkategorien ein. Dieses Bild, das wir uns von den anderen machen, und den Wert, den wir ihnen beimessen, werden ebenfalls zu einem gewissen Teil unseren Kommunikationsstil beeinflussen. Falls ich z.B. die anderen als Experten geringer einschätze, werde ich mich eher »von oben herab« mit ihnen unterhalten, sie eher unterbrechen, wenn ich finde, dass sie abschweifen, ihren Gedankengängen weniger Aufmerksamkeit schenken als der Frage, ob sie mich verstehen und mir zustimmen. Habe ich den Eindruck, dass sie ihrem Status nach über mir stehen, werde ich weniger sprechen, genauer zuhören und mich darauf konzentrieren, meinen Status in der Situation zu erhöhen. Attribute wie Arroganz oder Demut spiegeln diese Arten von Selbstwahrnehmung und anderen Wahrnehmungen wider.

3. Meine »Definition der Situation«

Sowohl der Sender wie der Empfänger haben eine bestimmte Vorstellung von der Situation, in der sie gemeinsam operieren – von der Bühne, den Rollen, dem Stück an sich. Geht es bei dem Treffen um die Lösung eines bestimmten Problems? Handelt es sich um ein informelles Gespräch? Sind wir hier, um dem Chef eine Gelegenheit zu geben, seine Ideen an den Mann zu bringen? Dieser Prozess der »Situationsdefinition« wird oft erst verbalisiert, wenn jemand die Frage stellt: »Warum sind wir eigentlich hier?« oder »Was ist unsere Aufgabe?« Die Situationsdefinition geht über die Spezifizierung der zu erreichenden Ziele oder Aufgaben hinaus. Sie wird bestimmt davon, wie wir unsere eigene Rolle und die der anderen in der Situation sowie die Dauer, die Grenzen und die Normen der Situation wahrnehmen. Offenkundig wird das, was wir sagen und wie wir es sagen, zu einem großen Teil von unserer Definition der Situation bestimmt. Einer der Hauptgründe für die Kommunikationsprobleme in Beziehungen oder Gruppen sind die unterschiedlichen Situationsdefinitionen, die die Beteiligten mitbringen. Dazu kommt, dass diese Unterschiedlichkeit häufig unerkannt bleibt und nicht behoben wird. Eine gemeinsame Situationsdefinition ist eine Vorbedingung für fast jede effektive Gruppenaktion.

4. Meine Motive, Gefühle, Absichten, Haltungen

Weitere, Sender wie Empfänger betreffende Filter im Kommunikationsprozess sind die diversen Bedürfnisse und Motive, die sie in die Situation einbringen, ihre aufeinander gerichteten Absichten und Haltungen. Wenn es mir darum geht, ein Konzept zu verkaufen oder andere zu beeinflussen, kommuniziere ich anders, als wenn ich mich für etwas interessiere und darüber mehr erfahren möchte. Will ich jemanden beeinflussen, höre ich den anderen anders zu, als wenn ich nur etwas erfahren will, und meine Aufmerksamkeit gilt anderen Themen. Zum Beispiel konzentriere ich mich, falls es mir um Beeinflussung geht, verstärkt auf Zustimmung oder unterschiedliche Meinungen und weniger auf neue Ideen. Insofern Kommunikation vielen verschiedenen Funktionen dient, von der Bedürfnisbefriedigung und dem Selbstausdruck hin bis zur gemeinsamen Sinnsuche und Beeinflussung anderer, setzen Sender und Zuhörer je nach Funktion andere Mittel ein.

5. Meine Erwartungen

Die letzte Kategorie psychologischer Faktoren, aus denen Filter entstehen, sind unsere Erwartungen, die wir in einer Situation an uns selbst und die anderen stellen und die entweder aus unserer tatsächlichen Erfahrung erwachsen oder aus unseren Vorurteilen oder Klischees. Gehe ich davon aus, dass mein Publikum Verständnisprobleme hat, werde ich einfachere Wörter verwenden; erwarte ich aufgeschlossene Zuhörer, rede ich entspannter; erwarte ich dagegen ein kritisches Publikum, werde ich sehr sorgfältig und präzise argumentieren. Wenn ich als Zuhörer einen Redner für sehr intelligent halte, überinterpretiere ich vielleicht seine Rede. Halte ich ihn für nicht sonderlich redegewandt oder unintelligent, überhöre ich unter Umständen seine stichhaltigen Argumente; erwarte ich eine andere Meinung, höre ich womöglich Feindseligkeit heraus; und wenn ich mit Unterstützung rechne, entgehen mir vielleicht abweichende Meinungen.

Angesichts all der hier beschriebenen Filter verwundert es nicht, dass der zwischenmenschliche Kommunikationsprozess so problembeladen ist. Wie ich bereits in dem Kapitel über den internen BRUI-Prozess darlegte (Kap. 5), stören uns diese in den Prozess eingebrachten Erwartungen bei der Beobachtung und beim Zuhören und verleiten uns zu falscher Logik und unangemessenen emotionalen Reaktionen. Im Prozessberatungsmodus sind wir gegen die hier beschriebenen psychologischen Faktoren nicht immun. Wir haben unsere spezifischen Filter, die sich auf unsere Bedürfnisse, Erwartungen, Bilder und Absichten gründen. Wir sind stärker darauf trainiert, zu beobachten, und uns stärker bewusst, wie wichtig genaue Beobachtung ist, um die Auswirkungen der Filter früher als die anderen in der Situation zu bemerken, aber wir können sicherlich nicht besser als die anderen die Wahrheit in einem absoluten Sinne erkennen. Teils deshalb müssen wir dem Klienten bei der Diagnose helfen, statt einfach unsere eigene Diagnose abzuliefern, als befänden wir uns im Besitz der absoluten Wahrheit. Nur die gemeinsame Anstrengung aller Mitglieder erlaubt uns eine Diagnose, die vermutlich nahe genug an die Wahrheit heranreicht, um Abhilfemaßnahmen zu rechtfertigen.

Der zirkuläre Prozess und sich selbst erfüllende Prophezeiungen

Die oben unter der Kategorie Filter beschriebenen Faktoren können einen besonders gefährlichen Kommunikationszusammenbruch bewirken. Falls die Erwartungen sowohl auf Seiten des Senders wie des Empfängers besonders hoch gesteckt sind, ist es möglich, dass beide die Zeichen des anderen als Bestärkung ihrer Vorurteile sehen und sich so noch mehr gegenseitig in ihren Rollen festlegen, aus denen es dann kaum mehr ein Entkommen gibt. Ein Beispiel: Person A hat aufgrund früherer Erfahrungen ein positives Selbstbild, ist selbstbewusst, hat das Bedürfnis, andere zu beeinflussen, und erwartet dies auch. Sie kommuniziert daher selbstsicher und selbstbewusst, indem sie sich vor allem auf ihre eigenen Aussagen konzentriert, wodurch ihr Bild von sich als einflussreicher Person bestätigt wird. Ihre Zuhörer reagieren auf diese Klarheit und Selbstsicherheit mit aufmerksamem Zuhören, wodurch das Bild, das Person A von sich als einflussreicher Person hat, bestätigt wird. Daraus, dass man ihr zuhört, zieht sie Selbstbewusstsein und ihre Position innerhalb der Gruppe wird gestärkt.

Im Gegensatz dazu ist Person B aufgrund früherer Erfahrungen nicht so selbstsicher, zeigt in Gegenwart anderer wenig Selbstvertrauen und ist sich nicht sicher, ob sie andere beeinflussen kann, auch wenn sie das gerne möchte. Sie erwartet vielmehr Schwierigkeiten bei der Integration in der Gruppe. Daher wird sie eher zurückhaltend, zögerlich und schüchtern kommunizieren, obwohl ihre Aussagen selbst vielleicht genau so klar sind wie die von A. Ihre Zuhörer reagieren möglicherweise auf diesen zögerlichen Unterton, indem sie zu der Ansicht gelangen, B habe nicht viel beizutragen, was ihre Aufmerksamkeit schmälert und so B's ursprüngliche Selbsteinschätzung bestätigt, der Gruppe nicht ebenbürtig zu sein. B verliert an Selbstvertrauen, kommuniziert zunehmend weniger – womit sie den anderen weiter vermittelt, dass sie nichts beizutragen hat – und übernimmt allmählich die Rolle des Nichtbeitragenden.

In beiden Fällen ist das Ergebnis die Folge der anfänglichen Erwartungen, die einen bestimmten Kommunikationsstil vorgeben, der wiederum zu einer Bestätigung der ursprünglichen Erwartungen führt. Die Gefahr dabei ist, dass die ursprünglichen Erwartungen unter Umständen nicht viel mit dem tatsächlichen Potential von A und B, was produktive Beiträge angeht, zu tun haben. Dennoch wird A viel beitragen und B wenig. Die Gruppe kann sich vor fähigkeitsunabhängigen Beiträgen nur schützen, indem sie ein Gespür für diese Art von *self-fulfilling prophecy* entwickelt.

Entdeckt ein Prozessberater in der Gruppe unterschiedliche Beitragsleistungen, muss er sich unbedingt die Frage stellen, ob dies wirklich das Beitragspotential der einzelnen Gruppenmitglieder reflektiert oder das Ergebnis eines zirkulären Prozesses ist, wie er hier beschrieben wurde. Findet der Berater Beweise für letzteres, muss er der Gruppe dabei helfen, die eigene Arbeitsweise neu zu beurteilen, die vorhandenen Einstellungen betreffs des

Beitragspotentials der Mitglieder zu überprüfen und Regeln einzuführen, die es weniger selbstbewussten Mitgliedern erlauben, an Selbstvertrauen zu gewinnen, indem man ihnen zuhört. Zum Beispiel könnte er selbst B's Standpunkt wiederholen oder die Aufmerksamkeit der Gruppe auf B lenken, wenn sie seine Beiträge übergeht.

Schlussfolgerung

Kulturelle Interaktionsregeln sind zwar äußerst schwer zu fassen, jedoch zugleich wohl ausschlaggebend für die Effektivität einer helfenden Beziehung. Klienten scheinen sich am wohlsten zu fühlen, wenn sie das Gefühl haben, man habe ihnen geholfen, ohne ihnen ein Unterlegenheitsgefühl zu vermitteln. Ihre Würde bleibt unangetastet, und sie empfinden sich nach dem Prozess des Helfens stärker als vorher. Betrachten wir Manager als Helfer, tritt dieser Punkt noch klarer hervor. Untergebene bevorzugen in der Regel einen Chef, der sie bei ihren Aufgaben coacht und ihnen hilft, aber diese nicht an ihrer Stelle erledigt. Ein zu kluger und zu tüchtiger Chef, der ständig seine Überlegenheit zur Schau stellt, erreicht zwar die gewünschten Ziele kurzfristig, wird aber abgelehnt und auf lange Sicht gesehen wird seine Organisation geschwächt und unselbständig.

Sich gegenseitig dabei zu helfen, das Gesicht zu wahren, ist unverzichtbar in einer funktionierenden Gesellschaft. Verliert einer der Beteiligten in einer Beziehung das Gesicht, fühlt nicht nur er sich bloßgestellt, erniedrigt und verbittert, sondern auch der andere, der diesen Gesichtsverlust herbeiführte, offenbart sich als unzuverlässiger Akteur im zwischenmenschlichen Drama. Wenn man sich nicht darauf verlassen kann, dass jemand seine Rolle ordentlich spielt, wird dieser letztlich verbannt und isoliert werden. Berater und Manager müssen sich nach diesen Regeln richten und sogar eine aktive Rolle übernehmen, um anderen klarzumachen, wie wichtig diese Regeln sind. Sie müssen positive Rollenmodelle für Gesichts-Wahrung sein.

Innerhalb dieser kulturellen Regeln sollten sich die Helfer bewusst sein, wie weit ihre eigenen Filter und die der anderen die Kommunikation bestimmen. Der Prozessberater muss seine eigenen Filter bewusst machen und versuchen, ein Rollenmodell für den Klienten zu sein, was die Minimierung der vorurteilsbehafteten Wahrnehmung während der Kommunikation angeht. Diesen Faktoren kommt vor allem dann eine Bedeutung zu, wenn wir Kommunikation als Mittel zum Lernen einsetzen, wie wir es in den nächsten zwei Kapiteln diskutieren.

Übung 6.1

Überprüfen kultureller Interaktionsregeln (20 Minuten)

Diese kurze Übung sollte nur durchgeführt werden, wenn genug Zeit vorhanden ist, um zu analysieren, was sich nach der formalen Übung abspielte.

Setzen Sie bewusst während eines Gespräches mit einem Freund oder Kollegen ihre Publikumsrolle aus.

1. Lassen Sie ihren Gesichtsausdruck »einfrieren« und halten Sie ihn so lange Sie können.
2. Behalten Sie auch Ihre Körperhaltung bei, unterlassen Sie es, mit dem Kopf zu nicken oder sich vorwärts zu lehnen.
3. Schweigen Sie; d.h. unterlassen Sie es, zu brummen oder auf sonstige Weise zu bestätigen, dass Ihr Gegenüber spricht.

Nach bereits zehn bis zwanzig Sekunden werden Sie feststellen, wie Sie und Ihr Gegenüber sich unwohl zu fühlen beginnen werden, und sehen, wie schwierig es ist, die Schritte 1, 2 und 3 durchzuhalten. Ihr Gegenüber wird in seiner Geschichte innehalten und Fragen stellen wie: »Stimmt etwas nicht?«, »Was ist denn los?« und »Bist du noch da?«

Diskutieren Sie, welche Gefühle es auslöste, dass Sie Ihre Rolle als aktives Publikum aufgaben, und untersuchen Sie, wie automatisch wir uns entsprechend den kulturellen Interaktionsregeln verhalten.

Kehren Sie die Rollen um, um herauszufinden, was es bei Ihnen auslöst, wenn Ihr Gegenüber aufhört zu reagieren.

III. TEIL

INTERVENTION ALS LERNHILFE

Ein zentrales Prinzip der Prozessberatung ist, dass jede Handlung des Beraters eine Intervention darstellt. Allerdings unterscheiden sich, wie alle Berater bestätigen können, Interventionen zum Aufbau der helfenden Beziehung und zur Diagnose von Interventionen von Diagnosen, die stimulieren, zu neuen Einsichten führen und schließlich eine Veränderung des Verhaltens, der Einstellungen und unterschwelligen Annahmen ermöglichen sollen. Bislang lag der Schwerpunkt auf den dem Beziehungsaufbau und der Diagnose dienenden Interventionen, da ich mich auf verschiedene Formen der aktiven Informationserhebung konzentrierte. Nun rücken jene Interventionen in den Mittelpunkt, die bewusst geplant wurden, um den Lernprozess des Klienten zu unterstützen. Diese Interventionen lassen sich in zwei Hauptkategorien aufteilen und werden in den nächsten Kapiteln dargestellt.

Eine Kategorie lässt sich unter der Überschrift »Bewusstes Feedback« zusammenfassen, Dinge, die der Berater sagt oder tut, um dem Klienten Hinweise dazu zu geben, wie er bei anderen ankommt. Feedback gehört zu unserem ganz normalen Alltag, wir brauchen dazu z.B. nur die Reaktionen unserer Mitmenschen zu interpretieren, doch Feedbackprozesse im Zusammenhang mit einem Lernprozess haben einen anderen Charakter: Die Person, von der das Feedback kommt, erhielt vom Klienten explizit oder implizit dazu die Erlaubnis und wird als professionell kompetent eingestuft, das Feedback auf eine hilfreiche Art und Weise zu geben. Im siebten Kapitel wird die Dynamik dieser bewussteren Feedbackprozesse untersucht, dazu werden einige vereinfachte Modelle interpersoneller Kommunikation und Richtlinien für hilfreiche Feedbackinterventionen vorgestellt.

Eine weitere Kategorie bewusster Interventionen bei Lernprozessen lässt sich unter der Überschrift »Prozessinterventionen« zusammenfassen. Darunter fallen Beobachtungen, Fragen, Kommentare und Vorschläge, die sich mit den Prozessen befassen, die ein Einzelner oder eine Gruppe anstrengt, um zu lernen. Prozessinterventionen decken eine ganze Reihe von Gruppenprozessen ab, unter anderem mit der Identitätsfindung einer Gruppe, dem Umgang mit den Gruppengrenzen, der Umsetzung der primären Aufgabe und der Auseinandersetzung mit ihren internen interpersonellen Beziehungen. Ich stelle vereinfachende Modelle zur Funktion von Gruppen vor und Beispiele für meines Erachtens bei diesen Prozessen hilfreiche Interventionen.

Durch die Konzentration auf Prozesse treten zwei weitere mögliche Beobachtungsschwerpunkte in den Hintergrund – der Inhalt, an dem gearbeitet wird, und die stabileren Strukturen, die am Werke sind. Was die Strukturen angeht, hatte ich stets den Eindruck, diese offenbarten sich ganz von selbst, wenn man Prozesse beobachtet und zu verstehen lernt. In gewisser Weise kann man Strukturen als Prozesse sehen, die unter gewissen Umständen vorhersehbar auftreten und ein gewisses Maß an Stabilität aufweisen. Die wichtigste Kategorie dieser Art ist die sogenannte Organisationskultur, die als gegeben betrachteten stillschweigenden Annahmen darüber, wie Gruppenmitglieder Ereignisse wahrnehmen sowie gedanklich und emotional verarbeiten sollten. Organisationscharts, Verbindungen, die zum Bericht verpflichten, Autoritätslinien und andere Beziehungen, an die man gemeinhin bei »Struktur« denkt, werden unter der Kategorie Kultur zusammengefasst, da sie die früheren Lernerfahrungen der Gruppe spiegeln und auf impliziten, für gegeben gehaltenen Annahmen beruhen. Natürlich gruppiert sich eine ganze Reihe dieser Annahmen um den Prozess selbst, schließlich sind unsere Annahmen über die richtige Herangehensweise oft die stabilsten Elemente im Gruppensystem.

Und der »Inhalt«? Nachdem ich unzählige Gruppen und Organisationen in der Praxis beobachtet hatte, fielen mir wiederholt zwei häufig auftretende Phänomene auf: (1) Die von der Gruppe benutzten Prozesse verraten mehr über das Geschehen als der Inhalt, und (2) Klienten brauchen mehr Hilfe bei Prozessen. Die meisten von uns verfügen über eine profunde Ausbildung in Kommunikation und Verhandlung, wenn es um den Inhalte geht. Was aber Prozesse anbelangt, sind wir vollkommen unbedarft. Wir bemerken sie nicht, wir unterschätzen ihren Einfluss auf die Qualität der inhaltlichen Diskussion und wir wissen nicht, wie wir effektivere Prozesse entwickeln können. Daher sollten wir uns meines Erachtens auf Prozessthemen konzentrieren, ohne jedoch aus den Augen zu verlieren, was auf der inhaltlichen Ebene vor sich geht und welche Strukturen wir durch die Beobachtung der Prozessereignisse erkennen.

Zum Beispiel haben wir auf der Inhaltsebene gelernt, einander zuzuhören und gelegentlich Punkte zu wiederholen, um sicherzustellen, dass wir sie richtig verstanden haben, sowie zu verhandeln und Kompromisse zu schließen, um zu einem Entschluss zu gelangen. Wir verwenden Prozesstools wie Erstellung der Tagesordnung, *Robert's Rules of Order*, Brainstorming und Konsensüberprüfung, um sicherzugehen, dass wir den inhaltlichen

Themen gerecht werden; mit Prozessereignissen wie ständigen Unterbrechungen, Mitgliedern, die sich vordrängen und zuviel Zeit beanspruchen mit ihren Meldungen, die bei entscheidenden Punkten das Zimmer verlassen oder immer wieder vom Diskussionsthema abschweifen, usw. In der Regel beschweren wir uns über derlei mit allgemeinen Floskeln wie »Komitees bringen nichts.« Wir verfügen nicht über die richtigen Interventionen oder Planungstechniken, um solche Situationen zu unterbinden.

Was die Struktur anbelangt, ist die »Mehrheitsregel« ein dramatisches Beispiel, also die implizite Annahme, der Wille der Mehrheit habe zu gelten und die Minderheit solle brav mitmachen, auch wenn die Entscheidung acht gegen sieben ausfiel. In von der westlichen Kultur geprägten Gruppen lässt sich auch die strukturelle Annahme beobachten, jedem stehe das gleiche Recht auf Redezeit zu und jeder sei verpflichtet, sich zu äußern, was sich in der Bereitschaft zeigt, mit der der Chairman[29] Leute aufruft. Wir nehmen also implizit an, jeder habe das gleiche Recht auf Redezeit, jeder bereite sich auf ein Meeting vor, der Chairman könne Leute aufrufen usw. Solche Annahmen gibt es auch, was das Timing von Meetings angeht, ihre Länge, die Art der angewandten Entscheidungsprozesse usw.

In den folgenden Kapiteln habe ich die vereinfachenden Modelle aufgenommen, die meinen Erfahrungen nach am besten geeignet sind, um bei der Teilnahme oder Beobachtung einer Gruppe in einer Organisation mehr über ihre Funktions- und Arbeitsweise herauszufinden. Das achte Kapitel beschäftigt sich mit den Aufgaben-Prozessen einer Gruppe, wie Gruppen Problemlösungen und Entscheidungsfindungen angehen. Im neunten Kapitel liegt der Schwerpunkt auf interpersonellen Prozessen in Gruppen und auf dem Umgang in Gruppen mit internen Beziehungen im Hinblick auf Gruppenerhalt und -wachstum. Im zehnten Kapitel wird diskutiert, wie eine Reihe dieser Prozesse im Konzept des Dialogs zusammenwirken und wie Dialog das Lernen erleichtern kann.

Der Leser sollte diese Modelle, die Prinzipien und die vorgeschlagenen Methoden für bewusste Interventionen als Bausteine zur Entwicklung helfender Beziehungen in noch komplexeren Situationen verstehen, wenn z.B. größere Gruppen, Organisationseinheiten oder Teile größerer Systeme wie Gemeinden zu Klienten werden. Diese Konzepte und Modelle bauen aufeinander auf, daher sollte man zuerst die Abschnitte über Beziehungen und Gruppen lesen, bevor man versucht, die komplexe Dynamik größerer Systeme zu verstehen.

7. Kapitel

Kommunikation und bewusstes Feedback

Im vorhergehenden Kapitel beschrieb ich die verborgenen Kräfte, die aus den impliziten Annahmen über Angesicht-zu-Angesicht-Beziehungen und persönliche Filter erwachsen. Diese impliziten Annahmen lenken und beschränken den Kommunikationsprozess. Innerhalb dieser Beschränkungen jedoch besteht eine ungemein breite Entscheidungsfreiheit, wann, mit wem und wie Menschen kommunizieren. Diese Entscheidungen haben Konsequenzen für die Entwicklung von Beziehungen und Gruppen. Daher sollten Berater, Manager und jeder, der mit helfenden Beziehungen zu tun hat, darüber Bescheid wissen. Vor allem sollten Helfer die verborgene Dynamik verstehen, wenn sie versuchen, Kommunikationsprozesse zur Unterstützung von Lernprozessen zu entwickeln. Einer der grundlegendsten Lernprozesse ist das Geben und Erhalten von bewusstem Feedback. Bewusstes Feedback ist eine Sonderform der Änderung dessen, was man sich unter »Niveau« oder Tiefe der interpersonellen Kommunikation vorstellen könnte. Daher stellen wir am Anfang das »Johari-Fenster«[30] als vereinfachendes Modell solcher Ebenen vor.

Kommunikationsebenen

Aus der Beobachtung unseres eigenen Verhaltens ist uns allen bekannt, dass wir nicht nur auf den manifesten Inhalt einer Äußerung reagieren, sondern auch diverse andere subtile Anhaltspunkte mit interpretieren, um hinter die »tatsächliche« Bedeutung dieser Botschaft zu gelangen – Körpersprache, Stimmlage, Modulation, emotionale Intensität, Botschaftsform und Timing. Eine Botschaft hat stets eine manifeste und eine latente Bedeutung. Gelegentlich widersprechen diese Bedeutungen einander. Ein einfaches Beispiel dafür wäre, wenn jemand eine Einladung ausspricht »Schauen Sie doch einmal bei mir vorbei«, aber die Einladung durch seine Stimme ausreichend offen hält, um einem zu verstehen zu geben, dass er einen nicht wirklich einladen, sondern nur höflich sein will. Manchmal zeigt jemand ein Gefühl und streitet es gleichzeitig verbal ab. In Arbeitsgruppen kommt es immer wieder vor, dass jemand gegen einen Vorschlag Stellung bezieht, weil er glaubt, von einer früher bezogenen Position nicht abweichen zu können oder eine von ihm repräsentierte Gruppe verteidigen zu müssen, dabei jedoch auf eine Art und Weise argumentiert, die den anderen zu verstehen gibt, dass er insgeheim bereit ist, sich überzeugen zu lassen und sich letztlich dem allgemeinen Kurs anschließen wird. Nicht selten sagen wir etwas nach außen hin, um das Gesicht zu wahren, kommunizieren dabei jedoch ganz etwas anderes. Doppelte Botschaften stellen kein ungewöhnliches Problem dar, solange der Sender sich ihrer bewusst ist und Missverständnisse aufklären kann. Größere Schwierigkeiten treten auf, wenn eine doppelte Botschaft einen Aspekt eines Menschen reflektiert, dessen er sich nicht bewusst ist.

Es dient dem besseren Verständnis, sich den Menschen, wie in der Abbildung 7 dargestellt, aus mehreren Teilen zusammengesetzt vorzustellen. Der rechte Rand des Fensters, die Quadranten 1 und 3, sind die Teile von uns, die wir den anderen zeigen. Der obere Fensterrand, also die Quadranten 1 und 2, sind die Teile, die uns bekannt sind. Quadrant 1 repräsentiert also unser offenes Selbst, die Bereiche, deren wir uns bewusst sind und die wir bereitwillig anderen zeigen, auch Fremden. Quadrant 2 repräsentiert unser verborgenes Selbst, also die Teile, die wir bewusst oder absichtlich vor anderen zu verbergen suchen. Bittet man eine Gruppe, sich anonym zu ein paar Dingen zu bekennen, die sie vor anderen geheim halten, wird man in der Regel von Bereichen hören, in denen sich die Betroffenen unsicher fühlen, was sie aber aus Scham verheimlichen; von Gefühlen und Affekten, die ihnen unsozial oder unverträglich mit ihrem Selbstbild erscheinen, Erinnerungen an Versagenserlebnisse oder peinliche Auftritte und – sehr wichtig – Gefühle und Reaktionen gegenüber anderen, die als zu unhöflich oder zu verletzend eingestuft werden, um sie nach außen zu zeigen. Zum Beispiel könnte Jill denken, die Präsentation ihres Chefs beim entscheidenden Meeting sei schrecklich gewesen und habe zum Verlust eines Auftrags geführt; aber sie müsse diese Meinung für sich behalten und ihn statt dessen loben, um ihn »nicht zu verletzen und wütend zu machen«. Für eine erfolgreiche Gesichts-Wahrung müssen wir einen Großteil unserer unmittelbaren interpersonalen Reaktionen für uns behalten, um dem Selbst, das wir für uns beanspruchen, nicht zu schaden. Bewusstes Feedback ist, wie wir sehen, zunächst eine Verletzung dieser tief verwurzelten kulturellen Regeln.

Der 3. Quadrant, unser »blinder Bereich«, bezieht sich auf die Dinge, die wir unbewusst vor uns selbst verbergen, die aber ein Teil von uns sind und anderen nicht verborgen bleiben. »Ich ärgere mich nicht«, erklärt der Chef mit dröhnender Stimme und schlägt, das Gesicht hochrot, mit der Faust auf den Tisch. »Ich finde diese Meetings geradezu entspannend«, meint die Managerin mit überschnappender Stimme, während sie mit zitternden Händen versucht, sich diskret eine Beruhigungstablette in den Mund zu schieben.

»Die Meinung der anderen interessiert mich nicht«, verkündet der Manager, um sich dann entsetzlich aufzuregen, wenn niemand Notiz nimmt von seiner Arbeit und sie lobt.

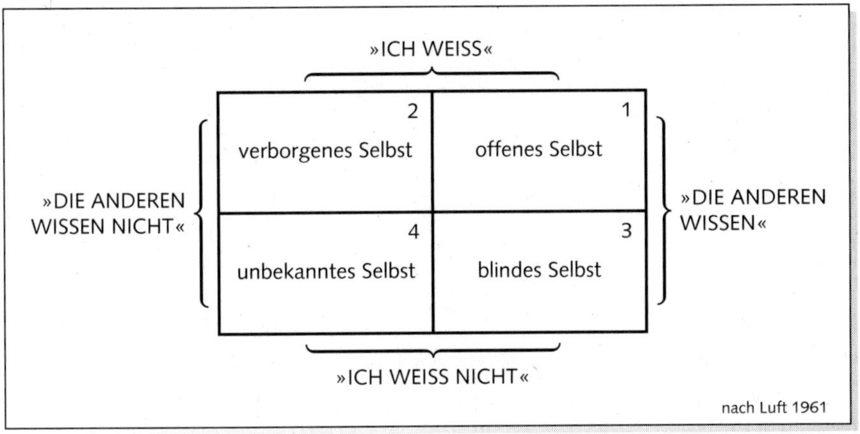

Abb. 7: Teile des Selbst

Während unseres Heranwachsens wurden wir alle dafür belohnt, bestimmte Personen zu »sein«, und andererseits dafür bestraft, wenn wir andere Arten von Personen »waren«. Diese Lernerfahrungen spiegeln zu einem Großteil kulturelle Normen hinsichtlich Geschlechterrollen und Gesellschaftsschichten wider. In der Regel lernt ein Junge, dass es in Ordnung ist, aggressive Gefühle zu haben, zärtliche Gefühle in Gegenwart anderer Jungen hingegen nicht in Ordnung sind. Der Junge wird daher anfangen, zärtliche Gefühle abzulehnen, sie nicht als Teil seiner selbst zu betrachten. Er unterdrückt die Gefühle oder weigert sich, sie, wenn sie auftreten, als seine eigenen zu erkennen, obwohl sie für andere durchaus deutlich sind. Wie oft haben wir einem harten Kerl einen weichen Kern unter seiner rauen Schale bescheinigt? Wir sehen das zärtliche Verhalten, aber der Betreffende selbst kann sich diese Seite nicht eingestehen. Er muss sie weiterhin leugnen, indem er sein raubeiniges Äußeres pflegt. Die Aggressivität mancher Menschen verhält sich proportional zu der Zärtlichkeit, die sie für die Leute in ihrer Umgebung empfinden.

Andererseits lernen viele junge Mädchen sehr früh in ihrem Leben, bestimmte aggressive Gefühle seien unangemessen. Obwohl sie Aggression empfinden, lernen sie, dieses Gefühl zu unterdrücken oder abzuwehren. Hat eine Frau gelernt, aggressives Verhalten sei inakzeptabel, verhält sie sich vielleicht besonders umsichtig und zärtlich – in direkter Proportion zu dem Maß an

Aggression, das sie empfindet, sich aber nicht eingestehen will. Wir alle haben Gefühle und Charakterzüge, die wir als nicht zu uns gehörig empfinden, doch wir sehen nicht, dass ein Großteil dieser Gefühle in unserer Kommunikation mit anderen aufscheint. Sie »blitzen durch«, und die anderen sehen sie.

Der 4. Quadrant ist unser tatsächlich unbewusstes Selbst, von dem weder wir, noch die anderen eine Ahnung haben. Beispiele für dieses Selbst wären stark verdrängte Gefühle und Affekte, verborgene Talente oder Fähigkeiten und Potentiale, die noch nicht auf dem Prüfstand standen. Für unsere Zwecke gilt es, drei Bereiche des unbewussten Selbst zu unterscheiden: (1) unterdrücktes Wissen oder Gefühle, basierend auf psychologischer Abwehr; (2) implizites Wissen, Bereiche des Unbewussten, die durch Reflexion leicht wiederhergestellt werden können (etwa kulturelle Annahmen, nach denen wir vorgehen); (3) verborgenen Potentiale, Wissens- und Gefühlsbereiche sowie Fähigkeiten, die latent blieben, da sie nie gebraucht oder abgerufen wurden. Sie werden unter emotional extremen Umständen entdeckt oder wenn sich wahre Kreativität entwickeln konnte. Versucht der Berater einem Klienten dabei zu helfen, seine wirklichen Ziele herauszufinden, ist es manchmal relevant, dass der Berater Bedingungen schafft, in denen solche verborgenen Bereiche leichter an die Oberfläche kommen können. Doch wenn wir uns am Unbewussten zu schaffen machen, müssen wir uns darüber klar sein, dass wir in ganz persönliche Bereiche vordringen, wozu wir eine klinische Ausbildung brauchen und einen Klienten, der wirklich mit seinem Berater an solchen Themen arbeiten will.

Der entscheidende Punkt, der hier gesehen werden muss, ist, dass die Botschaften, die wir senden oder nicht senden, die Komplexität unserer Psychologie reflektieren. Die Gesichts-Wahrung leisten wir bewusst, doch wir lassen Botschaften aufscheinen, derer wir uns nicht bewusst sind, und wir halten Botschaften zurück, die für andere sehr relevant sein könnten, würden wir sie ihnen mitteilen. Zur Untersuchung dieser Dynamik eignet sich das Johari-Fenster, um die Interaktion zweier Menschen von Angesicht zu Angesicht zu illustrieren (s. Abb. 8).

Reziproke und interaktive Kommunikationseffekte

Das folgende Modell zeigt vier Arten (Ebenen) von Kommunikation, die zwischen zwei Menschen auftreten.

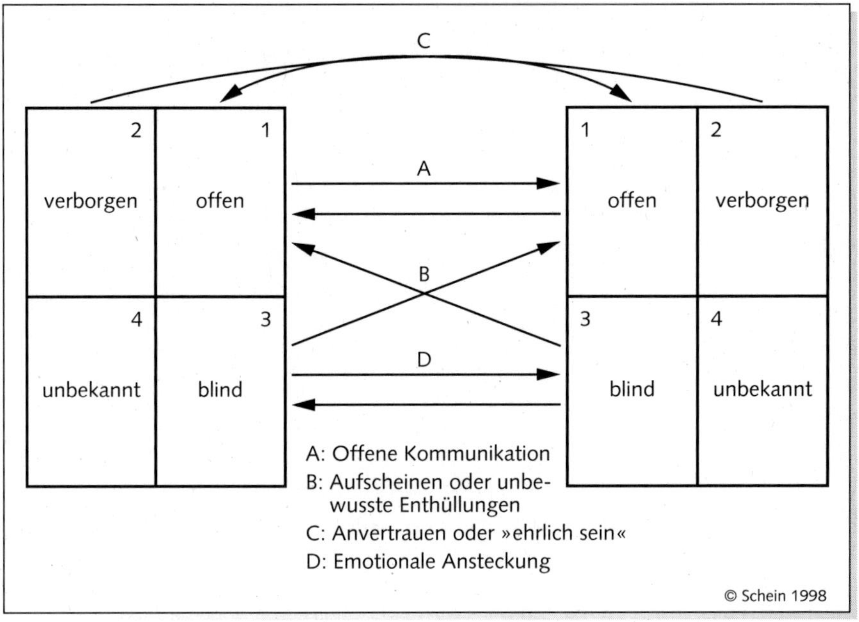

Abb. 8: Formen von Botschaften in einer Zwei-Personen-Kommunikationssituation

1. Offene Kommunikation (Pfeil A)

Ein Großteil der Kommunikation findet auf dieser ersten Ebene statt, zwischen den zwei offenen Selbst. Die meisten populären Analysen des Kommunikationsprozesses beschränken sich auf diese Ebene.

2. Unbewusste Kommunikation, Aufblitzen (Pfeil B)

Eine zweite Kommunikationsebene besteht aus den Signalen oder Bedeutungen, die uns vom blinden Selbst eines Menschen zukommen, jedoch nicht bewusst gesendet werden. Diese Art von Kommunikation erinnert an ein »Aufblitzen«.

3. Vertrauen, ehrlich sein (Pfeil C)

Eine dritte Kommunikationsebene tritt in Erscheinung, wenn wir bewusst etwas preisgeben, was wir normalerweise für uns behalten. Wir bezeichnen das gemeinhin als »Vertrauen« oder »ehrlich sein«, wenn wir unter dem

Eindruck von Ereignissen jemandem unsere Reaktionen oder Gefühle dazu anvertrauen. Entschließen wir uns, Feedback zu geben, sagen wir nicht selten: »Gut, ich will ehrlich mit Ihnen sein.«

4. Emotionale Ansteckung (Pfeil D)

Diese Kommunikationsebene ist relativ selten anzutreffen, aber deshalb nicht weniger wichtig. Am besten lässt sie sich mit dem Begriff »emotionale Ansteckung« beschreiben. Eine Person beeinflusst die Gefühle einer anderen, ohne dass sich die beiden des Ursprungs dieses Gefühls bewusst sind. Bisweilen spiegelt das in dem Empfänger geweckte Gefühl das des Senders wider, etwa wenn die vom Sender geleugnete Spannung nichtsdestotrotz auch beim Empfänger zu Anspannung führt. Es gibt auch Fälle, in denen sich das Gefühl unterscheidet, etwa wenn die geleugneten, aber sichtbaren Gefühle des einen zu Spannungen beim anderen führen, da er nicht weiß, ob er auf die manifeste Kommunikationsebene des offenen Selbst reagieren soll oder auf die latente Ebene des blinden Selbst.

Die Menschen unterscheiden sich hinsichtlich der Kongruenz der Botschaften, die sie von den verschiedenen Teilen ihres Selbst aus senden, weshalb wir zu dem Urteil gelangen, manche Menschen seien »aufrichtiger« als andere oder »offener«. Wir bewerten »Kongruenz« und »Offenheit« als positiv und das »Senden gemischter Botschaften« oder »Verschlossenheit« als negativ, z.B. wenn wir sagen: »Ich bin nicht gerne mit Joe zusammen, weil ich nie weiß, was er denkt.« Andererseits ist gerade die Mehrdeutigkeit der Kommunikation, durch die Gesichts-Wahrung erst möglich wird, da wir in die Kommunikation das hineinlesen können, was wir brauchen, um unser Selbst zu schützen. Würden wir präzise und offen kommunizieren, wie in der Geschichte von des Kaisers neuen Kleidern, würden wir uns ständig gegenseitig unsere Nacktheit vor Augen führen und ein soziales Leben wäre unmöglich.

Bewusstes Feedback als geplanter Lernprozess

Bis jetzt habe ich den Status quo beschrieben, »normale« soziale Beziehungen, wie sie die Kultur vorschreibt, in der wir aufwuchsen. Doch angenommen, wir wollen lernen, kongruenter werden, unser offenes Selbst erweitern und einen besseren Zugang bekommen zu den Gefühlen und Reaktionen, die wir gelernt haben zu verdrängen und zu verleugnen. Der normale, von kulturellen

Höflichkeits- und Taktregeln geprägte Kommunikationsprozess wird zuwenig Feedback liefern, um all dies zu lernen. Wir brauchen bewusstere, geplantere Prozesse, um Feedback für die von uns gewählten Lernziele zu bekommen. Das wiederum ist ohne unser blindes Selbst nicht möglich. Wir müssen herausfinden, ob wir Signale aussenden, die uns letztlich am Erreichen unseres Ziels hindern. Wir müssen herausfinden, ob es nicht so ist wie in dem klassischen Pogo-Cartoon: »Wir haben unseren Feind gesehen – wir sind es selbst.« Wir brauchen auch mehr Informationen über unser Unbewusstes und die impliziten Annahmen, von denen aus wir operieren. Um auf einem dieser Gebiete Fortschritte zu erzielen, müssen wir Prozesse entwickeln können, die es uns ermöglichen, und bei der Entwicklung und der Erstellung solcher Prozesse spielt der Berater eine entscheidende Rolle.

Feedback lässt sich als Information verstehen, durch die wir über unsere Fortschritte bei der Erreichung eines angestrebten Ziels auf dem Laufenden gehalten werden. Konsequenterweise kann jede Information aus unserer dinglichen wie interpersonalen Umgebung Feedback sein. Inzwischen hat dieser Ausdruck eine kontrolliertere, bewusstere Konnotation angenommen, wenn wir z.B. sagen: »Gib mir Feedback« oder »Ich will dir Feedback geben.« Ohne solch gezieltes Feedback verbringen wir einen Großteil unseres Lebens damit, entweder darüber zu rätseln, wie andere uns wahrnehmen, oder jeweils hinter dem Rücken der anderen über Wahrnehmungen und Reaktionen zu tuscheln, über die wir nicht direkt mit ihnen sprechen wollen. Ohne präzises, gezieltes, bewusstes interpersonales Feedback sind unsere Lernbemühungen ein Stochern im Nebel.

Bewusstes, gezieltes Feedback kann in Beziehungen außerordentlich einflussreich sein, vor allem zwischen Vorgesetzten und Untergebenen, wenn Leistungen besprochen werden, oder zwischen Mitgliedern eines Teams, die ihre Effektivität steigern möchten. Hier wird der Wert des Johari-Fensters als vereinfachendes Modell deutlich, da es zeigt, wie Lernen durch bewusstes Feedback an einer »Kollusion« zwischen den Parteien am Lernprozess hängt. Der eine bekommt kein präzises Feedback über seine blinden Stellen, wenn der andere nicht bereit ist, über das zu sprechen, was er gewöhnlich für sich behält. Wie ein englisches Sprichwort sagt: »It takes two to see one.« Ob mit oder ohne Hilfe eines Beraters – die zwei oder mehr Personen, die einander bewusst Feedback geben wollen, müssen zuerst einen Weg finden, die kulturellen Regeln zur Gesichts-Wahrung auszusetzen, um zu ermöglichen, dass man sicher offenbaren kann, was man für gewöhnlich für sich behält. Solche Enthüllung oder »Ehrlichkeit« ist ein gefährlicher Prozess. Zum Beispiel könnte ich Dinge hören, die mein Selbstbild bedrohen. Der andere könnte ungewollt feindselig sein oder bestrafend und in mir Rachegefühle wecken, was die Beziehung beeinträchtigen könnte. Um bewusstes Feedback psychologisch abzusichern, müssen neue Normen eingeführt werden, nach denen es in Ordnung ist, Dinge zu sagen, die normalerweise nicht ausgesprochen würden und nicht ausgesprochen werden könnten. Eine entscheidende Rolle für den Helfer in diesem Prozess besteht darin, für das Aufstellen und Einhalten solcher Regeln zu sorgen.

Vom Blickwinkel des Feedback-Empfängers aus betrachtet lautet die entscheidende Frage:

> *»Wie kann ich sicher sein, dass das, was du mir über mich und wie ich auf andere wirke erzählst, der Wahrheit entspricht und dem aufrichtigen Motiv, mir helfen zu wollen, entspringt und relevant ist für das, was ich lernen will?«*

Vom Blickwinkel des Feedback-Gebers aus betrachtet lautet die entscheidende Frage:

> *»Wie kann ich sicher sein, dass du mir zuhörst, das, was ich zu sagen habe, ernstnimmst, und mich weiterhin als Helfer und nicht als Bestrafer wahrnimmst?«*

Der Feedback-Geber will nicht der Bote sein, der erschossen wird, wenn die Botschaft nicht als hilfreich empfunden wird. Anders ausgedrückt, die zwei Parteien in einem geplanten Feedbackprozess müssen einander vertrauen; jeder muss davon überzeugt sein, dass der andere ihm zu helfen versucht, selbst wenn der Inhalt der Botschaft insofern als verletzend empfunden wird, da sie das Selbstbild des Empfängers in Frage stellt. Ein solches Vertrauen setzt nicht nur Wohlwollen bei Empfänger wie Sender voraus, sondern auch die Fähigkeit zur Beobachtung und zu klarer Kommunikation. Kommt das Feedback von jemandem, der nicht präzise beobachten kann, wie ich mich benehme, und/oder der nicht fähig ist zu kommunizieren, werden mir seine Wahrnehmungen kaum helfen.

Der Berater/Helfer kann diese Art von Lernen entscheidend erleichtern, indem er (1) Klienten hilft, die Dynamik des Feedbackprozesses zu verstehen; (2) Klienten trainiert, Feedback zu geben und zu erhalten; und (3) ein Rollenmodell für einen Umgang mit diesem Prozess ist, bei dem kein Gesichtsverlust riskiert wird. Der Fall am Ende dieses Kapitels illustriert, welches Feingefühl das verlangt.

Die Bühne für bewusstes Feedback bereiten

Damit bewusstes Feedback möglich wird, muss ein Umfeld bereitet werden, in dem die Beteiligten für eine gewisse Zeit die kulturellen Interaktionsregeln außer Kraft setzen können. Obwohl die Beteiligten dazu selbst in der Lage sind, falls sie mit der Dynamik ausreichend vertraut sind, ist gewöhnlich ein Berater/Helfer nötig, um eine aktive Rolle beim Bereiten der Bühne zu übernehmen. Der erste Schritt besteht darin, die Beteiligten auf das Johari-Fenster-Modell aufmerksam zu machen sowie auf das kulturelle Modell, in dem beleuchtet wird, wie die Interaktionsregeln mit bestimmten Situationen verknüpft sind. Sobald dies geklärt ist, müssen die Beteiligten sich »auf ihr Gefühl verlassen« und sich langsam in kleinen, ständig zu überprüfenden Schritten an eine vertrauensvolle Situation herantasten. Die neuen Regeln werden sich auf einer Reihe kleiner Erfolge aufbauen.

Der nächste Schritt für den Helfer besteht darin, Richtlinien vorzuschlagen und Übungen anzubieten, um die landläufigsten Fallen zu umgehen. Für unsere Zwecke reicht es, solche Fallen vorrangig in der Beziehung zwischen Chef und Untergebenem zu analysieren, da diese am schwersten zu meistern ist. Im Kontext von Leistungsbewertung wird das Eis für bewusstes Feedback am dünnsten, denn hier steht am meisten auf dem Spiel. Schließlich ist uns unsere Leistung nicht nur sehr wichtig, sondern ihre Beurteilung durch andere hat direkte Auswirkung für unser ökonomisches Wohlergehen. Falls unsere Vorgesetzten, Kollegen oder Untergebenen unsere Leistung als niedriger als erwartet einstufen, ist es also entscheidend herauszufinden, woran das liegt, d.h. wir brauchen valides, nützliches Feedback, das uns hilft, besser zu werden. In dieser Situation kommt dem Chef die Aufgabe zu, der Helfer/Berater zu sein, die Bühne zu bereiten und ein geschütztes Klima zu schaffen, in dem kulturelle Normen ausgesetzt werden können. Doch in gleichem Maße muss der Untergebene um bewusstes Feedback nachsuchen, wenn die üblichen Signale zweideutig sind. Sind beide motiviert, besteht eine Chance, dass sich ein Gespräch ergibt, indem bewusstes Feedback zu neuen Erkenntnissen führt.

Sobald die Bühne bereitet ist, gibt es noch immer eine ganze Reihe von Prinzipien zu beachten, die ein möglichst geringes Gesichtsverlustrisiko und eine möglichst große Chance auf eine klare Kommunikation gewährleisten. Wegen der Dynamik des BRUI-Prozesses und der in einer Kommunikation vorhandenen Filter müssen Feedback-Geber wie -Nehmer besonders sorgfältig darauf achten, dass die Botschaft richtig übermittelt wird. Die unten beschriebenen Richtlinien oder Prinzipien wurden entwickelt, um eine klare

Kommunikation zu gewährleisten. Sie wurden im wesentlichen für die Beziehung zwischen Vorgesetztem und Untergebenem formuliert, können aber in allen helfenden Beziehungen angewendet werden.

Prinzipien und Richtlinien für bewusstes Feedback

1. Prinzip: Feedback-Geber und Feedback-Nehmer müssen sich über die Ziele des Empfängers einig sein.

Zentriertes Feedback informiert den Empfänger, wie nahe er einem angepeilten Ziel ist. Feedback setzt auf Seiten des Empfängers immer ein Ziel voraus. Daher ist die erste und wichtigste Fehlerquelle das Versäumnis, sich auf ein zu erreichendes Ziel und/oder einen zu erreichenden Leistungsstandard zu einigen. Sind sich der Chef und der Untergebene über Ziele oder Leistungsstandards uneinig oder sind diese nicht klar umrissen, fasst der Untergebene weitere Informationen seines Chefs zur Korrektur dieses Missstands als irrelevante Krittelei auf.

In diesem Prinzip geht es um Folgendes: Bevor überhaupt ein bewusstes Feedback gegeben wird, muss ein Gespräch zwischen Empfänger und Geber stattgefunden haben über die Ziele, die der Empfänger erreichen möchte. Um ein Beispiel zu nennen, es nützt mir nicht viel, wenn ich von einem wohlmeinenden Kollegen zu hören kriege, dass mein Vortrag zu lang und zu detailliert war, wenn es mir darum ging, einen Haufen Material unterzubringen und ich zwei Vorträge in einen packen musste. Ein Beispiel aus dem Bereich des Sports: Es nützt mir sehr wenig, wenn mir mein Tennislehrer die Fehler erklärt, die ich bei der Rückhand mache, ich aber meine Beinarbeit verbessern möchte. Ein guter Coach erkundigt sich normalerweise beim Trainee: »Woran wollen Sie heute arbeiten?«, bevor er sein Feedback von Verbesserungsvorschlägen abfeuert.

Dieselbe Logik gilt für die helfende Beziehung zwischen Berater und Klient. Es ist eine große Versuchung für den Berater, eine einseitige Entscheidung zu treffen und dem Klienten bewusstes Feedback zu geben. Das ist jedoch ausgesprochen gefährlich, solange sich die zwei Parteien nicht über die Ziele des Klienten geeinigt haben. Habe ich das Gefühl, dem Klienten mit meinem Feedback entscheidend helfen zu können, muss ich zuerst die Frage anschneiden, in welche Richtung das Gespräch sich bewegt und was der Klient zu erreichen sucht. Nur wenn mein Feedback in dieses Szenario passt, sollte ich mich frei fühlen, es anzubieten.

2. Prinzip: Der Feedback-Geber sollte Beschreibung und Anerkennung in den Vordergrund rücken.

Beim Feedback können im Vordergrund stehen: (1) positive Leistungen des Untergebenen, (2) deskriptive und nichtevaluative Informationen zu tatsächlich vom Untergebenen erbrachten Arbeiten oder (3) negative Ergebnisse des Untergebenen. In der Lerntheorie wird immer wieder betont, dass diese drei Informationsarten zu völlig verschiedenen Konsequenzen führen. Aus positivem Feedback lernt sich am leichtesten und angenehmsten, da es zukünftige Handlungen verstärkt in bereits jetzt effektive Bahnen lenkt. Positives Feedback und Anerkennung für gute Arbeit kommt unserem persönlichen Bedürfnis entgegen, ein hohes Maß an Selbstwertgefühl aufrechtzuerhalten. Beschreibendes neutrales Feedback kann sehr effektiv sein, wenn der Untergebene über klare eigene Kriterien verfügt und nur noch wissen muss, was er, laut der Beobachtung, getan hat. In sehr ich-besetzten Bereichen, in denen Menschen extrem empfindlich regieren, können sie möglicherweise gar keine andere Form von Feedback akzeptieren. Außerdem zwingt beschreibendes – deskriptives – Feedback den Informationsgeber, die Basis seiner Evaluationen zu klären und sich auf unter Umständen formbareres Verhalten zu konzentrieren.

Negatives Feedback ist oft nötig, um zu gewährleisten, dass bestimmte Arten von Verhalten nicht mehr wiederholt werden, doch es ist auch die problematischste Form, da es wahrscheinlich die Abwehr weckt, verdrängt oder überhört oder auf andere Weise zurückgewiesen wird. Zudem enthält negatives Feedback keine Anregung für zukünftiges Verhalten, es lassen sich also auch keine positiven Lehren daraus ziehen.

Eine Falle des Feedbackprozesses, in die sehr viele tappen, besteht darin, sich zu sehr auf negatives Feedback zu verlassen und darüber beschreibendes und positives, anerkennendes Feedback zu vernachlässigen. Wir neigen dazu, bewusstes Feedback mit dem Konzept der »konstruktiven Kritik« zu verknüpfen, und vergessen darüber, dass es noch wichtiger ist, davon zu lernen, was man gut kann. Durch Anerkennung und positives Feedback wird auch sichergestellt, dass der Empfänger das Gesicht wahren kann. Dieses Prinzip führte zu der »Sandwich«-Taktik, die Leistung anerkennen – etwas Positives sagen, eine Wurstscheibe konstruktive Kritik dazwischen und mit einer weiteren positiven Bemerkung schließen. Allerdings wird bei dieser Technik übersehen, dass die positiven Elemente oft »nahrhafter« sind als die Kritik.

3. Prinzip: Der Feedback-Geber sollte konkret und spezifisch sein.

Feedback ist ein Kommunikationsprozess mit all den oben beschriebenen Fallen. Von Anfang an herrschende Unklarheit in der Feedbacknachricht oder semantische Verwirrung (vor allem, wenn Persönlichkeitszüge eine Rolle spielen) können daher Probleme darstellen. Es folgen mehrere Beispiele.

> *»Sie sind zu aggressiv« (negativ, vage, allgemein) versus »Ich habe gesehen, wie Sie andere niederbrüllten, wenn sie ihre eigene Meinung zu sagen versuchten« (beschreibend, präzise, spezifisch).*

> *»Sie gehen nicht richtig mit ihren Leuten um« (negativ, allgemein) versus »Sie binden Ihre Untergebenen zu wenig in die Entscheidungsfindung ein, und Sie bieten Ihnen keine Möglichkeit, ihre eigenen Ansichten zu äußern« (negativ, spezifisch) oder »Mir ist aufgefallen, dass Ihre Leute produktiver arbeiten, wenn Sie sie in die Entscheidungsfindung einbinden und sich Ihren Standpunkt anhören« (positiv, spezifisch).*

> *»Sie müssen mehr Initiative zeigen« (negativ, allgemein) versus »Statt darauf zu warten, dass ich selbst merke, dass Ihnen die Kosten davonlaufen, könnten Sie doch selbst ein System entwickeln, um so etwas festzustellen und zu korrigieren, bevor es zu große Ausmaße annimmt« (neutral, spezifisch).*

Der Schlüssel zu semantischer Klarheit liegt in spezifischen Aussagen. Je allgemeiner eine Bemerkung gehalten ist, sei sie nun positiv oder negativ, um so größer ist die Wahrscheinlichkeit, dass sie missverstanden wird. Je mehr Feedback an Verhalten festgemacht werden kann, das sowohl der Geber wie der Nehmer beobachtet haben, desto weniger kann es missverstanden werden. Man kann es auch anders ausdrücken: Feedback sollte sich vorrangig mit formbarem Verhalten befassen, damit der Empfänger die Mitteilungen umsetzen kann. Falls aber andererseits eine unveränderliche Eigenschaft es jemandem unmöglich macht, das gesteckte Ziel zu erreichen, kann es gelegentlich notwendig werden, ihm dies zu erkennen zu geben, statt zuzulassen, dass er mit diesen Illusionen und unrealistischen Erwartungshaltungen weiterlebt.

4. Prinzip: Sowohl die Motive der Feedback-Geber als auch die der Feedback-Nehmer sollten konstruktiv sein.

Ein anderes Problem des bewussten Feedbacks hängt mit der Motivation zusammen, die Feedback-Geber und -Nehmer sich gegenseitig zuschreiben. Falls der Empfänger überzeugt ist, der Geber sei aufrichtig daran interessiert, ihm zu helfen, wird er ihm eher und aufmerksamer zuhören, als wenn er über die Motive des Gebers Zweifel hegt und ihnen misstraut. Wir haben bereits alle die Erfahrung gemacht, auf jemanden wütend zu sein und dann, um dieser Wut Ausdruck zu geben, zu sagen: »Ich will dir mal ein Feedback geben.« Es bedarf keiner weiteren Erwähnung, dass der Empfänger hier spürt, dass hier Bedürfnisse des Gebers bedient werden sollen.

Mangelnde Klarheit über die Motive des Empfängers kann ebenfalls problematisch sein. Welcher Anreiz besteht für den Geber, sich anzustrengen, wenn er denkt, der Empfänger höre nicht zu, wolle nur Bestätigung oder signalisiere sonst mangelnde Motivation, aus dem Feedback zu lernen? Die folgenden Beispiele erläutern dies näher.

> *»Sie sollten Ihre Untergebenen besser motivieren, die Kosten zu kontrollieren, da wir dieses Quartal wieder unser Budget überzogen haben.« (Der Chef will, dass sein Untergebener die Leistung der nächst tieferen Ebene in der Hierarchie verbessert, doch der Untergebene empfindet, dem Chef gehe es nur um die Finanzen.) Versus: »Im Prinzip läuft diese Operation gut, aber ich mache mir einfach Sorgen, weil wir ständig das Budget überziehen. Wie könnte man Ihrer Meinung nach Ihre Untergebenen für die Kostenfrage sensibilisieren?« (Der Chef zeigt Anerkennung und seine Gefühle und stellt zu einem ganz bestimmten Punkt eine gezielte Frage.)*

> *»Ich denke, Sie sollten lernen, besser mit Kunden umzugehen.« (Der Chef sieht den Untergebenen vielleicht als zukünftigen Leistungsträger, der nur eine Schwachstelle überwinden muss, doch der Untergebene hat womöglich von sich den Eindruck, in keinem Bereich mithalten zu können, und geht deshalb auf Abwehr.) Versus: »Sie arbeiten wirklich ausgesprochen effektiv und könnten Ihre Effektivität noch weiter verbessern, wenn Sie sich auf den Umgang mit den Kunden konzentrierten.« (Der Chef stellt sein Motiv heraus, aus einer guten Leistung eine noch bessere zu machen.)*

> *»Ich kann Ihnen dieses Jahr nur eine zweiprozentige Lohnerhöhung geben, im gesamten Unternehmen wird im Augenblick der Futterkorb höher gehängt.«*

(Der Chef versucht aufrichtig zu sein, bleibt aber vage; der Untergebene könnte das so auffassen, man möchte ihm auf subtile Weise zu verstehen geben, dass er nur ein durchschnittlicher Mitarbeiter ist, was ihn demoralisiert.) Versus: »Ihre Leistung war im vergangenen Jahr durchgehend ausgezeichnet und ich würde das gerne durch eine Gehaltserhöhung belohnen, aber das Unternehmen hat kein gutes Jahr hinter sich, weshalb niemand mehr als eine zweiprozentige Lohnerhöhung bekommt.« (Der Chef ist spezifisch, stellt die Leistung des Untergebenen in den richtigen Zusammenhang und drückt seine Anerkennung aus.)

Der schwierigste Aspekt bei der Arbeit nach diesem Prinzip dürfte für die beiden Parteien darin bestehen, mit ihren eigenen Motiven und Gefühlen in Kontakt zu bleiben. Der BRUI-Zyklus wirft ein Schlaglicht darauf, wie leicht man von einer Beobachtung zu einem Urteil gelangen kann, ohne über die beteiligten Gefühle zu reflektieren und die Motive, die diese unter Umständen ausgelöst haben.

5. Prinzip: Halten Sie negatives Feedback nicht zurück, wenn es relevant ist.

Ein Hauptproblem für den Feedback-Geber stellt die natürliche Abneigung dar, Kritik zu üben, da diese nicht selten Abwehr und andere unangenehme Reaktionen auslöst. Kritische Kommentare werden häufig geleugnet oder überhaupt nicht zur Kenntnis genommen, was die Bemühungen, negatives Feedback zu geben, anscheinend eine Zeitverschwendung sein lässt. Aber falls der Chef tatsächlich zu einem negativen Urteil gelangte, das sich auf seinen Umgang mit dem Untergebenen durchschlägt, versetzt er ihn in die Lage, ständig darüber rätseln zu müssen, warum er nicht befördert wird und bei Gehaltserhöhungen und interessanten Aufträgen übergangen wird.

Die Lösung hier besteht wie bei den vorhergegangenen Szenarios darin, vage, allgemein gehaltene Aussagen zu vermeiden und sich statt dessen auf klare, spezifische Beispiele von Verhalten zu konzentrieren, das zu der schlechten Bewertung führte. Um ein Beispiel zu geben: Die Kritik an einem bestimmten Verhalten in einer bestimmten Situation ist leichter zu akzeptieren als die Kritik bestimmter Charakterzüge oder Eigenheiten. Wird das Verhalten kritisiert, kann man für sich selbst herausfinden, wie viel davon auf die unmittelbaren Umstände zurückzuführen ist, und lernen, diese Umstände zu vermeiden, oder, wenn man zu dem Schluss gelangt, dass es mit den persönlichen Eigenheiten zu tun hat, sich entscheiden, entweder diese zu ändern oder sich darüber Gedanken zu machen, ob man für diesen Job geeignet ist. Doch das muss die eigene, auf ein klares Feedback gegründete Entscheidung sein.

Kritisiert der Feedback-Geber spezifische Eigenheiten oder gar die Persönlichkeit, wirkt sich das auf das Selbstbild und das Selbstwertgefühl aus – und Teile der Persönlichkeit lassen sich nun mal schlecht umgehend austauschen. Bezieht sich das negative Feedback dagegen auf konkretes Verhalten, von dem Geber wie Empfänger Zeuge waren, kann der Geber über die Gefühle, die dieses Verhalten bei ihm auslöste, und seine Evaluation des Verhaltens sprechen und der Empfänger kommt umhin, sich angegriffen zu fühlen. Anders ausgedrückt: Wenn der Chef wütend auf mich ist, kann das ein Problem für mich sein, aber wenn er auf etwas Bestimmtes wütend ist, das ich getan habe, kann mir das Feedback zu neuen Erkenntnissen verhelfen. Im Anschluss nun einige Beispiele für negative Kritik, die diesen Richtlinien entspricht.

»In diesem Unternehmen brauchen wir mehr Leute, die in einem Team arbeiten können, und was ich von Ihnen bisher gesehen habe, lässt mich daran zweifeln, ob Sie in einem Team arbeiten können oder wollen.« (Negativ und allgemein gehalten; weist dem Empfänger bestimmte Motive und Fähigkeiten zu.) Versus: »Wenn ich beobachte, wie Sie in der Firma aufsteigen, habe ich ein Problem – immer wenn Sie in eine Gruppe kommen, scheinen Sie sofort die Gruppe an sich reißen zu wollen, wie in dem XYZ-Ausschuss. Und als Sie in der Projektgruppe ABC mitarbeiteten, schien die Gruppe niemals ihr volles Potential ausschöpfen zu können, weil Ihre Loyalität Ihrer Abteilung gegenüber die Diskussionen zu Sieger-Verlierer-Debatten werden ließ. Wenn ich sehe, wie Sie andere so niedermachen, macht mich das wütend, und ich frage mich, ob Sie dazu in der Lage sind, sich neue Verhaltensmuster anzueignen und in dem Unternehmen weiterzukommen.« (Negative, mit einem Urteil verbundene Bemerkung, aber spezifisch genug, um die Ursache für die Verärgerung des Chefs klarzumachen.)

»Ihnen fehlt wirklich jegliche Initiative; Sie sind einfach nicht aggressiv genug für diese Art von Arbeit. (Bezieht sich auf Persönlichkeitszüge, die vielleicht nicht so einfach zu ändern sind und erklärt nicht näher, was der Chef mit Initiative oder Aggressivität meint.) Versus: »Im vergangenen Jahr stachen mir ein paar Dinge bei Ihnen ins Auge, die mir nicht so gefielen. Als wir bei dem ABC-Projekt an einen toten Punkt gelangten, schienen Sie die Angelegenheit lieber schleifen lassen zu wollen, als Vorschläge zu bringen, wie man die Probleme angehen und vorwärts kommen könnte. Als die andere

Abteilung die Richtung, die Sie einschlagen wollten, in Frage stellte, wichen Sie aus, statt ihnen zu zeigen, was für Ihre Lösung spricht. Beide Verhaltensmuster sind mir bei anderen Projekten aufgefallen, und ich mache mir Sorgen wegen dieses Mangels an Initiative und Aggressivität, den dieses Verhalten vermuten lässt.« (Behält die allgemeinen Eigenschaften bei, nennt aber auch das Verhalten, auf dem die Einschätzung beruht.)

»Sie haben die Sache ja ganz schön vergeigt bei dem letzten Verkaufsgespräch; wir hatten den Auftrag so gut wie im Sack, bis Sie Ihren Mund aufmachen mussten und den Klienten verschreckten.« (Bewertet die ganze Person aufgrund einer Beobachtung.) Versus: »Als Sie bei dem letzten Verkaufsgespräch plötzlich dieses XYZ-Thema auf den Tisch brachten, hatte ich den Eindruck, dass Sie die Sache gründlich vergeigten. Wir hatten den Auftrag so gut wie unter Dach und Fach, bis Sie Ihre Kommentare machten. Die scheinen den Klienten verschreckt zu haben.« (Die Betonung liegt nun auf dem Verhalten der Person und der Feedback-Geber mildert seine Bewertung ab, indem er es als seine Meinung ausgibt und nicht als absolutes Urteil.)

In den vorhergehenden Beispielen machte der Geber evaluative Bemerkungen, die sich jedoch auf spezifisches Verhalten bezogen und nicht auf allgemeine Charakterzüge oder die gesamte Person. Haben beide Parteien sich auf gemeinsame Ziele und Kriterien geeinigt und diese geklärt, können solche Evaluationen durchaus helfen. Ist man sich darüber jedoch nicht einig, kommt man mit beschreibendem Feedback weiter. Feedback-Geber und Empfänger können dann gemeinsam das Verhalten bewerten. In beiden Fällen kommt es auf spezifische Aussagen, einen genauen Bezug an. Je allgemeiner die Bewertung gehalten wird, desto größer die Wahrscheinlichkeit, dass sie missverstanden, angegriffen oder geleugnet wird und Abwehrverhalten auslöst.

6. Prinzip: Der Feedback-Geber sollte die Verantwortung für seine Beobachtungen, Gefühle und Urteile übernehmen.

Dieses Prinzip hat zwei wichtige Implikationen. Von dem Blickwinkel des BRUI-Zyklus aus betrachtet ist die Wahrscheinlichkeit, dass ein Feedback wahrgenommen und akzeptiert wird, um so größer, je näher das Feedback an der aktuellen Beobachtung ist, da der Empfänger ja vielleicht dasselbe Verhalten beobachtet hat. Weiter wird Feedback der emotionalen Reaktion wohl eher akzeptiert als das urteilende Feedback. Die Aussage, Ihr Verhalten habe mich wütend, nervös oder mutlos gemacht, wird eher auf offene

Ohren stoßen als das Urteil, Ihr Verhalten sei unangebracht oder »schlecht« gewesen. Dieselbe Logik greift bei positivem Feedback. Die Aussage, dass Ihr Verhalten mir teilweise große Freude bereitete oder mich mit Stolz erfüllte, ist dem Lernprozess weitaus förderlicher als nur zu sagen: »Sie haben gute Arbeit geleistet.«

Die zweite Implikation ist, dass der Geber die Beobachtungen, emotionalen Reaktionen und Urteile bewusst als die seinen erklären und vermeiden sollte, sie vage Verallgemeinerungen werden zu lassen. Die Implikationen sind fein, da sie auf kleine Unterschiede im Feedbackverhalten zielen. Ich kann sagen »Sie sind großartig« (oder »Sie bringen es nicht«), wodurch mein Urteil eine allgemeingültige, universelle Aussage wird; oder ich kann sagen »Ich denke, Sie sind großartig« (oder »Ich denke, Sie bringen es nicht«). Will ich meine Aussage spezifischer halten, kann ich sagen: »Als Sie den Klienten angriffen, vergeigten Sie es.« Oder ich kann sagen: »Als Sie den Klienten angriffen, machte mich das wütend, denn es sah aus, als wäre er vor den Kopf gestoßen. Ich hatte wirklich das Gefühl, dass Sie es in diesem Augenblick vergeigten.«

Für den Geber ist es wichtig, die Verantwortung für das Feedback zu übernehmen, damit es diskutierbar wird und daraus potentielle Lehren gezogen werden können. Unpersönlich gehaltene Verallgemeinerungen sind erniedrigend, da sie die Rationalisierung verhindern, das Ganze lasse sich unter Umständen auf die idiosynkratische Reaktion des Feedback-Gebers zurückführen. Verallgemeinerungen implizieren, der Geber habe sich zu einem endgültigen Urteil durchgerungen, das weder in Frage gestellt noch analysiert werden kann. Ein allgemein gehaltenes Urteil impliziert zudem, dass es mit anderen abgeklärt wurde und eher eine Quintessenz darstellt als die unmittelbare Reaktion des Feedback-Gebers.

7. Prinzip: Das Timing des Feedbacks sollte so abgestimmt werden, dass Geber wie Empfänger dafür bereit sind.

Etwas weiter oben erklärte ich das Prinzip »Das Timing ist entscheidend« im Hinblick auf eine effektive Intervention. Timing ist ebenfalls entscheidend, wenn bewusstes Feedback effektiv sein soll. Nach welchen Kriterien lässt sich entscheiden, wann das Timing für das Feedback richtig ist? Das weitaus wichtigste Kriterium ist die Lernbereitschaft und -motivation des Empfängers. Ist diese vorhanden, kann er dem Feedback-Geber einen geeigneten Zeitpunkt für die Feedback-Diskussion mitteilen. Ist die Motivation nicht vorhanden, befindet sich der Geber in der merkwürdigen (aber manchmal notwendigen)

Position, ein Umfeld schaffen zu müssen, in dem bewusstes Feedback möglich ist. Der Chef kann erklären, eine Feedback-Diskussion über Leistung stünde innerhalb einer bestimmten Zeitspanne an, wobei er es dem Untergebenen überlässt, wann und wo genau sie stattfinden soll.

Ein zweites Kriterium ist die Bereitschaft des Feedback-Gebers. Das bedeutet in der Regel, die Grundlagen für die Reaktionen, Gefühle und Urteile des Gebers müssen auf einer spezifischen Verhaltensebene durchdacht werden, woran sich eine psychologische Vorbereitung anschließen muss, wie sich hilfreiche Informationen am besten vorbringen lassen, um wirklich zu helfen. Ein Training über bewusstes Feedback und Durchdenken der hier vorgestellten Prinzipien kann Teil einer solchen Vorbereitung sein. Es ist wohl kaum erfolgversprechend, wenn der Untergebene ohne Vorwarnung vorbeikommt und Feedback verlangt.

Ein drittes Kriterium ist, dass beide Parteien sich über die Ziele geeinigt und mit dem Aufbau von Vertrauensnormen begonnen haben. Anders ausgedrückt hängt das Timing davon ab, dass die Bühne richtig bereitet ist, was wiederum aufrichtige Reflexion über die eigenen Motivationen und Fähigkeiten beim Geber und Nehmer voraussetzt. Auch wenn der Chef eine Leistungsdiskussion für notwendig erklärt, kann er zu Beginn des Meetings den Untergebenen bitten, seine Ziele der letzten Wochen oder Monate Revue passieren zu lassen und dann die Feedback-Diskussion so steuern, dass diese Ziele eingebunden werden. Sollten die Ziele des Untergebenen nichts oder nur wenig mit den Erwartungen des Vorgesetzten gemein haben, müssen die beiden zuerst einen Konsens über die Ziele erreichen, bevor bewusstes Feedback möglich ist. Konsens über die Ziele ist die Eingangsbedingung, ohne die der Aufbau gegenseitigen Vertrauens nicht beginnen kann.

Ein viertes Kriterium für richtiges Timing ist die zeitliche Nähe des Feedbacks zu den relevanten Ereignissen. Schließlich sollte der Empfänger sich an diese erinnern können und den Bezug noch nicht verloren haben. Kommt das Feedback zu spät nach dem Ereignis, erinnert sich der Empfänger vielleicht nicht mehr daran und streitet es daher ab. Kommt das Feedback zu rasch nach dem Ereignis, ist der Empfänger womöglich noch zu emotional aufgewühlt und kann vielleicht das Feedback nicht aufnehmen, wenn es negativ ist. Zum Beispiel wollen mir meine Kollegen manchmal direkt nach einem Unterricht über diesen Unterricht Feedback geben, weil dann das Verhalten am besten zu sehen ist. Mir fällt es jedoch gewöhnlich schwer, dieses Feedback anzunehmen, weil ich meine eigenen Reaktionen zu dem Ereignis noch nicht verarbeitet habe. Bevor ich mir nicht darüber klar bin, ob ich meine eigenen Ziele hinsichtlich des Unterrichts erreicht habe, kann ich keine neuen Informationen aufnehmen, die die Ziele widerspiegeln, die ein anderer für meinen Unterricht festlegte.

Zusammenfassung und Schlussfolgerung

Fasst man die sieben Prinzipien zusammen, so gilt es als vorrangig festzuhalten, dass alle sieben beachtet werden müssen, wenn bewusstes Feedback Lernen effektiv stimulieren und erleichtern soll. Ziele müssen klar und gemeinsam festgelegt worden sein, die Betonung sollte auf Beschreibung und Anerkennung liegen, das Feedback sollte so konkret und spezifisch wie möglich sein, sowohl Feedback-Geber wie -Empfänger sollen konstruktive Motive haben, Kritik sollte nicht vermieden werden, solange sie spezifisch und auf das Verhalten gerichtet ist, der Feedback-Geber sollte sich zu seinen Gefühlen und Reaktionen bekennen, statt auf unpersönlich gehaltene Verallgemeinerungen zurückzugreifen. Und sowohl Geber als auch Nehmer sollten psychologisch für eine Feedback-Diskussion bereit sein.

Um zu rekapitulieren: Ob nun ein Chef die Leistung eines Untergebenen bewertet oder der Berater sich nach der Situation eines Klienten erkundigt, de facto ist alles, was ein Helfer tut, eine Intervention. Der Berater liefert ständig Feedback, selbst wenn er sich jeder Äußerung enthält. Die Entscheidung besteht daher darin, wann, wie und in welcher Form zu bewusstem Feedback übergegangen werden soll. Wann und wie ist es angemessen, den »normalen« Fluss der Informationserhebung zu unterbrechen und die Bühne zu bereiten für eine andere Kommunikationsebene, die verlangt, unsere Normen zur Gesichts-Wahrung auszusetzen? Oder um die Frage anders zu formulieren, in der Terminologie der Informationserhebung, wie sie im dritten Kapitel diskutiert wurde: Wann ist es angebracht, vom reinen Frage- oder Diagnosemodus zur konfrontativen Informationserhebung überzugehen, da die konfrontative Informationserhebung eine Form des bewussten Feedbacks ist, wenn auch eine sehr sanfte Form?

Auf diese Frage gibt es keine klare, einfache Antwort. Während sich die Beziehung zwischen Klient und Berater entwickelt, muss der Berater die Situation ständig intern diagnostizieren und abstimmen, inwieweit der Klient für konfrontativere Arten der Intervention »bereit« ist. Ein klarer Hinweis wäre die Bitte des Klienten um eine direkte Anregung. Ein Hinweis könnte auch sein, wenn genug Daten auf dem Tisch liegen, dass der Berater davon ausgehen kann, der Klient könne sich nun selbst ein Bild von der Situation machen. Je stärker der Berater das Feedback mit dem Verhalten verknüpfen kann, von dem beide Zeuge geworden sind, desto wahrscheinlicher ist es, dass das Feedback akzeptiert wird und Lehren daraus gezogen werden. In jedem dieser Fälle muss man davon ausgehen, dass das Gespräch zwischen Berater und Klient die Ebene erreicht hat, auf der man die Ansichten und Ziele des anderen relativ gut versteht.

An den Anfang des Kapitels stellte ich ein Modell einer Zwei-Personen-Kommunikation, das erklärt, warum bewusstes Feedback notwendig und dennoch schwierig ist. Wir brauchen dieses Feedback, um unseren blinden Flecken auf die Spur zu kommen, um zu lernen, wie wir andere beeinflussen und herauszufinden, welche Signale wir senden, ohne uns vielleicht dessen bewusst zu sein. Gleichzeitig diktieren kulturelle Regeln, dass der andere seine Reaktionen auf die von uns gesandten Signale für sich behält. Das Dilemma beim Schaffen einer Situation für bewusstes Feedback besteht für die beiden Parteien daher darin, einen Weg zu finden, um die kulturellen Regeln der Gesichts-Wahrung soweit auszusetzen, um einen Teil dessen, was wir sonst verbergen, nach außen zu zeigen. Um diese neuen Regeln zu erstellen, müssen beide Parteien mitarbeiten, und ein hohes Maß an gegenseitigem Vertrauen ist unabdingbar. Bewusstes Feedback ist daher eine Kommunikationsform, aus der sich viel lernen lässt, die aber einen sorgfältigen Umgang verlangt.

Fallbeispiel 7.1
Geplante Feedbackprozesse in der Billings Company

Das Schaffen eines Feedbackumfelds ist nicht immer ein sorgfältig geplanter Prozess. Ich traf mich auf einer regelmäßigen monatlichen Basis mit der Geschäftsführung der Billings Company. Gewöhnlich setzten wir uns ein, zwei Tage am Stück zusammen, um wichtige strategische und operationale Themen außerhalb des »normalen Umfelds« zu besprechen. Stone, der Gründer und CEO[31] *des Unternehmens, dominierte diese Treffen in der Regel, indem er Themen zur Diskussion einbrachte, auch wenn diese nicht auf der offiziellen Agenda standen. Nach dem Vormittag des ersten Tages erklärte er, er halte es für eine gute Idee, wenn die acht Mitglieder der Gruppe sich gegenseitig Feedback gäben, wie sie ihre Aufgaben erledigten und ihre Situation verbessern könnten.*

In dem Augenblick, in dem Stone diesen Vorschlag machte, war die Atmosphäre in dem Raum schlagartig spannungsgeladen, da allen klar war, dass auch er Feedback erwartete. In Anbetracht seiner Persönlichkeit und seiner Emotionalität konnten die Gruppenmitglieder unmöglich abschätzen, wie sicher es war, ihm überhaupt etwas zu sagen, geschweige denn Kritik zu üben. Ich selbst reagierte angespannt, als Stone sich an mich wandte und meinte: »Ed, mit Ihrer Erfahrung, was Gruppentraining anbelangt, könnten Sie doch eine Anregung geben, wie wir uns am besten gegenseitig Feedback geben!« Er trug das in einem Ton vor, der den Vorschlag, die ganze Übung zu verschieben, nicht leicht gemacht hätte. Ich hatte das Gefühl, in der Falle zu sitzen und einen Vorschlag machen zu müssen, der »sicher« war.

In diesen Momenten, in denen man als Berater in der Falle sitzt, setzt man auf seine Intuition. Mein Hauptanliegen war, dass die Gruppe sich nicht mit Tadelgesprächen über vergangenes Verhalten aufhält, daher schlug ich vor, es sei das Beste, nacheinander für jedes einzelne Gruppenmitglied zu diskutieren, wie es seine Aufgaben in Zukunft im Rahmen der allgemeinen Unternehmensstrategie effektiver erledigen könne, d.h. in den nächsten zwölf Monaten. Ich schlug vor, sich auf »zukünftiges Verhalten« zu konzentrieren, um die Kritik implizit halten zu können und Gesichtsverlust zu verhindern. Erklärte man dem VP[32] der Finanzabteilung: »Joe, in den nächsten zwölf Monaten sollten Sie unseres Erachtens enger mit den Produktlinien arbeiten und ihnen bei der Bestandsverwaltung helfen«, vermied man es, unverblümt das zu sagen, was sie beschäftigte: »Joe, letztes Jahr haben Sie uns ziemlich dumm aussehen lassen, als Sie mit den Bilanzproblemen an die Öffentlichkeit gingen, bevor wir die Möglichkeit hatten, das ins Reine zu bringen.« Joe hatte zu sehr den Polizisten gegeben und zu wenig den Helfer, was ihnen missfiel, aber Joe hätte diese Botschaft nicht annehmen können, wäre sie ihm direkt angetragen worden.

Während jedes Gruppenmitglied »an die Reihe kam«, beobachtete ich, wie sorgsam und wie einfühlsam kritische Bemerkungen in Form von Anregungen für die Zukunft gemacht wurden. Besonders entscheidend war dies im Gespräch mit Stone selbst. Er bestand darauf, dran zu kommen wie alle anderen, und hörte aufmerksam zu, besonders als es um einen weniger kritischen Umgang mit Untergebenen in der Öffentlichkeit bei zukünftigen Meetings ging. Es gelang uns, einige Stunden ohne größere Probleme hinter uns zu bringen, Stunden, in denen Rollen sehr konstruktiv neu ausgehandelt wurden, wobei eine enorme Menge persönlichen Feedbacks weitergegeben wurde, ohne jemanden von Angesicht zu Angesicht mit negativer Kritik konfrontieren zu müssen.

Obwohl sich das nicht auf jede Situation übertragen lässt, kann man hieraus die Lehre ziehen, wie gut man eine Unmenge nützlichen Feedbacks in einem »Planungskontext« vermitteln kann. Man muss dabei nicht explizit Dinge aus der Vergangenheit ansprechen, manchmal ist es einfacher, die Botschaft weiterzugeben, indem man die Zukunft plant.

Übung 7.1

Wie ist das Johari-Fenster unterteilt? (30 Minuten)

Bei dieser Übung erzielt man die besten Ergebnisse in einer Gruppe mit 15 oder mehr Teilnehmern.

1. Bitten Sie nach einer kurzen Vorstellung des Johari-Fensters jeden Teilnehmer, zwei leere Blatt Papier vor sich hinzulegen. Es sollen keine Namen auf den Blättern stehen.
2. Notieren Sie auf dem ersten Blatt ein oder mehrere Dinge, derer Sie sich bewusst sind, die Sie aber ganz bewusst vor anderen verbergen. Halten Sie sich dabei nicht zurück, diese Übung ist anonym. (Verborgenes Selbst)
3. Notieren Sie auf dem zweiten Blatt ein oder mehrere Dinge, die Ihnen bei anderen auffallen, bei denen Sie sich aber ziemlich sicher sind, dass diese dies unbewusst kommunizieren. (Blindes Selbst)
4. Sammeln Sie die Blätter ein. Achten Sie dabei darauf, die Blätter mit den Notizen zum verborgenen Selbst und die Blätter mit den Notizen zum Blinden Selbst getrennt zu halten.
5. Vermischen Sie jeweils die beiden Stapel, damit die einzelnen Blätter nicht mit den jeweiligen Personen in Verbindung gebracht werden können.
6. Lesen Sie der gesamten Gruppe ein paar Beispiele dafür vor, was in der Regel von anderen geheimgehalten wird (erster Stapel). Wenn Sie genug Beispiele haben, können Sie sie auf eine Tafel schreiben und nach Themen sortieren. Fordern Sie die Gruppe auf, sie mit Ihnen gemeinsam zu analysieren, um ein Gefühl dafür zu bekommen, was wir gemeinhin für uns behalten wollen.
7. Lesen Sie der gesamten Gruppe ein paar Beispiele dafür vor, was wir gewöhnlich in anderen sehen, ohne dass sie selbst dies bewusst kommunizieren (zweiter Stapel). Sortieren Sie auch diese Beispiele nach Themenbereichen.
8. Analysieren Sie den Zusammenhang zwischen diesen beiden Listen. Sind die Themen vollkommen verschieden? Gibt es Bereiche, die wir zu verbergen trachten, die aber dennoch »aufscheinen« und von anderen erkannt werden? Was spräche dagegen, was dafür, mehr Offenheit zu zeigen und anderen Feedback zu geben, was ihre blinden Flecken angeht?

9. Helfen Sie der Gruppe, den Zusammenhang zu erkennen, dass Person 1 nicht an ihren blinden Flecken arbeiten kann, solange Person 2 nicht etwas offen legt, was sie normalerweise zurückhält, d.h. »dass zwei dazugehören, um einen zu sehen.«

Übung 7.2

Bewusstes Feedback üben

Suchen Sie sich unter den anderen Teilnehmern einen Partner, am besten jemanden, mit dem Sie bisher noch nicht eng zusammengearbeitet haben. Jeder der folgenden Übungsteile sollte nicht mehr als 10 bis 15 Minuten beanspruchen.

1. Teil: Unterhalten Sie sich mit Ihrem Partner über einige Ereignisse, die Sie beide in der letzten Stunde erlebten. Nach fünf Minuten geben Sie sich gegenseitig Feedback, wobei Sie sich ausschließlich an die beschreibende, auf das Verhalten bezogene Ebene halten. Was beobachteten Sie bei Ihrem Partner? Bemühen Sie sich um Neutralität und legen Sie den Schwerpunkt auf das Beschreiben von Verhaltensdetails. (Beschränken Sie sich dabei jeweils auf maximal fünf Minuten.)
2. Teil: Versuchen Sie nun die letzten 15 Minuten Ihres Gesprächs dazu zu nutzen, sich gegenseitig bewusst Feedback zu geben in Bezug auf Ihre Empfindungen der vorangegangen 15 Minuten. Welche Gefühle konnten Sie jeweils bei sich feststellen? (Beschränken Sie sich dabei jeweils auf maximal fünf Minuten.)
3. Teil: Nutzen Sie die letzten 25 Minuten als Gesprächsgrundlage und gehen Sie jetzt dazu über, sich gegenseitig bewusstes Feedback zu geben in Bezug auf Ihre Urteile und Evaluationen während der letzten 25 Minuten. (Beschränken Sie sich dabei jeweils auf maximal fünf Minuten.)
4. Teil: Besprechen Sie Ihre Beobachtungen und Reaktionen während der ersten drei Teile. Inwiefern unterschieden sich die drei Teile hinsichtlich dessen, was Sie bei sich selbst beobachteten? Was lernten Sie aus den mit bewusstem Feedback gemachten Erfahrungen? Konnten Sie Reaktionen äußern, die Sie gewöhnlich für sich behalten? Wieso war das möglich? Wie reagierte Ihr Partner auf solche Enthüllungen? (25 Minuten)

8. Kapitel

Fördernde Prozessinterventionen: Aufgabenprozesse in Gruppen

Dieses Kapitel beschäftigt sich mit dem Konzept der fördernden Prozessinterventionen, eine Abrundung der verschiedenen, in den vorhergehenden Kapiteln vorgestellten diagnostischen Interventionen. Auch der Fokus wechselt nun von Zwei-Personen-Beziehungen zu größeren Meetings und Gruppen, in denen der Berater sich mit größeren Klientensystemen auseinandersetzen muss. Das übergreifende Kriterium für die Interventionsplanung bleibt dabei das Gleiche: Bei jeder Intervention sollte die Hilfe für den Klienten im Mittelpunkt stehen, er sollte also, anders ausgedrückt, fördern, was der Klient zu tun versucht. Doch die Implementierung dieses Prinzips in Besprechungen und Gruppen ist nicht ganz so einfach. Diagnostische Fragen und bewusstes Feedback sind zweifelsohne fördernde Interventionen. Aber es gibt noch eine ganze Reihe weiterer Interventionen, die in Gesprächen oder einem Meeting spontan auftreten. Eine Typologie und vereinfachende Modelle sind daher vonnöten, um (1) zu entscheiden, worauf man sich in der Flut von zu Beobachtendem bei einem Meeting konzentrieren soll und (2) welche Arten von Intervention mehr bzw. weniger helfen.

Der Schwerpunkt liegt dabei primär auf dem Prozess. Berater/Helfer müssen erkennen, dass der »Prozess«, d.h. wie die Dinge gesagt oder getan werden, genauso wichtig – wenn nicht wichtiger – sind als der Inhalt, d.h. was gesagt oder getan wird. Allerdings haben die wenigsten von uns viel Erfahrung mit Prozess als Konzept oder etwas, dem unser Hauptaugenmerk gilt. Wir betrachten den Prozess gerne als selbstverständlich, statt ihn als etwas aufzufassen, um das man sich aktiv kümmern muss. Und uns fehlen die konzeptionellen Werkzeuge, um zu entscheiden, wie Prozesse beim Helfen und Lernen gewinnbringend eingesetzt werden können. In diesem Kapitel werde ich zunächst einige allgemeine Kategorien umreißen, um Prozesse gedanklich besser fassen zu können; vereinfachende Modelle für einige auffälligere Prozesse vorstellen, die man in Gruppen beobachtet; sowie Lösungen vorschlagen für den gezielten und konstruktiven Einsatz von Interventionen, um den Klienten dabei zu helfen, ihre eigenen Prozesse zu verbessern.

Was ist ein Prozess?

Im weitesten Sinne bezieht sich »Prozess« eher darauf, wie Dinge erledigt werden, als darauf, was erledigt wird. Gehe ich über die Straße, ist es das, was ich tue; der Prozess ist, wie ich sie überquere – schlendere ich über sie, laufe ich, weiche ich den Autos aus oder bitte ich jemanden, mir zu helfen, weil mir schwindlig ist? Unterhalte ich mich mit einem anderen Menschen, ist es das, was ich tue; ich kann diesen Menschen dabei aber ansehen, auf den Boden vor seinen Füßen starren, vor mich hin brummen oder meine Stimme erheben, ich kann gestikulieren oder mich ruhig verhalten – all das beschreibt, wie ich mich unterhalte. Doch wenn alles ein Prozess ist, wie können wir uns »des Prozesses« bewusst werden und der Konsequenzen der verschiedenen Prozessformen, die wir vielleicht unbewusst benutzen? Wie weiß ein Berater/Helfer, worauf er sich konzentrieren muss, wenn er zu intervenieren versucht, um eine Situation zu verbessern und Lernprozesse bei einem Klienten in Gang zu setzen? Die vorausgegangenen Kapitel über die helfende Beziehung und aktives Fragen beschreiben eine Vielzahl von Prozessen, die in einer Angesicht-zu-Angesicht-Situation auftreten. Nun gilt es, diese Analyse auf die Prozesse auszudehnen, die auftreten, wenn der Berater mit zwei oder mehr Menschen in verschiedenen Formen von Meetings und Gruppenszenarien arbeitet.

Stellen Sie sich vor, Sie werden zu einer Mitarbeiterbesprechung eingeladen, um die Effektivität der Gruppe zu erhöhen. Möglicherweise wurden Sie als »Moderator« eingeführt, aber was bedeutet das für Ihre Entscheidung, worauf Sie Ihre Interventionen richten sollen, wobei es nicht zu vergessen gilt, dass bereits Ihre Anwesenheit, wenn Sie ganz ruhig dabeisitzen und alles beobachten, eine Intervention mit bestimmten Folgen ist? Falls Sie der Manager sind, der diese Besprechung einberief, stellen Sie sich vor, wie Sie das Meeting so effektiv wie möglich zu gestalten versuchen. Worauf gilt es, das Augenmerk zu richten, und welche Interventionen jenseits der üblichen Konzentration auf die Agenda und auf die von Ihren Mitarbeitern vorgebrachten Anliegen sollen Sie in Betracht ziehen? Abbildung 9 enthält eine Aufstellung allgemeiner Kategorien beobachtbarer Ereignisse, die für den Berater als mögliche Aufmerksamkeitsschwerpunkte in Frage kommen.

Die Felder in Abbildung 9 überschneiden sich, und die Unterscheidungen sind in der Wirklichkeit beileibe nicht so eindeutig, wie diese Beschreibungen nahe legen, aber wir sind auf vereinfachende Modelle angewiesen, wenn wir die komplexen Daten, mit denen wir gewöhnlich in zwischenmenschlichen Situationen konfrontiert werden, wenigstens ansatzweise verstehen wollen.

Alle Gruppen, und dazu zähle ich in dieser Definition auch Zwei-Personen-Beziehungen, müssen sich mit drei grundsätzlichen Themen auseinandersetzen: (1) Regelung der Gruppengrenzen, Definition, wer zur Gruppe gehört und wer nicht; (2) Überleben in dem äußeren Umfeld durch Funktions- oder Aufgabenerfüllung; (3) Gestaltung und Erhaltung der Gruppe als funktionierende Einheit durch Regelung der internen interpersonalen Beziehungen. Diese drei grundlegenden Themen finden sich in dem Balken über der Tabelle.

	Regelung der Gruppengrenzen	Regelung der Gruppenaufgaben	Regelung der interpersonalen Beziehungen in der Gruppe
Inhalt	(1) Wer gehört zur Gruppe, wer nicht?	(2) Agenda	(3) Gefühle der Mitglieder untereinander
Prozess	(4) Umgang mit den Gruppengrenzen	(5) Problemlösung und Entscheidungsfindung	(6) Interpersonale Prozesse
Struktur	(7) Sich wiederholende Prozesse zum Erhalt der Gruppengrenzen	(8) Sich wiederholende Aufgabenprozesse, Organisationsstruktur	(9) Formale Regelungen der Autorität und der Nähe

© Schein 1998

Abb. 9: Mögliche Beobachtungs- und Interventionsbereiche

Existiert die Gruppe oder die Beziehung bereits länger, lassen sich diese drei Themen beobachten, die Funktion der Gruppe auf den drei Ebenen: (1) dem Inhalt ihrer Arbeit; (2) der Art Prozesse, die dazu herangezogen werden; (3) der im Sinne von stabilen, wiederkehrenden Operationsmodi vorhandenen Strukturen. Diese drei Beobachtungsschwerpunkte finden sich am linken Rand der Abbildung. Der Berater muss sich dann entscheiden, auf welche

Prozessthemen er sich vorrangig konzentrieren möchte und wann er sich verstärkt dem Inhalt oder der Struktur zuwenden will. Anders ausgedrückt: Welche dieser Felder sind strategisch oder taktisch gesehen der optimale Platz für einen Beobachtungs- oder Interventionsschwerpunkt? Welcher Interventionsschwerpunkt ist am erfolgversprechendsten? Wir beginnen mit dem Aufgaben-Fokus, der mittleren Spalte, sowie einem Inhalts-Fokus. Schließlich ist dies der wahrscheinlichste Grund dafür, warum der Berater gerufen wurde.

Aufgabeninhalt – Agendamanagement (Feld 2)

Bei jedem Meeting oder Gespräch liegt es am nächsten, sich darauf zu konzentrieren, warum die Gruppe in erster Linie zusammengekommen ist. Was ist ihre primäre Aufgabe, ihre Funktion? Welche Ziele sollen in dem Meeting erreicht werden? Warum gibt es diese Gruppe überhaupt? Jede Gruppe oder Organisation hat eine ultimative Funktion, einen Existenzgrund, eine Mission, und ihre Ziele und Aufgaben leiten sich von dieser ultimativen Funktion ab. Vielleicht aber ist sich eine Gruppe ihrer ultimativen Mission nicht bewusst, oder die Mitglieder sind sich über die Ziele nicht einig. Tatsächlich besteht vielleicht die Hauptfunktion des Beraters darin, der Gruppe zu helfen, ihre Aufgabe und ihre Funktion zu verstehen.

Der am einfachsten zu beobachtende Aspekt des Aufgabeninhalts ist das offensichtliche Thema, das die Gruppe bespricht oder an dem sie arbeitet – was normalerweise mit dem Begriff »offizielle Agenda« belegt wird. Falls die Gruppe einen Protokollführer hat, wird der Inhalt der Diskussion aus dem Protokoll ersichtlich. Der Berater kann auf den Aufgabeninhalt achten, damit die Diskussion nicht »abschweift«. Ich selbst stelle fest, dass ich zu Beginn eines Meetings oft die Frage stelle: »Was wollen wir hier?« oder »Was ist unser heutiges Ziel?« oder »Was wollen wir bis heute Mittag schaffen?« (oder bis zu dem Zeitpunkt, für den das Ende des Meetings angesetzt ist). Manchmal stammt die Agenda sogar vom Berater, wenn er die Teilnehmer interviewte und gebeten wurde, die Themen zusammenzufassen, die die Gruppe beschäftigen. Oder wenn er zu einer Fortbildungsintervention geholt wurde oder um neue Konzepte zu präsentieren oder eine Übung durchzuführen.

Wie wichtig die Regelung der Agenda sein kann, wurde mir klar, als ich, ohne es zu wissen, eine Intervention in einem der ersten Meetings der Billings Co. machte (s.o. Kap. 2: Reaktionen und Gefühle der Helfer).

Wie Sie sich erinnern werden, lag der Gruppe stets eine schriftlich festgehaltene Agenda vor, die gewöhnlich aus zehn oder mehr stichwortartig abgefassten Punkten bestand, die die Gruppe der Reihe nach abarbeitete. Am Ende ihrer Zweistundensitzung hatten sie meist erst die Hälfte der Agenda oder weniger durch, was sie sehr frustrierte. Mir fiel auch auf, dass die Abfolge der Punkte häufig keinen Sinn ergab. Ich hatte die Wahl, der Gruppe über meine Beobachtungen Feedback zu geben oder, wofür ich mich entschied, mit meiner Nichtwissen zu arbeiten und aufrichtig zu fragen: »Wie kam diese Agenda zustande?«

Zunächst reagierte die Gruppe auf diese Frage mit Verwirrung, als ob niemand darüber Bescheid wüsste. Dann erklärte der Präsident, dass seine Sekretärin diese Agenda abfasse und für das Meeting vorbereite. Die Gruppe holte Martha in das Zimmer und erfuhr, dass die einzelnen Mitglieder anriefen oder im Büro vorbeikamen und baten, bestimmte Punkte auf die Agenda zu setzen, und dass sie diese Punkte in der Reihenfolge auflistete, wie sie hereinkamen.

Als die Gruppe das hörte, wurde ihnen die Absurdität der Situation bewusst, und sie beschloss umgehend, Marthas System beizubehalten, aber die Agenda zu Beginn jedes Meetings durchzusprechen, um zusammenhängende Punkte zusammenzufassen und sie nach Priorität zu ordnen. Dabei stellte sich heraus, dass es grundsätzlich zwei Klassen von Tagungspunkten gibt – den »Feuerlösch-Typ«, der eine umgehende Entscheidung verlangt, und den »Langfristigen-Planungs-Typ«. Wir beschlossen, die Feuerlösch-Themen sollten von der gesamten Gruppe nach Priorität geordnet werden, und die Planungspunkte sollten in einer Zweistundensitzung am Freitagnachmittag nicht einmal angedacht werden.

Statt dessen beschloss die Gruppe, sich einmal im Monat in Klausur zu begeben und sich einen ganzen oder zwei Tage mit diesen langfristigen Planungen auseinander zu setzen. Über mehrere Jahre hinweg wurden diese längeren Klausuren eine regelmäßige Einrichtung und waren Teil der Unternehmensführung. Mir wurde schließlich die Expertenrolle in der Planung dieser längeren Meetings zugewiesen, da ich mehr Erfahrung mit dieser Art von Meeting hatte. Im weiteren Verlauf wurden daraus vierteljährliche oder halbjährliche Meetings, die zwei oder drei Tage dauerten und es der Gruppe ermöglichten, sich gründlich mit strategischen, die Entwicklung des Unternehmens betreffenden Fragen auseinander zu setzen. Den Anstoß dafür hatte eine unschuldige Frage zur Agenda gegeben.

Oberflächlich betrachtet schien es, die Gruppe lerne gerade, effizienter zu arbeiten. In Wirklichkeit wurde die Gruppe durch diese Beschäftigung mit der Agenda gezwungen, sich damit auseinander zu setzen, was ihre grundlegenden, primären Aufgaben waren, und ein Muster von Meetings zu entwickeln, das es ihnen erlaubte, diese Aufgaben zu erfüllen, nämlich vor allem die strategische Linie des Unternehmens festzulegen. Sie erkannten, dass dieses Thema unmöglich in den Freitagsnachmittagssitzungen gelöst werden konnte und führten – mit meiner Hilfe – die Klausuren ein, um strategische Ziele zu diskutieren.

Aufgabenprozess – effektiv arbeiten (Feld 5)

Das Gebiet, in dem ich die meiste Zeit arbeite, ist das zentrale Feld in der Abbildung 9: Aufgabenprozess. Die Prozesse der Aufgabenerledigung werden von den Klienten oft nicht richtig angegangen, was häufig der Grund für das Gefühl einer Gruppe ist, unproduktiv zu sein. Es kann daran liegen, dass die Menschen einander nicht zuhören oder nicht verstehen, sich gegenseitig unterbrechen, dass Meinungsverschiedenheiten und Konflikte entstehen, die Gruppe zu keiner Entscheidung gelangt, zuviel Zeit mit Nebensächlichkeiten verbringt, Nebengespräche den Ablauf stören und andere Dinge eine effektive Aufgabenarbeit unterlaufen.

Wenn man verschiedene Gruppen beobachtet, kommt man vielleicht auch nicht umhin zu entdecken, dass verschiedene Gruppen bei der Lösung derselben Aufgabe verschiedene Wege einschlagen. In der einen Gruppe werden die Mitglieder vom Leiter der Gruppe um eine Stellungnahme gebeten, in einer anderen fordert der Moderator auf, jeder möge sich melden, der etwas beizutragen habe. In der einen Gruppe herrscht ein Klima aufgebrachter Konfrontation und lautstark ausgetragener Meinungsverschiedenheiten, in einer anderen werden höfliche, distanziert vorgetragene Fragen gestellt. In der einen Gruppe werden Entscheidungen im Konsens getroffen, in der anderen mittels einer Abstimmung, und in einer dritten Gruppe trifft sie der Manager, nachdem er sich eine Weile die Diskussion angehört hat.

Aufgabenprozesse sind schwer zu fassen. Sie sind leicht aufzuspüren und zu beobachten, aber schwer zu definieren und von dem Inhalt, an dem gearbeitet wird, zu trennen. Gruppenmitglieder lernen, dass sie die inhaltlichen Ergebnisse teilweise kontrollieren können, indem sie den Prozess kontrollieren, wie es die amerikanischen Senatoren durch ihre langen Reden und andere Verzögerungstaktiken gerne machen oder die Redner, die die Argumente ihres Gegners ins Lächerliche ziehen, das Thema wechseln oder auf andere Weise den Prozess vom Gesagten ablenken. Eine der schwierigsten Aufgaben für den Berater/Helfer ist es, sich nicht vom Inhalt verführen zu lassen, sich nicht völlig von dem aktuellen Problem, an dem die Gruppe arbeitet, gefangen nehmen zu lassen und darüber zu vergessen, darauf zu achten, wie daran gearbeitet wird.

Damit eine Gruppe mit ihrer primären Aufgabe voran kommt, muss eine Reihe von Prozessfunktionen erfüllt sein. Diese Funktionen werden häufig mit Führung assoziiert oder als Pflichten des Moderators betrachtet, doch in gut funktionierenden Gruppen erfüllen verschiedene Gruppenmitglieder diese Funktionen zu verschiedenen Zeitpunkten. Die Hauptrolle des Beraters besteht dann darin, die fehlenden Funktionen zu identifizieren und auszufüllen. Ein vereinfachendes Modell der in Betracht kommenden primären Aufgabenfunktionen stellt Abbildung 10 dar.

AUFGABENFUNKTIONEN

- Einführen
- Informationserhebung
- Informationsaustausch
- Meinungserhebung
- Meinungsaustausch
- Klärung
- Elaboration
- Zusammenfassung
- Konsensüberprüfung

© Schein 1998

Abb. 10: Notwendige Funktionen zur Erfüllung der Aufgaben

Damit eine Gruppe mit einer Aufgabe vorankommt, muss ein Problem oder Ziel eingeführt werden. Jemand muss es benennen, Vorschläge machen, wie man es angehen kann, und Zeitgrenzen oder Zeitziele setzen. Diese Funktion fällt häufig dem Moderator zu bzw. demjenigen, der die Gruppe einberief. Je mehr sich die Gruppe jedoch entwickelt und an Zuversicht gewinnt, umso stärker werden diese einleitenden Funktionen von immer mehr Mitgliedern übernommen.

Um voranzukommen, müssen auch Meinungen eingeholt und ausgetauscht werden und Informationen erhoben und weitergegeben werden. Die Art von Information oder Meinungen, die eine Gruppe braucht, um ihre Aufgabe zu erfüllen, sind häufig entscheidend für die Qualität der Lösung. Der Berater sollte der Gruppe helfen, sich darüber klar zu werden, ob für die Informations- und

Meinungserhebungsfunktionen genügend Zeit zur Verfügung stand. Ebenfalls wichtig ist, Erhebung und Austausch sowie Meinung und Information zu unterscheiden. Den Gruppen bereitet es häufig Schwierigkeiten, wenn zu viele Mitglieder ihre Meinung äußern, bevor ausreichend Informationen gesammelt und ausgetauscht wurden. Fruchtlose Debatten statt konstruktiven Dialogs sind die Folge. Der Berater kann helfen, indem er sich erkundigt, welche Arten von Information zur Lösung der Frage gebraucht werden.

Klärung und Elaboration sind entscheidende Funktionen in einer Gruppe, um zu überprüfen, wie weit die Kommunikation adäquat ist, und um mit Hilfe der Ideen der anderen kreativere und komplexere Gedankengebäude zu errichten. Fehlen solche Aktivitäten, macht die Gruppe von ihrer tatsächlichen Stärke keinen Gebrauch. Eine der verbreitetsten und wirkungsvollsten Interventionen, die dem Berater zur Verfügung stehen, sind klärende Fragen oder die Überprüfung dessen, was er gehört zu haben meint, indem er Ideen der Gruppenmitglieder elaboriert.

Zusammenfassung ist eine wichtige Funktion, um zu gewährleisten, dass Ideen nicht verloren gehen, sei es, weil die Gruppe zu groß oder die Diskussion zu lang ist. Effektive Zusammenfassung beinhaltet einen Überblick über die bereits besprochenen Punkte und die verschiedenen Ideen, die dazu genannt wurden. Dadurch steht der Gruppe, sobald die Zeit zu entscheiden gekommen ist, die gesamte Information zur Verfügung. Ein häufiges Problem, auf das ich in Ausschüssen, Projektgruppen und Führungsriegen immer wieder stieß, ist die Tendenz, sequentiell zu arbeiten und eine Idee nach der anderen zu besprechen, wobei niemals die Gesamtheit der Diskussion ins Blickfeld gerät. Hier fehlt die zusammenfassende Funktion. Um sie auszufüllen, reicht es, wenn ein Protokollführer Ideen auf einer Tafel notiert, so dass die gesamte Gruppe die ganze Zeit über eine Zusammenfassung vor Augen hat. Oder ein Gruppenmitglied oder der Berater fasst von Zeit zu Zeit das Gehörte einfach zusammen und zieht daraus vorsichtige Schlüsse.

Schließlich braucht die Gruppe jemanden, der regelmäßig überprüft, ob sie sich einer Entscheidung nähert oder ob noch weiterer Diskussionsbedarf besteht. Konsensüberprüfung kann in der einfachen Frage bestehen: »Sind wir bereit, eine Entscheidung zu treffen?« oder in einer Zusammenfassung: »Meines Erachtens haben wir drei Alternativen entwickelt, wobei wir zu Nummer zwei tendieren, stimmen Sie mir zu?« Wie sehr dadurch die gesamte Gruppe weitergebracht wird, hängt stark davon ab, wie sensibel der Zeitpunkt für die Konsensprüfung gewählt wurde. Trotzdem sind auch schlecht getimte Tests nützlich, schließlich erinnern sie die Gruppe daran, dass die Punkte noch nicht ausdiskutiert sind.

Innerhalb dieser umfassenden Struktur von Aufgabenfunktionen lässt sich noch ein zweites vereinfachendes Modell ausmachen, dass sich besonders auf die Stadien der Problemlösung konzentriert. Die meisten Meetings haben einen Zweck, eine Funktion und ein spezifisches Problem, das gelöst werden soll.

Problemlösung und Entscheidungsfindung in der Gruppe

Problemlösung als Prozess wird viel diskutiert und wenig verstanden. Das unten abgebildete vereinfachende Modell dieses Prozesses ähnelt vielen solcher Modelle, die man in der einschlägigen Literatur findet, und wurde ausgesucht, weil es der Beobachtung und Analyse besonders entgegenkommt. Die Schritte oder Stadien, die ich beschreiben und analysieren möchte, sind besonders gut auf jede Art von Problemlösungsprozess übertragbar, ob dieser nun in dem Kopf eines einzelnen Managers abläuft, in einer Zwei-Personen-Gruppe, in einem großen Ausschuss oder in der gesamten Organisation. Das in Abbildung 11 dargestellte Grundmodell ist eine Erweiterung des ursprünglich von Richard Wallen für den Gebrauch in Sensitivitätstrainingsprogrammen entwickelten Modells.

Das Modell unterscheidet zwei grundlegende Aktivitätszyklen – der eine läuft ab, bevor eine Entscheidung für eine bestimmte Maßnahme getroffen wurde, und der andere, nachdem eine solche Entscheidung getroffen wurde. Der erste Zyklus besteht aus drei Stadien: (1) Problemformulierung; (2) Generieren von Lösungsvorschlägen; (3) Abschätzung der Konsequenzen der vorgeschlagenen Lösungen oder ihre Überprüfung und konzeptionelle Überprüfung, bevor sie zur Umsetzung freigegeben werden.

Dieser Zyklus endet, sobald sich die Gruppe für eine Maßnahme entschieden hat. Der zweite Zyklus umfasst dann: (4) Planung der Maßnahmen; (5) ihre schrittweise Umsetzung und (6) Evaluation der Ergebnisse, die häufig zurück zum ersten Zyklus und einer Neudefinition des Problems führen. Der gesamte Prozess wurde vor allem aus dem Grund in einzelne Stadien aufgebrochen, weil im allgemeinen eines dieser Stadien vollkommen falsch angegangen oder übergangen worden ist, wenn bei der Problemlösung etwas schief läuft.

Jedes Stadium hatte seine ganz typischen Fehlermöglichkeiten. Ist sich der Berater dieser Fallen bewusst, kann er sich besser darauf konzentrieren, wann und wo Interventionen angebracht sind. Ob wir nun an eine Zwei-Personen-Gruppe denken wie Klient und Berater, die eine Beziehung aufbauen wollen, oder das Meeting einer Projektgruppe, bei dem der Berater anwesend ist, um die Klientenorganisation besser kennen zu lernen, es gibt immer eine explizit oder implizit definierte Aufgabe, es gibt Probleme, die zu lösen, Entscheidungen, die zu fällen sind, Zeitmanagement und Management im allgemeinen sind stets ein Thema. Wie sollte eine Gruppe solche Probleme dann angehen und lösen?

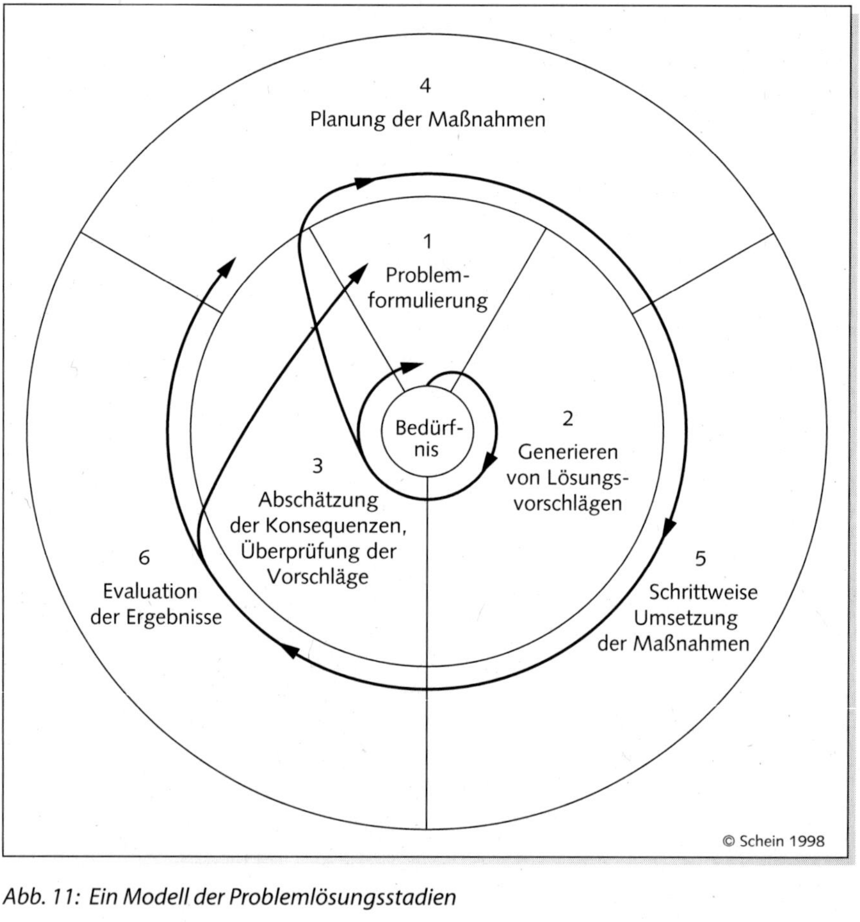

Abb. 11: Ein Modell der Problemlösungsstadien

Zyklus 1: Maßnahmen festlegen

1. Problemformulierung

Bei der Problemlösung ist der mit Abstand schwierigste Schritt die Definition des Problems. Die Schwierigkeit hängt zum Teil mit der unklaren Unterscheidung zwischen Symptomen und dem Problem zusammen. Normalerweise beginnt ein Manager einen Problemlösungsprozess, wenn jemand seine Aufmerksamkeit auf ein Problem lenkt oder er auf etwas stößt, das nicht so ist, wie es sein sollte. Die Verkaufszahlen geben nach, ein Liefertermin wurde nicht eingehalten, ein verärgerter Kunde ist am Telefon, eine Produktionslinie ist zusammengebrochen, ein geschätzter Untergebener droht mit Kündigung oder es brennt im Laden. In der allgemeinen Theorie von Lernen und Veränderung wäre dies Nichtbestätigung. Etwas Unerwartetes und Unerwünschtes wurde beobachtet.

Allerdings ist nichts, was hier beobachtet wurde, wirklich »das Problem«, das es anzugehen gilt. Eher handelt es sich dabei um die Symptome, die entfernt werden müssen. Bevor der Manager das Problem anpacken kann, muss er die Ursachen für diese Symptome identifizieren. Das ist oft nicht einfach, da es weitere Diagnoseschritte erfordert. Diese bringen möglicherweise nicht ein »Kernproblem« ans Licht, sondern viele verschiedene, systematisch miteinander verbundene Ursachen, die unter Umständen gar nicht angegangen oder geändert werden können. Ein Beispiel: Manager X hat seine wichtigsten Untergebenen zusammengerufen, um mit ihnen »das Problem« sinkender Verkaufszahlen zu diskutieren. Falls der Manager kein Gespür für die oben angesprochene Thematik hat, findet er sich vielleicht bald in einer angeregten Diskussion über die Frage wieder, ob das Werbebudget erhöht und zehn weitere Vertriebsleute losgeschickt werden sollen. Aber hat er sein Problem definiert? Hat er die verschiedenen alternativen Umstände identifiziert, die einen Verkaufsrückgang verursacht haben könnten, und wie diese vielleicht miteinander zusammenhängen?

Für sinkende Verkaufszahlen kann es eine ganze Reihe von Gründen geben – falsche Verkaufsprognosen, was gegen Maßnahmen draußen vor Ort spräche, aber für Maßnahmen in der Marketingabteilung, oder ein neuer Wettbewerber tauchte auf dem Markt auf, oder plötzliche Qualitätsmängel beim Produkt, oder der Verlust von zwei Vertriebsleuten an einen Konkurrenten, oder eine Veränderung des Verbrauchergeschmacks. Ohne eine vorangegangene Diagnose – die, nebenbei gesagt, Zeit und Mühe kosten kann – weiß der Manager nicht, was er wirklich angehen muss. In diesem

Stadium kommt dem Berater oft eine Schlüsselrolle zu, weil er wahrscheinlich auf den Zeitdruck reagieren wird, unter dem der Manager steht, und daher eher voreilige Abkürzungen in der gedanklichen Durchdringungen und Fehldiagnosen bemerken wird. Seine Rolle besteht nicht selten darin, der Gruppe dabei zu helfen, die Sache ruhiger anzugehen, sich Zeit zu nehmen für einen Dialog, statt sich gleich in eine Debatte zu stürzen (s.u. Kap. 10), zu erkennen, dass sie vielleicht überhastet ein nur schlecht definiertes Problem anpackt, und zu zeigen, dass die zu Beginn in die Identifikation des tatsächlichen Problems investierte Zeit sich später in geringerer Zeitverschwendung und Mühe auszahlen wird.

Probleme, in der interpersonale Beziehungen eine Rolle spielen, sind besonders schwierig zu diagnostizieren. Ein Manager erklärt, er habe ein »Problem« bei der Motivation eines Untergebenen, bei der Koordination mit einer anderen Abteilung, der Einflussnahme auf seinen Chef, der Integration der Arbeit verschiedener Mitarbeiter oder der Überwindung der »Abwehr jeder Veränderung«. Häufig werden diese »Probleme« als Frustration und Spannungen empfunden, wobei dem Manager so gut wie jedes Verständnis dafür fehlt, was wirklich hinter seiner Frustration oder Anspannung steckt. Er weiß, etwas stimmt nicht, aber er weiß nicht, worin das Problem wirklich besteht, und also auch nicht, was er dagegen unternehmen kann.

Am meisten bringt den Klienten in diesen Fällen eine Intervention weiter, die ihm hilft, die Ursachen für seine Frustration möglichst konkret zu identifizieren, ihm also explorative Fragen zu stellen (Kap. 3) wie: »Wann hatten Sie ‚dieses Problem' das letzte Mal? Was war da los? Können Sie mir noch weitere Beispiele geben, wann Sie dieses Problem erlebten?« Erst wenn er mehrere Beispiele gesammelt hat, soll der Berater zu diagnostischen Fragen übergehen und dabei nachforschen, was diese Probleme verursacht haben könnte. Indem er die einzelnen Beispiele sorgfältig und detailliert bespricht und herauszufinden versucht, welcher Vorfall zu dieser Frustration führte, kann der Berater der Gruppe häufig helfen, das tatsächliche Problem zu identifizieren. Der entscheidende Schritt ist, genügend Beispiele zu sammeln, um daraus die Essenz des Problems destillieren zu können, und dann die Muster zu suchen und miteinander zu verknüpfen.

Dieser Prozess ist, wie in Abbildung 12 dargestellt wird, ein notwendiger Schritt bei jeder Problemformulierung und er ist derjenige, der am häufigsten übersprungen wird. Eine voreilige und womöglich falsche Diagnose des Problems kann die Folge sein. In dem Beispiel mit den sinkenden Verkaufszahlen sollte die Gruppe sorgfältig untersuchen, wann und wo sinkende Verkaufszahlen auftraten, und sich danach darüber klar werden, was diese Beispiele gemein haben und wie die verschiedenen, identifizierten Faktoren miteinander interagieren könnten. Hierbei können einige Formen von Systemdiagrammen weiterhelfen, vor allem weil sie die Problemlöser zwingen, die Interaktion kausaler Faktoren zu bedenken (Senge 1990; Senge u.a. 1994).

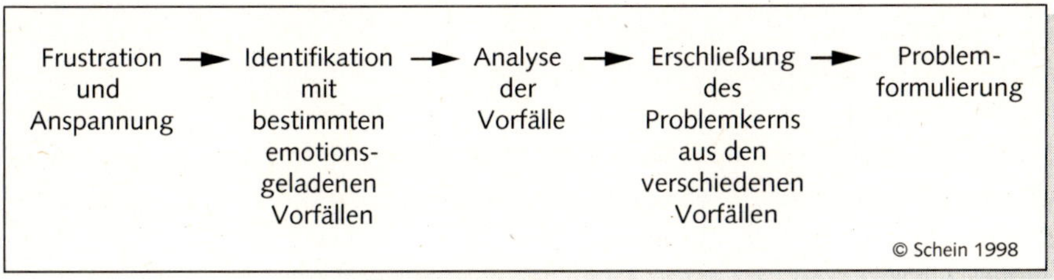

Abb. 12: Notwendige Schritte bei der ersten Formulierung des Problems

2. Generieren von Lösungsvorschlägen

Sobald das Problem adäquat formuliert wurde, kann die Gruppe zum nächsten Schritt übergehen und Ideen und Maßnahmen generieren, die das Problem lösen oder die Situation verbessern könnten. In diesem Stadium besteht die größte Gefahr darin, Vorschläge der Reihe nach zu bewerten, wobei die Gruppe ins Debattieren gerät, statt einen Dialog zu entwickeln. Sobald das geschieht, versäumt es die Gruppe, ein ganzes Spektrum möglicher Lösungsideen zu untersuchen, und gelangt nie zu einer Gesamtperspektive des Problems.

Der Berater kann helfen, indem er die Konsequenzen voreiliger Entscheidungen aufzeigt: Die Gelegenheit, Ideen auf ihre Perspektive hin zu überprüfen, reicht nicht aus, da sie nicht mit anderen Ideen verglichen werden können. Und eine voreilige Bewertung ist potentiell gefährlich für die jeweilige Idee und den, der sie vorgeschlagen hat. Mitglieder, deren Ideen anfangs abgelehnt wurden, sind vielleicht weniger geneigt, in einem späteren Stadium weitere Ideen vorzutragen. Die Gruppe sollte dazu ermutigt werden, dieses Stadium mit einer Art Brainstorming einzuleiten – Ideen zu sammeln und sie vor der Gruppe festhalten, sie jedoch noch nicht evaluieren. Brainstorming beruht auf der Grundregel, dass eine Bewertung der Ideen während der Phase der Ideengenerierung nicht erlaubt ist, um die Kreativität zu stimulieren, die hierfür gebraucht wird, und dass Ideen von den Mitgliedern, die sie vorschlugen, getrennt betrachtet werden, um eine Objektivität zu ermöglichen. Ich finde mich immer wieder in der Rolle desjenigen, der zum Flipchart geht und sich bereit erklärt, die Ideen zu notieren, was es auch erleichtert zu fragen: »Gibt es noch Ideen, die wir hier festhalten sollten?«

Hat die Gruppe genug Ideen gesammelt, kann sie schnell die offensichtlich unausführbaren wegstreichen und sich ausgiebig mit den zwei oder drei vielversprechenden Ideen beschäftigen. Der Berater sollte zu diesem Zeitpunkt systemisches Denken unterstützen und die Gruppe bitten, zu untersuchen, wie die verschiedenen vorgeschlagenen Ideen zusammenhängen und sich zueinander verhalten. Er sollte der Gruppe auch nahe bringen, dass das Sammeln von Ideen bei weitem keine schnelle oder einfache Erledigung der Aufgabe gewährleistet, eine Idee davon auszuwählen. Nach meiner Erfahrung räumen sich Gruppen beim Brainstorming gewöhnlich zu wenig Zeit ein, um die diversen Ideen zu evaluieren.

3. Abschätzung der Konsequenzen und Überprüfung der Vorschläge

Wurden mehrere Lösungsvorschläge eingebracht, müssen deren Konsequenzen abgeschätzt und evaluiert werden. Dieser Prozess ist häufig schwierig, da die Kriterien, die die Gruppe dazu heranziehen sollte, entweder nicht klar sind oder Uneinigkeit darüber herrscht, welche verwendet werden sollten. Zu diesen Kriterien gehören u.a.: (1) persönliche Erfahrung, (2) Expertenmeinungen, (3) Heranziehen von Studien, Daten und Informationen und/oder (4) geplante Tests oder Recherche. Persönliche Erfahrung und Expertenmeinungen lassen sich am einfachsten einholen, sind aber auch am wenigsten valide. Studien, Fokusgruppen, Interviews und andere formale Forschungsprozesse sind wahrscheinlich valider, aber auch zeit- und kostenintensiver. Eine Schlüsselfunktion des Beraters in diesem Stadium besteht darin, die Alternativen vorzustellen und es der Gruppe zu ermöglichen, die richtige Validierungsmethode für die zu überprüfenden Ideen zu wählen.

Versucht die Gruppe z.B., sich zwischen zwei Produkten zu entscheiden, von denen eines entwickelt werden soll, wäre wahrscheinlich Marktforschung und eine Probeeinführung auf einem Testmarkt ratsam. Steht die Gruppe vor der Entscheidung, ob ein Finanzüberschuss in eine Kapitalerhöhung oder in Investmentprogramme gesteckt werden soll, sollte sie Rat von Finanzexperten einholen. Oder wenn die Gruppe herauszufinden versucht, wie der Widerstand innerhalb der Organisation gegen einen neuen Führungsstil überwunden werden kann, sollten Fokusgruppen durchgeführt und zukünftige Teilnehmer beteiligt werden, um eine Vorstellung von ihren Reaktionen zu bekommen. Zu oft verlässt sich eine Gruppe auf nur eine Validierungsmethode, ohne zu berücksichtigen, welche Ideen bewertet werden sollen, und zu oft basiert diese eine Methode auf den persönlichen Erfahrungen eines der Beteiligten statt auf einer Untersuchung.

In jedem Problemlösungsstadium kann die Diskussion Neues ergeben, was zu einer Neuformulierung des Problems führt. Zum Beispiel kann bei der Überprüfung der Idee, eine neue Werbekampagne sei nötig, die Durchsicht vorhandener Daten zeigen, dass die alte Werbekampagne den Ansprüchen absolut genügt. Diese Entdeckung führt zu der Frage, ob die ursprüngliche Formulierung des Problems als »Kaufzurückhaltung der Kunden« richtig war. Der Berater sollte der Gruppe zu der Einsicht verhelfen, dass diese Art von Kreislauf – von der ersten Formulierung über die Ideengenerierung und Ideenüberprüfung zur Neuformulierung des Problems – eine sehr gesunde Vorgehensweise ist, selbst wenn sie mehr Zeit beansprucht und anfangs uneffektiv wirken mag. Die Versicherung des Beraters ist wegen der Tendenz, die konstante Neuformulierung eines Problems für Zeitverschwendung zu halten, in der Regel notwendig, bis eine Gruppe ein Gespür für ihren eigenen Problemlösungszyklus entwickelt.

Der erste Zyklus endet mit der Entscheidung einer Gruppe, eine Maßnahme einzuleiten. Diese Entscheidung kann sein, weitere Informationen einzuholen, aber sie macht es nötig, den Rahmen des Meetings und die Betrachtung von Alternativen hinter sich zu lassen. Das nächste Thema behandelt die tatsächliche Entscheidungsfindung in der Gruppe und die Frage, wie weit die Entscheidungsfindung der Entscheidungsart gerecht wird. Dabei gilt es eine Anzahl von Alternativen zu berücksichtigen.

Methoden zur Entscheidungsfindung in der Gruppe

Entscheidungen spielen in jedem Stadium des Problemlösungsprozesses eine Rolle, aber deutlich in Erscheinung treten sie nur beim Übergang vom 1. zum 2. Zyklus, wo die Problemlösungseinheit sich damit beschäftigt, Handlungsvorschläge auszuprobieren, oder beschließt, weitere Informationen einzuholen, bevor man sich auf einen bestimmten Lösungsvorschlag festlegt. Vor diesem Schritt muss sich die Gruppe entscheiden, wann und wo sie sich trifft, wie sie sich selbst organisiert, wie sie die Zeit einteilt, nach welchen Regeln die Diskussion ablaufen soll (ob es z.B. einen offiziellen Diskussionsleiter geben soll, ob *Robert's Rules of Order* eingehalten werden sollen) oder wie man festlegt, wann die Formulierung des Problems gut genug ist, um mit der Ideengenerierung zu beginnen. Häufig ist den Gruppenmitgliedern nicht klar, wie viele Prozessentscheidungen sie getroffen haben und welche Konsequenzen diese für das Gruppenklima und die Qualität der Problemlösungen haben. Der Berater sollte daher gewärtig sein, die Aufmerksamkeit auf die vielen verfügbaren Entscheidungsfindungsmechanismen zu lenken, indem er zu einer »Fortbildungsintervention« greift, in der er die unten dargestellten Optionen aufzeigt.

Dabei sollte keinesfalls vorschnell eine Methode als besser hervorgehoben werden. Jede Methode hat ihre Zeit und ihre bestimmten Auswirkungen auf die zukünftige Gruppenarbeit. Der entscheidende Punkt ist, dass die Gruppe diese Konsequenzen gut genug versteht, um die Entscheidungsfindungsmethode zu wählen, die für die zur Verfügung stehende Zeit, die Geschichte der Gruppe, die betreffende Aufgabe und das Arbeitsklima, das die Gruppe erreichen will, am besten geeignet ist.

a) Entscheidung durch Ausbleiben einer Reaktion (»Durchgefallen«)

Die verbreitetste und vielleicht unauffälligste in Gruppen verwendete Entscheidungsfindungsmethode kommt zur Anwendung, wenn auf einen Vorschlag sofort der nächste Vorschlag folgt, bevor jemand darauf etwas erwiderte, bis die Gruppe sich schließlich auf einen Vorschlag einigt. Doch über sämtliche Vorschläge, die übergangen wurden, wurde in gewisser Weise dennoch von der Gruppe ein Urteil gefällt – einfach das gemeinsame Urteil, sie nicht zu unterstützen, was den Urhebern das Gefühl gibt, ihre Vorschläge seien »durchgefallen«. In den meisten Konferenzräumen sind die Fußböden meterhoch bedeckt mit durchgefallenen Vorschlägen. Beachten Sie dabei, dass dieser Methode die stillschweigende Annahme zugrunde liegt »Schweigen bedeutet Ablehnung.«

b) Entscheidung durch Autoritätsfunktion

Viele Gruppen bauen eine Machtstruktur auf oder sind von Anfang von einer Machtstruktur geprägt, die keinen Zweifel daran lässt, dass der Chairman oder eine andere Autoritätsperson die Entscheidungen trifft. Die Gruppe kann Ideen einbringen und frei diskutieren, aber der Chairman kann jederzeit erklären, dass er nun, nachdem er der Diskussion zugehört hat, sich für dieses oder jenes entschieden hat. Diese Methode ist hoch effizient. Ob sie effektiv ist, hängt zu einem großen Teil davon ab, ob der Chairman ein ausreichend guter Zuhörer ist, um sich die richtigen Informationen als Grundlage für seine Entscheidung herauszupicken.

Dazu kommt, dass durch die Autoritätsmethode die Gruppe nur sehr gering einbezogen wird, wenn sie ins nächste Stadium, die Entscheidungsimplementierung, eintritt. Weshalb sie die mögliche Qualität der Entscheidungsimplementierung schmälert. Ich habe oft in Sitzungen gesessen, in denen der Chairman, nachdem er der Diskussion ein paar Minuten zugehört hatte, eine Entscheidung traf, doch die Maßnahmen, in die diese schließlich umgesetzt wurde, nicht seinen Wünschen entsprachen. Eine spätere Rekonstruktion ergab, dass die Gruppe die Entscheidung entweder nicht richtig verstanden hatte oder sie von Anfang an nicht guthieß, und daher weder motiviert noch fähig war, sie effektiv auszuführen.

c) Entscheidung durch eine Autoritätsanmaßung oder Minorität

Sehr häufig beschweren sich Gruppenmitglieder im Zusammenhang mit Entscheidungen, sie seien »überfahren« worden. Gewöhnlich stehen ein, zwei oder drei Gruppenmitglieder dahinter, die durch bestimmte Taktiken Maßnahmen erreichen, was als Entscheidung zu gelten hat, aber ohne die Zustimmung der Mehrheit erfolgte. Die implizite Annahme in diesem Fall lautet »Schweigen bedeute Zustimmung«.

Eine Version der Minderheitenregel ist die »Autoritätsanmaßung«. Autoritätsanmaßung ist, wenn ein Mitglied eine Maßnahme vorschlägt, keine weiteren Vorschläge gemacht werden, niemand etwas Negatives äußert und die Gruppe dem Vorschlag folgt. Die populärste Version dieses Entscheidungstyps ist, was Jerry Harvey das »Abilene-Paradox« nannte (1974). Dabei bezog er sich auf einen sehr unerfreulichen Ausflug seiner Familie nach Abilene, um dort zu Mittag zu essen, um später festzustellen, dass eigentlich niemand hatte fahren wollen. Jemand hatte den Ausflug als eine Möglichkeit vorgeschlagen und alle anderen hatten geschwiegen. Der Urheber der Idee und alle anderen waren davon ausgegangen, Schweigen bedeute Zustimmung.

Nach meiner eigenen Erfahrung ist diese Form der Entscheidungsfindung ausgesprochen häufig und besonders unangebracht und gefährlich, wenn über den Prozess entschieden werden soll, nach dem die Gruppe arbeitet. Jemand sagt: »Machen wir das Meeting nach *Robert's Rules of Order*« und, wenn niemand dagegen Einspruch erhebt, obwohl niemand dafür ist, handelt sich die Gruppe eine Arbeitsmethode ein, die niemand wollte. Oder jemand schlägt vor: »Wir stimmen ab, ok?« und wenn niemand widerspricht, landet die Gruppe bei 8:7-Entscheidungen, die mangelhaft implementiert werden. Steht ein mit Autoritätsanmaßung vorgetragener Vorschlag zur Diskussion, ist es häufig wichtig, dass der Berater sich zu Wort meldet: »Ist die Gruppe damit einverstanden? Entspricht das unseren Vorstellungen?«

Ein Einzelner kann eine Entscheidung durchdrücken, vor allem wenn er sich in einer Art Sprecherrolle befindet, indem er der Opposition jede Gelegenheit nimmt, sich zu formieren. Der Sprecher erklärt: »Am besten scheint mir, jeder sagt seine Meinung zu dem Thema, dann wissen wir, wo wir stehen. Meine Meinung ist …« Sobald er seine eigene Meinung geäußert hat, wendet er sich an seinen rechten Nachbarn und fordert ihn auf: »Was meinst du, Joan?« Sobald Joan fertig ist, erteilt er dem nächsten das Wort und die Gruppe ist im Gang, hat faktisch über ihre Arbeitsweise entschieden, indem sie sich der Autoritätsanmaßung des Sprechers nicht widersetzte. Eine ähnliche Taktik ist eine Äußerung wie: »Wir scheinen alle einer Meinung zu sein, dann machen wir es doch so, wie John gesagt hat.« Auch wenn dem aufmerksamen Beobachter nicht entgangen ist, dass nur John, der Chairman, und vielleicht noch ein Anwesender sich positiv zu dem Vorschlag geäußert hat. Die anderen schwiegen dazu. Fragte man den Initiator, wie er darauf gekommen sei, dieser Vorschlag stoße auf eine breite Zustimmung, stehen die Chancen gut, dass er antwortet: »Schweigen bedeutet doch Zustimmung, nicht wahr? Jeder hatte die Möglichkeit, eine gegenteilige Meinung zu äußern.« Interviewt man die Gruppenmitglieder später, entdeckt man manchmal, dass die Mehrheit tatsächlich gegen Johns Vorschlag war, aber jeder sich zurückhielt, weil er dachte, die anderen, die auch nichts sagten, seien dafür. Sie waren ebenfalls in die Falle »Schweigen bedeutet Zustimmung« getappt.

Die häufigste Form der Minoritätsherrschaft ist vielleicht der Fall, dass zwei oder mehr Gruppenmitglieder sich schnell und zwingend über einen Maßnahmenkatalog einigen, die Gruppe mit einem schnellen »Hat jemand etwas dagegen?« vor den Kopf stoßen und, falls niemand innerhalb der nächsten zwei Sekunden das Wort ergreift, die Sache zum Abschluss bringen mit: »Dann packen wir's an.« Wieder ist die Falle die Annahme, Schweigen sei mit Zustimmung gleichzusetzen, und sowohl die Initiatoren wie die Gegner, die fürchten, eine oppositionelle Minderheit zu sein, sind hineingetappt. Arbeitet eine Gruppe auf diese Weise, findet man nicht selten die Bedingung der »pluralistischen Ignoranz« vor – jeder mutmaßt über die Meinungen andere Gruppenmitglieder, allerdings falsch, doch niemand überprüft die Mutmaßungen. Oder wir finden, als Extrem, »Gruppendenken« vor (Janis [2]1982). Dabei werden Entscheidungen getroffen in der Annahme, alle seien einverstanden, während eine nicht geringe Minderheit (oder sogar Mehrheit) nicht einverstanden ist, aber keinen Einwand wagt.

Dem Berater kommt bei diesen Entscheidungsfindungsmethoden eine wichtige Rolle zu, vor allem weil sie selten als Entscheidungsfindungsmethoden erkannt und eingeordnet werden. Dabei werden viele Gruppenentscheidungen, besonders, was wichtige Dinge wie Gruppenabläufe, Regeln und ähnliches angeht, auf diese ziemlich rasche Art getroffen. Erhebt ein Gruppenmitglied Einwände gegen diese Vorgehensweise und erklärt: »Wir sind eigentlich nicht einverstanden«, wird das oft als Blockade gesehen. Der Druck auf Gruppenmitglieder, auch wenn sie nicht einverstanden sind, zu schweigen und die Dinge laufen zu lassen, ist daher oft groß.

Der Berater muss die Gruppe zuerst darauf aufmerksam machen, welche Entscheidungen bereits getroffen wurden und nach welchen Methoden dies geschah. Dann muss er versuchen, die Gruppenmitglieder bewerten zu lassen, ob diese Methoden ihrer Meinung nach der Situation angemessen waren. Zum Beispiel stimmen die Anwesenden vielleicht überein, dass der Chairman die Entscheidung durchdrückte, aber sie sind zugleich der Meinung, dies sei angemessen, weil die Zeit knapp war und jemand schnell entscheiden musste, damit die Gruppe sich wichtigeren Themen widmen konnte. Andererseits kann die Gruppe beschließen, eine Entscheidung, wie z.B. jeder solle abwechselnd seinen Gesichtspunkt darstellen, führe formale Elemente und Rituale ein, die die Gruppe daran hindern, auf bereits fortgeschrittenen Ideen aufzubauen. Die Gruppe zöge dann möglicherweise eine andere Methode der Ideengenerierung vor. Wichtig ist, solche Diskussionen des Prozesses als legitim zu erklären und mit Beobachtungen aufwarten zu können, falls die Gruppe Probleme hat zu verstehen, wovon der Berater spricht.

d) Entscheidung durch die Mehrheit: Abstimmung

Die nächsten Entscheidungsfindungsprozeduren, mit denen wir uns näher beschäftigen, erscheinen uns vertrauter und werden oft als für jede Gruppensituation geeignet angesehen, da sie unser politisches System spiegeln. Eine einfache Version ist, nach einer Diskussion die Meinung jedes Einzelnen einzuholen und, falls sich eine Mehrheit findet, dieser zu folgen. Die andere Version ist etwas formaler, ein Vorschlag wird gemacht, darauf folgt ein zweiter Vorschlag oder eine klare Alternative, anschließend wird abgestimmt, wer dafür und wer dagegen ist und wer sich der Stimme enthält.

Oberflächlich betrachtet ist gegen diese Methode nichts einzuwenden, doch überraschend häufig werden mit dieser Methode getroffene Entscheidungen nicht besonders gut implementiert, nicht einmal von der Gruppe, die die Entscheidung getroffen hat. Wo liegt das Problem? Gelingt es, die Gruppe dazu zu bewegen, diesen Prozess zu diskutieren oder spricht man mit Vertretern der Minderheit, schälen sich drei psychologische Barrieren für eine erfolgreiche Umsetzung heraus: (1) Die Mitglieder der Minderheit lehnen die impliziten Annahmen der »Mehrheitsentscheidung« ab, sehen sich aber außer Stande, diese offen zu kritisieren; (2) die Mitglieder der Minderheit haben häufig das Gefühl, zu wenig Diskussionszeit gehabt zu haben, um ihren Standpunkt klarmachen zu können; (3) und sie glauben häufig, durch die Abstimmung hätten sich zwei Lager in der Gruppe gebildet, die sich nun in einem Sieger-Verlierer-Wettstreit befänden. Ihr Lager habe die erste Runde verloren, aber es sei nur eine Frage der Zeit, bis man sich wieder sammle, sich Unterstützung hole und die nächste Abstimmung für sich verbuche.

Anders ausgedrückt, Abstimmungen regen Koalitionen an, und eine Koalition beschäftigt sich nicht vorrangig mit der Umsetzung der Wünsche der Mehrheit, sondern damit, wie sich die nächste Schlacht gewinnen lässt. Wird die Abstimmungsmethode verwendet, muss die Gruppe überzeugt sein, für ein Klima gesorgt zu habe, in dem die Mitglieder das Gefühl haben, ausreichend zu Wort gekommen zu sein, und sich ihrer Pflicht bewusst sind, die Mehrheitsentscheidung mittragen zu müssen. Eine Schlüsselrolle des Beraters besteht darin, die Gruppe über die Nachteile jeder Methode aufzuklären und das Gruppenklima soweit zum Diskussionsgegenstand zu machen, dass die Gruppe einen angemessenen Entscheidungsfindungsprozess wählt.

e) Konsensentscheidung

Eine der effektivsten, aber auch zeitintensivsten Gruppenentscheidungsmethoden ist die Suche nach einem Konsens. Konsens ist, so wie ich ihn definiere, nicht mit Einmütigkeit gleichzusetzen. Es bedeutet eher, dass die Kommunikation ausreichend offen und das Gruppenklima ausreichend unterstützend war, um sämtlichen Gruppenmitgliedern das Gefühl zu geben, eine faire Chance zur Beeinflussung der Entscheidung gehabt zu haben. Dann überprüft jemand »die Stimmung«, wobei formale Prozeduren wie eine offizielle Abstimmung sorgfältig vermieden werden. Eine Abstimmung kann für einen Konsens dann sinnvoll sein, wenn die Gruppe sich gegen das Prinzip einer einfachen Mehrheitsentscheidung entschieden hat und eine breitere Zustimmung wünscht.

Falls es eine klare Alternative gibt, die den meisten Mitgliedern zusagt, und falls die Gegner dieses Vorschlags der Meinung sind, sie konnten die Entscheidung ausreichend beeinflussen, ist ein Konsens vorhanden. Die operationale Definition wäre, dass die Mitglieder, die nicht mit der von einer sehr großen

Mehrheit gewünschten Alternative übereinstimmen, diese dennoch verstehen und bereit sind, sie zu tragen. Es gilt herauszufinden, ob eine bestimmte psychologische Haltung vorhanden ist, die sich so beschreiben lässt: »Mir ist klar, was die meisten hier wünschen. Ich persönlich bin dagegen, aber ich denke, jeder kennt meinen Gegenvorschlag. Ich hatte ausreichend Gelegenheit, die Mehrheit von meinem Standpunkt zu überzeugen, aber offensichtlich gelang mir das nicht. Daher werde ich mich dem Mehrheitswunsch anschließen, und diese Entscheidung und ihre Implementierung nach besten Kräften mittragen.«

Um soweit zu gelangen, müssen alle Gruppenmitglieder die Zeit erhalten, gegenteilige Meinungen ausführlich genug vorzutragen, so dass sie das Gefühl bekommen, von den anderen wirklich verstanden worden zu sein. Dieser Eindruck ist wichtig, damit sie sich nicht später mit der Vorstellung quälen, sie hätten ihre Idee durchsetzen können, wenn die anderen nur verstanden hätten, worum es ihnen wirklich ging. Nur indem man der Opposition aufmerksam zuhört, kann man diesen Gefühlen vorbeugen und effektive Gruppenentscheidungen erreichen.

Der Berater kann der Gruppe bei der Entscheidung helfen, welche Beschlüsse im Konsens getroffen werden sollen, d.h. welche Beschlüsse so wichtig sind, dass sie diesen Aufwand rechtfertigen. Eine Richtlinie, die er vorschlagen könnte, wäre, dass Entscheidungen über Prozeduren, also über die Art und Weise, wie die Gruppe arbeitet, am wichtigsten sind und von allen getragen, also im Konsens getroffen werden sollten. Die Gruppe könnte sich dafür entscheiden, dem Chairman die volle Autorität zuzugestehen, ganz informellen Entscheidungsprozessen den Vorzug zu geben oder zunächst mit Hilfe von Brainstorming Ideen zu generieren. Aber was immer beschlossen wird, es sollte allen Beteiligten vollkommen klar sein und es sollten keine Ressentiments zurückbleiben, man sei nicht richtig verstanden worden, oder geheime Gelüste, die Gruppenprozedur zu sabotieren.

f) Einmütige Konsensentscheidung

Die logisch perfekte, aber am schwersten zu erreichende Entscheidung ist die, bei der sich alle über die zu ergreifenden Maßnahmen einig sind. Für bestimmte Schlüsselentscheidungen mag Einmütigkeit notwendig sein, doch bei den meisten Entscheidungen reicht ein Konsens, wenn es tatsächlich ein Konsens ist. Der Berater kann der Gruppe hier helfen, indem er erklärt, dass die Gruppe sich hier möglicherweise in einigen Fällen die Latte zu hoch legt. Einmütigkeit ist nicht immer notwendig und kann eine äußerst uneffektive

Methode zur Entscheidungsfindung sein. Wichtig ist, sich Zeit dafür zu nehmen, sich darauf zu einigen, welche Methoden man für welche Aufgaben und in welchen Situationen heranzieht.

Zum Abschluss noch eine Anregung: Häufig verkündet der Chairman oder Sprecher der Gruppe einfach, nach welcher Methode entschieden wird. Ist dies der Fall, muss der Berater zu klären versuchen, ob die Gruppe mit dieser Methode einverstanden ist, und falls sie es nicht ist, eine Gelegenheit finden, gegenüber dem Chairman das Thema anzusprechen, ob er die Gruppe nicht über Entscheidungsfindung diskutieren lassen möchte. Nach meiner Erfahrung fühlen sich Gruppensprecher häufig durch eine solche Diskussion bedroht, weil sie befürchten, sie könnten die Kontrolle über die Gruppe verlieren und das Chaos könnte über sie hereinbrechen. Eine Möglichkeit, sie zu beruhigen, besteht darin, ihnen zu erklären, dass verschiedene Methoden, zu einer Entscheidung zu gelangen, nicht notwendigerweise einen chaotischen Kommunikationsprozess bedeuten. Falls der Berater überzeugende Alternativen vorweisen kann, willigt der Chairman nicht selten ein, mit verschiedenen Methoden zu experimentieren und sich selbst eine Meinung darüber zu bilden.

Zyklus 2: Handeln, Evaluieren und neu formulieren

Der gesamte Zyklus 1 enthält nur Schritte, die sich auf die Diskussion beziehen und nicht auf direkte Maßnahmen, es sei denn, die Gruppe beschließt, zusätzliche Daten zur Ideenevaluation zu sammeln. Sobald die Gruppe einen Konsens hinsichtlich eines Lösungsvorschlags erreicht und zu handeln beschließt, begeben wir uns in den Zyklus 2, den Maßnahmenzyklus. Das Diagramm enthält nicht die Entscheidung für eine Maßnahme, diese Entscheidung wird durch das Überschreiten der Grenze zwischen 1. und Zyklus 2 repräsentiert. Wurde eine Entscheidung über einen bestimmten Lösungsvorschlag oder eine Idee getroffen, ist der Problemlösungsprozess noch lange nicht beendet. Die Gruppe muss dann immer noch einen detaillierten Handlungsplan erstellen, einzelne Maßnahmen einleiten und sie braucht eine Methode, um zu entscheiden, ob diese Schritte das Problem beheben. Dieser letzte Schritt sollte geklärt werden, bevor man zu handeln beginnt: »Welche Informationen sind ausschlaggebend für unsere Entscheidung, ob unsere Maßnahmen die gewünschten Ergebnisse zeitigen?«

Auch hier kann die Gruppe in jedem einzelnen Stadium feststellen, dass das Problem nicht richtig formuliert war, und sie wieder den Zyklus 1 durchlaufen muss, um eine neue Formulierung zu finden sowie einen neuen Lösungsvorschlag, der wiederum überprüft werden muss. Ein solcher erneuter Durchlauf ist als durchweg positiv zu betrachten und sollte keineswegs als Zeitverschwendung gesehen werden. Weitaus teurer kommt einer Organisation die Arbeit am falschen Problem zu stehen, wenn dies erst nach aufwendigen Maßnahmen entdeckt wird, als wenn sie sich am Anfang stärker um eine korrekte Problemdefinition bemüht hätte.

4. und 5. Schrittweise Umsetzung der Maßnahmen

Die Maßnahmenplanungsphase kann als neues Problem aufgefasst werden, das wiederum eine Problemformulierung, Ideengenerierung und Ideenüberprüfung notwendig macht. Werden diese Subphasen abgekürzt oder übersprungen, wird vielleicht ein guter Vorschlag schlecht ausgeführt und die Gruppe sucht fälschlicherweise die Fehler beim Vorschlag statt in der Maßnahmenplanung. Wieder kann hier die Schlüsselrolle des Beraters darin bestehen, die Gruppe zu einer langsameren Gangart anzuhalten und sie zu einer umsichtigen Planung zu ermutigen, statt überstürzt zu handeln.

Eine der wichtigsten Fallen dieser Phase besteht darin, allgemeine Pläne zu entwerfen, ohne bestimmten Mitgliedern die Verantwortung für bestimmte Maßnahmen zu übertragen. Ich saß bereits des öfteren in Meetings, in denen eine Entscheidung erreicht, das Meeting vertagt und nichts getan wurde, weil jedermann davon ausging, jemand anderer würde sich schon darum kümmern. Die klare Zuweisung von Verantwortung gewährleistet nicht nur, dass die Maßnahmen umgesetzt werden, sondern ermöglicht noch eine weitere Überprüfung der Entscheidung, da der für die Implementierung Verantwortliche vielleicht neue Fragen stellt, die zuvor noch nicht bedacht worden waren.

Bisweilen wird der gesamte zweite Zyklus an eine andere Person oder Gruppe delegiert. Die ursprüngliche Problemlösungsgruppe beschließt: »Bringen wir doch unsere Werbekampagne in Schwung.« Ist diese Entscheidung getroffen, weist die Gruppe die Werbeabteilung an, für bestimmte Produkte verstärkt zu werben. Dann lehnt die Gruppe sich entspannt zurück und beobachtet die Verkaufszahlen. Ist das ein empfehlenswerter Ansatz? In den meisten Fällen lautet die Antwort »nein«, denn wenn der Zyklus 2 von anderen durchgeführt wird, verstehen diese vielleicht weder diesen Lösungsvorschlag der Person oder der Gruppe des Zyklus 1, noch engagieren sie sich besonders dafür. Sie haben nicht um eine Problemdefinition gerungen und sie hatten keine Gelegenheit, einen Blick auf die Gründe zu erhaschen, aus denen andere Alternativen, die ihnen selbst so vorteilhaft erscheinen, zurückgewiesen wurden. Vielleicht empfinden sie auch die Schlussfassung des Vorschlags, die sie erhielten, zu unklar für eine Implementierung.

Genauso problematisch ist der Fall, in dem eine Managementgruppe die Problemformulierung (Zyklus 1) an eine Projektgruppe oder ein Beratungsunternehmen vergibt und dann auf die schriftliche Diagnose und einen Maßnahmenkatalog wartet. In neun von zehn Fällen, in denen sich die ursprüngliche Gruppe nicht selbst um die Problemformulierung kümmert und in denen die Projektgruppe nicht die Implementierung der Maßnahmen ausarbeitet (Zyklus 2), wird die Managementgruppe mit dem Lösungsvorschlag nichts anfangen können und eine Entschuldigung finden, ihn ad acta zu legen. Angesichts dieser Probleme ist es wünschenswert, für ein hohes Maß an Überschneidung (oder zumindest Kommunikation) zwischen den am Zyklus 1 und am Zyklus 2 Beteiligten zu sorgen. In der Idealsituation gehörten sie natürlich derselben Problemlösungseinheit an. Falls das nicht möglich ist, sollte die Einheit des Zyklus 1 eine Interimsphase einplanen, die es der Einheit des Zyklus 2 erlaubt, »an Bord zu kommen«, bevor die zwei Einheiten die Kommunikationsleitungen kappen. Eine Möglichkeit dazu ist, den für die Implementierung Zuständigen so früh es geht in den Problemlösungsprozess einzubeziehen oder zumindest sämtliche Stufen durchzusprechen, die die Gruppe des Zyklus 2 durchlief, als sie diesen Lösungsvorschlag erarbeitete.

Bei einem solchen Gespräch ist entscheidend, dass die Implementierungseinheit die Gelegenheit erhält, alle Fragen zu stellen, die sie bezüglich der Gründe hat, warum bestimmte, ihrer Ansicht nach vorteilhaftere Alternativen nicht gewählt wurden. Diese Fragen sollten zufriedenstellend beantwortet werden oder die Gruppe, die den Zyklus 1 bearbeitete, sollte wieder am Anfang beginnen und die von der Implementierungseinheit eingebrachten zusätzlichen Alternativen begutachten. Die Rolle des Beraters hierbei ist, der Gruppe nahe zu bringen, wie schwer es ist, eine komplexe Maßnahme dem für die Implementierung Zuständigen zu vermitteln. Der Gruppe sollte dies bereits sehr früh im Problemlösungsprozess bewusst gemacht werden, damit sie Schutzmaßnahmen gegen einen Kommunikationszusammenbruch einbaut.

6. Evaluation der Ergebnisse

Um eine adäquate Evaluation zu gewährleisten, sollte die Gruppe einen Konsens erreichen über (1) die Evaluationskriterien; (2) den Zeitplan – wann die ersten Ergebnisse zu erwarten sind; (3) wer über die zu evaluierenden Informationen berichten soll. Sobald die ersten Ergebnisse eintreffen, sollte die Gruppe sich psychologisch darauf vorbereitet haben, wieder in den Zyklus 1 einzutreten und sich um eine Neuformulierung des Problems zu bemühen und nicht einfach überstürzt mit neuen Lösungsalternativen um sich zu werfen. Die Gruppe sollte stets bereit sein, darüber nachzudenken, was genau das Problem darstellt, und der Berater sollte stets die Frage stellen: »An welchem Problem arbeiten wir?«

Zusammenfassung der Problemlösung und Entscheidungsfindung

Problemlösung lässt sich als ein aus zwei Zyklen bestehender Prozess auffassen, wobei der eine hauptsächlich diskussionsorientiert, der andere dagegen handlungsorientiert ist. Der erste Zyklus besteht aus den Phasen Problemidentifizierung und Problemformulierung, Ideen- oder Vorschlagsgenerierung und Ideen- oder Vorschlagsüberprüfung. Dazu wird versucht, die Konsequenzen abzuschätzen. Die schwierigste Phase ist die Identifizierung und Formulierung des tatsächlichen Problems. Häufig müssen zusätzliche Daten eingeholt werden, um das Problem klar identifizieren zu können.

Der zweite Zyklus umfasst die Planung der Maßnahmenschritte und die Evaluation der Ergebnisse. Die Maßnahmenplanung selbst stellt einen Problemlösungsprozess dar und sollte als solcher behandelt werden. Die Hauptschwierigkeit bei dem Gesamtzyklus ist der Übergang von Zyklus 1 zu Zyklus 2, falls verschiedene Parteien daran beteiligt sind. Die für Implementierung Zuständigen sollten frühestmöglich am Problemlösungsprozess beteiligt werden.

Der Entscheidungsprozess selbst kann nach folgenden Methoden erfolgen:

1. *Entscheidung durch Ausbleiben einer Reaktion,*
2. *Entscheidung durch Autoritätsfunktion,*
3. *Entscheidung durch eine Autoritätsanmaßung oder Minorität,*
4. *Entscheidung durch die Mehrheit,*
5. *Konsensentscheidung und/oder*
6. *Einmütige Konsensentscheidung.*

Eine Gruppe sollte sich dieser verschiedenen Methoden, zu einer Entscheidung zu gelangen, bewusst sein und lernen, die jeweils geeignete Methode für die aktuelle Aufgabe oder Entscheidung heranzuziehen.

Auswahl des Interventionsfokus

Aufgabenthemen wie grundlegende Funktionen, Bewältigung des Problemlösungsprozesses und die Methoden zur Entscheidungsfindung sind so offensichtlich relevant für das effektive Funktionieren einer Gruppe, dass ein Berater gewöhnlich keine Schwierigkeiten hat, die Gruppe dazu zu bewegen, sie zu beachten und zu bewältigen. Weitaus schwieriger ist es für den Berater, unter den vielen oben dargestellten Kategorien eine als Interventionsfokus auszuwählen, d.h. sich zu entscheiden, auf welches Verhalten er die Aufmerksamkeit der Gruppe lenken soll.

Die drei Hauptkriterien bei dieser Auswahl sind:

1. Wie relevant ist das Prozessthema nach Dafürhalten des Betrachters für die Effektivität der Gruppe?
2. Wie klar sind die Daten zu dem Prozessthema, d.h. ist damit zu rechnen, dass die Gruppenmitglieder, wenn ihre Aufmerksamkeit auf diesen Punkt gelenkt wird, die Wahrnehmungen des Beraters teilen?
3. Kann sich der Berater eine Intervention vorstellen, die hilft, den Prozess weiterzubringen, statt ihn nur zu unterbrechen?

Andeutungen zu Prozessthemen, die nicht klar zu erkennen sind, sind keinesfalls förderlich für das Gruppenlernen, noch bringt es die Gruppe weiter, wenn ihre Aufmerksamkeit auf ihre Arbeitsweise gelenkt wird, während sie unter Zeitdruck eine wichtige Entscheidung zu treffen versucht. Der Berater muss wissen, was die Gruppe als ihre vorrangige Aufgabe betrachtet, und die Interventionen auf die Aufgabenprozesse ausrichten, die offensichtlich mit dieser vorrangigen Aufgabe zu tun haben. Meine anfängliche Arbeit mit Action Co. ist dafür ein gutes Beispiel.

Unter anderem stach bei den Besprechungen der Geschäftsführung der Action Co. am meisten ins Auge, in welchem Ausmaß alle davon überzeugt waren, ständig reden zu müssen. Die Mitglieder fielen einander andauernd ins Wort, nicht selten lieferten sie sich lautstarke Wortgefechte, sie schweiften vom Diskussionsthema ab und hüpften von einem Punkt der Agenda zum nächsten, ohne im Geringsten eine Vorstellung zu haben, was nun beschlossen worden war. Ich hatte auf Grund meiner Arbeit in der Erforschung von Gruppen und meiner Erfahrung mit Gruppentraining in den National Training Labs, in denen ich zehn Jahre als Trainer tätig gewesen war, eine klar formulierte Theorie, wie eine effektive Gruppe zu arbeiten hat. Meine anfänglichen Interventionsbemühungen entwickelte ich daher aus dem Expertenblickwinkel. Wann immer sich mir die Gelegenheit bot, bat ich die Gruppe, die Konsequenzen zu berücksichtigen, die sich aus dieser ständigen gegenseitigen Unterbrechung ergaben. Dabei gab ich klar zu erkennen, dass ich Unterbrechung für »schlecht« hielt, da sie meines Erachtens effektive Gruppenarbeit behindere. Ich betonte, wie wichtige inhaltliche Ideen untergingen und potentiell gute Ideen niemals ausreichend dargestellt werden konnten.

Die Gruppe stimmte durchweg zu und gelobte Besserung, doch es dauerte keine zehn Minuten, und das alte Muster gewann die Oberhand. Als ich über diesen dysfunktionalen Kreislauf nachdachte, wurde mir bewusst, dass ich einer Gruppe ein ideales Modell aufzudrängen versuchte, die sich in eine ganz andere Richtung bewegte. In welche Richtung, verstand man am besten, indem man sich die impliziten Annahmen, von denen sich die Gruppe leiten ließ, vor Augen hielt. Wie ich an anderer Stelle zeigte (Schein 1985, [2]1992), versuchte die Gruppe, zu einer »Wahrheit« vorzudringen und ging von der Annahme aus, dass sich diese nur erreichen ließ, indem man Ideen niederzwang. Nur wenn eine Idee eine lebhafte Debatte überstand, war sie es wert, weiterverfolgt zu werden.

Sobald ich diese Grundprämisse verstand, fragte ich mich, was die Gruppe tatsächlich weiterbrächte, und dabei wurde mir die Bedeutung der Prozessberatung versus der Expertenberatung klar. Ich musste innerhalb der Ziele und Annahmen der Gruppe arbeiten, statt ihnen mein Modell aufzudrängen. Ich musste lernen, dass die primäre Aufgabe der Gruppe, wie sie es sah, die Entwicklung von Ideen war, die so gut waren, dass sie es riskieren konnten, das Wohl des Unternehmens darauf zu setzen. Die Ideengenerierung und Ideenevaluierung waren daher die zwei entscheidenden Funktionen, an denen sie in jedem Meeting arbeiteten.

Aus dieser Einsicht ergaben sich zwei Arten von Interventionen. Erstens stellte ich fest, dass tatsächlich viele Ideen untergingen, weil eine solche Unmenge an Informationen in so kurzer Zeit verarbeitet wurde. Teils um meiner selbst willen und teils, weil ich dachte, es wäre eine Hilfe, ging ich zum Flipchart und notierte die wichtigsten Ideen, wie sie in die Diskussion eingebracht wurden.

Unvollständige Ideen oder Punkte (unvollständig, weil der Vortragende unterbrochen worden war) führten zur zweiten Art von Intervention. Statt die Gruppe für ihr »schlechtes« Benehmen zu bestrafen, wie ich es getan hatte, falls jemand unterbrochen wurde, suchte ich nun nach einer Gelegenheit, demjenigen, der unterbrochen worden war, wieder das Wort zu erteilen, indem ich eine Bemerkung machte wie: »John, Sie versuchten vorhin etwas dazu sagen. Haben wir alles gehört, was Sie dazu sagen wollten?« Das schaffte eine Gelegenheit, an die Idee heranzukommen, ohne unnötig die Aufmerksamkeit darauf zu lenken, warum man sie nicht gleich vollständig zu hören bekommen hatte. Die Kombination dieser zwei Interventionen fokussierte die Gruppe auf die Ideen, die nun auf dem Flipchart festgehalten waren, und half ihnen, durch ihr kompliziertes Terrain zu navigieren. Ideen, die beinahe verloren gegangen waren, wurden wiederauferweckt und niedergeschrieben.

Die Lektion war klar. Solange ich nicht verstanden hatte, was die Gruppe eigentlich zu erreichen versuchte, konnte ich mich nicht auf die richtigen Prozesse konzentrieren, noch gelang mir eine positive Intervention. Ich musste die primäre Aufgabe erfassen und die Falle, die der Gruppe zum Verhängnis wurde (unvollständige Ideenformulierung und zu schnelle Evaluierung), bevor ich entscheiden konnte, welche Intervention »förderlich« wäre.

Und die »Aufgabenstruktur«? (Feld 8)

Beobachtet man eine Gruppe über einen längeren Zeitraum, stellt man fest, dass bestimmte Muster immer wieder auftreten, dass bestimmte Ereignisse sich regelmäßig wiederholen und andere Ereignisse nie eintreten. Zum Beispiel diskutiert und entscheidet eine Gruppe ständig nach parlamentarischen Regeln, während eine andere sich gegen jede Art von Abstimmung wehrt, und wenn es die einzige Methode ist, bei einem bestimmten Thema zu einer Entscheidung zu gelangen. Eine Gruppe hat stets eine Agenda, an die sie sich sklavisch hält, während die andere mit der Erstellung der Themenliste bis zu Beginn des Meetings wartet. Eine solche Regelmäßigkeit in der Vorgehensweise einer Gruppe kann man als die Aufgabenstruktur der Gruppe verstehen, relativ stabile, sich wiederholende Prozesse, mit deren Hilfe die Gruppe oder Organisation ihre Aufgaben erfüllt.

In großen Strukturen verstehen wir unter der Struktur die offizielle Hierarchie, die definierte Befehlskette, das Informations- und Kontrollsystem und andere stabile, sich wiederholende Prozesse, die man den Firmenneulingen beibringt, da »man hier so arbeitet«. Dabei gilt es aber zu beachten, dass das Konzept der Struktur nur eine Erweiterung des Konzepts des Prozesses ist, insofern es sich auf stabile, sich wiederholende Prozesse bezieht, die von den Gruppenmitgliedern als ihre »Struktur« definiert werden.

Gruppen brauchen durchweg diese Form der Regelmäßigkeit und Stabilität, um ihre Umgebung und ihre Arbeitsmuster vorhersagbar zu machen und so den Umgang mit ihnen zu erleichtern. Die Annahmen, die sich als die grundlegenden Prämissen dieser Muster entwickeln, lassen sich als

Teil der Gruppenkultur auffassen. Sie werden von den Mitgliedern geteilt und als gegeben vorausgesetzt, und die beobachtbaren Strukturen können als Artefakte oder Manifestationen der Gruppenkultur gesehen werden (Schein 1985, [2]1992). Die Kultur selbst ist nicht direkt beobachtbar, sie lässt sich am besten als die Gesamtheit der gemeinsamen, als gegeben betrachteten, grundlegenden und unbewussten Annahmen verstehen, die in der Auseinandersetzung mit den verschiedenen internen und externen Problemen entstanden, denen die Gruppe sich ausgesetzt sah. Doch die Kultur spiegelt sich notwendigerweise in dem offenen Verhalten und lässt sich in einem gemeinsamen Informationserhebungsprozess von Außenseitern und Gruppenmitgliedern erforschen. Für die meisten Zwecke reicht es, sich auf die manifesten Artefakte zu konzentrieren, das sichtbare Verhalten, und dabei immer im Hinterkopf zu behalten, dass sie wichtige, grundlegende Annahmen reflektieren, mit denen man schließlich wird rechnen müssen. Solange die Gruppe selbst aber nicht bereit ist, einen Blick auf die eigene Kultur zu werfen, ist es für den Berater schwierig, sie in den Mittelpunkt seiner Überlegungen zu stellen.

Die Aufgabenstruktur, die sich in einer Gruppe entwickelt, setzt sich aus Regelmäßigkeiten zusammen, die von besonderer Bedeutung für das Überleben der Gruppe in der externen Umwelt sind. Jede Gruppe muss sich mit mindestens fünf grundlegenden Überlebensproblemen auseinandersetzen. Ist sich der Berater dieser Probleme bewusst, kann er seine Beobachtung darauf konzentrieren und eine mentale Checklist erstellen, worauf er achten muss.

1. Mission/Primäre Aufgabe

Was ist die fundamentale Mission, die die Existenz der Gruppe rechtfertigt – ihre primäre Aufgabe? Die entsprechenden strukturellen Elemente sind gewöhnlich Hausregeln des Unternehmens, Regeln der Unternehmensphilosophie oder Mission, offizielle Zielvorgaben und anderes, was das implizite Verständnis der Mitglieder von der ultimativen Rolle der Gruppe dokumentieren soll.

2. Spezifische Ziele und Strategien

Diese leiten sich in der Regel aus der Mission ab und spiegeln sich in den schriftlich festgehaltenen Zielen, Strategien, offiziellen Plänen, öffentlich definierten Zielvorgaben und Deadlines.

3. Mittel zur Erreichung dieser Ziele

Die Strukturen zur Erreichung der Ziele sind die definierte formale Organisation, zugewiesene Aufgabenrollen und sich wiederholende Prozeduren zur Problemlösung und Entscheidungsfindung. In diese Kategorie fallen die Organisationsregeln, Autoritätslinien, Jobbeschreibungen und formal definierten Zuständigkeiten.

4. Mess- und Überwachungssysteme

Jede Gruppe muss wissen, ob die Ziele erreicht werden oder nicht. Dazu werden Informations- und Kontrollsysteme eingerichtet, und Managementplanungen, Budgetierung und Inspektionen werden formalisiert.

5. Systeme zur Problembehebung und Rückkehr zum eingeschlagenen Kurs

Messsysteme zeigen auf, wann die Gruppe vom Zielkurs abweicht oder ihre Ziele nicht erreicht. In solchen Fällen ist die Gruppe auf Prozesse zur Situationsverbesserung, Problembehebung oder Rückkehr zum eingeschlagenen Kurs angewiesen. Häufig werden Lösungen ad hoc gefunden, doch jede Gruppe oder Organisation muss in der Lage sein, korrektive Maßnahmen zu regeln und so zu einem Teil der Gruppenstruktur zu machen.

In einer neuen Gruppe sind die Aufgabenstrukturen wahrscheinlich noch nicht sehr stabil, d.h. die neue Gruppe ist noch nicht sehr »strukturiert.« Während ihrer weiteren Entwicklung behält die Gruppe die funktionierenden Prozesse bei und gewinnt so immer mehr gemeinsame Annahmen über sich selbst, was ihren Erfolg betrifft. Die Prozesse werden allmählich sichtbarer und vielleicht in offiziellen Unternehmensregeln festgehalten, in Handlungsanweisungen, Hausregeln und anderen Artefakten der sich entwickelnden Unternehmenskultur. Wenn diese Prozesse sehr stabil werden, sprechen wir zunehmend von »Bürokratie« und »Institutionalisierung«.

Ob der Berater in der Aufgabenstruktur konstruktiv intervenieren kann, hängt davon ab, in welchem Maß die Gruppe selbst sich dieser Struktur bewusst ist und sie ändern muss. Nach meiner Erfahrung sind die umwälzendsten Interventionen auf diesem Gebiet jene, die der Gruppe die Einsicht in ihre unbewussten Annahmen ermöglichen. Die sichtbaren externen Strukturen lassen sich leicht beobachten, aber die zugrundeliegenden Annahmen, die diese Strukturen schufen, sind viel schwerer zu entdecken. Doch ohne

Einsicht in diese Annahmen kann die Gruppe nicht lernen, effektiver zu arbeiten.

Was bleibt, ist die Frage, ob der Berater sich auf Interventionen einlassen kann oder soll, die auf die Struktur zielen. Die Gruppe zu beobachten und ihr dabei zu helfen, sich mit ihren eigenen Strukturen auseinander zu setzen, ist sicher eine notwendige Intervention. Problematischer ist, ob der Berater sich in die Veränderung der Struktur und Kultur einschalten soll. Das Hauptkriterium ist nach wie vor, dass der Berater fördern und helfen soll. Wenn eine Gruppe wirklich wünscht, dass ich an der Veränderung ihrer Kultur und Struktur arbeiten soll, tue ich das unter der Voraussetzung, allen Beteiligten ist klar, dass Veränderungen in der Struktur Veränderungsprozesse nach sich ziehen können, die große Ängste und Widerstand auslösen, weil die Strukturen, die sich über einen gewissen Zeitraum entwickelten, Vorhersagbarkeit, Werte und Sicherheit für die Gruppenmitglieder bedeuten. Kultur ist in Struktur eingebettet, daher lässt sich Struktur nicht ändern, ohne dass die akzeptierten kulturellen Annahmen bedroht werden.

Zusammenfassung und Schlussfolgerung

Dieses Kapitel liefert einen Überblick über die wichtigsten Bereiche für Interventionen, die dem Berater für die Beobachtung offen stehen und in denen er zu Interventionen bereit sein sollte. Der Schwerpunkt lag dabei in diesem Kapitel auf der primären Aufgabe der Gruppe und auf der Art und Weise, wie sie diese Aufgabe definiert. Innerhalb dieser Arena kann man sich auf den Inhalt, den Prozess oder die Struktur konzentrieren, auf die man im Zusammenhang mit der Aufgabe der Gruppe stößt. Ich erläuterte einige relevante Beobachtungskategorien im Überblick und stellte dabei ein paar außerordentlich hilfreiche Interventionen vor, die dem Berater zur Verfügung stehen. Der Großteil davon gehört in den Bereich des Aufgabenprozesses, aber Inhalt oder Struktur dürfen darüber nicht vergessen werden.

Im nächsten Kapitel werde ich die interpersonalen Themen diskutieren, die Aufgabenprobleme begleiten – wie die Gruppe sich selbst definiert, mit ihren Grenzen umgeht, funktionierende interpersonale Beziehungen schafft, die es der Gruppe ermöglichen, effektiv zu arbeiten, sich weiter zu entwickeln und sich selbst zu erhalten. Das Problem dabei ist, wann und wie die Interventionen auf diese Probleme hin zu fokussieren sind und wie sich auf Aufgabenprozesse und auf interpersonale Beziehungen gerichtete Interventionen ausbalancieren lassen.

Ich biete an dieser Stelle keine spezifischen Übungen für Prozesse der Aufgabenerledigung, aber die am Ende des neunten Kapitels vorgeschlagenen Übungen decken sowohl Aufgabenprozesse und Gruppenaufbau sowie interpersonale Prozesse ab.

9. Kapitel

Fördernde Prozessinterventionen: Interpersonale Prozesse

Im vorhergehenden Kapitel standen Aufgabenprozesse im Mittelpunkt, weil diese der wahrscheinlichste Grund dafür sind, warum überhaupt ein Berater hinzugezogen wird. Doch wie ich immer betone, müssen die interpersonalen Prozesse, die bei der Entstehung von Beziehungen und beim Gruppenaufbau beteiligt sind, beobachtet und geregelt werden, wenn die Aufgaben effektiv erledigt werden sollen. In den aktuellen Situationen sind Aufgaben- und interpersonale Prozesse gleichzeitig und kaum voneinander zu trennen, was die Entscheidung, worauf man sich konzentrieren soll und wann bei den interpersonalen Punkten interveniert werden soll, nie einfach macht.

Interpersonale Prozesse und Gruppenprozesse lassen sich in zwei große Kategorien unterteilen: (1) wie sich eine Gruppe durch die Definition und Aufrechterhaltung ihrer Grenzen selbst erschafft (die Felder 1, 4 und 7 der Abb. 9), und (2) wie sich eine Gruppe entwickelt und ihre internen Beziehungsmuster herausbildet (Felder 3, 6 und 9 in Abb. 9). Dieses Kapitel enthält einen Überblick über beide Bereiche und einige vereinfachende Modelle sowie Anregungen, wie ein Berater in beiden Bereichen fördern und helfen kann. Dabei liegt der Schwerpunkt hauptsächlich auf Prozessthemen, doch auch inhaltliche und strukturelle Belange werden angesprochen, wenn dies in den Zusammenhang passt.

Gruppenbildungs- und Gruppenerhaltungsprozesse

Bei den ersten Kontakten mit einer Klientenorganisation stoße ich immer wieder auf das Phänomen, dass sich die Gruppen, mit denen ich arbeite, auf unterschiedlichen Entwicklungsniveaus befinden. Die Klienten, die an mich herantreten, um über eine Beratung zu sprechen, haben vielleicht noch nie zuvor miteinander gearbeitet und sind daher eine blutjunge, kleine Gruppe. Das Meeting zum gegenseitigen Kennenlernen, zu dem man mich hinzubittet oder bei dessen Planung ich helfe, kann ein extra anberaumtes Meeting einer Gruppe sein, die sich regelmäßig jede Woche trifft, oder aber auch das Treffen einer Gruppe, die zum ersten Mal zusammenkommt, um dieses Beratungsprojekt zu besprechen. Unter den Leuten, die der Klient eingeladen hat, um mich kennen zu lernen, sind einige, die bereits zusammen gearbeitet haben, und andere, die letztlich Fremde sind. Angesichts dieser Vielfalt an möglichen Umständen sollte der Berater unbedingt über ein vereinfachendes Modell über den Anfang und die weitere Entwicklung einer Gruppe verfügen.

Die zugrundeliegende theoretische Prämisse lautet: Wenn zwei oder mehr Menschen zur Bildung einer arbeits- oder aufgabenorientierten Gruppe zusammenkommen, steht zu Beginn stets eine Phase im wesentlichen selbstbezogenen Verhaltens, das verschiedene Bedenken reflektiert, wie sie jedem neuen Mitglied einer Gruppe durch den Kopf gehen können. In dem Ausmaß, wie das selbstbezogene Verhalten abnimmt, fangen die Mitglieder an, sich verstärkt einander und der vor ihnen liegenden Aufgabe zuzuwenden. Die Verhaltensformen, die der Gruppe bei ihrem Aufbau und ihrer Erhaltung helfen, treten dann gleichzeitig mit dem zur Erreichung der Aufgabe entwickelten Verhalten auf. Diese einzelnen Stadien werden anschließend chronologisch besprochen, da sie mehr oder weniger nacheinander auftreten, auch wenn sich vielleicht einzelne Phasen überschneiden.

Emotionale Probleme beim Eintritt in eine Gruppe: Die Ursachen selbstbezogenen Verhaltens

Die Probleme, denen sich jeder stellen muss, der in eine neue Gruppe eintritt, haben tiefe emotionale Ursachen, die gelöst werden müssen, bevor man sich in einer neuen Situation wohlfühlen kann. Vier dieser Ursachen sind in der linken Spalte der Abbildung 13 dargestellt.

Identität und Rolle

An vorderster Stelle kommt das Problem, eine sowohl für einen selbst als auch für andere akzeptable Rolle oder Identität zu wählen sowie einen angemessenen Wert für sich zu beanspruchen. Anders ausgedrückt: Jedes neue Gruppenmitglied muss, ob es sich dessen bewusst ist oder nicht, eine Antwort auf die Frage finden: »Wer bin ich in dieser Gruppe?« »Welchen Wert kann ich in dieser Gruppe beanspruchen?« »Wie soll ich mich den anderen in dieser Situation darstellen?«

Diese Fragen stellen sich vor allem deshalb, weil wir alle über ein großes Repertoire von Verhaltensstilen verfügen, die wir in jede Situation einbringen können. Soll ich nun die dominante, aggressive Leitfigur sein, ein Verhaltensmuster, mit dem ich bereits gute Erfahrungen machte; oder soll ich den humorvollen Spannungslöser geben, was in anderen Situationen erfolgreich war; oder spiele ich den ruhigen Zuhörer, womit ich auch schon Erfolg hatte?

Probleme	**Daraus sich ergebende Gefühle**	**Reaktionen** (selbstbezogen)
1. Identität Wer bin ich hier? **2. Kontrolle und Einfluss** Kann ich andere kontrollieren und beeinflussen? **3. Bedürfnisse und Ziele** Decken die Gruppenziele meine Bedürfnisse ab? **4. Gruppenakzeptanz und -vertrautheit** Akzeptiert mich die Gruppe, mag man mich? Wie nahe ist sich die Gruppe?	Frustration Spannungen Ängste	**1. »Harte« Reaktionen** Kampf, Kontrolle, Widerstand gegen Autorität **2. »Weiche« Reaktionen** Unterstützung, Hilfe, Allianzbildung, Abhängigkeit **3. Rückzugs- oder Verleugnungsreaktion** Passivität, Gleichgültigkeit, übermäßiger Gebrauch von »Logik und Verstand«

© Schein 1998

Abb. 13: Probleme beim Eintritt in eine neue Gruppe, die zu selbstbezogenem Verhalten führen

In verschiedenem Ausmaß sind wir alle in verschiedenen Situationen verschiedene Menschen. Daher haben wir in einer neuen Situation immer eine gewisse Wahlmöglichkeit. In offiziellen Ausschüssen oder Arbeitsgruppen wird dieses Thema häufig durch eine Mandatzuordnung zumindest teilweise gelöst. Jemand wird in eine Projektgruppe aufgenommen, um den »Standpunkt der Angestellten« zu vertreten, oder ein starker Moderator erklärt den Gruppenmitgliedern, welche Rollen sie spielen sollen. Solche Lösungen greifen im besten Fall jedoch nur teilweise, da die Bandbreite für die Entwicklung eines Stils, der sie sowie die anderen Gruppenmitglieder befriedigt, noch immer sehr groß bleibt. Wie die Abbildung 13 zeigt, sind die Emotionen, ob sie nun bewusst oder unbewusst bleiben, so lange sie vorhanden sind, eine Quelle von Spannungen. Der Betroffene ist in erster Linie mit sich selbst beschäftigt, weshalb er sich weniger auf die Gruppenaufgabe konzentriert und darauf, den anderen zuzuhören.

Kontrolle, Macht, Einfluss

Ein weiteres Thema, das jedes neue Mitglied in einer neuen Gruppe für sich klären muss, ist die Macht- und Einflussverteilung. Man kann davon ausgehen, dass jedes Mitglied das Bedürfnis hat, die anderen zu kontrollieren und zu beeinflussen, doch das Ausmaß dieses Bedürfnisses und die Form, wie es geäußert wird, wird sich von Person zu Person unterscheiden. Der eine wünscht vielleicht, Einfluss auf die Lösung der aktuellen Aufgabe zu nehmen, während es dem anderen um Einfluss auf die von der Gruppe verwandten Methoden und Prozeduren geht, ein Dritter eine herausragende Position in der Gruppe anstrebt und ein Vierter womöglich nur hofft, einen bescheidenen Beitrag leisten zu können.

In diesen Anfängen der Gruppe sehen sich die Mitglieder dem Dilemma gegenüber, die Stile und Bedürfnisse der anderen nicht zu kennen und daher kaum abschätzen zu können, wer wen in welcher Hinsicht zu beeinflussen in der Lage sein wird. Demzufolge wird der Berater in den ersten Meetings sehr viele Kämpfe, gegenseitiges Auf-die-Probe-Stellen und Experimentieren mit verschiedenen Formen, Einfluss auszuüben, beobachten können. Der Berater sollte darauf achten, hier keinem Missverständnis aufzusitzen. Was auf der Oberfläche wie eine entschiedene Flucht vor der Gruppenaufgabe aussieht, ist in Wirklichkeit ein wichtiges Instrument, um sich gegenseitig besser kennen zu lernen und Umgangsmöglichkeiten miteinander zu finden. Nur so können die Mitglieder ihre Selbstbezogenheit allmählich aufgeben und sich entspannt ihrer Aufgabe zuwenden.

Besteht ein Moderator auf einem straffen Ablauf, der diese Kennenlernphase beschneidet, riskiert er entweder oberflächliche Lösungen (weil die Mitglieder noch nicht wirklich bereit sind, an der Aufgabe zu arbeiten) oder zwingt sie dazu, ihre Kämpfe bei der Lösung der Aufgabe auszutragen, was die Arbeit an der Aufgabe deutlich verlangsamt und die Qualität der Lösung untergräbt. In dieser Situation muss der Berater dem Moderator nahe bringen, welche Funktion diese Kennenlernphase für die Mitglieder hat, warum der Gruppenaufbau Zeit braucht und dass eine gute Kommunikation nicht entstehen kann, solange die Mitglieder hauptsächlich mit sich selbst beschäftigt sind.

Individuelle Bedürfnisse und Gruppenziele

Ein drittes Thema, mit dem sich jedes Gruppenmitglied auseinandersetzen muss, ist die Sorge, dass die Gruppenziele seine eigenen Ziele und Bedürfnisse nicht einschließen könnten. Steht dieses Thema für den Betroffenen im Vordergrund, wartet er normalerweise ab, wie sich die Gruppe entwickelt, bevor er sich engagiert, um zu sehen, ob seine Belange Bestandteil der Agenda sind. Für die Gruppe als Ganzes stellt sich das Problem, dass sie sich nur schwer motivieren oder kohärente Gruppenziele entwickeln kann, wenn sich eine größere Anzahl ihrer Mitglieder für dieses Abwarten entschließt. In dieser Situation wendet sich die Gruppe typischerweise an jede greifbare Autorität, um eine Agenda gestellt und Ziele gesetzt oder eine Aufgabe vorgeschlagen zu bekommen. Gibt der Moderator diesem Druck nach und erteilt Zielvorgaben, löst er das Problem teilweise, doch er kann nicht sichergehen, dass die gesetzten Ziele sämtliche Mitglieder soweit ansprechen, dass sie sich für diese Aufgabe engagieren.

Eine bessere Vorgehensweise wäre, dieses Paradox direkt anzugehen und den Gruppenmitgliedern die Einsicht nahe zu bringen, dass erst wenn sie ihre Bedürfnisse zumindest teilweise offen legen, valide Gruppenziele entwickelt werden können. Daher sollte im Meeting genug Zeit für diese Anfangsphase eingeräumt werden, um den Mitgliedern zu ermöglichen, für sich herauszufinden, was sie sich von der Gruppe erwarten. Die Rolle des Beraters besteht in dieser Situation in der Regel darin, die Gruppe zu einer langsameren Gangart zu bewegen und den Mitgliedern die Gewissheit zu geben, dass die anfänglichen Kommunikationsprobleme ein notwendiger Teil der Gruppenentwicklung sind. Hierbei kann eine formale »Vorstellung« helfen, bei der jeder Teilnehmer gebeten wird, seine Rolle oder Position in Bezug auf das zur Diskussion stehende Thema darzustellen. Das nächste Kapitel enthält mehr dazu, wie eine solche formale Vorstellung, bei der jeder etwas zu seiner aktuellen Situation erzählt, Dialogsitzungen beflügeln kann, da dadurch ein Klima der Zusammengehörigkeit erleichtert wird.

Gruppenakzeptanz und -vertrautheit

Diese zwei Themen wurden zusammengefasst, weil sie sich mit demselben zugrundeliegenden Problem befassen: Akzeptieren und mögen mich die anderen in der Gruppe, und wie eng und vertraut müssen wir miteinander umgehen, um ein angenehmes Maß an gegenseitigem Respekt und Akzeptanz zu erreichen? Für jede Gruppe und jede Situation müssen diese Fragen neu geklärt und entsprechende Normen entwickelt werden. Es gibt kein optimales oder absolutes Niveau von Akzeptanz oder Vertrautheit, das für alle Gruppen zu allen Zeiten gleichermaßen gilt. Es hängt von den Mitgliedern, von der jeweiligen Gruppe, der Zeit, die zur Verfügung steht, und einer Reihe anderer

Faktoren ab. Doch das Problem bleibt ein Unruheherd, bis die Regeln für die gemeinsame Arbeit aufgestellt wurden.

Zu Beginn wird dieses Thema in der Form von Umgangs- und Höflichkeitsfragen auftreten – z.B. wie man sich anreden soll. Im weiteren Verlauf der Gruppenentwicklung zentriert es sich auf die Frage, ob die Gruppenprozeduren eher formell oder informell ablaufen sollen. Dann kommt das Stadium, in dem im Vordergrund steht, ob die Gruppendiskussion an der offiziellen Aufgabe kleben soll oder ob ein persönlicherer Austausch zulässig und erwünscht ist. Auch wenn der Moderator um einen offenen Austausch in der Gruppe bittet, bleibt »Offenheit«, wie bereits ausgeführt wurde, ein äußerst ambivalentes Konzept, das stärker von dem bislang erreichten gegenseitigen Vertrauen in der Gruppe abhängt als davon, was der jeweilige Moderator verlangt oder wünscht. Die Gruppe kann versuchen, Lösungen in feste Regeln zu fassen, indem es *Robert's Rules of Order* oder ähnliche Prozeduren übernimmt, doch mit solchen Prozeduren läuft man Gefahr, dieses Thema unter den Teppich zu kehren, statt es zu lösen. Der Berater kann der Gruppe erkennen helfen, dass dieses Thema legitim ist und bearbeitet werden muss.

Reaktionsmöglichkeiten in neuen Gruppen

Jedes dieser tiefen emotionalen Probleme, mit denen sich neue Gruppenmitglieder auseinandersetzen müssen, führt zu Spannungen, Frustration und Selbstbezogenheit. Wie geht man gewöhnlich mit diesen Problemen und den sich daraus ergebenden Spannungen um? Es lassen sich drei grundlegende Reaktionsmuster beobachten, wie die rechte Spalte der Abbildung 13 zeigt: (1) hauptsächlich harte, aggressive Reaktionen, deren Ursachen in der Verleugnung der weichen Bedürfnisse nach Zugehörigkeit liegen; (2) hauptsächlich weiche, Unterstützung suchende Reaktionen, deren Ursachen in einer Verleugnung der aggressiven, nach Selbstbestätigung suchenden Bedürfnisse liegen; und (3) Rückzugsverhalten, dessen Ursachen in der Verleugnung jeglicher Gefühle und einem Rückgriff auf »Logik« und »Struktur« beruhen.

Die harte, aggressive Reaktion zeigt sich in verschiedenen Formen der Aggression wie Streit, Vernichtung der Argumente anderer, lächerlich machen, bewusstem Ignorieren und schneidendem, feindseligem Humor. Selbst wenn das Verhalten innerhalb der Gruppendiskussionsregeln unter dem Deckmantel »den Punkt auszudiskutieren« oder »unseren Differenzen auf den Grund zu gehen« zulässig sein mag, sollte der Berater sorgfältig darauf achten, ob es sich bei den zum Ausdruck gebrachten tieferen Gefühlen um das Streben nach einer besseren Aufgabenlösung handelt oder ob es in Wirklichkeit darum geht, andere Gruppenmitglieder anzugreifen und zu testen, um emotionale Probleme zu klären.

Diese Aggression kann sich auch in Versuchen äußern, die anderen durch autoritätsanmaßendes Einführen von Prozeduren zu kontrollieren, Leute aufzurufen oder anderen zu sagen, worüber sie reden sollen. Im Hinblick auf Autoritätsfiguren in der Gruppe wie den Chairman, wirkt solches Verhalten wie Gegenabhängigkeit. Unter Gegenabhängigkeit versteht man Gefühle, sich einer Autorität widersetzen zu wollen: »Finden wir doch heraus, was der Chairman von uns will, und lassen es dann bleiben« oder »Machen wir es doch so, wie wir wollen, und nicht so, wie er es will.«

In den meisten formellen Gruppen tritt dieses Verhalten in sehr subtiler Form auf, da die Regeln der Höflichkeit und die Machtunterschiede einen offenen Ausdruck der Gegenabhängigkeit verbieten. Doch es bereitet dem Berater keine Schwierigkeiten, solches Verhalten zu beobachten, der Gruppe die Legitimität dieses Verhaltens klarzumachen und dabei zu helfen, emotionale Reaktionen vom Ausdruck tatsächlicher Differenzen auf der Aufgabenebene zu unterscheiden.

Die weiche Unterstützung suchende Reaktion spiegelt sich auf verschiedene Weise. Die Mitglieder suchen nach jemanden, mit dem sie überein zu stimmen scheinen, und versuchen, Allianzen zur gegenseitigen Unterstützung zu schmieden oder eine Subgruppe zu bilden. Sie versuchen, Konflikte zu vermeiden, sich gegenseitig zu unterstützen, einander zu helfen und allgemein aggressives, trennendes Verhalten zu unterdrücken. Im Hinblick auf Autoritätsfiguren wirkt solches Verhalten als Abhängigkeit – der Suche nach jemandem, auf den man sich verlassen kann, der einem den Weg weist und die Probleme löst, die die Mitglieder zu haben glauben.

Wie kann der Berater dieses Verhalten von konstruktivem Problemlösungsverhalten unterscheiden? Zunächst gilt es festzustellen, zu welchem Zeitpunkt in der Geschichte der Gruppe oder des Mitglieds dieses Verhalten auftritt. Durch Gefühle verursachtes selbstbezogenes Verhalten tritt früh auf, wenn die Mitglieder sich in der Gruppe einen Platz suchen. Später kann dasselbe Verhalten tatsächlichen Einsatz für die Aufgabe bedeuten. Ein zweites Kriterium wäre, ob der Berater das Gefühl hat, diese Unterstützung basiere auf echtem gegenseitigen Verständnis oder ob es seines Erachtens eine Art blinde Reaktion ist. Das hier beschriebene auf Gefühlen beruhende Verhalten wird oft von Mitgliedern an den Tag gelegt, die Allianzen formen, ohne das geringste Anzeichen eines Verständnisses für den Standpunkt des anderen zu zeigen. Der Berater muss der Gruppe helfen, übereilte Suche nach Unterstützung, unkritische Hilfe und unangemessene Abhängigkeit von ähnlichen Verhaltensweisen zu unterscheiden, die im späteren Verlauf des Problemlösungs- und Teamaufbauprozesses auftreten können.

Die Rückzugs- oder Verleugnungsreaktion ist durch die Unterdrückung der Spannungen und Emotionen charakterisiert, die sich häufig in einer eher passiven, gleichgültigen und leeren Reaktion äußert. Es ist, als wolle der Betroffene sagen: »Macht ihr alle mal und kämpft das aus und bringt die Gruppe hier in Trab, während ich euch dabei zuschaue. Mir bedeutet das hier nicht wirklich etwas, ich mache mit, wenn alles ordentlich organisiert ist und läuft.« Eine andere Version dieser emotionalen Reaktion ist das Argument, Gefühle hätten bei einer Gruppendiskussion nichts zu suchen und sollten verboten und um jeden Preis unterdrückt werden. Einen Streit kommentiert der Betroffene so: »Kollegen, wir sind alle zivilisierte, reife Menschen, wir können das logisch und ruhig klären. Wir wollen uns nicht von unseren Gefühlen mitreißen lassen, halten wir uns an die Fakten.«

Wäre der Betroffene tatsächlich rational und logisch, würde er erkennen, dass die Gefühle, die in dieser Situation zum Ausdruck kommen, »Fakten« sind, denen man Rechnung tragen muss. Man kann sie unterdrücken oder verbieten und aus der Agenda streichen, indem man die Prozeduren der Gruppe formalisiert, aber deshalb verschwinden sie nicht und beeinflussen das Problemlösungsverhalten der einzelnen Gruppenmitglieder nichtsdestotrotz. Ein angespannter und selbstbezogener Teilnehmer hört nicht aufmerksam zu und nimmt zu wenig Anteil an den Belangen der anderen, kann also nicht effektiv zur Problemlösung beitragen.

Jeder von uns kann als Mensch auf die Gefühle in der Gruppe mit jedem dieser Reaktionsmuster antworten. Welchen Reaktionsstil wir letztlich wählen, hängt von unserer Persönlichkeit, unserer Geschichte in interpersonalen Beziehungen, dem Verhalten der anderen Gruppenmitglieder sowie der Struktur der Situation ab und davon, wie formal sie ist. Zum Beispiel wird eine formale, sehr kontrollierte Gruppe eher Rückzugsverhalten und Verleugnung auslösen, was auf lange Sicht zu einer geringen Motivation und Entfremdung in der Gruppe führt. Steht eine solche Gruppe vor einem schwierigen Problem, ist nicht garantiert, dass die Mitglieder ausreichend motiviert sind, um sich auf das Problem zu konzentrieren, oder zu einer Kommunikation in der Lage sind, die ihnen eine echte Gruppenlösung erlaubt. Wird dagegen die Erforschung der ausgedrückten Gefühle zugelassen, führt das anfangs zwar zu Unannehmlichkeiten, doch auf lange Sicht wird so ein höheres Kommunikationsniveau und damit das Zusammenwachsen einer stärkeren, effektiveren Gruppe ermöglicht.

Lösung emotionaler Probleme und Anpacken der Arbeit

Ich habe vier emotionale Probleme angesprochen, denen sich jeder, der in eine neue Gruppensituation tritt, stellen muss – das Problem der Identität, das Problem von Einfluss und der Macht, das Problem von Bedürfnissen und Zielen sowie das Problem von Gruppenakzeptanz und -vertrautheit. Die Gruppenmitglieder werden bei dem Versuch, sich näher kennen zu lernen und eine Ebene zu finden, auf der sich die Gruppe wohlfühlt, auf diese Probleme mit hart-aggressivem, weichem, Zugehörigkeit suchendem oder zurückziehendem Verhalten reagieren. Bis die Mitglieder ihre jeweilige Rolle in der Gruppe gefunden haben und die Gruppe Regeln für die Ziele, für Einfluss und Vertrautheit entwickelt hat, werden die Gruppenmitglieder angespannt sein und auf diese Anspannung mit den verschiedensten Verhaltensmustern reagieren. Für dieses Verhalten muss die Gruppe den Preis bezahlen, dass die Gruppenmitglieder mit ihren eigenen Gefühlen beschäftigt sind, was ihre Fähigkeit beeinträchtigt, einander zuzuhören und Probleme zu lösen. Allerdings durchläuft jede Gruppe diese schmerzhaften Entwicklungsphasen, in denen die Mitglieder um ihre Rollen und diese Fragen ringen. Erlaubt die formale Struktur der Gruppe diese Entwicklung nicht, kann diese nicht zu einer leistungsfähigen Gruppe zusammenwachsen und bleibt eine Ansammlung von Individuen, die eine formale Struktur zusammenhält.

Jeder von uns bevorzugt durch im Laufe der Zeit gemachte Erfahrungen einen bestimmten Reaktionsstil. Welcher Stil das ist, ist entscheidend zu wissen – neige ich bei interpersonalen Spannungen dazu zu kämpfen, Anschluss zu suchen oder ziehe ich mich emotional zurück? Was sind die Konsequenzen der jeweiligen Reaktionen? Da die Menschen sich hinsichtlich ihrer Reaktionsstile unterscheiden, ist eines der Dilemmas, denen sich eine mit einer Aufgabe beschäftigte Gruppe gegenübersieht, dass diese verschiedenen Stile einander stören können. Was das aggressive Mitglied will, ist die ultimative Bedrohung für das weiche Mitglied und vice versa, und beide wiederum bedrohen das zum emotionalen Rückzug neigende Mitglied. Die Gruppe kann erst effektiv arbeiten, wenn die Mitglieder diese Unterschiede erkennen, sie einander zugestehen und sie als Kraftquelle der Gruppe akzeptieren. Am Ende dieses Kapitels befindet sich eine Übung, die Gruppenmitgliedern hilft, mit diesen Themen zu Rande zu kommen.

Der Berater kann der Gruppe bei der Lösung dieser Probleme auf vielfältige Weise helfen. Als erstes muss er sich über das Geschehen im Klaren sein und darf wegen anfänglicher Kommunikationsprobleme in der Gruppe nicht nervös werden. Zweitens muss er der Gruppe klar machen, dass die Kämpfe,

Allianzen und Rückzugsreaktionen zu Beginn Zeichen für das Bemühen der Gruppenmitglieder sind, einander kennen zu lernen, auf die Probe zu stellen und den eigenen Platz in der Gruppe zu finden. Dazu kann er der Gruppe mittels Fortbildungsinterventionen eine Perspektive über ihre eigenen Entwicklung vermitteln und, ähnlich wie hier, Gruppentheorie häppchenweise erläutern. Er kann seiner Überzeugung Ausdruck verleihen, dass die Gruppenmitglieder an der legitimen Aufgabe des Gruppenaufbaus arbeiten und nicht einfach ihre Zeit verschwenden. Drittens kann er der Gruppe dabei helfen, die Unterschiedlichkeit emotionaler Stile zuzugestehen und zu verstehen, dass jedem Stil eine Rolle im Leben der Gruppe zukommt.

Um helfen zu können, muss der Berater verstehen, wie sich eine Gruppe entwickelt und wie die Gruppe im gleichen Maße, in dem das individuelle, selbstbezogene Verhalten abnimmt und die Gruppe Gestalt anzunehmen beginnt, sie mit ihren externen Beziehungen und ihren internen Funktion immer besser zurecht kommt, die notwendig sind für ihr Überleben und die Erfüllung ihrer primären Aufgabe. Ich stelle als Berater immer wieder fest, dass ich meinen Managerklienten helfen muss, dieses Investment in das Funktionieren einer Gruppe zu akzeptieren. In der Regel wünschen Manager, dass die Gruppe sich sofort in die Arbeit stürzt, und räumen ihr keine Zeit ein, sich zu formieren. Löst die Gruppe die Probleme nicht schnell, sind die Manager verärgert und vermuten, sie bemühe sich zuwenig. Die dahinter steckenden interpersonalen Emotionen bleiben ihnen verborgen. Dem Berater kommt dabei die Aufgabe zu, den Manager zu ermuntern, Geduld zu zeigen, den Gruppenmeetings die Zeit einzuräumen, die die Gruppe für ihre Entwicklung braucht, und zu erkennen, dass seine Verärgerung und Ungeduld dieselben emotionalen Probleme widerspiegeln, mit denen die Gruppenmitglieder zu kämpfen haben.

Nicht zuletzt muss der Berater sich bemühen, den Mitgliedern zu ihrem Verhalten intelligentes und hilfreiches Feedback zu geben. Die meisten Reaktionen laufen wahrscheinlich unbewusst ab, d.h. die Mitglieder wissen nicht, was passiert und warum es passiert. Sollen sie einen Einblick in dieses Verhalten gewinnen und sich selbst besser diagnostizieren, muss der Berater jedem Mitglied dabei helfen, seine Reaktionen zu verstehen.

Sobald die Mitglieder diese unbewussten Vorgänge zu verstehen beginnen, einen Einblick in die Gefühle und Reaktionen anderer gewinnen und langsam erkennen, dass es in der Gruppe einen Platz für sie und ihre eventuellen Beiträge gibt, fangen sie an, sich zu entspannen und können sich besser auf die anderen konzentrieren. In diesem Augenblick ändern sich das Klima und die Stimmung in der Gruppe. Der Druck lässt nach, man hört einander besser zu, flüchtet nicht mehr so vor den zu erledigenden Aufgaben und ist zunehmend bereiter, als ganze Gruppe zu kooperieren. Formalität und willkürliche Regelungen verlieren an Bedeutung, dafür treten Selbstdisziplin und die Bereitschaft, persönliche Programmpunkte zugunsten einer besseren Gruppenleistung hintan zu stellen. Wichtig dabei ist, dass dieses Stadium nur erreicht werden kann, wenn die Gruppe ihre internen und externen Probleme ausleben kann. Es lässt sich weder aufdrängen, noch anordnen.

Gruppenaufbau und interne Funktionen zum Gruppenerhalt

Die Lösung der emotionalen Probleme beim Eintritt in die Gruppe garantiert unglücklicherweise nicht, dass die Gruppe eine effektive Arbeitseinheit wird. Die Gruppe muss, wie jedes komplexe System, aufgebaut und erhalten werden. Ein hohes Funktionsniveau kann sie erst erreichen, wenn bestimmte interpersonale Funktionen gewährleistet sind. Anders ausgedrückt: Will die Gruppe überleben und zu einem effektiven Instrument der Problemlösung reifen, müssen die Mitglieder sich mit dem Aufbau und Erhalt guter Beziehungen befassen. Idealerweise sollte dies während des gesamten Lebenszyklus der Gruppe geschehen, doch wie wir bereits bei der genaueren Betrachtung der frühen Phasen der Gruppenentwicklung sahen, treten für die Mitglieder gelegentlich die eigenen Bedürfnisse in den Vordergrund, worunter ihre Beziehungen zu den anderen Mitgliedern Schaden erleiden können.

Das Problem besteht für die Gruppe darin, diese beschädigten Beziehungen wieder aufzubauen und/oder solche Ansätze zu Beschädigungen im Keim zu ersticken. Unter einer beschädigten Beziehung verstehe ich z.B., wenn zwei Gruppenmitglieder wütend aufeinander sind, weil sie unterschiedliche Meinungen zu einem Aufgabenthema vertreten; oder wenn Gruppenmitglieder sich weigern, einander zu helfen, da sie überstimmt oder ignoriert wurden und sich deshalb alleingelassen fühlen; oder wenn Mitglieder an der Implementierung verabschiedeter Lösungen nicht mitarbeiten, da sie sich falsch verstanden oder kaltgestellt fühlen; oder wenn Mitglieder andere ablehnen, weil sie glauben, das Gesicht verloren zu haben oder gedemütigt worden zu sein. In all diesen Fällen sind die Betroffenen zeitweise zu sehr mit ihren persönlichen Bedürfnissen und Gefühlen beschäftigt und daher nur relativ eingeschränkt fähig, zur Gruppenarbeit beizutragen. Bleiben Beiträge zum Gruppenerhalt aus, wird das betreffende Gruppenmitglied nicht wieder harmonisch in die Gruppe eingebunden, ist es als Ressource für die Gruppe verloren oder wird im schlimmsten Fall sogar die Gruppenarbeit aktiv sabotieren. Um solche negativen Resultate zu vermeiden, müssen die in Abbildung 14 aufgeführten Funktionen zum Gruppenaufbau und -erhalt von einem oder mehreren Gruppenmitgliedern geleistet werden.

Harmonie herstellen
Kompromisse schließen
Chancengleichheit wahren
Ermutigen
Diagnostizieren
Standards setzen
Standards überprüfen

Abb. 14: Funktionen zum Gruppenaufbau und -erhalt

Harmonie herstellen meint die Anstrengungen von Mitgliedern, die Wogen von Unstimmigkeiten und Konflikten zu glätten und »Öl ins aufgewühlte Wasser zu gießen« oder eine angespannte Situation durch Humor aufzulösen. Allerdings wird durch diese Harmonisierung eine echte Anstrengung untergraben, eine Übereinkunft zu erreichen und den Standpunkt der Gegenseite zu verstehen, indem man die Ursachen dafür ergründet. Konflikte und Unstimmigkeiten unter den Teppich zu kehren oder zu leugnen, mag Mitglieder wieder harmonisch in die Gruppe einbinden, doch eine solche Verleugnung kann der Aufgabenlösung schaden. Harmonisierung ist deshalb nur vonnöten, wenn Konflikte und Unstimmigkeiten dysfunktional geworden und die Gruppenmitglieder so mit sich selbst beschäftigt sind, dass sie unfähig sind, einander zuzuhören. Die Herstellung von Harmonie sollte klar davon abgegrenzt werden, Kompromisse zu schließen. Bei ersterem werden Konflikte geleugnet und vermieden, während bei einem Kompromiss versucht wird, Konflikte dadurch zu reduzieren, dass sich ein oder mehrere Mitglieder bereit erklären, nachzugeben, um eine arbeitsfähige Übereinkunft zu erreichen.

Harmonisierung und das Schließen von Kompromissen sind eher als Erhaltungsfunktionen zu betrachten und weniger als Aufgabenfunktionen, da sie helfen, destruktive Meinungsverschiedenheiten zwischen Einzelnen beizulegen, aber definitiv nur begrenzt zur Lösung von Aufgabenproblemen beitragen. Ein entscheidender Punkt, denn Berater, deren Anliegen die Effektivität der Gruppe ist, werden gerne als Befürworter von ständiger und allumfassender Harmonie und reibungslosem Funktionieren der Gruppe gesehen. Dabei sollte die Gruppe vielleicht in der Tat harte Meinungsverschiedenheiten angehen und durcharbeiten, um zu einer echten, integrativen Lösung zu gelangen, bei der auf Harmonisierung und Kompromisse verzichtet werden kann. Häufig ist es die Aufgabe des Beraters, der Gruppe dabei zu helfen, ein Problem anzupacken, wenn sie lieber kneifen und einen Kompromiss schließen möchte. Falls die Kommunikation jedoch zusammengebrochen ist und mehrere Mitglieder sich aus Gründen, die mit ihnen selbst zu tun haben – wie die Erhaltung ihres Status in der Gruppe –, in Meinungsverschiedenheiten verwickeln und auf Positionen versteifen, kann eine Maßnahme zum Gruppenerhalt nötig werden. Dadurch lässt sich der Konflikt glätten, und jedes Mitglied kann einen kritischen Blick auf sein eigenes Verhalten werfen. So wird wieder eine gute Kommunikation hergestellt, bevor man sich erneut der primären Aufgabe zuwendet.

Einige Aktivitäten von Gruppenmitgliedern lassen sich am besten unter dem Begriff »präventive Gruppenerhaltung« fassen. Zum Beispiel soll die Funktion, die *Chancengleichheit zu wahren*, gewährleisten, dass Mitglieder, die zur Problemlösung beitragen wollen, dies auch können. Zur Wahrung der Chancengleichheit gehört einerseits, die überaktiven Mitglieder etwas zu bremsen, und andererseits, die Aktivität der zu passiven Mitglieder zu erhöhen. Mir fiel in Gruppen häufig auf, dass ein Mitglied wiederholt den Mund aufmachte, um etwas zu sagen, aber nur ein oder zwei Worte herausbrachte, bevor ihn ein durchsetzungsfähigeres Mitglied unterbrach, das Wort entriss und seinen Punkt anbrachte. Nach zwei oder drei Versuchen gibt der Betreffende in der Regel auf, wenn nicht ein Dritter von dem Problem Notiz nimmt und ihm die Gelegenheit verschafft, sein Argument vorzubringen. Doch die Taktik der Chancenwahrung ist komplex. Niemand soll unterbrochen werden und dabei riskieren, das Gesicht zu verlieren; noch soll jemand zu einem Beitrag aufgefordert werden und dabei Gefahr laufen, durch einen Mangel an Interesse oder Engagement bloßgestellt zu werden.

Ermutigung dient dazu, jemandem zu helfen, seine Argumente vorzubringen – teils, um der Gruppe deren Inhalt nicht vorzuenthalten, aber auch, um dem Betroffenen und den anderen Gruppenmitgliedern zu zeigen, dass das Gruppenklima von Akzeptanz geprägt ist. Eine weitere wichtige Funktion des Ermutigens besteht in der Hilfe bei der Ausarbeitung und Klärung einer Argumentation, die möglicherweise noch nicht perfekt ausformuliert war.

Die Klärung wäre also eher eine aufgabenbezogene Funktion, während die Ermutigung mehr mit dem Erhalt und der Entwicklung der Gruppe zu tun hat.

Diagnostik sowie das Setzen und Überprüfen von Standards sind relevante Abhilfemaßnahmen, wenn Beziehungen Schaden genommen haben. In einem solchen Fall braucht die Gruppe eine Phase, in der die Arbeit an der Aufgabe ausgesetzt wird und sie (1) ihre Prozesse untersucht sowie die Meinung der einzelnen Mitglieder über die Gruppe, deren Normen und Arbeitsmethoden; und (2) in der die entstandenen Probleme und Konflikte auf den Tisch kommen. Die wenigsten Gruppen tun dies, es sei denn, ein Berater ist anwesend oder eines der Mitglieder ist entsprechend prozessorientiert. Dabei ist eine solche Bestandsaufnahmen und Katharsis in den meisten Projektgruppen absolut notwendig, wenn sie effektiv bleiben wollen.

Beim Gruppenerhalt kommt dem Berater häufig die Aufgabe zu, die fehlenden Funktionen beizusteuern. Je erfahrener eine Gruppe wird, desto mehr erkennen die Mitglieder, was gebraucht wird, und verschiedene Mitglieder werden die notwendigen Rollen übernehmen. Trotzdem kann der Berater an einem bestimmten Punkt im Rahmen einer Fortbildungsintervention die gesamte Liste der Funktionen zur Gruppenerhaltung vorstellen, um die Mitglieder daran zu erinnert, welche Rollen sie erfüllen müssen.

Funktionen zur Regelung der Gruppengrenzen

Jede Gruppe existiert in einem Organisations- oder gesellschaftlichen Umfeld. Deswegen gehört es zu ihren primären Aufgaben, ihre Beziehung zu diesem Umfeld zu gestalten (Ancona 1988). An diesem Prozess sind eine Reihe verschiedener Funktionen beteiligt, darunter welche zur Erstellung der Grenzen und welche zu deren Aufrechterhaltung und Stärkung, wenn die Gruppe dies für nötig erachtet. Die grundlegenden Funktionen hierfür finden sich in der Abbildung 15.

Grenzen definieren, indem man bestimmt, wer zur Gruppe gehört und wer nicht, ist eine der entscheidendsten dieser Funktionen. Der Berater wird eine Vielfalt von Verhaltensweisen bei den Gruppenführern wie den Gruppenmitgliedern beobachten können, die Insidern und Outsidern mitteilen, wer zur Gruppe gehört – Mitgliederlisten, bestimmte Uniformen, Kommunikationsstile, heimliches Händeschütteln, selbst verliehene Namen und Sitzungsprotokolle, die nur an Gruppenmitglieder gehen und so kommunizieren, wer »in« und wer »out« ist.

Grenzen definieren
Auskundschaften
Verhandeln
Übersetzen
Chancen im technologischen Bereich wahren
Grenzen überwachen
Gruppenzugänge und -abgänge regeln
© Schein 1998

Abb. 15: Funktionen zur Regelung der Gruppengrenzen

Auskundschaften bezeichnet Aktivitäten, die die Gruppe mit den benötigten Informationen über ihre Umgebung versorgt. Das können Informationen über das aktuelle Geschehen sein, die die Gruppe braucht, um ihre Zukunft abzuschätzen, oder Informationen über die verfügbaren Ressourcen, was Schlüsselfiguren im Umfeld über die Gruppe denken und welche Unterstützungsquellen und Gefahrenpotentiale vorhanden sind. Der Berater kann hier dank seiner grenzenübergreifenden Rolle von besonderer Hilfe sein und aufzeigen, wann bestimmte wichtige Funktionen beim Auskundschaften nicht abgedeckt sind. Dadurch wird die Gruppe vor der Gefährdung durch unerwartete Ereignisse aus der Umgebung bewahrt.

Zum Verhandeln mit der Umgebung gehören eine ganze Reihe von Aktivitäten, die entwickelt wurden, damit die Gruppe bekommt, was sie braucht, mögliche Gefahrenherde und potentielle Gelegenheiten erkennt und allgemein gute Beziehungen mit den Menschen in ihrer Umgebung unterhält, die das Schicksal der Gruppe beeinflussen können. Daher wird die Gruppe von Zeit zu Zeit Informationen aussenden und Botschafter ernennen, die mit Schlüsselpersonen von draußen verhandeln, wenn es um Interessenkonflikte geht oder Kommunikationskanäle zu anderen Gruppen gebraucht werden.

Mit Übersetzen sind jene Funktionen gemeint, die entschlüsseln helfen, was die Botschaften der anderen für die Gruppe bedeuten, und die eigenen Botschaften der Gruppe für die Außenwelt so formulieren, dass sie von anderen verstanden werden. In diesem Informationsaustauschprozess mit der Umgebung muss die

Gruppe Informationen filtern, klassifizieren und ausarbeiten, damit sie intern verstanden und extern akzeptiert werden. Der Berater kann hier, während er der Gruppe zuhört, durch Nachfragen klären, wie Außenstehende bestimmte Wörter auffassen werden.

Der Wahrung der Chancen im technologischen Bereich kommt auf diesem Gebiet besondere Bedeutung zu, d.h. das Versorgen der Gruppe mit den Informationen, die sie für die Erfüllung ihrer Aufgabe braucht (Allen 1977). In technologisch orientierten Gruppen wie Produktentwicklungsteams, beobachten einige Mitglieder die technische Entwicklung draußen, um für ihre Aufgabe relevante Informationen herauszufischen. Doch jede Gruppe ist für eine effektive Bewältigung ihrer primären Aufgabe auf bestimmte Kategorien von Informationen angewiesen, daher muss jemand für diese Funktion zuständig sein.

Grenzen überwachen meint alles, was zur Gewährleistung der Integrität der Gruppe unternommen wird. Dazu zählt, wer zu Meetings eingeladen wird, welche Informationen Außenseitern zugänglich sind, welche Übereinkünfte es zwischen den Gruppenmitgliedern über vertrauliche Behandlung von Informationen gibt, wie mit unwillkommenen Besuchern umgegangen wird und wie man mit Mitgliedern verfährt, die Informationen nach draußen weitergeben oder der Gruppe Unannehmlichkeiten bereiten.

Die Regelung von Gruppenzugängen und -abgängen bezieht sich auf die Prozesse der Gruppe, durch die neue Mitglieder (Immigranten) in die Gruppe gebracht werden und aktuelle Mitglieder entlassen werden (Emigranten oder Ausgestoßene). Die Aufnahme neuer Mitglieder geht wahrscheinlich mit Sozialisationsaktivitäten einher, mit Indoktrination, Training und Eintrittsriten; und Mitglieder, die die Gruppe verlassen, werden wohl, entsprechend den Umständen ihres Abschieds, mit verschiedenen Verabschiedungsriten entlassen. Mitglieder können die Gruppe verlassen, weil sie befördert wurden, von der Gruppe auf eine Mission geschickt werden, die Gruppe nicht ausstehen können, nicht in sie passen oder weil sie gegen Gruppennormen verstießen und nun exkommuniziert werden. Je nach Ursache variieren die Riten.

Es gibt noch weitere Funktionen, und die Listen, die ich hier vorstellte, enthalten nicht notwendigerweise die beste Klassifizierungsmethode für die verschiedenen Aktivitäten und Rollen, die die Mitglieder einer Gruppe erfüllen. Der Berater muss sich dabei vor allem darüber klar werden, dass jede Gruppe ihre eigene Entstehung und Erhaltung intern wie extern selbst regeln muss.

Indem der Berater die entsprechenden Maßnahmen der Gruppe beobachtet und sieht, bei welchen Funktionen zuwenig oder zuviel geschieht, kann er im Kopf formulieren, wo Interventionen am dringlichsten sind.

Die Entwicklung der Gruppe sowie ihrer Struktur und Kultur

Bei der gemeinsamen Arbeit und der gemeinsamen Bewältigung von Problemen entwickelt eine Gruppe allmählich gemeinsame Annahmen über sich selbst sowie Verhaltensregeln. Anders ausgedrückt, die Gruppe lernt als Gruppe, wie sie mit ihren Problemen, in der externen Umwelt zu überleben, fertig wird, und wie sie ihre internen Prozesse regeln und integrieren kann. Die Gesamtsumme dieser Erfahrungen, verkörpert in gemeinsamen, als gegeben vorausgesetzten, impliziten Annahmen, lässt sich als die »Kultur« dieser Gruppe begreifen. Zusätzlich kann man die sich wiederholenden Prozesse, die diese Kultur erhalten, als die interpersonale Struktur der Gruppe sehen, vergleichbar mit der Organisationsstruktur, die Aufgabenfunktionen auf einer sich wiederholenden Basis definiert. So werden sich allmählich stabile Rollenbeziehungen entwickeln, stabile Statusverhältnisse, die von entsprechenden Demuts- und Autoritätsritualen unterstützt werden, und stabile Muster von Sympathie – wer wen mag, wer mit wem auf einer informellen Basis zusammenkommt usw.

Einer der Hauptaspekte der Kultur sind die Normen und Regeln, nach denen sich das Alltagsverhalten der Gruppenmitglieder richtet. Der Prozess, nach dem sich Normen und schließlich kulturelle Annahmen entwickeln, lässt sich beobachten, wenn man auf entscheidende Vorfälle im Leben der Gruppe achtet und darauf, wie die Gruppe mit diesen Ereignissen umgeht (Schein 1985, [2]1992). Zum Beispiel stelle ich als Prozessberater häufig fest, dass es während eines Problemlösungsprozesses immer wieder Momente gibt, in denen ein Manager oder eine andere einflussreiche Person sich durchsetzen möchte und ein oder mehrere Gruppenmitglieder Gegenargumente ins Feld führen oder sich schlicht weigern, mitzumachen. Eine Form der »Insubordination« tritt auf. Wenn der Manager nun mit Bestrafungen reagiert und klar macht, dass er seine Vorschläge als Anweisungen aufgefasst sehen möchte, und falls die anderen Gruppenmitglieder jetzt aufhören, dagegen zu argumentieren und die Bestrafung akzeptieren, wird eine Regel über den Umgang mit Autorität aufgestellt. Ist dieses Muster effektiv, das heißt, hilft es bei der Lösung von Aufgaben- und interpersonalen Problemen weiter, wird es verstärkt, bis es schließlich zu einer gemeinsame impliziten Annahme darüber wird, wie diese Gruppe arbeitet. Der Stabilitätstest ist dann, ob einem neuen Gruppenmitglied erklärt wird: »So machen wir das in dieser Gruppe – wir befolgen Anweisungen.«

Ein weiteres Beispiel: Wie entstehen Normen hinsichtlich verschiedener Grade von »offener Kommunikation«? Ein Gruppenmitglied erklärt unvermittelt einem anderen: »Ich denke, die Sache mit diesem Kunden haben Sie gründlich vergeigt.« Wie die anderen Mitglieder, vor allem die Autoritätspersonen, mit diesem Kommentar umgehen, wird den Grundstein für eine Norm zu Offenheit und Konfrontation legen. Schweigt die Gruppe schockiert und verhält sich der Chef, als sei nichts vorgefallen, und wechselt einfach das Thema, schickt er ein eindeutiges Signal aus, dass eine solche Offenheit nicht gutgeheißen wird. Entgegnet er aber statt dessen: »John, das scheint Ihnen sehr viel auszumachen. Ich würde gern mehr über Ihre Beobachtungen erfahren, die zu diesem Urteil führten«, dann akzeptiert er seine Bemerkung nicht nur als legitim, sondern fördert die Diskussion durch die Bitte um zusätzliche Informationen. Und er legt vielleicht einen ersten Grundstein für die Regel, dass Urteile nur dann legitim sind, wenn sie mit Beispielen, Fakten und Zahlen untermauert sind.

Normen und kulturelle Annahmen im Gruppenprozess sind nicht einfach zu definieren oder auszumachen, dennoch stellen sie einen wichtigen Einfluss für das Verhalten der Mitglieder, ihre Wahrnehmungen und Gefühle dar. Das rührt zum Teil daher, dass sie unsichtbar operieren, da jeder sie als seine Richtlinien im Kopf hat. Noch wichtiger ist, dass das Befolgen von Normen und Annahmen, sobald diese mit anderen geteilt werden, ein Weg ist, die Zugehörigkeit zu einer Gruppe auszudrücken. Sobald eine Norm oder Annahme mit anderen geteilt wird, kann sie nur unter großen Schwierigkeit und unter Beteiligung der gesamten Gruppe geändert werden. Denn jedes einzelne Mitglied widersetzt sich einer Änderung, um seine Mitgliedschaft in der Gruppe nicht zu gefährden.

Typische derartige Normen wären z.B.:

»Wir fluchen nicht in dieser Gruppe und verwenden keine Gossensprache.«

»Wir erscheinen pünktlich zu den Meetings.«

»Wir stellen die Erklärungen des Chairmans der Gruppe nicht in Frage.«

»Wir pflegen einen lockeren Umgangston und verwenden Vornamen.«

»Wir streben einen Konsens an und verzichten auf Abstimmungen.«

»Unsere Meetings beginnen erst, wenn alle Mitglieder anwesend sind.«

Diese offenen, verbalisierten oder sogar schriftlich festgehaltenen Normen dienen der Gruppe als Regeln und können als explizite Normen bezeichnet werden. Die nicht offen ausgesprochenen sind als implizite also stillschweigend angenommene Normen aufzufassen. Aus den bei ihrer Verletzung beobachten Mitgliederreaktionen wissen wir, dass es sie gibt – z.B. geschocktes Schweigen, scharfe Zurückweisungen oder Standpauken. Bei wiederholter Verletzung der Normen ereilen die Mitglieder verschiedene Bestrafungen, und sie können schließlich sogar aus der Gruppe ausgestoßen werden, wenn ihr Verhalten es in entscheidenden Bereichen an Konformität fehlen lässt.

Eine wichtige Aufgabe des Beraters besteht darin, die Gruppe auf ihre Normen und gemeinsamen impliziten Annahmen aufmerksam zu machen und im Verlauf dieses Prozesses zu überprüfen, wie groß der Konsens zu einzelnen Themen innerhalb der Gruppe ist. In der vorherigen Diskussion der Gruppenfunktionen wurde dies als Setzen und Überprüfen der Standards bezeichnet. Einer der destruktivsten Aspekte von Gruppenverhalten rührt von einem fehlenden Konsens über entscheidende Gruppenprozesse – wenn die Mitglieder davon ausgehen, eine Norm funktioniere, dies aber nicht der Fall ist. Wertvolle Ideen und Vorschläge werden zurückgehalten, da Mitglieder annehmen, sie würden ohnehin nicht akzeptiert, was manchmal zu einer Maßnahme der Gruppe führt, die niemand wirklich wollte – das bereits dargestellte Abilene-Paradox (s.o. Kap. 8: Methoden zur Entscheidungsfindung in der Gruppe).

Der Berater kann der Gruppe helfen, indem er sorgfältig beobachtet, wie mit solchen Ereignissen umgegangen wird und daraus die Normen abzuleiten versucht, die die Gruppe – manchmal unbewusst – für sich selbst errichtet. Der Berater kann nach den Konsequenzen fragen, die sich aus dieser Behandlung des Ereignisse ergeben, oder er kann der Gruppe helfen, einige ihrer Normen zu erkennen und zu rekonstruieren, indem er ihr in Phasen der Reflexion und Analyse die entscheidenden Vorfälle ins Gedächtnis ruft. Die Gruppe erhält dann Gelegenheit, selbst zu überprüfen, ob die Normen hilfreich oder eher ein Hindernis für effektives Verhalten sind. Zum Beispiel kann eine Gruppe so zu der Erkenntnis gelangen, dass sie die Norm aufgestellt hat, man solle nur das Wort ergreifen, wenn man nach seiner Meinung oder einer Information gefragt wird. Vielleicht fürchtet die Gruppe nun, dass eine solch festgelegte Vorgehensweise die Generierung guter Ideen behindern könne. Nachdem die Norm erkannt wurde, kann die Gruppe sich daran machen, sie zu ändern, indem sie sie explizit entsprechend ihren Vorstellungen ausrichtet, wie eine Gruppe arbeiten solle.

Die Gruppe kann dabei auch darauf stoßen, dass explizite und implizite Normen einander bisweilen zuwider laufen. Zum Beispiel kann es eine explizite Regel geben, man solle sagen, was man sich denkt, und eine implizite Norm, man solle keinesfalls den Vorstellungen bestimmter mächtiger Gruppenmitglieder widersprechen. Zum Beispiel kann es eine explizite Regel geben, man solle sagen, was man sich denkt, und eine implizite Norm, man solle keinesfalls den Vorstellungen bestimmter mächtiger Gruppenmitglieder widersprechen. Oder es gibt die explizite Regel, alle Mitglieder in der Gruppe seien gleich und ihre Meinung zähle in der Diskussion gleich, und die implizite Regel, höherrangige Mitglieder sollten zuerst das Wort ergreifen und die anderen sollten sich ihrer Meinung anschließen. Häufig gibt es in Gruppen die explizite Norm, die Mitglieder sollten sich ihre Reaktionen offen zeigen, doch die Regeln des Gesicht-Wahrens verhindern eine solche Offenheit und jedem ist klar, warum die explizite Norm nicht befolgt wird. Die Wirkung von Normen kann sehr subtil sein, und der Berater muss der Gruppe anhand von konkreten Beispielen beibringen, die Effekte ihrer Normen zu erkennen.

Wenn sich Normen herausbilden und miteinander verzahnen, kann man anfangen, von der »Kultur« einer Gruppe zu sprechen. Dass sich eine solche Kultur so schwer ändern lässt, liegt daran, dass Normen, sobald sie sich gegenseitig zu unterstützen beginnen, nicht mehr einzeln – also die ein oder zwei, die stören –, sondern nur noch in ihrer Gesamtheit abgewandelt werden können. Angenommen, eine Gruppe hat z.B. die Norm entwickelt, wichtige Entscheidungen sollten stets im Konsens getroffen werden, und diese Norm wird von anderen Normen unterstützt wie »Wenn man mit der getroffenen Entscheidung nicht einverstanden ist, muss man das sagen«, »In einer aufgabenorientierten Diskussion sollte man immer aufrichtig und offen sein« und »Man sollte keine Maßnahme einleiten, solange die Gruppe darüber keinen Konsens erreicht hat.« Angenommen, die Gruppe hatte mit dieser offenen Arbeitsweise Erfolg. Nun wird ein neuer Chairman ernannt, und die Gruppe steht plötzlich unter Druck, schneller zu arbeiten. Der Chairman beschließt, die Entscheidungen selbst zu treffen und erwartet von den Mitgliedern, dass sie diesen Folge leisten. Doch es ist eher unwahrscheinlich, dass die Entscheidungsnorm in »Man muss tun, was der Chairman sagt« geändert werden kann, wenn nicht auch die Mitglieder ihre Einstellung bezüglich der Teilnahme an der Entscheidung ändern sowie ihre zugrundeliegenden Annahmen darüber, wie ein guter Entscheidungsfindungsprozess und eine zuverlässige Implementierung auszusehen haben. Der Berater muss der Gruppe dann helfen, diese Zusammenhänge zu erkennen, damit die Veränderungsprozesse realistisch angegangen werden können.

Verborgene und undiskutierbare Agendas

Ein wichtiges Gruppenphänomen, das von Aufgaben- und interpersonalen Problemen nur schwer zu trennen ist, stellen die »verborgenen Agendas« oder die mit ihnen verwandten »undiskutierbaren« Agendas dar. Wegen der Bedeutung der kulturellen Interaktionsregeln und der gegenseitigen Wahrung des »Gesichts« verbergen Gruppenmitglieder in der Diskussion oft, was sie für inhaltlich gefährlich oder unangebracht halten. Unter diese verborgenen Themen fallen private Ziele, die Mitglieder unter Umständen verfolgen und die sie nicht publik machen wollen aus Angst, sie könnten nicht akzeptiert werden – daher »verborgene Agendas«. Die wahrscheinlich verbreitetste Version dafür ist die vorgefasste Meinung einer Führungsfigur über das Ergebnis, zu dem eine Gruppe bei einem bestimmten Punkt gelangen soll. Die Mitglieder spüren meist, dass der Gruppenführer, selbst wenn er sie zur Mitarbeit auffordert, sich bereits eine Meinung gebildet hat und nur eine Ratifizierung wünscht.

Eine weitere Kategorie nicht diskutierbarer Agendas bezieht sich auf Dinge, die jedermann weiß, aber nur ungern laut ausspricht, weil dies für die Gruppe schmerzhaft oder peinlich sein könnte oder weil jeder glaubt, die anderen akzeptierten dieses Thema nicht. Die Bilder, die diese Kategorie hervorruft, sagen alles:

»Lassen wir die Leichen im Keller?«

»Was kehren wir unter den Teppich?«

»Lassen wir die Hosen runter?«

»Wollen wir die Sau rauslassen?«

»Sind wir dabei, um den heißen Brei herumzureden?«

»Hier wird keine schmutzige Wäsche gewaschen!«

»An dem Thema könnten wir uns die Finger verbrennen!«

Beachten Sie, dass das Undiskutierbare immer riesig, schmutzig, übelriechend, zu heiß oder unangenehm anzuschauen ist. Wir wissen immer, dass es da ist, ziehen aber vor, es nicht anzuschauen und seine Existenz nicht anzuerkennen. Die Rolle des Beraters in Bezug auf diese Themen, Tatsachen oder Angelegenheiten ist voller Tücken, da er oft nicht weiß, warum das Thema undiskutierbar ist oder wer in Verlegenheit gebracht werden könnte, wenn seine Existenz anerkannt und es auf den Tisch gebracht würde (siehe Fallbeispiel 9.1). Spüre ich dieses Phänomen, bin ich meist nur bereit zu fragen: »Gibt es hier etwas, das nicht auf den Tisch kommt?« Ich bringe das auf eine Weise zum Ausdruck, die es der Gruppe ermöglicht zu leugnen, wenn sie das möchte. Eine Möglichkeit, Gruppenwachstum und -entwicklung zu betrachten, ist die Beobachtung, dass die Gruppe sukzessive psychologische Sicherheit für sich selbst schafft, oder, wie Isaacs (1993) es ausdrücken würden, einen »Container«, ein Behältnis, das es erlaubt, die Angelegenheiten zu regeln, ohne dass etwas überläuft und Menschen »verbrannt« werden.

Und der interpersonale Inhalt und die interpersonale Struktur? (Felder 1, 3, 7 und 9)

Jede Gruppe oder Organisation muss stabile, sich wiederholende Prozesse entwickeln, will sie ihre internen Angelegenheiten regeln, ihre Mitglieder in die Lage versetzen, zusammenzuarbeiten, und sich als Gruppe sicher fühlen. Sich wiederholende und stabile Prozesse sind notwendig, um die interne Gruppenumgebung sicher und vorhersagbar zu machen, damit die Mitglieder sich ausreichend entspannen können, um ihre ganze emotionale Energie in die Arbeit an den externen Überlebensaufgaben zu stecken. Welche internen Probleme verlangen eine solche Stabilität? Wie sieht der »Inhalt« oder die Agenda um diese interpersonalen Prozesse aus? Jede Gruppe muss, um effektiv arbeiten zu können, eine stabile Lösung für jedes der folgenden Probleme entwickeln, wie unten gezeigt wird. Dem Leser werden die Parallelen zwischen diesen Themen und denen im Zusammenhang mit dem Eintritt in eine neue Gruppe beschriebenen nicht entgehen. Doch während jene Probleme aus dem Prozessstandpunkt des Mitglieds beschrieben wurden, das in die neue Gruppe eintritt, sind die im Folgenden dargestellten Themen eher allgemeine Probleme, wie sie für jede Gruppe oder Organisation zutreffen.

1. Schaffung einer gemeinsamen Sprache und konzeptioneller Kategorien

Die beobachtbare Struktur ist die von der Gruppe benutzte Sprache, die sich während ihrer Zusammenarbeit herausbildet: spezielle Terminologie, besondere Bedeutungen, die Wörter annehmen, und Konzepte und besondere Symbole, die nur Insider verstehen.

2. Definition von Gruppengrenzen und Kriterien für Dazugehörigkeit und Ausschluss

Die beobachtbare Struktur ist die Strategie und Praxis der Rekrutierung – wer mit Symbolen für die Mitgliedschaft ausgestattet wird wie Abzeichen und Uniformen –, Strategien zur Zurückgewinnung von Leuten, die die Gruppe verlassen haben, und Strategien gegenüber temporären Mitgliedern oder Vertragsarbeitern sowie Regeln, wem man was erzählt und vor wem man Geheimnisse hat usw.

3. Verteilung von Macht und Status

Jede Gruppe muss Kriterien dazu entwickeln, wer wen bei welchen Themen beeinflussen kann. Auf diesem Gebiet bestehen häufig große Unterschiede zwischen den formalen Strukturen und wie die Dinge in der Praxis laufen. Es ist möglich, Organisationscharts zu veröffentlichen und Regeln über die Befehlskette aufzustellen, aber Beobachter stellen nicht selten fest, dass einige dieser Regeln laufend ignoriert werden und sich alternative Strukturen entwickeln, die häufig als »informelle« Struktur bezeichnet werden. Auf einer tieferen Ebene hängt dieser Satz von Normen und Regeln mit Aggression zusammen und ermöglicht es der Gruppe, zu funktionieren, indem destruktives aggressives Verhalten auf sozial akzeptable Weise kanalisiert wird.

4. Entwicklung von Vertrautheits- und Freundschaftsnormen

Jede Gruppe muss Kriterien für Offenheit und Vertrautheit entwickeln sowie ein angemessenes Maß von Kooperation und Wettbewerb. Dieser Bereich ist häufig der am wenigsten strukturierte und daher die Ursache für die meisten Ängste der neuen Mitglieder, solange sie die impliziten Spielregeln noch nicht gelernt haben. Beobachtet man Indoktrinationsprogramme oder Diskussionen mit Mentoren, stellt man fest, dass Struktur mit Bemerkungen ausgedrückt wird wie »Hier ist Teamwork das A und O«, »Lassen Sie sich nicht bei taktischen Spielchen erwischen«, »Hier reden wir den Chef immer mit Titel an«, »Hier gehen wir ungezwungen miteinander um und sind per Du«, »Am besten sagen Sie immer genau, was Sie denken, selbst wenn Sie fürchten, dadurch Schwierigkeiten zu bekommen« oder »Seien Sie vorsichtig und widersprechen Sie dem Chef nie in der Öffentlichkeit.« Solche Regeln drücken sich nicht so schnell in der sichtbaren offiziellen Struktur aus wie explizitere Regeln, aber sie sind in jeder Kultur vorhanden (van Maanen 1979). Auf einer tieferen Ebene haben diese Regeln mit Zugehörigkeitsgefühlen und Zuneigung zu tun. Wie aggressive Gefühle müssen auch starke Gefühle der Zugehörigkeit und Zuneigung in angemessene Verhaltensweisen kanalisiert werden. Wenn solche Kanäle den Teilnehmern keine Sicherheit mehr geben, finden wir soziale Zusammenbrüche wie in den Fällen sexueller Belästigung am Arbeitsplatz.

5. Definition und Zuordnung von Belohnungen und Bestrafungen

Das offizielle Belohnungssystem, das Leistungsbewertungssystem, das Disziplinierungssystem, die Einschätzung der Entwicklungsmöglichkeit und die sich wiederholenden Prozeduren zur Beförderung und anderweitigen Belohnung oder Bestrafung von Leuten sind gewöhnlich der Beobachtung zugänglich. Doch wie bereits bei dem vorherigen Punkt (4) entsprechen die schriftlich festgehaltenen Strategien und Prozeduren nicht immer den zu beobachtenden, sich wiederholenden Strategien und Prozeduren – dem informellen Belohnungssystem.

6. Erklärung und Umgang mit dem Unvorhersagbaren

Bei diesem Bereich ist eine formale Struktur am unwahrscheinlichsten, obwohl jede Gruppe Rituale und Prozeduren entwickelt, um mit unvorhersagbaren und stressbeladenen Ereignissen umzugehen, die sich nicht leicht kontrollieren lassen. Aberglauben, Mythen oder symbolische Rituale wie »Regentänze« können sich herausbilden. Solche Prozesse können sich stabilisieren, indem sie weitergereicht und neue Mitgliedergenerationen gelehrt werden.

Im Verlauf ihrer Interaktionen entwickelt die Gruppe stabile Wahrnehmungen und Beziehungen, um den Umgang mit den oben beschriebenen Bereichen zu regeln, und daraus entstehen allmählich Annahmen über die Gruppe selbst, die einen wesentlichen Teil der Gruppenkultur ausmachen. Noch einmal gilt es festzuhalten: Diese zugrundeliegenden Annahmen werden aus den augenscheinlichen Arbeitsabläufen der Gruppe nicht ersichtlich, doch der Berater wird die Effekte in den strategischen Allianzen sehen, in den Kommunikationsmustern, in den sich wiederholenden Mustern der Gefühle, die die Mitglieder füreinander zum Ausdruck bringen, und in dem Respekt und der Haltung, mit der sie sich begegnen.

Die unmittelbare Intervention sollte den dynamischen Prozessen gelten, die sichtbar sind, weil hier die Gruppenmitglieder dasselbe sehen können wie der Beobachter. Ist die Gruppe schließlich erfahrener bei der Analyse ihrer Prozesse, können weniger sichtbare Strukturen und kulturelle Elemente

Interventionsziel werden. Zeigt die Gruppe das Bedürfnis, die eigene Kultur besser zu verstehen, kann eine zu diesem Zweck entwickelte Fortbildungsintervention durchgeführt werden.

Gruppenreife

Die Reife einer Gruppe kann nicht mit einem einzigen Kriterium festgestellt werden, eine Gruppe kann sich einer ganzen Reihe von Dimensionen bedienen, um herauszufinden und zu beurteilen, wo sie sich weiterentwickelt hat und wo womöglich noch ungenutzte Potentiale schlummern. Diese Dimensionen kann man in einen einfachen Beurteilungsbogen packen, den die Mitglieder dann regelmäßig ausfüllen, um zu erkennen, wie sie zu den jeweiligen Dimensionen stehen und wie sich ihre Einstellung dazu im Lauf der Zeit verändert. Übung 9.2 enthält ein Beispiel für einen solchen Fragebogen, allerdings erheben die dort gewählten Kriterien keinen Anspruch auf Allgemeingültigkeit.

Die Dimensionen reflektieren einige der grundlegenden Kriterien für Reife, die für die Beurteilung der individuellen Persönlichkeit entwickelt wurden. Ähnliche Kriterien lassen sich auf Gruppen anwenden:

1. *Ist die Gruppe fähig, sich realistisch mit ihrer Umgebung auseinander zu setzen, und ist sie in einem optimalen Maß unabhängig von ihrer Umgebung?*
2. *Herrscht in der Gruppe eine grundlegende Übereinstimmung über die Mission, die Ziele und die ultimativen Werte?*
3. *Ist die Gruppe zur Selbsteinsicht in der Lage? Versteht sie ihre eigenen Beweggründe?*
4. *Werden die Ressourcen innerhalb der Gruppe optimal genutzt?*
5. *Sind die internen Prozesse der Gruppe optimal integriert – Kommunikation, Entscheidungsfindung, Verteilung von Autorität und Einfluss sowie die Normen?*
6. *Ist die Gruppe fähig, aus ihren Erfahrungen zu lernen? Kann sie neue Informationen assimilieren und flexibel darauf reagieren?*

Keine Gruppe erreicht perfekte Werte in sämtlichen Dimensionen. Sie sind vor allem deshalb nützlich, weil sie der Gruppe ermöglichen, ihre Entwicklung über einen gewissen Zeitraum zu verfolgen und Schwachstellen in ihrer Arbeitsweise zu identifizieren. Das setzt Lernfähigkeit voraus und stellt besonders die sechste Frage auf der Liste in den Vordergrund.

Diese Kriterien lassen sich weiter verfeinern, indem man festlegt, was sich als gesundes Lernen oder Bewältigungszyklen für Gruppen und Organisationen festlegen lässt – die Schritte, die sorgfältig ausgehandelt werden müssen, wenn die Gruppe aus ihren Erfahrungen lernen will (Schein 1980):

1. *Spüren einer Veränderung in einem Teil der entweder internen oder externen Umgebung.*
2. *Die relevanten Informationen in die Gruppen- oder Organisationsteile leiten, die darauf reagieren können; Informationen verarbeiten, statt sie zu leugnen oder zu sabotieren.*
3. *Interne Prozesse gemäß den erhaltenen Informationen ändern und gleichzeitig die unerwünschten Nebenwirkungen dieser Änderungen reduzieren bzw. anderweitig regeln.*
4. *Neues Verhalten oder »Produkte« nach draußen geben, um auf die wahrgenommenen Veränderungen in der Umwelt zu reagieren.*
5. *Feedback darüber erhalten, inwieweit die neuen Reaktionen eine erfolgreiche Antwort auf die Veränderungen in der Umwelt darstellen.*

Der Berater kann der Gruppe wesentlich dabei helfen, diese Stufen der Bewältigung einer externen Veränderung zu identifizieren und zu bewerten, welche Schritte gut und welche weniger gut bewältigt werden. Wichtig für die Gruppe ist es vor allem zu wissen, auf welchen Gebieten sie Erfolg aufweisen kann und sich nachweisbar weiterentwickelt hat, da Mitglieder häufig nur die dysfunktionalen Aspekte ihrer Arbeit sehen. Wovon sie sich zu schnell entmutigen lassen, was ihre Arbeit mit den anderen in der Gruppe angeht.

Wie soll interveniert werden: Aufgaben- oder interpersonal orientiert? Inhalt-, prozess- oder strukturorientiert?

Die letzten zwei Kapitel gaben einen Überblick über die entscheidenden Dinge, die sich im Beziehungs- oder Gruppenumfeld beobachten lassen. Der Geschehensinhalt lässt sich sehr wohl sehen und spüren, ist aber nicht notwendigerweise von entscheidendem Einfluss für das Funktionieren der Gruppe. Der entscheidende und determinierende Faktor für das Geschehen ist die Struktur, die allerdings auch am schwierigsten zu entziffern und zu ändern ist. Hinsichtlich Beobachtung, Analyse und Intervention sind wahrscheinlich die Prozessdimensionen am erfolgversprechendsten. Die Prozesse bieten das größte Potential für Hilfe. Doch welche Prozesse – Prozesse der Aufgabenerledigung, Prozesse zur Regelung der Gruppengrenzen oder interpersonale Prozesse? Von meinem Standpunkt aus sind es zweifelsohne die Prozesse, die die primäre Aufgabe der Gruppe betreffen.

Die primäre Aufgabe als das Hauptziel für Interventionen

Das wichtigste Kriterium für die Entscheidung, was beobachtet und wo interveniert werden soll, ist, was nach Einschätzung des Beraters die primäre Gruppenaufgabe ist. Unter primärer Aufgabe verstehe ich die Ziele, die die Existenz der Gruppe rechtfertigen; der Grund, warum sie überhaupt zusammenkam, ihr grundlegender Auftrag, wie die Gruppe ihre externe Umgebung wahrnimmt – was letztlich ihr Überleben als Gruppe entscheidet. Die primäre Aufgabe ist nicht immer unmittelbar zu erkennen, aber sie kann im allgemeinen aus den Beobachtungen abgeleitet oder sogar durch Fragen in Erfahrung gebracht werden. Fragt man zu früh danach, erhält man vielleicht nur eine ungefähre Antwort, was weitere Beobachtung und Überprüfung notwendig macht, aber in jedem Fall wird es der Gruppe helfen, wenn sie zu einer expliziten Auskunft über ihre primäre Aufgabe gezwungen wird.

In einer neuen Beziehung mit einem Klienten oder bei der Leitung einer neuen Gruppe ist der sicherste und wohl produktivste Fokus das primäre Ziel oder die primäre Aufgabe des Beraters als Helfer oder Manager. Was wollen Sie und Ihr Klient oder Ihre Untergebenen erreichen? Wie sieht Ihr Zeitplan aus? Welche Schritte erscheinen im Hinblick auf Ihr Ziel als nächstes sinnvoll? In vielen Beratungsmodellen wird dieser Fokus als »Vertragsvereinbarung mit dem Klienten« eingeordnet. Aus meiner Sicht nicht unbedingt die richtige Formulierung, da sowohl Klient wie Berater gezwungen werden, sich über eine unbekannte Zukunft auseinander zu setzen. Besser ist die Konzentration auf unmittelbare Ziele, da man so von Anfang an, ab dem ersten Kontakt, effektiv intervenieren und dem Klienten oder Untergebenen zu helfen versuchen kann.

Es ist wichtig, interpersonale Prozesse zu beobachten, da Gruppenergebnisse das Ergebnis einer komplexen Interaktion der Geschehnisse auf der Aufgaben- und der interpersonalen Ebene sind, aber man sollte nicht notwendigerweise auf das Beobachtete hin intervenieren, es sei denn, die

Gruppe hat explizit beschlossen, interpersonale Themen anzugehen. Eine der schwierigsten Entscheidungen für den Berater stellt die Frage dar, wann er bei interpersonalen Prozessen intervenieren soll und wann er sich auf die bloße Beobachtung beschränken soll. Wieder sind die entscheidenden Kriterien: Inwiefern beeinflusst der interpersonale Prozess tatsächlich die effektive Aufgabenbewältigung und wie sichtbar ist der Prozess für die Gruppenmitglieder? Das Fallbeispiel 9.1 am Ende des Kapitels illustriert dieses Dilemma.

Zusammenfassung und Schlussfolgerung

In diesem Kapitel standen interpersonale Prozesse, Inhalt und Struktur im Vordergrund, die sich in jeder Beziehung oder Gruppe beobachten lassen. Für deren Beobachtung und Verständnis ist die Konzentration auf die Art und Weise wichtig, wie Mitglieder in eine Gruppe eintreten, mit welchen interpersonalen Problemen sie sich auseinander zu setzen haben, wie sie diese bewältigen und in welchem Stil. Gruppen müssen aufgebaut und unterhalten werden, und dieser komplexe Prozess setzt sich aus verschiedenen Funktionen zusammen, die erfüllt werden müssen. Einige davon hängen mit den in der Gruppe vorhandenen Emotionen zusammen, andere mit externen Beziehungen und der Aufrechterhaltung der Grenzen der Gruppe, ihrer Identität und ihrer Integrität.

Dieses Kapitel lieferte einen Überblick über die wichtigsten strukturellen Probleme, denen sich eine Gruppe bei der Regelung ihrer internen Beziehungen gegenüber sieht. Des Weiteren wurde dargestellt, dass in dem Maße, in dem die verschiedenen Prozesse im Gruppenleben Routine werden, sie beobachtbar werden als Strukturen für die Kommunikation, Grenzendefinition, Verteilung von Macht und Status, Belohnung, Kontrolle, Disziplinierung, Definition von Normen und informellen Beziehungen und Umgang mit den nicht so vorhersagbaren und weniger kontrollierbaren Ereignissen, derer die Gruppe gewärtig sein muss.

Die gemeinsamen, impliziten, als gegeben betrachteten Annahmen, die diesen Strukturen zugrunde liegen und bestimmen, wie die Beziehung der Gruppe zu ihrer Umwelt aussieht, wie die Gruppe ihre primäre Aufgabe und ihre internen Beziehungen angeht, ergeben zusammen die Kultur der Gruppe.

Bei der Wahl eines Interventionsfokus' sollte der Berater sorgfältig darauf achten, nicht auf die eindrucksvollen, aber möglicherweise irrelevanten interpersonalen Ereignisse überzureagieren, die ihm vielleicht bei seiner Beobachtung auffallen. Der Interventionsfokus sollte auf dem Aufgabenprozess bleiben. Bei interpersonalen Ereignisse sollte nur dann interveniert werden, wenn klar bewiesen ist, dass sie die Effektivität der Gruppe beeinträchtigen, und wenn ebenfalls kein Zweifel an der Bereitschaft und der Fähigkeit der Gruppe besteht, sich mit interpersonalen Themen auseinander zu setzen.

Fallbeispiel 9.1

Dysfunktionalität als Konsequenz einer interpersonalen Prozessintervention

Der Chef eines Technologieunternehmens bat mich, zu den regelmäßigen vierzehntägigen Sitzungen des aus acht Personen bestehenden Stabs zu kommen. Mein primärer Klient, der Chef der Produktionsabteilung, wünschte, dass ich die Gruppe und ihn in seiner Funktion als Führungsfigur beobachte und ihm und der Gruppe helfe, effektiver zu arbeiten. Ich sollte bei den regelmäßigen Arbeitssitzungen anwesend sein und intervenieren, wenn ich es für angebracht hielt. Ich traf die Gruppe als Gruppe, wurde freundlich begrüßt und wohnte den Sitzungen als reguläres Mitglied bei.

Nach etwas fünf Sitzungen fiel mir ein störendes, aber sich wiederholendes Muster auf. Ein Teilnehmer, nennen wir ihn Joe, wurde systematisch ignoriert, wenn er etwas beitrug. Er erschien regelmäßig in der Gruppe und schien, den sichtbaren Zeichen nach zu schließen, ein vollwertiges Gruppenmitglied zu sein, doch die Gruppe behandelte ihn, so wie ich es sah, unhöflich, beinahe grob. Ich beobachtete dieses interpersonale Muster über ausreichend viele Meetings hinweg, um zu dem Schluss zu gelangen, dass es tatsächlich da war und dass es die anderen Mitglieder ebenfalls bemerkt haben mussten. Daher entschied ich mich, es in den Mittelpunkt zu stellen. Ich erklärte: »Ich frage mich, wie diese Gruppe zu Joes Mitarbeit steht? Er scheint sich zu bemühen, zur gemeinsamen Arbeit beizutragen, aber die Gruppe ignoriert ihn ständig.«

Kaum hatte ich das gesagt, machte sich eisiges Schweigen breit. Und ohne einen Kommentar zu diesem Thema ging mein Klient, der Chairman der Sitzung, zum nächsten Punkt der Agenda über, als hätte ich kein Wort gesagt. Ich erkannte, dass ich auf ein Minenfeld geraten war, aber ich hatte keine Ahnung, was passiert war, bis mein Klient mich nach der Sitzung beiseite nahm. Er erklärte mir, Joe sei ein Technikguru, der – zu Beginn seiner Karriere – einige wichtige Produkte erfunden habe, die dem Unternehmen zu vielen Erfolgen verholfen hätten. Doch als Joe älter wurde, sei er zunehmend »obsolet« geworden und unfähig, etwas beizutragen. Das führende Management habe beschlossen, Joe im Unternehmen zu behalten und ihn nicht in den vorgezogenen Ruhestand zu zwingen, und es habe mehrere Gruppen gefragt, ob sie ihn irgendwo »parken« könnten, wo er nicht »zuviel Schaden anrichte«.

Mein Klient hatte sich bereit erklärt, ihn zu nehmen, und hatte seine Gruppe gebeten, so nett zu Joe zu sein, wie es unter diesen Umständen nur möglich sei. Allen war jedoch klar, dass Joes Beiträge für die Aufgabenbewältigung der Gruppe vollkommen irrelevant waren. In meiner technischen Ignoranz war mir diese Irrelevanz von Joes Bemerkungen entgangen. Darüber hinaus schien Joe sich nicht weiter daran zu stoßen. Er war glücklich, ein Zuhause zu haben und das Gefühl, etwas beizutragen, und schien, so weit man das sagen konnte, den groben Umgangston der Gruppe nicht zu bemerken (oder sich nicht daran zu stören).

Meine Intervention war allen peinlich, da ich den heißen Brei auftischte, den alle nicht wahrhaben wollten. Und ich riskierte, Joe darauf zu stoßen, dass er Grund hatte, beleidigt zu sein. Ich hatte mich entschieden, ein interpersonales Ereignis zu diskutieren, ohne genug Datenmaterial, ob dieses Ereignis tatsächlich die Gruppeneffektivität beeinflusste. Das war die erste von vielen Lektionen des Inhalts, dass man sich, solange man nicht wirklich über das Geschehen informiert ist, besser an die Aufgabenprozesse hält und sich die interpersonalen Ereignisse nur für einen späteren Gebrauch merkt.

Übung 9.1

Einer Gruppe helfen, mehr über sich selbst zu erfahren

Schlagen Sie in Ihrer Funktion als Gruppensprecher oder Gruppenmitglied ihrer nächsten Gruppe oder bei ihrem nächsten Meeting vor, die letzten 15 Minuten des Meetings für »einen Überblick über die Entscheidungen und die jeweils vorangegangenen Entscheidungsprozesse« zu reservieren.

Die Idee dabei ist, die Gefühle der Mitglieder zum Verlauf des Meetings zu sammeln. Solche Gefühle kann man auf offene Weise sammeln oder mit einem Diagnoseinstrument, wie es unten vorgestellt wird. Dieser Fragenkatalog konzentriert sich auf interne Beziehungen. Es wäre allerdings ebenso angemessen, einen Fragenkatalog zur Regelung externer Grenzen zu entwerfen, falls die Gruppe Ihrer Meinung nach auf diesem Gebiet Hilfe benötigt.

Wird ein diagnostischer Fragebogen verwendet, muss etwas mehr Zeit für die Analyse veranschlagt werden. Steht die Gruppe dem Wert jedweder Diagnose skeptisch gegenüber, ist es besser, mit kurzen Perioden offener Diskussion zu beginnen und den Fragebogen in der Hinterhand zu behalten, bis die Gruppe den Wert solcher Diskussionen zu schätzen lernt und bereit ist, mehr Zeit dafür aufzuwenden. Sie können die Diskussion immer damit beginnen, eine oder zwei Fragen in den Mittelpunkt zu stellen, wenn Ihrer Ansicht nach bestimmte Themen im Vordergrund stehen.

Übung 9.2

Gruppeneffektivität bewerten

Jedes Gruppenmitglied sollte das Gruppenmeeting schnell nach den folgenden Dimensionen bewerten (s. Abb. 16: Fragebogen I). Schreiben Sie die Dimensionen auf einen Flipchart und lassen Sie sich von jedem Mitglied die Bewertung zur jeweiligen Dimension zurufen. Nachdem die Gruppenverteilung feststeht, diskutieren Sie jede Dimension und untersuchen dabei vor allem Fälle, in denen ein oder zwei Mitglieder von der allgemeinen Tendenz abwichen. Welche Ereignisse oder Prozesse veranlassten die Mitglieder zu ihrer Bewertung?

A. Ziele

1	2	3	4	5	6	7
Unklar, widersprüchlich						Klar, von allen geteilt

B. Beteiligung

1	2	3	4	5	6	7
Einige wenige dominieren, geringe Aufmerksamkeit						Große Beteiligung, gute Aufmerksamkeit

C. Ausdruck von Gefühlen

1	2	3	4	5	6	7
Ignoriert, nicht ausgedrückt						Frei ausgedrückt

D. Diagnose der Gruppenprobleme

1	2	3	4	5	6	7
Direkt zu den Lösungen						Suche nach zugrundeliegenden Ursachen

E. Entscheidungsfindungsprozesse

1	2	3	4	5	6	7
Entscheidung durch Autoritätsanmaßung oder durch Minorität						Konsens

F. Führung						
1	2	3	4	5	6	7
Autokratisch, zentralistisch				Verteilt, große Mitbeteiligung		
G. Maß an Vertrauen						
1	2	3	4	5	6	7
Kein Vertrauen zw. den Mitgliedern				Großes Vertrauen zw. den Mitgliedern		

(Bewerten Sie jede Dimension auf der angegebenen Skala)

© Schein 1998

Abb. 16: Fragebogen I

Übung 9.3

Stille Beobachtung und Feedback

Eine dritte und aufwendigere Übung wäre, die Gruppenmitglieder zu überzeugen, dass es die Gruppe weiterbrächte, wenn ein Gruppenmitglied zum stillen Prozessbeobachter ernannt würde und der Gruppe Feedback gäbe. Diese Rolle lässt sich auch mit der Rolle des Moderators kombinieren. Wieder sollte die Gruppe 30 Minuten am Ende des Meetings erübrigen, damit der stille Beobachter seine Anmerkungen anbringen kann und die eigenen Beobachtungen und Reaktionen analysiert werden können.

Die Rolle des »Beraters« (der stille Beobachter) während dieser diagnostischen Phasen nach dem Meeting verlangt äußerste Umsicht. Die große Versuchung besteht darin, bei der ersten Gelegenheit alles rauszulassen und mit den ganzen handfesten Beobachtungen aufzuwarten, die man in den letzten Stunden machte. Diese Versuchung wird häufig noch erhöht, da die Gruppe den Berater ja tatsächlich auffordert, alle Beobachtungen zu berichten. »Wie fanden Sie denn, dass wir bei dem Meeting waren?« »Sie haben da gesessen und haben uns ein paar Stunden zugesehen, was ist Ihnen dabei durch den Kopf gegangen?«

Zu diesem Zeitpunkt muss der Berater sich seine primäre Mission ins Gedächtnis rufen: die Gruppe an der Diagnose zu beteiligen und ihr dabei zu helfen, ihre eigenen Prozesse diagnostizieren zu lernen. Wenn er nachgibt und mit seinen Beobachtungen die Führungsrolle übernimmt, besteht die große Gefahr, dass die Gruppe die Verantwortung abgibt, selbst die Diagnose zu übernehmen. Dazu kommt, dass der Beobachter, wenn er Beobachtungen macht, denen andere Mitglieder nicht zustimmen, sich schnell in einer neutralisierten Position wiederfindet. Schließlich vergisst der Berater, wenn er mit seinen Beobachtungen den ersten macht, dass er, behindert durch seine Filter, vielleicht über Dinge berichtet, die relativ unwichtig sind oder seine eigene Voreingenommenheit reflektieren.

Hat die Gruppe einmal einen Bereich identifiziert, wo die Mitglieder selbst Beobachtungen beitragen, ist es absolut angebracht, wenn der Berater seine eigenen Beobachtungen einbringt und die Gelegenheit nutzt, den Mitgliedern neben seinen Beobachtungen auch durch kurze Erläuterungen zur Gruppentheorie zu einem tieferen Verständnis zu verhelfen. Doch die Gruppe muss dabei die Führung übernehmen, und der Berater muss innerhalb der von der Gruppe als relevant definierten Bereiche arbeiten. Falls die Gruppe den Berater dazu drängt, ihr diese Arbeit abzunehmen, muss er dieses Ansinnen höflich, aber bestimmt zurückzuweisen und die Gruppe auffordern, sich selbst an einer Diagnose zu versuchen.

Übung 9.4

Gruppenreife bewerten

Will eine Gruppe ihre »Reife« oder ihre Entwicklung bewerten, kann man ihr einige Dimensionen in Form eines Fragebogens an die Hand geben, da es eher unwahrscheinlich ist, dass die Gruppe diese Dimensionen in einer offenen Prozessanalyse selbst herausarbeiten könnte. Der unten dargestellte Fragebogen kann als Starthilfe dienen.

EINE REIFE GRUPPE VERFÜGT ÜBER:
(bewerten Sie jede Dimension auf der angegebenen Skala):

A Angemessene Feedbackmechanismen

1	2	3	4	5	6
Lassen zu wünschen übrig					Ausgezeichnet

B Angemessene Entscheidungsprozedur

1	2	3	4	5	6
Lässt zu wünschen übrig					Absolut angemessen

C Optimale Kohäsion

1	2	3	4	5	6
Niedrig					Optimal

D Flexible Organisation und Prozeduren

1	2	3	4	5	6
Inflexibel					Sehr Flexibel

E Maximaler Einsatz der Mitgliederressourcen

1	2	3	4	5	6
Lässt zu wünschen übrig					Ausgezeichnet

F Klare Kommunikation

1	2	3	4	5	6
Unklar					Sehr klar

G Klare, von den Mitgliedern akzeptierte Ziele

1	2	3	4	5	6
Klar und akzeptiert					Unklar, nicht akzeptiert

H Unabhängigkeit von Autorität

1	2	3	4	5	6
Niedrig					Hoch

I Angemessene Verteilung von Führungsfunktionen

1	2	3	4	5	6
Niedrig					Hoch

K Kreativitäts- und Entwicklungskapazitäten

1	2	3	4	5	6
Niedrig					Hoch

L Fügen Sie weitere, möglicherweise relevante Dimensionen hinzu.

Abb. 17: Fragebogen II

10. Kapitel

Fördernde Prozessinterventionen: Dialog

Menschliche Beziehungen entwickeln sich um eine Form der Konversation. Der Berater stellt eine Beziehung zu dem Klienten durch ein Gespräch her. Diagnostisches Fragen ist ebenso eine Form der Konversation, wie Information, Überzeugungsarbeit, Konfrontation und bewusstes Feedback. Die Gruppeninteraktion bei Meetings besteht aus einer Reihe von Konversationen. Von einem bestimmten Standpunkt aus betrachtet, ist das ganze Leben eine Reihe strukturierter Konversationen zwischen verschiedenen Rolleninhabern. Letztlich ist es diese Fähigkeit zur Konversation, die uns zu Menschen macht.

Doch wie wir alle wissen, sind einige Konversationsformen befriedigender als andere. Einige versprechen mehr, was Lernerfahrungen angeht oder die Möglichkeit, Klienten bei der Lösung ihrer Probleme und der Erreichung ihrer Ziele und Ideale zu helfen. Ein Gespräch kann vollkommen spontan sein oder es kann entsprechend den Intentionen der Beteiligten geregelt werden. Das siebte Kapitel behandelt bewusstes Feedback als eine Form solch »geregelter« Konversation, die entwickelt wurde, um Klienten ein Gespür dafür zu geben, wie sie bei anderen ankommen, wie andere ihre Leistung wahrnehmen und wo vielleicht ihre Schwachstellen liegen können. Eine andere Form des »geregelten« Gesprächs ist der Dialog.[33]

Dialog lässt sich als eine Konversationsform beschreiben, die es möglich, ja sogar wahrscheinlich macht, dass die Teilnehmer sich einiger verborgener, impliziter Annahmen bewusst werden, die sich von den jeweiligen kulturellen Erfahrungen, der jeweiligen Sprache und Psychologie ableiten. Das gewöhnliche, spontane Gespräch unterliegt den oben dargestellten kulturellen Regeln und sämtlichen psychologischen Fehlerquellen und Filtern, die in der Analyse des BRUI-Zyklus beschrieben wurden. Um in unserem Alltagsleben handlungsfähig zu sein, gehen wir davon aus, uns gegenseitig zu verstehen und von ähnlichen Annahmen aus zu operieren. Nur bei einem Kommunikationszusammenbruch stellen wir das Geschehen in Frage, und dann neigen wir häufig dazu, den Zusammenbruch den Motiven oder der Inkompetenz der anderen in dem Gespräch zuzuschreiben. Kommt es zu Meinungsverschiedenheiten oder Konflikten, sehen wir das Problem wieder in den Motiven und Intentionen der anderen und es fällt uns schwer, die Möglichkeit in Betracht zu ziehen, dass wir in Wahrheit von verschiedenen Prämissen und Annahmen ausgehen. Eine der schwierigsten Herausforderungen von Vermittlern bei Verhandlungen ist es, die Parteien dazu zu bewegen, die Möglichkeit zu akzeptieren, dass ihre Ziele, würden sie einander tatsächlich verstehen, möglicherweise zu vereinbaren wären.

Dialog als Konversationsform beginnt mit den Annahmen, dass die Beteiligten mit verschiedenen Annahmen eintreten und gegenseitiges Verständnis in den meisten Fällen eine Illusion ist. Bevor wir also überhaupt erst soweit kommen, durch bewusstes Feedback zu lernen, müssen wir uns unserer impliziten Annahmen bewusster werden, um zu erkennen, dass andere Gesprächsteilnehmer vielleicht von anderen Annahmen ausgehen. Der Dialog ermöglicht nicht nur, ein Klima für effektiveres interpersonales Lernen zu schaffen, möglicherweise ist er sogar der einzige Weg, interpersonale Konflikte zu lösen, wenn solche Konflikte von verschiedenen impliziten Annahmen und verschiedenen semantischen Definitionen ausgehen.

Dieses Kapitel enthält eine relativ formale Analyse des Dialogs als Konversationsform, doch selbstverständlich bemühen wir uns in unseren Alltagsangelegenheiten ständig um tiefe Gespräche, die echten Dialogen entsprechen. Berater versuchen mit ihren Klienten in solche Dialoge zu treten, ohne ihre Gespräche offiziell so zu nennen. Jeder von uns kann eine Reihe von Beispielen für Gespräche anführen, die fruchtbar und voll gegenseitigen Verständnisses waren. Nun gilt es herauszufinden, wodurch dieses gegenseitige Verständnis möglich wurde und wie wir Gespräche strukturieren können, um einen Dialog wahrscheinlicher zu machen.

Dialog versus Sensitivitätstraining

Am besten lässt sich dieses Konzept des Dialogs erkunden, wenn wir es als eine Form des Gesprächs und der Kommunikation anderen Formen gegenüberstellen, mit denen wir vertrauter sind, vor allem der Form des Gesprächs, das sich von dem Konzept und der Praxis der Sensitivitätstrainingsgruppen ableiten, wie sie in den Kursen des *Bethel Human Relations Training* (Schein/Bennis 1965; Bradford u.a. 1964) entwickelt wurden. Im Folgenden beschreibe ich meine eigenen Erfahrungen in beiden Gruppen, um Dialog wie Sensitivitätstraining zu entmystifizieren. Einige Vertreter dieser Richtungen erwecken den Eindruck, Dialog sei eine höchst esoterische Erfahrung und Sensitivitätstraining eine der wichtigsten therapeutischen Erfahrungen. Nach meiner Ansicht trifft keines dieser Klischees zu, so wie diese Lernprozesse gemeinhin praktiziert werden. Was diese beiden Methoden verbindet und gleichzeitig scharf voneinander trennt, hat mehr mit der Entwicklung bestimmter Elemente des »Zuhörens« zu tun.

Die meisten Workshops über Kommunikation und sachliche Beziehungen betonen das »aktive« Hinhören, womit gemeint ist, man solle alle Kommunikationskanäle berücksichtigen – die gesprochene Sprache, die Körpersprache, die Stimmlage und Intonation und den emotionalen Gehalt. Es wird empfohlen, sich von Anfang an auf die Aussage des anderen zu konzentrieren statt auf die eigene Antwort. Im Gegensatz dazu liegt beim Dialog der Schwerpunkt anfangs darauf, in sich hineinzuhorchen und mit den zugrundeliegenden Annahmen in Kontakt zu kommen, die »automatisch« bestimmen, wann wir das Wort ergreifen und was wir sagen. Beim Sensitivitätstraining liegt der Schwerpunkt verstärkt darauf, die Gefühle der anderen zu hören und sämtliche Kommunikationsebenen zu nutzen: Dialog stellt die Denkprozesse in den Mittelpunkt und wie unsere Wahrnehmungen und Kognitionen von unseren vergangenen Erfahrungen geprägt werden.

Die dem Dialog zugrundeliegende Annahme lautet: Je mehr wir uns bewusst werden, wie unsere Denkprozesse ablaufen, desto mehr lernen wir die inhärente Komplexität der Kommunikation und des gegenseitigen Verstehens schätzen, und bauen allmählich ausreichend Vertrauen auf, um dem kollektiven Gedankenprozess die Vormacht vor dem individuellen Gedankenprozess einzuräumen. Ein wichtiges Ziel des Dialogs besteht in der Befähigung der Gruppe, durch den allmählichen Aufbau »gemeinsamer« Bedeutungen und eines »gemeinsamen« Denkprozesses eine höhere Bewusstseins- und Kreativitätsebene zu erreichen. Zwar steht hier meist im Mittelpunkt, wie größere Gruppen diese Ebene des »gemeinsamen« Denkens erreichen, doch lässt sich das Konzept ebenso gut auf die Zwei-Personen-Gruppe von Berater und Klient übertragen. Echte Hilfe kann nur gegeben werden, wenn sowohl Berater wie Klient auf gemeinsame Annahmen zurückgreifen und eine gemeinsame Sprache entwickelt haben.

Aktiv auf andere Hinhören spielt im Dialogprozess eine Rolle, ist aber nicht der Dreh- und Angelpunkt oder das Ziel. Mir selbst ging es sogar so, dass ich in Dialoggruppen wesentlich mehr Zeit mit Selbstanalyse zubrachte, also meinen eigenen Annahmen auf den Grund zu gehen versuchte, und mich entsprechend weniger darauf konzentrierte, den anderen aktiv zuzuhören. Letztlich »hören« auch Teilnehmer am Dialog einander »aktiv zu«, aber sie erreichen dieses Ziel auf einem ganz anderen Weg.

In einem typischen Sensitivitätstrainingsworkshop erforschen die Teilnehmer Beziehungen, indem sie »sich öffnen« und einander mitteilen. Das geschieht über gegenseitiges bewusstes Feedback und die Untersuchung der emotionalen Kommunikationsprobleme. Beim Dialog untersuchen die Teilnehmer die Komplexitäten des Denkens und der Sprache. Wir merken, wie willkürlich unsere grundlegenden Denk- und Wahrnehmungskategorien sind und werden uns dabei auch der Unvollkommenheiten oder systematischen Fehler in unseren grundlegenden kognitiven Prozessen bewusst. Einer meiner früheren Kollegen am MIT, Fred Kofman, lieferte ein gutes Beispiel für einen solchen systematischen Fehler, indem er uns an die Geschichte vom Schnabeltier erinnerte. Die Entdeckung dieses Tieres löste unter den Wissenschaftlern eine große Kontroverse aus. Handelte es sich dabei um ein Säugetier, einen Vogel oder ein Reptil? Die automatische Annahme dabei war, dass die Kategorien »Säugetiere«, »Vögel« und »Reptilien« die Realität sind, in die dieses neue Lebewesen hineinzupassen hatte. Wir neigen dazu, zu vergessen, dass diese Kategorien dazu erdacht wurden, um die Realität zu repräsentieren und zu kategorisieren, und nicht die Realität sind. Fred rief uns in Erinnerung, dass das Schnabeltier ein Schnabeltier ist. Es ist nicht notwendig, das Schnabeltier in eine Kategorie zu zwängen, außer um der Bequemlichkeit willen. Ganz im Gegenteil, diese erzwungene Einordnung in Kategorien geht auf Kosten unserer Fähigkeit, mehr über die Realität da draußen zu erfahren.

Der Dialogprozess macht uns bewusst, wie Gedankenprozesse auf der Fragmentierung der Welt in Wahrnehmung und Unterscheidung ermöglichende, bequeme Kategorien basieren. Diese Kategorien erlernen wir sehr früh in unserem Leben zusammen mit der Sprache. Wir vergessen dabei nur, dass diese Kategorien willkürlich sind und entwickelt wurden, um innerhalb der Kulturen mit den für das Überleben wichtigen Aspekten der externen Realität umgehen zu können. Je mehr wir in einer Dialoggruppe reflektieren, desto klarer wird uns die Willkürlichkeit, mit der wir die externe Realität wahrnehmen, und die Möglichkeit, dass andere in der Gruppe ihre externe Realität ebenso willkürlich, aber anders wahrnehmen. Wir sehen die Realität zunehmend als Kontinuum und unsere Denkprozesse als die Ursache für ihre Fragmentierung in Konzepte und Kategorien.

Beim Sensitivitätstraining wird mit Hilfe des Gruppenprozesses die Entwicklung unserer individuellen interpersonalen Fähigkeiten angestrebt, während der Dialog darauf abhebt, eine Gruppe aufzubauen, die generierend, kreativ und – am wichtigsten – zusammen denken kann. Wenn der Dialog funktioniert, kann die Gruppe mehr erreichen, als die kreativen Fähigkeiten ihrer einzelnen Mitglieder vermuten lassen, ein Ausmaß, das ursprünglich nicht für möglich gehalten wurde. Dialog ist also ein wirkungsvolles Mittel zur kreativen Problemidentifikation und -lösung. In der Klienten-/Beraterbeziehung kann der Dialog zu diagnostischen Einsichten und Ideen für weitere

Interventionen führen, an die weder Klient noch Berater gedacht hätten, wären sie auf sich alleine gestellt gewesen.

Beim Sensitivitätstraining steht im Vordergrund, das Geben und Empfangen von bewusstem Feedback zu lernen, ein Prozess, der unserer Kultur wegen unseres Bedürfnisses nach Gesicht-Wahrung zuwider läuft und daher ein hohes Maß an Gefühlen und Ängsten hervorruft. Dieser Prozess verspricht uns neue Einsichten, die Offenbarung unserer blinden Stellen und die Möglichkeit, uns so zu sehen, wie andere uns wahrnehmen. Für viele ist das nicht nur neu, sondern potentiell niederschmetternd – so unentbehrlich es für die Weiterentwicklung sein mag. Bewusstes Feedback zu erhalten bedeutet, unsere Illusionen über uns selbst zurückzustellen; bewusstes Feedback zu geben bedeutet das Risiko, den Empfänger zu verletzen und feindselig zu stimmen. Der Dialog betont im Gegensatz dazu den natürlichen Gesprächsfluss. Bewusstes Feedback und interpersonales Aufeinanderprallen wird sogar eher unterlaufen (wenn auch meiner Erfahrung nach implizit). Beim Dialog ist die gesamte Gruppe Lernobjekt, die Mitglieder teilen das potentielle Abenteuer, gemeinsam auf Ideen zu stoßen, auf die sie auf sich selbst gestellt nie gekommen wären. Feedback kann vorkommen, vor allem in Bezug auf das Verhalten Einzelner, das den natürlichen Gesprächsfluss stört, aber Feedback wird nicht als Ziel des Gruppenprozesses gefördert.

Der Dialog funktioniert oft am besten, wenn die Gruppenmitglieder im Kreis sitzen und in das »Lagerfeuer« reden statt direkt zueinander. Gemeinsames Eigentum der Gruppe ist das, was wir alle zu sagen haben, nicht eine Ansammlung von Bemerkungen zwischen bestimmten Einzelpersonen, die andere zufällig mithören. Daher verstößt der Dialog gegen einige kulturelle »Regeln«, wie z.B., dass man auf Fragen antworten muss und einander in die Augen sehen soll, wenn man miteinander spricht, und jeder denselben Anspruch auf Redezeit hat. Viele empfinden den natürlichen Gesprächsfluss als eine Verlangsamung, ein Abschweifen und ein Vernachlässigen der zu erledigenden Aufgabe oder der Entscheidungsfindung. Eine der dramatischsten Illustrationen dieser Norm-»Anpassung« war der Kommentar, den ein Teilnehmer nach einer zweistündigen Dialogsitzung gab – dies sei das erste Mal in vielen Jahren gewesen, dass er sich »ermächtigt gefühlt habe, zu schweigen«.

Nicht zuletzt hebt sich Dialog von anderen Instrumenten zur Kommunikationsförderung dadurch ab, dass die Gruppengröße nicht beschränkt ist. Während das Sensitivitätstraining nur in Gruppen bis zu 15 Teilnehmern effektiv durchgeführt werden kann, habe ich in Dialoggruppen mit bis zu 60 Teilnehmern gearbeitet. Es soll sogar erfolgreiche Dialoggruppen mit 100 und mehr Teilnehmern gegeben haben. Man kann sich nur schwer vorstellen, dass eine so große Gruppe etwas erreicht. Doch solche großen Gruppen bestehen oft aus Leuten, die bereits Dialogerfahrung in kleineren Gruppen sammeln konnten. Diese Leute gehen in die großen Gruppen nicht mit der Erwartung hinein, jeder müsse zu Wort kommen. Am anderen Ende der Skala, der Zwei-Personen-Gruppe, ist der Dialog natürlich ebenfalls angebracht und er spielt, wie ich zeigte, eine wichtige Rolle bei dem Prozess des Beziehungsaufbaus zwischen Berater und Klient.

Beim Sensitivitätstraining wird von jedem erwartet, dass er hinzulernt und sich an dem Lernprozess beteiligt. Beim Dialog spielt der einzelne Beitrag eine geringere Rolle, weil es darum geht, als Gruppe ein höheres Kommunikationsniveau zu erreichen. Da ein Großteil der Arbeit intern ist – die Untersuchung der eigenen Annahmen – ist das Bedürfnis, »seinen Anteil an Sendezeit« einzufordern, sehr viel geringer. Was Länge und Häufigkeit von Meetings angeht, sind dialogorientierte Sitzungen häufig flexibler, variabler und weniger intensiv.

Wie kommt ein Dialog in Gang?

In sämtlichen Gruppen, an denen ich teilgenommen habe, ließ der Moderator zu Beginn des Meetings die Stühle in Kreisform stellen, so gut dies möglich war, und beschrieb anschließend das Konzept des Dialogs. Jede Gruppe hatte die Grundzüge ausreichend verstanden, um mit dem Gespräch anfangen zu können. Für dieses Grundverständnis ist es entscheidend, den Dialog mit anderen Erfahrungen in Verbindung zu bringen, die als echte Kommunikation empfunden worden waren. Um dies zu erreichen, kann man die Teilnehmer darum bitten, sich gute Kommunikationserfahrungen ins Gedächtnis zu rufen, und sie nach den allgemeinen Themen zu fragen. Dieser Prozess wird in Abbildung 18 dargestellt.

Die Theorie hinter dieser Einführung entspricht unserem Wissen über Gruppendynamik und schließt mehrere elementare Annahmen über neue Gruppen mit ein:

1. Die Gruppe arbeitet dann am besten, wenn sich die Mitglieder gleichwertig fühlen. (Selbst wenn es in der Gruppe Rang- oder Statusunterschiede gibt, sollten alle im Kreis sitzen.)
2. Die Gruppe arbeitet dann am besten, wenn alle Mitglieder das Gefühl haben, genug garantierter »Sendezeit« zu haben, um sich in der Gruppe

darstellen zu können. Um jedermann die Sicherheit zu geben, ausreichend Raum und Zeit zu haben, kann man anfangs jeden in einer Vorstellungsrunde um eine kurze Stellungnahme bitten. In größeren Gruppen kommen vielleicht nicht alle zu Wort, aber es gilt die Regel, dass jeder die Gelegenheit erhält, sich zu äußern, wenn er dies wünscht, und dass die Gruppe die entsprechende Zeit dafür einräumt. Diese notwendige Vorstellungsrunde kann auch so aussehen, dass reihum jeder sagt, wie er heißt, und ein paar Worte hinzufügt. Vor allem kommt es dabei darauf an, dass jeder etwas sagt.

3. Solange die Gruppe neu ist, werden die Mitglieder vor allem mit sich selbst und ihren Gefühlen beschäftigt sein; daher empfiehlt es sich als Einstieg, persönliche Erfahrungen als legitim zu erklären und auf sie zurückzugreifen.

- Ordnen Sie die Stühle wenn möglich im Kreis an. Ob die Teilnehmer an einem oder mehreren Tischen sitzen, ist nicht so wichtig wie das Gleichheitsgefühl, das entsteht, wenn man in einem Kreis sitzt.
- Stellen Sie das Konzept vor und bitten Sie anschließend die Teilnehmer, sich an Erfahrungen aus ihrer Vergangenheit mit Dialog als »guter Kommunikation« zu erinnern.
- Fordern Sie die Teilnehmer auf, ihre Erfahrungen mit ihrem Nachbarn zu besprechen und sich Gedanken darüber zu machen, was diese Erfahrung auszeichnet. (Das klappt, weil dadurch eine Verbindung zu konkreten Erfahrungen hergestellt wird statt zu abstrakten Konzepten.)
- Bitten Sie die Gruppenmitglieder, der ganzen Gruppe zu erzählen, was das Wesen dieser positiven Kommunikationserfahrungen ausmachte, und halten Sie diese Charakteristiken auf dem Flipchart fest.
- Bitten Sie die Gruppe, über diese Charakteristiken nachzudenken und reihum über ihre Reaktionen zu berichten.
- Achten Sie, sobald jeder etwas dazu gesagt hat, auf einen natürlichen Gesprächsfluss. (Das dauert eineinhalb Stunden oder länger.)
- Intervenieren Sie, falls nötig, um mit Hilfe von Konzepten und Fakten Kommunikationsprobleme zu klären oder zu erhellen. (Einige dieser Konzepte werden unten näher erläutert.)
- Schließen Sie die Sitzung, indem Sie die Teilnehmer um einen Kommentar bitten.

Abb. 18: Die Rolle des Moderators/Gruppenleiters beim Einstieg in eine Dialogsitzung

Die Länge und Häufigkeit von Meetings sind abhängig von der Gruppengröße, den Gründen für das Zusammenkommen und den Zwängen, denen die Teilnehmer unterliegen. Die meisten Gruppen, mit denen ich es zu tun hatte, trafen sich für ein, zwei Stunden, aber solche Meetings könnten nach meinem Dafürhalten auch kürzer oder länger sein. In Workshops, in denen ich dieses Konzept vorstelle, habe ich erfolgreich mit täglichen 20-Minuten-Sitzungen experimentiert. Falls sich eine Gruppe öfters als einmal trifft, ist der Einstieg ab dem zweiten Mal kaum mehr als Routine, vorausgesetzt, jedes Meeting beginnt mit einer offiziellen Einstiegsrunde – und wenn dabei jeder nur mit zwei Worten über sein augenblickliches Befinden berichtet. Wiederum ist es wichtig, jedem ein Recht auf Redezeit einzuräumen und stillschweigend zu implizieren, dass jeder zu Beginn des Meetings einen Beitrag zu leisten hat, dessen Inhalt er allerdings so gut wie vollkommen frei bestimmen kann. Natürlich richtet sich dieser Prozess nach der Gruppengröße, doch sollte das entscheidende Prinzip kommuniziert werden: Wir sitzen alle in einem Boot und jeder zählt gleich viel.

Dem Moderator oder Gruppenleiter steht es frei, welche theoretischen Konzepte er am Anfang oder im Laufe des Meetings vorstellen möchte. Konzepte sollten angeboten werden, wenn die Gruppe sie wirklich benötigt. Erfolgt die Präsentation zum falschen Zeitpunkt, kann sie den Gruppenprozess stören.

Hilfreiche Konzepte für einen Dialog

Falls eine Gruppe mit dem Dialogkonzept noch nicht vertraut ist, kann eine kurze Einführung in die Theorie hilfreich sein, vor allem eine Erklärung der Unterschiede zwischen Dialog und anderen Gesprächsformen. Nach meiner Erfahrung können die Teilnehmer diese Unterschiede leichter nachvollziehen, wenn man das auf Isaacs (1993) Grundmodell basierende Diagramm in Abbildung 19 skizziert. Durch die Aufteilung der Gesprächsformen in zwei Grundpfade betont das Diagramm das Konzept hinter dem Dialog – die Entdeckung des inneren Entscheidungsablaufes, wann man was sagen soll.

In der Schwebe halten

Mit dem Voranschreiten eines Gesprächs kommt unweigerlich ein Punkt, wo wir ein Gefühl mangelnder Bestätigung empfinden. Uns scheint, unser Anliegen wurde nicht verstanden, oder es wird abgelehnt, herausgefordert oder angegriffen, was bei uns gewöhnlich Angst oder Wut hervorruft, auch wenn uns das kaum bewusst ist. Die erste Entscheidung, die wir zu treffen haben, ist die, ob wir dieses Gefühl zulassen und ihm trauen. Normalerweise sehen wir das nicht als unsere Entscheidung, solange wir nicht reflektieren und unsere Gefühle bewusster wahrnehmen. Aber über eines können wir zweifelsohne entscheiden: Ob wir diese Gefühle auf die eine oder andere Weise offen ausdrücken.

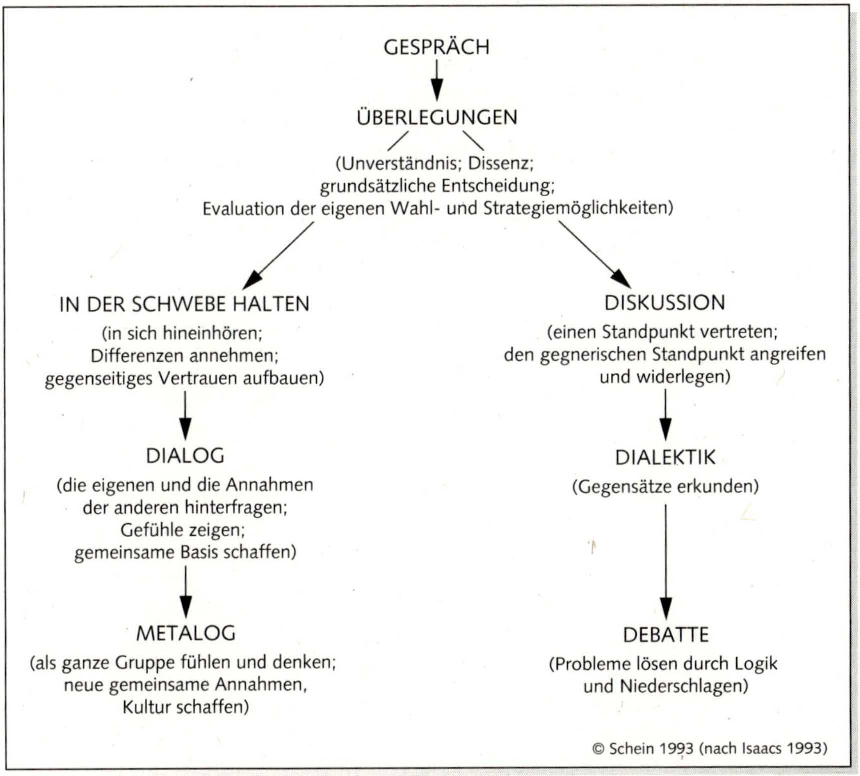

Abb. 19: Verschiedene Formen, miteinander zu sprechen

Je mehr wir uns dieser Wahlmöglichkeiten bewusst werden, werden wir uns auch bewusst, dass unser Gefühl davon hervorgerufen wurde, was wir als die Handlungen der anderen wahrnahmen, und dass diese Wahrnehmungen selbst falsch sein könnten. Wie im fünften Kapitel gezeigt wurde, ist die korrekte Beobachtung der schwierigste Teil des BRUI-Zyklus. Bevor wir uns von unserer Angst oder Wut übermannen lassen, müssen wir klären, ob wir die Fakten richtig interpretierten. Wurden wir nachweisbar herausgefordert oder angegriffen oder was auch immer?

Das ist ein kritischer Moment. Je mehr wir reflektieren, desto klarer wird uns, wie sehr unsere ursprünglichen Wahrnehmungen durch Erwartungen gefärbt sein können, die auf kulturellen Prägungen und früheren Erfahrungen beruhen. Was wir erkennen, rührt oft von unseren Bedürfnissen, unseren Erwartungen, unseren Projektionen, unseren Abwehrmechanismen und vor allem von den Annahmen und Denkkategorien her, die wir bei unserer Sozialisation übernahmen. Durch die vermehrte Reflexion erkennen wir allmählich, dass das Hauptproblem beim Zuhören darin liegt, die Verzerrungen und systematischen Fehler herauszufinden, die unsere kognitiven Prozesse filtern. Wir müssen lernen, uns selbst zuzuhören, bevor wir die anderen wirklich verstehen können. Und dieses Nach-Innen-Hören ist natürlich besonders schwierig, wenn man sich mitten in einer lebhaften aufgabenorientierten Diskussion befindet. Dazu kommt vielleicht, dass wir bei unserer Sozialisation nichts Introspektionsförderndes gelernt haben.

Haben wir das Grundproblem – unsere möglicherweise fehlerhafte Wahrnehmung – identifiziert, müssen wir uns mit einer weiteren elementareren Frage auseinandersetzen – ob wir es in die Hand nehmen, unsere Wahrnehmung aktiv zu überprüfen, indem wir nachhaken, was wirklich gemeint war, unseren Standpunkt näher erläutern oder uns auf eine andere Weise mit der Person beschäftigen, die uns derart verunsicherte. Aus der Beobachtung von Gruppenprozessen wissen wir, dass die Entscheidung, eine Situation sofort anzugehen (indem man z.B. jemanden um eine Erklärung bittet, was er mit einer bestimmten Bemerkung gemeint habe), schnell zu einer Polarisierung des Gesprächs um ein paar Leute und Themen führen kann.

Als Alternative bietet sich an, »abzuwarten«. Darunter ist zu verstehen, die Angelegenheit – unsere Wahrnehmungen, Gefühle, Urteile und Handlungsimpulse – momentan auf sich beruhen zu lassen, um zu sehen, was noch alles zu dem Thema auftaucht, bei uns selbst wie bei den anderen. Für das Gespräch bedeutet das ganz konkret (und das habe ich immer wieder festgestellt), dass ich mich, wenn mich jemand durch eine Äußerung aufregt, wirklich entscheiden kann, ob ich (1) meine Reaktion den anderen mitteile oder (2) die Sache auf sich beruhen lasse (und so meine eigene Reaktion in der Schwebe halte). Letzteres ist besonders schwierig, wenn ich das Gefühl habe, mein Punkt sei falsch verstanden oder interpretiert worden. Nichtsdestotrotz passierte es mir oft, dass im weiteren Verlauf des Gesprächs ein Punkt geklärt wurde, den ich in der Schwebe gehalten hatte. Dabei wurde dann meine eigene Interpretation bestätigt oder korrigiert, ohne dass ich aktiv intervenieren musste.

Wenn mehrere Gruppenmitglieder einen gewissen Wert darin sehen, mit ihren Reaktionen vorerst abzuwarten, beschreitet die Gruppe den in Abbildung 19 dargestellten Weg. Entschließt sich jedoch im Gegensatz dazu ein Teil der Gruppe, sofort zu reagieren, nachzuhaken und die Meinungsverschiedenheiten auf der Stelle auszutragen, befindet sich die Gruppe auf dem Weg in die Diskussion, um schließlich in einer unfruchtbaren Debatte zu enden. Abzuwarten lässt Reflexion zu, nicht unähnlich der Betonung, die beim Gruppendynamiktraining auf die Beachtung des Hier-und-Jetzt gelegt wird. Isaacs (1993) stellt jedoch richtig fest, dass Reflexion Betrachtung der Vergangenheit bedeutet. Statt dessen, so sein Vorschlag, brauchen wir »Propriozeption« – Beachtung und Leben in der Gegenwart.

Letztlich lernt man durch Dialog seine Gedanken erkennen, während man sie denkt. Ob Propriozeption in diesem Sinne psychologisch möglich ist, darüber lässt sich streiten. Doch die Grundidee dabei ist, den inneren Feedbackbogen möglichst kurz zu halten. Dadurch können wir mit dem Geschehen im Hier-und-Jetzt in Kontakt kommen und uns darüber bewusst werden, wie sehr unser Denken und unsere Wahrnehmung sowohl eine Funktion unserer Erfahrungen in der Vergangenheit wie des unmittelbar auslösenden Geschehens der Gegenwart sind. Das zu begreifen ist im besten Falle schwierig und doch das Herzstück der Fähigkeit zum Dialog.

Dialog versus Diskussion

Wie wissen wir, ob Diskussion und/oder Debatte dem Dialog vorzuziehen sind oder nicht? Sollten wir uns immer für den Weg zum Dialog entscheiden? Meiner Meinung nach sind Diskussion/Debatte ein gültiger Prozess zum Lösen von Problemen und Treffen von Entscheidungen, falls man davon ausgehen kann, dass die Gruppenmitglieder einander gut genug verstehen, um »dieselbe Sprache zu sprechen«. Paradoxerweise muss es wohl in der Geschichte dieser Gruppe irgendwann irgendeine Form von Dialog gegeben haben, damit solche gemeinsamen Kategorien erreicht werden konnten. Bei einer verfrühten Diskussion besteht die Gefahr eines »falschen Konsenses« – die Mitglieder glauben, unter bestimmten Begriffen dasselbe zu verstehen, nur um später feststellen zu müssen, dass kleine Unterschiede im Verständnis große Folgen für die beabsichtigte Umsetzung zeitigen können.

Dialog dagegen ist ein grundlegender Prozess zum Aufbau von gegenseitigem Verständnis, weil es hier möglich wird, in unserer Kommunikation die verborgene Bedeutung der Worte zu sehen. Zulassen von Meinungsverschiedenheiten erhellt, was eigentlich gemeint ist, und die Gruppe schafft sich mit der

Zeit einen gemeinsamen Satz an Bedeutungen, was ein viel höheres Niveau gegenseitigen Verständnisses und kreativen Denkens ermöglicht.

Gruppendynamik

Die »Gruppenbildungs«-Dynamik verläuft parallel zur Dialogführung. Fragen der Identität, der Rolle, des Einflusses, der Gruppenziele und der Autorität sowie Offenheits- und Intimitätsnormen müssen angegangen werden, auch wenn dies zum großen Teil eher implizit denn explizit geschieht, wie dies in einem Workshop über zwischenmenschliche Beziehungen oder Gruppendynamik der Fall wäre. Die Gruppe wird sich mit all den klassischen Fragen zur Autorität herumschlagen, was den Moderator angeht: Wird der Moderator uns sagen, was wir zu tun haben? Werden wir es tun, selbst wenn er es uns vorgibt? Kennt der Moderator bereits die Antworten und behält sie nur für sich oder sucht er gemeinsam mit uns danach? Ab wann kommen wir ohne die Hilfe des Moderators aus? Und so weiter.

Eventuelle Probleme der Gruppenentwicklung müssen behoben werden, wenn sie den Dialog beeinträchtigen. Der Moderator sollte daher auch in Gruppenmoderation geschult sein, damit die auftretenden Probleme richtig auseinandergehalten werden: die eine Kategorie von Problemen bezieht sich auf die Entwicklung des Dialogs, die andere auf die Entwicklung der Gruppe als solcher. Nach meiner Erfahrung beschleunigt der Dialogprozess die Gruppenbildung und sollte daher bei jedem Meeting im Vordergrund stehen. Ein Hauptgrund für diese Beschleunigung ist die psychologische Sicherheit, die der Dialog schafft und die es dem Individuum wie der Gruppe erlaubt, sich zu ändern – unter der Voraussetzung, die Motivation, sich zu ändern, ist bereits vorhanden. Der Dialog kann nicht den Wunsch nach Veränderung wecken, aber mit Sicherheit erleichtert er die Veränderung selbst.

Eine gewisse Grundmotivation für einen Dialog muss von Anfang an gegeben sein. Da der Dialogprozess zu Beginn »uneffizient« erscheint, wird eine Gruppe sich kaum freiwillig darauf einlassen, es sei denn, sie ist in der einen oder anderen Richtung bereits offen, z.B. einige Gruppenmitglieder sind verunsichert (haben Schwierigkeiten), leiden unter Schuld- oder Angstgefühlen und möchten diese Probleme lösen, um mit einer Aufgabe voranzukommen. Daher wird die primäre Aufgabe oder das grundsätzliche Problem der langfristige Grund für die Gruppentreffen sein.

Anfangs empfindet die Gruppe den Dialog vielleicht als Umweg oder Bremsklotz für die Lösung ihres Problems. Aber damit sich die Menschen wirklich ändern, müssen sie sich psychologisch sicher fühlen. Und die impliziten oder expliziten Normen, die in einer Dialogsitzung zum Ausdruck kommen, sorgen für diese Sicherheit, da sie sowohl eine Richtung vorgeben wie das Gefühl vermitteln, dass die der Interaktion innewohnenden gefährlichen Aspekte unter Kontrolle bleiben. Eine Gruppe, die eine Aufgabe oder ein Problem im Dialog angeht, sollte wesentlich schneller ein höheres Kommunikationsniveau erreichen.

Kontrolle im Container

Isaacs spricht ausdrücklich von der Notwendigkeit, einen »Container« (ein Behältnis) für den Dialog zu bauen, ein Klima und explizite oder implizite Normen zu schaffen, die es möglich machen, »heiße Eisen« anzufassen, ohne sich die Finger zu verbrennen. Der Beitrag des Moderators besteht dabei darin, mit seinem Verhalten als Rollenmodell zu dienen – sich jeglichen Urteils zu enthalten und zu zeigen, dass er abwarten sowie seine Kriterien und Meinungen hintanstellen kann. Das wird besonders wichtig in Gruppensituationen, wenn ein Konflikt sich so aufheizt, dass er aus dem Behältnis überzubrodeln droht. Ist dieser Punkt erreicht, bleibt dem Moderator nichts übrig, als die Berechtigung der Situation anzuerkennen – zuzugestehen, dass der Konflikt real ist und von allen Gruppenmitgliedern im Hier-und-Jetzt gesehen werden muss, ohne ein Urteil zu fällen oder in Beschuldigungen auszubrechen, ja sogar ohne das Bedürfnis, etwas dagegen zu unternehmen. Auch Konflikte kann man in der Schwebe halten.

Eine Eigenschaft dieses Dialogs, der Emotionen im Zaum halten hilft, gilt es besonders hervorzuheben: Statt der Gefühle werden hier Denkprozesse in den Mittelpunkt gestellt. Das gestattet den Teilnehmern, die Entstehung der Emotionen als Ergebnis unseres Denkprozesses zu sehen, statt als eine primäre Realität, der es sich zu stellen gilt. Gefühle müssen vor allem verstanden, nicht unbedingt ausgedrückt werden. Und wenn sie ausgedrückt werden, sollte man keinesfalls reflexartig darauf reagieren. Die Gruppenmitglieder können sich darum bemühen, die Ursachen und Konsequenzen dieser Gefühle zu verstehen. Werden die Gefühle intellektualisiert, lassen sie sich in dem Behältnis halten.

Aufgabe versus Prozess

Schlägt man einen Dialog vor, taucht häufig die Frage auf: »Worüber sollen wir sprechen?« Die Antwort darauf hängt nach meiner Erfahrung von der Situation ab. Manchmal reicht es, über Dialog selbst zu reden. Oder es gibt dringende Aufgabenprobleme, über die gesprochen werden muss – allerdings auf eine reflektierendere »Dialog«-Weise. Bisweilen kann der Moderator ein Thema einführen, oft ergibt sich jedoch ein Thema aus den während des Einstiegs gemachten Bemerkungen.

Konnte eine Gruppe erst einmal Erfahrungen mit Dialog sammeln, ist der Prozess normalerweise ein Selbstläufer. Ich kenne mehrere Gruppen, die den Kreis und Dialogmodus beibehielten, auch bei neuen und anderen Aufgaben – konkreten Projekten mit Zeitvorgaben. Wurde der Wert des Einstiegs und die Tendenz, durch unsere Gedanken die äußere Wirklichkeit willkürlich zu fragmentieren, erkannt und lernen die Teilnehmer allmählich, abzuwarten und eine Sensibilität für die eigenen Annahmen und die der anderen zu entwickeln, überträgt sich dies auf die Aufgabenarbeit.

Dialog ist per Definition ein Prozess, der ohne Gruppe nicht denkbar ist. Zwei oder mehr Menschen müssen zusammenarbeiten, damit ein Dialog entstehen kann. Doch diese Zusammenarbeit beruht auf einer individuellen Entscheidung, die man trifft, weil man gut reflektieren und abwarten kann und weil man hofft, so am meisten aus einem Gespräch herauszuholen. Verfügt die Gruppe als Gesamtes über diese Einstellung und diese Fähigkeiten, wird es möglich, sogar Meetings zu höchst zeitintensiven Problemen in Dialogform zu halten.

Wie ich bereits darlegte, haben die meisten Menschen eine allgemeine Vorstellung davon, um was es beim Dialog geht, und einschlägige Erfahrungen in früheren Beziehungen gesammelt. Daher kann ein Moderator der Gruppe sogar in einer problemzentrierten Sitzung vorschlagen, mit Dialog zu experimentieren. Meiner Erfahrung nach ist es am besten, bereits sehr früh darauf hinzuweisen, dass hinter unseren Deutungen und Wahrnehmungen stets Annahmen stecken und wir Probleme besser lösen können, wenn wir uns dieser Annahmen bei uns wie den anderen bewusst werden. Dann kann ich, sollte sich das Gespräch zu sehr in Richtung Diskussion oder Debatte entwickeln, mit Recht die Frage stellen, ob die Meinungsunterschiede auf unterschiedlichen Annahmen beruhen, und diese dann näher untersuchen. Aus dieser Sicht betrachtet, ist es die zentrale Aufgabe des Moderators, die Gruppe ständig auf die kognitiven Kategorien und Annahmen hinzuweisen, die den Hintergrund für das Gespräch bilden.

Schlussfolgerungen und Implikationen für die Prozessberatung

Dialog ist durchaus eine »gute« Kommunikation. Wir verstehen darunter ein Gespräch, in dem wir einander verstanden und Ansichten auf eine nachhaltige Art und Weise austauschten. In diesem Sinne ist der Aufbau einer helfenden Beziehung zwischen Klient und Berater äquivalent zum Erreichen eines Gesprächsniveaus, das jeder der Beteiligten als Dialog und nicht als Debatte oder Diskussion erfährt. Eine helfende Beziehung bedarf der Voraussetzung des Dialogs auf der Angesicht-zu-Angesicht-Ebene. Die Analyse des Dialogs auf der Ebene einer größeren Gruppe trägt zur Klärung der wichtigsten Hintergründe der Kommunikation bei, doch diese Hintergründe lassen sich in der Zwei-Personen-Situation ebenso finden wie in größeren Gruppen.

Eine Frage stellt sich in der Prozessberatung weiterhin: Wie führt man Gespräche so, dass sie sich in Dialogrichtung entwickeln? Wie kann der Berater intervenieren, um die Kommunikation mit dem Klienten zu verbessern? Zweifelsohne muss der Berater sich vor allem über die Unterschiede im Klaren sein und wissen, wann er sich auf eine Annahme verlässt, wann er durch seine Denkprozesse die Welt in willkürliche linguistische Kategorien aufsplittert und wie sich seine Annahmen über die Wirklichkeit möglicherweise von denen seines Klienten unterscheiden. Der Berater sollte modellhaftes Kommunikationsverhalten demonstrieren – die Fähigkeit abzuwarten und Annahmen zu überprüfen – und er sollte den Klienten dabei unterstützen, sich mit seinen eigenen Annahmen auseinanderzusetzen.

Eine ausgezeichnete Intervention dazu wäre, bewusst die Antworten auf einige Fragen zurückzuhalten. Ich finde mich oft in der Situation wieder, dass ein Klient von mir wissen will, was ich an seiner Stelle täte, oder einen Ratschlag von mir haben will. In diesem Augenblick habe ich eine Wahlmöglichkeit, die gegen die kulturellen Normen verstößt, aber sehr effektiv ist: Ich kann schweigen und abwarten (d.h. meine Reaktion in der Schwebe halten). Es ist überraschend, wie oft der Klient dieses Schweigen mit einer Flut neuer Informationen unterbricht, mit selbst gefundenen Antworten und tiefer bohrenden Fragen. Durch dieses Aufschieben meiner Reaktion fungiere ich auch als Rollenmodell insofern, als ich ihm zeige, dass man Fragen nicht immer beantworten muss. Kann man Dinge in der Schwebe halten, entwickelt man Reflexionsvermögen, und genau das wünscht sich der Berater für den Klienten, denn zu neuen Erkenntnissen zu seiner Situation kann der Klient nur durch eine gute Beobachtung und Reflexion gelangen.

Die Beziehung zwischen Klient und Berater wird sich im Laufe ihrer Entwicklung unvermeidlich dem Dialog annähern, doch je besser sie darin werden, desto weniger Gedanken werden sie sich darüber machen. Wahrscheinlich ist es daher von Vorteil, zwischendurch ihr Gespräch zu analysieren und zu beurteilen, in welchem Maß es sich zu einem effektiven Dialog entwickelt hat. Durch eine solche Analyse lernt der Klient die Gesprächsdynamik besser kennen und kann seine Kollegen zu einer besseren Gesprächsführung anleiten. Und die Fähigkeit, in einen Dialog zu treten, das ist uns allen klar, ist von entscheidender Bedeutung, wenn die beteiligten Parteien einen unterschiedlichen kulturellen oder subkulturellen Hintergrund haben. Die folgenden Fallbeispiele sollen diese Grundzüge verdeutlichen und die daran anschließenden Übungen können dem Leser zu einem ersten Eindruck verhelfen, was dabei eine Rolle spielt.

Fallbeispiel 10.1
Kulturellen Normen zuwiderlaufende Dialogelemente

Als Teil eines fünftägigen Workshops über Prozessberatung und Kultur teilte ich die etwa 100 Teilnehmer in Gruppen mit je acht Teilnehmern auf und forderte sie auf, Dialog als Gesprächsform zu üben. Das sollte in täglichen halbstündigen Sitzungen geschehen. Ich gab eine allgemeine Einführung und ermutigte die Gruppen zu einer reflektierenderen Haltung, indem ich sie bat, die üblichen, für ein Gespräch geltenden Normen auszusetzen: (1) Tun Sie so, als säßen sie um ein Lagerfeuer und richten Sie Ihre Äußerungen an das Feuer; (2) fühlen Sie sich nicht verpflichtet, andere um eine Erklärung zu bitten, selbst wenn Sie sie nicht verstanden haben; (3) fühlen Sie sich nicht verpflichtet, eine direkt an Sie gerichtete Frage zu beantworten.

Nach der ersten 30-minütigen Sitzung bat ich um Kommentare und Fragen. Die überwältigendste Reaktion war, dass die Teilnehmer sich nicht in der Lage fühlten, gegen die kulturellen Normen des Blickkontakts, der Klärung und der Beantwortung einer an sie gerichteten Frage zu verstoßen. Viele Teilnehmer fühlten sich ausgesprochen unwohl und ignorierten die Regeln einfach, andere versuchten, Blickkontakt zu vermeiden, hatten aber große Schwierigkeiten dabei. Und beinahe alle Teilnehmer stimmten darin überein, diese Aussetzung der kulturellen Normen sei ihnen sehr unangenehm. Nach der zweiten oder dritten 30-minütigen Sitzung jedoch hatten sich alle Gruppen an das Aussetzen des Blickkontakts gewöhnt und konnten sich problemlos unterhalten, ohne in polarisierte Klärungs- oder Frage-Antwort-Diskussionen zu geraten. Beim Zuhören war besonders auffallend, wie mit jeder weiteren 30-minütigen Sitzung das Geräuschniveau in dem Raum sank.

Fallbeispiel 10.2
Infragestellung des Rederechts für alle

Man trat an mich heran, als Teil eines zweitägigen Workshops über Prozessberatung eine zweistündige Dialogsitzung zu leiten. Die zwanzig Gruppenmitglieder arbeiteten alle als Therapeuten und Berater, daher ließ sich die Anleitung auf ein Minimum beschränken. Beim Einstieg am Anfang der Sitzung sollte jeder erzählen, wie er heißt und was er sich von der Sitzung erwartet. In dieser zweistündigen Sitzung verlief das Gespräch sehr angenehm. Während es sich von einem Thema zum anderen bewegte, konnte ich sehen, wie die Teilnehmer zunehmend reflektierten.

Am Ende der Sitzung bat ich die Mitglieder zum »Ausstieg« in ein oder zwei Sätzen ihre Reaktionen auf die Dialogsitzung wiederzugeben. Der überraschendste und erhellendste Kommentar darunter kam von einem Teilnehmer, der meinte, er habe sich in den vergangenen zwei Stunden zum ersten Mal in vielen Jahren »ermächtigt gefühlt zu schweigen«. Er und andere bemerkten, in den meisten Gruppen gelte die Regel, dass man nicht nur einen Anspruch auf eine bestimmte Sendezeit habe, sondern auch eine gewisse Verpflichtung, sich an dem Gespräch zu beteiligen. Wer schweigt, zieht Blicke auf sich und wird nicht selten vom Chairman in der irrigen Annahme, er bräuchte Hilfe, um »in die Gruppe zu kommen«, aufgefordert, seine Gedanken einzubringen. Dieser Teilnehmer erinnerte uns daran, wie wichtig reflektierendes Schweigen sein kann und warum es in Gruppenmeetings legitimiert werden sollte.

Fallbeispiel 10.3
Dialog bei einem Arbeitsproblem

Ich arbeitete mit der Forschungs- und Produktionsabteilung eines großen Ölkonzerns. Wir versuchten, die Subkultur dieser Abteilung zu identifizieren. Das war wichtig, da das Unternehmen zu einer Entscheidung darüber kommen wollte, ob diese Abteilung erhalten werden und wie ihre Leistung gemessen werden sollte. Bei der kulturellen Analyse mit den vierzig ranghöchsten Managern der Abteilung stellte sich heraus, dass es darin zwei starke Subkulturen gab, worin sich die Kerntechnologien und primären Aufgaben der Forschung auf der einen Seite und die Produktion auf der anderen Seite widerspiegelten. Die kulturelle Analyse erbrachte eine Reihe Erkenntnisse, konnte aber die Frage nicht klären, ob das Überleben der Abteilung berechtigt ist und wie sich ihre Leistung messen lässt. Es gab einige offensichtliche Indikatoren wie die entdeckte Gas-/Ölmenge und die Effektivität der Produktion, doch die Gruppe gelangte zu keinem wirklichen Einvernehmen.

Ich fing an, mit den zwölf obersten Managern der Forschungs- und Produktionsabteilung an der Entwicklung eines Bewertungssystems zu arbeiten. Dabei zeigte sich in mehreren aufeinanderfolgenden Meetings, dass sie ständig über verschiedene Optionen zu debattieren begannen. Bei einer solchen Gelegenheit wurde mir plötzlich klar, dass es nicht nur um zwei verschiedene Bewertungsmethoden ging, die die verschiedenen Blickwinkel der Forschungs- und Produktionsabteilung widerspiegelten, sondern dass es unter diesen zwölf Managern noch eine ganze Reihe weiterer impliziter Annahmen darüber gab, was Bewertung ausmacht. Ich schlug vor, statt unseres nächsten Meetings einen Dialog zu führen, für den wir uns drei oder mehr Stunden Zeit nehmen sollten.

Der Dialog sollte abends statt finden, wir stellten die Stühle in einem Kreis auf und begannen mit einer kurzen Orientierungsphase. Im Anschluss, schlug ich vor, sollten wir nach einer kurzen Einstiegsrunde systematisch die ganze Runde durchgehen und jedem die Gelegenheit geben, in aller Ruhe zu erklären, was »Bewertung« für ihn bedeute und wie er selbst gerne bewertet würde. Es galt die Regel, etwaige Fragen und Einwände für sich zu behalten, jeder sollte nur von seinen Vorstellungen erzählen. Die eingebrachten Konzepte hielt ich auf einem Flipchart fest.

Es dauerte mehr als eine Stunde, bis alle zwölf Konzepte auf dem Tisch waren, aber am Ende dieser Stunde hatten die Teilnehmer das Gefühl, wirklich ein Stück weitergekommen zu sein, da sie nun verstanden, wie komplex das Feld »Bewertung« wirklich ist und warum es ihnen in den zurückliegenden Sitzungen so schwer gefallen war, eine Einigung zu erzielen. In der darauffolgenden Stunde konzentrierten sie sich auf ihre Aufgabe und kamen zu dem Konsens, das höhere Management müsse unbedingt überzeugt werden, die Forschungs- und Produktionsabteilung anders zu bewerten. Und sie präsentierten der Firmenleitung dazu detailliert ausgearbeitete Vorschläge für beide Systeme. In diesem Fall war die Dialogphase ein notwendiger Umweg, um bei ihrer Aufgabe einen praktikablen Konsens zu erreichen.

Dieser Fall wirft ein Schlaglicht darauf, dass der Dialog als eine Form eines gelenkten Gesprächs ein notwendiger Teil des Problemlösungsprozesses war, aber es für die Gruppe sehr schwer war, ohne Hilfe von außen und ohne ein Konzept und eine Methode für eine gelenkte, neue Erfahrungen ermöglichende Gesprächsführung soweit zu kommen. Ich musste einen Container schaffen, der es ihnen erlaubte, ihre Ansichten auszutauschen, ohne sich bedroht zu fühlen, und einen Dialog zu führen, da dieser Container ihnen half, das Gesicht zu wahren, weil diese Gruppe aktiver Problemlöser den Umweg als Experiment betrachtete und nicht als Beweis für ihr Versagen, eine Einigung zu erreichen.

Die Aufforderung, rundum solle sich jeder äußern, quasi eine Garantie auf »Sendezeit«, sorgte in dieser Gruppe, die einen sehr viel anstrengenderen Diskussionsmodus gewöhnt war, für ein Gefühl der Sicherheit. Dabei darf nicht vergessen werden, dass die Dialogstruktur sowohl Phasen gewünschter Interaktion erfordert, um das Gefühl des »alle sitzen in einem Boot« zu gewährleisten, und andere Phasen, in denen Schweigen erlaubt ist, damit die Teilnehmer ohne Druck reflektieren können. Als in dem beschriebenen Meeting der Forschungs- und Produktionsabteilung alle in der Runde ihre Ansichten geäußert hatten, änderte sich die Beteiligung dramatisch, was aber niemanden störte.

Übung 10.1

Schnelle Dialogübung (30 Minuten)

1. Bilden Sie zu siebt oder acht einen Kreis.
2. Stellen Sie sich vor, Sie sind ein »Rat«, der um ein Lagerfeuer sitzt.
3. Einer der Beteiligten fängt mit dem Einstieg an, indem er seinen Namen nennt und in ein, zwei Sätzen erzählt, wo er sich gerade befindet, was seine Wahrnehmungen, Gefühle und Gedanken betrifft. Ist er fertig, schließt er mit den Worten «Ich bin drin« und wendet sich an den Nachbarn zu seiner Rechten, damit dieser sich in die Gruppe meldet. Dies geht solange, bis alle in der Gruppe sind.
4. Sind alle fertig, machen Sie eine kleine Pause und beginnen Sie dann, etwa 20 Minuten über alles, was Ihnen durch den Kopf geht, zum Lagerfeuer zu sprechen.
5. Machen Sie eine »Ausstiegsrunde«, bei der jeder in einem oder zwei Sätzen erzählt, wo er sich am Ende des Meetings befindet.

Übung 10.2

Die Bedingungen für einen Dialog erkunden

1. Arbeiten Sie mit einem Partner.
2. Erzählen Sie sich gegenseitig ein, zwei Beispiele für wirklich gute, tiefe Gespräche aus Ihrer Vergangenheit.

3. Analysieren sie abwechselnd diese Gespräche – was zeichnete Ihren damaligen Gesprächspartner aus; das Umfeld, in dem das Gespräch stattfand; wie lange dauerte es; worum ging es dabei und alles, was Sie noch für relevant halten.
4. Analysieren Sie zusammen, was diesen Gesprächen gemein ist. Welche allgemeinen Bedingungen sind Ihrer Ansicht nach für ein gutes, tiefes Gespräch unerlässlich? Welche Schlüsse lassen sich daraus ziehen, wie sich diese Bedingungen für eine Gruppe erreichen lassen?

IV. TEIL

PROZESSBERATUNG IN DER PRAXIS

Die grundlegende Philosophie der Prozessberatung wurde dargestellt und an Beispielen erläutert. Die Prinzipien, die den Beratern bei ihrer Arbeit als Orientierung dienen sollten, und die Interventionsarten, die sie im Gesprächsprozess einsetzen müssen, wenn sie bewusstes Feedback geben und einer Gruppe helfen wollen, effektiver zu arbeiten, oder den Dialog fördern wollen, wurden im Detail beschrieben. Die verborgenen Kräfte, die die Kommunikation und die zwischenmenschlichen Beziehungen stören, wurden analysiert. Was bleibt, ist das Zusammenspiel dieser Faktoren im Kontext einiger Fallbeispiele zu zeigen, die sich über einen gewissen Zeitraum erstreckten.

Der Leser sollte dabei nicht vergessen, dass die drei Grundrollen sich in einem ständigen Wechselspiel befinden: (1) Geben von Experteninformationen, (2) Diagnose und Therapie vom »Arzt«-Standpunkt aus und (3) Prozessberatung. Jeder Berater/Helfer wird nicht umhin können, je nach wechselnder Anforderung der Wirklichkeit in diese Rollen zu schlüpfen und sie wieder zu verlassen. Prozessberatung sollte daher als eine für jeden Helfer wichtige Fertigkeit gesehen werden und nicht nur als »Vollzeitrolle« für Prozessberater. Paradoxerweise muss ein Berater jedoch, will er wissen, in welchem Beratungsmodus er sich gerade befindet, in den meisten mit Prozessberatung in Verbindung gebrachten Techniken bewandert sein – er muss Diagnose aus dem Augenblick heraus treffen, sein Verhalten ständig an die sich ändernde Wirklichkeit anpassen, mit dem Flow gehen und sich bietende Gelegenheiten nützen können.

Beratungsprojekte entwickeln sich komplex. Abfolgen wie »Exploration«, »Einstieg«, »Vertragsverhandlung«, »Diagnose« und »Intervention« lassen sich nicht so einfach festmachen. Statt dessen findet man sich unversehens in der Situation, bei Kontaktklienten zu intervenieren, dann bei mittelbaren Klienten und schließlich bei primären Klienten, die einen für ein Projekt engagieren, das wiederum ganz neue Kontakt- und primäre Klienten involviert, wobei man die ganze Zeit über die ultimativen und ahnungslosen Klienten im Hinterkopf hat, deren Bedürfnisse und Anliegen weder außer Acht gelassen, noch marginalisiert werden dürfen. In all diesen Beziehungen gilt es ständig zu diagnostizieren und die Interventionen umsichtig zu planen, um die helfende Beziehung aufzubauen und zu erhalten. Und da dies ohne das Gespräch nicht möglich ist, ist es von entscheidender Bedeutung, die Dynamik der Kommunikation und des Gespräches nicht aus den Augen zu verlieren.

Wie das Zusammenspiel dieser Faktoren sich über einen längeren Zeitraum hinweg entwickelt, wird im nächsten Kapitel anhand von Fallbeispielen und -analysen dargestellt. Im zwölften Kapitel, dem letzten Kapitel dieses Bandes, fasse ich die entscheidenden Grundzüge dieser Philosophie vom Aufbau einer helfenden Beziehung noch einmal zusammen.

11. Kapitel

Beratung in der Praxis: Einstieg, Settings, Methoden und der psychologische Vertrag

Bisher stand der Aufbau einer helfenden Beziehung zwischen Berater und Klient in einer Zweierbeziehung oder in einer kleinen Gruppe im Mittelpunkt. Doch meistens findet Beratung im Kontext einer größer angelegten Fortbildung in einer Organisation oder in Veränderungsprojekten statt. Und der Begriff »Organisationsentwicklung« wurde im Zusammenhang mit dieser Prozessberatung in großem Stil als Bezeichnung für das entscheidende Charakteristikum dabei geprägt. Dieses Zusammenspiel von Prozessberatung und Experten- und Arztformen der Beratung machen diesen Prozess so wirkungsvoll, sobald menschliche Faktoren bei der Veränderung einer Organisation eine Rolle spielen – was sie immer tun. Natürlich sind solche menschlichen Faktoren selbst aus dem allertechnischsten Problem nicht wegzudenken, daher ist es für jede gute Beratung entscheidend, eine helfende Beziehung aufbauen und, wann immer es nötig ist, im Prozessberatungsmodus agieren zu können.

In diesem Kapitel wird der Organisationskontext in den Mittelpunkt gerückt. Wie kommt der Berater in die Organisation? Wie baut er eine Beziehung auf mit den verschiedenen Teilen des sich entwickelnden Klientensystems? Wie wählt er im weiteren Projektverlauf das Setting und die Methode, mit der er mit dem Klienten arbeitet, und wie entwickelt er tragfähige psychologische Verträge?

Ein Großteil des Fallmaterials stammt aus dem Projekt mit der Billings Company.[34] Billings ist für mich von besonderer Bedeutung, weil ich durch die Erfahrungen, die ich in dieser Organisation machte, erst begriff, was Prozessberatung ausmacht. Ich war von 1966 bis 1993 als Berater für dieses Unternehmen tätig und hatte das Glück, zu echten Arbeitsmeetings eingeladen zu werden. Zwar liegt der Schwerpunkt auf Billings, aber ich stelle auch Material aus anderen Organisationen vor, um einen besseren Vergleich und Kontrast zu ermöglichen.

Erster Kontakt und Einstieg

Der erste Kontakt wird hergestellt, wenn mir jemand aus der Klientenorganisation telefonisch oder schriftlich mitteilt, er selbst oder ein Teil der Organisation habe ein Problem. Der Kontaktklient deutet in diesem ersten Brief oder Anruf an, dieses von ihm empfundene Problem könne durch die in der Organisation üblichen Vorgehensweisen oder ihre Ressourcen nicht behoben werden. Häufig wird um eine »Fortbildungsintervention« gebeten – ich solle kommen und mit einer Gruppe leitender Manager über ein Thema sprechen, das nach Ansicht des Kontaktklienten mit dem von ihm wahrgenommenen Problem zusammenhängt. Bei diesen Anfragen geht es in der Regel um Themen, die mich aktuell beschäftigen und über die ich Artikel oder Bücher veröffentlichte – Managemententwicklung, Karriereentwicklung, Kommunikation und Gruppendynamik, Organisationssozialisation und – zuletzt – Kultur, Kulturveränderung und Organisationslernen.

Billings Manufacturing Company

Als ich 1966 das erste Mal von der Billings Company hörte, handelte es sich dabei um ein kleines High-Tech-Unternehmen, das von den drei Gründern gemeinsam geleitet wurde, die ihre technologische Vision umsetzen wollten. Die drei waren eigentlich Elektroingenieure und hatten die Idee zu einem Produkt, mit dem sie auf den Markt wollten. Dazu hatten sie von einer örtlichen Venture-Kapitalgesellschaft Startkapital bekommen. Das Unternehmen war Ende der 50er Jahre gegründet worden.

Mein erster Kontakt 1966 bestand aus einem Telefonanruf von einem Bekannten, der am MIT gearbeitet hatte und nun in der Billings Company eine Ebene unter dem Gründer/Präsidenten als Fachbereichsmanager tätig war und als sein Geschäftsführungsassistent. Der Kontaktklient, Charles, deutete an, es gäbe als Folge einer kürzlich vorgenommenen Umstrukturierung in der Firmenleitung Kommunikationsprobleme. Da das Unternehmen im nächsten Jahrzehnt eine Expansion erwartete, wollten sie gerüstet sein und an diesen Problemen arbeiten. Charles wusste von meinem Interesse an zwischenmenschlichen Problemen in Organisationen und meiner gründlichen Ausbildung in Gruppendynamik. Daher gewann er den Präsidenten und Hauptgründer, John Stone, dafür, einen Berater in die Firmenleitung zu holen. Er hatte die Erlaubnis, mich anzurufen und ein Treffen zwischen mir und dem Präsidenten zu vereinbaren, falls ich interessiert sei.

Definition der Beziehung: Das Explorationstreffen

In den ersten Kapiteln beschäftigte ich mich ausführlich mit der Frage, welche Reaktion auf die erste Anfrage als hilfreich empfunden wird. Falls dieses erste Treffen oder Telefongespräch als förderlich gesehen wird und ich mich für die angesprochenen Themen interessiere und mich darin für kompetent genug halte, einige ich mich gemeinsam mit dem Kontaktklienten über den nächsten Schritt, der so gut wie immer in einem Explorationstreffen besteht. Wer an diesem Explorationsmeeting teilnimmt, wo es stattfindet, wie lange es dauert und ob es in Rechnung gestellt wird, muss mit dem Kontaktklienten gemeinsam ausgehandelt werden. Nach der Prozessberatungsphilosophie müssen Berater und Klient sich die Verantwortung für jede Entscheidung teilen. Die erste Aufgabe besteht daher darin, einen Problemlösungsprozess in Gang zu bringen, der zu einem tragfähigen Beschluss über den Charakter des Explorationsmeetings führt. Im Explorationsmeeting lerne ich wahrscheinlich andere Mitglieder des Klientensystems kennen, allerdings werde ich nicht wissen, ob es sich dabei um mittelbare oder primäre Klienten handelt.

Ziel des Explorationsmeetings ist es:

1. das Problem näher zu bestimmen,
2. herauszufinden, ob ich der Organisation im weiteren Verlauf werde helfen können,
3. herauszufinden, ob mich das Problem interessieren wird,
4. die Chemie zwischen den Klienten und mir zu prüfen,
5. die nächsten Maßnahmen gemeinsam mit dem Klienten abzustimmen, falls die Antworten zu den Punkten 2, 3 und 4 positiv ausfallen.

Bei der Planung des Meetings mit dem Klienten lautet die entscheidende Frage: Wer soll bei dem Meeting dabei sein? Habe ich die Möglichkeit, diese Entscheidung zu beeinflussen, stütze ich mich auf folgende Kriterien:

1. eine in der Hierarchie der Organisation möglichst hoch angesiedelte Person, die andere beeinflussen kann, wenn sie zu neuen Erkenntnissen gelangt;
2. eine Person, die damit einverstanden ist, einen Berater von außen zu holen, der sich mit den Organisationsproblemen beschäftigt;

3. eine Person, die bestimmte Probleme oder Symptome entdeckt hat, gegen die sie vorgehen will, oder deren Ziele oder Ideale nicht erfüllt werden;
4. eine Person, die Erfahrung mit verhaltenstherapeutisch orientierten Beratern hat und mit der allgemeinen Richtlinie vertraut ist, dass der Klient aktiv am Beratungsprozess mitarbeiten muss.

Bei diesen ersten Treffen ist es von Vorteil, wenn niemand dabei ist, der Dienstleistungen, wie sie der Berater anbietet, feindselig oder skeptisch gegenübersteht oder noch nie etwas davon gehört hat. Sind ein oder mehrere Leute mit einer solchen Einstellung anwesend und fordern mich heraus, ihnen zu beweisen, dass ich ihnen helfen kann, steht nicht mehr die Exploration des Problems im Zentrum. Statt dessen finde ich mich in der Rolle des Verkäufers wieder und verstoße damit, falls ich mich darauf einlasse, bereits gegen das Prozessberatungsmodell, anderen dabei zu helfen, sich selbst zu helfen. Finden die ersten Kontakte jedoch mit an kollaborativen Methoden interessierten Mitgliedern des Klientensystems statt, ist in einem späteren Stadium häufig eine Konfrontation der ablehnenden Systemmitglieder und eine Aufarbeitung der Konflikte möglich.

Das Explorationstreffen besteht normalerweise aus einem langen Mittagessen oder einem halbtägigen Meeting. Gewöhnlich erwähne ich dem Kontaktklienten gegenüber, das Unternehmen solle gewärtig sein, für dieses Meeting zu bezahlen, da der Prozess des Helfens in der Regel mit diesem ersten Kontakt beginnt. Die gestellten diagnostischen Fragen, der Bezugsrahmen, von dem aus ich das Problem angehe, die Dinge, die mir ins Auge stechen und auf die ich reagiere, stellen allesamt erste Interventionen dar, die in einem gewissen Maß beeinflussen, wie der Klient seine eigenen Probleme wahrnimmt. Nach einer mehrere Stunden dauernden Exploration der Probleme seines Unternehmens gewinnt der Klient eine neue Perspektive und neue Erkenntnisse. Gleichzeitig hat er Anteil an meiner knappsten Ressource – Zeit.

In der Billings Company nahm an dem ersten Explorationstreffen nur der Kontaktklient teil. Charles sprach offen über seine Sorgen, er meinte, der Präsident brauche Hilfe im Umgang mit bestimmten Schlüsselpersonen, und die Kommunikation zwischen dem Präsidenten und seinen wichtigsten Untergebenen lasse zu wünschen übrig. Des Weiteren deutete er an, dass die jüngere Unternehmensgeschichte eine stabilisierende Kraft notwendig mache. Ich fragte Charles, ob Stone wisse, dass er mich angesprochen habe, und was Stone davon halte, einen Berater zu holen. Charles gab zu verstehen, dass sowohl Stone als auch andere leitende Manager es befürworteten, jemand von außen zu holen, der mit ihnen arbeitet. Alle empfanden Hilfe von außen als nötig.

Unser Zweiertreffen endete mit der Entscheidung, die Sache langsam anzugehen, indem ich an einem der regulären Vorstandstreffen teilnahm, bei dem ich auch Stone kennenlernen würde, den Gründer und Präsidenten des Unternehmens, um herauszufinden, ob wir miteinander können. Dieser Schritt war notwendig, da Stone eine sehr starke Persönlichkeit war und ich eng mit ihm und seinen unmittelbaren Untergebenen zusammenarbeiten sollte.

In den meisten Fällen kann ich nach dem ersten Kontakt nicht sagen, was tatsächlich das Ziel der Beratung sein wird, und kann mich daher nur darauf einlassen, bei einem Explorationstreffen weiter darüber zu sprechen. Wenn ich Zeit für eine Beratung habe, beraume ich möglichst schnell ein solches Meeting an. Habe ich weder die nötige Zeit, noch das nötige Interesse, frage ich, ob das Problem warten kann, oder schlage jemand anderen vor, der vielleicht in der Lage ist zu helfen. Bisweilen willige ich unter der Voraussetzung zu einem Explorationstreffen ein, dass, falls sich etwas daraus ergeben sollte, die Beratung später oder von jemand anderem durchgeführt wird. In der Tat dienen solche Explorationstreffen oft nur dazu, dem Klienten dabei zu helfen, herauszufinden, welche Art von Hilfe sie benötigen, ohne dass dies bedeutet, dass der erste Berater bei späteren Projekten wieder dabei ist. Manchmal schlage ich den Kontaktklienten vor, meine Dienste für ein, zwei Meetings in Anspruch zu nehmen, um sich über die Bedürfnisse des Klienten klar zu werden – ohne dass sich eine der beiden Seiten zu einem längerfristigen Projekt verpflichtet. In dieser Phase dient der Berater eher als eine Art Allgemeinarzt, der bei der Entscheidung behilflich ist, welcher Spezialist hinzugezogen werden sollte.

Während des Meetings stelle ich Informationsfragen, um (1) Aspekte des dargestellten Problems hervorzuheben und auf den Punkt zu bringen, (2) zu prüfen, wie offen und frei der Kontaktklient zu sein bereit ist, (3) so weit wie möglich meinen eigenen Stil zu zeigen. Habe ich das Gefühl, der Klient weicht aus, will sein Unternehmen nicht kritisch unter die Lupe nehmen, ist sich unklar über seine Motive und/oder meine mögliche Rolle als Berater, gehe ich behutsam vor. Ich schlage dann vor, ohne weitere Exploration nichts zu entscheiden oder beende die Beziehung, wenn ich pessimistisch bin, was ein tragfähiges Vertrauensverhältnis angeht. Falls sich der Kontaktklient meines Erachtens zu sicher ist, bereits zu wissen, was im Argen liegt; falls er mich fälschlicherweise für einen Experten in Dingen hält, in denen ich kein Experte bin; oder falls er offensichtlich eine falsche Vorstellung von den Möglichkeiten eines Beraters mit einer organisationspsychologischen Herangehensweise hat, halte ich mich sogar zurück, ein weiteres Treffen vorzuschlagen, um nicht noch mehr Zeit zu verschwenden. Einer weiteren Zusammenarbeit stehe ich auch dann ablehnend gegenüber, wenn der Kontaktklient offensichtlich nur eine Bestätigung für den eingeschlagenen Kurs oder eine schnelle Lösung für ein oberflächliches Problem wünscht.

Ein Beispiel für ein negatives Ergebnis: Der Personalchef der Etna Production Co. rief mich an und bat mich, mich mit ihm und zwei Schlüsselmanagern der Personalabteilung zu treffen, um ein neues Leistungsbewertungsprogramm zu evaluieren, das sie für das gesamte Unternehmen entwickelt hatten und nun starten wollten. Ich stimmte einem ganztägigen Treffen am MIT zu, bei dem die Vertreter seines Unternehmens mir das fragliche Programm vorstellen wollten. Nachdem sie damit etwa eine halbe Stunde zugange waren, stellte ich ein paar Fragen zu Punkten, die mir in sich inkonsistent erschienen, und stellte fest, dass der Klient augenscheinlich defensiv wurde. Je länger wir diskutierten, um so klarer wurde, dass der Klient von seinem Programm vollkommen überzeugt war und nur meine Zustimmung wünschte. Aus der Art und Weise, in der er auf meine Fragen und kritischen Anmerkungen reagierte, ging auch hervor, dass er nicht bereit war, sein Programm zu hinterfragen. Er wünschte eigentlich gar keine Evaluation, daher setzte ich am Ende dieses Tages einen Schlussstrich unter die Beziehung, indem ich erklärte, dass ich nicht glaubte, über die bereits gestellten Fragen hinaus hilfreich sein zu können.

Wie man sieht, ist die Beziehung mit dem Kontaktklienten, in der man in einem Explorationstreffen zu einer gemeinsamen Entscheidung zu gelangen versucht, komplex und voller Fallstricke, falls man sie nicht klar durchdenkt. Die beste Richtschnur dabei ist meines Erachtens, nicht aus den Augen zu lassen, dass es um Hilfe geht und alles, was man tut, eine Intervention darstellt. Außerdem stoße ich bei der gemeinsamen Fallanalyse mit Kollegen immer wieder darauf, dass bei Fällen, die sich nicht positiv entwickelten und bei denen die Berater Fehler machten, sie diese stets ganz am Anfang der Beziehung machten.

Arbeitssettings und -methoden

Eines der Hauptthemen, die am Beginn der Beziehung – gelegentlich sogar vor dem Explorationstreffen – angesprochen werden müssen, beinhaltet die Wahl des Arbeitssettings und der Arbeitsmethoden sowie eine vorläufige Stellungnahme zu den angestrebten Zielen. Diese Entscheidungen sind so wichtig, weil sie notwendigerweise das unmittelbare Klientensystem definieren, auf das der Berater sich anfangs bezieht, und die Grundlage für die wechselseitigen Erwartungen bilden, die Klient und Berater aneinander stellen.

Settings

Bei der Entscheidung über das Setting stütze ich mich auf eine Reihe allgemeiner Prinzipien:

1. Wo und wann der nächste Kontakt mit den Mitgliedern des Klientensystems stattfinden soll, wird gemeinsam mit den unmittelbaren und den Kontaktklienten entschieden. Der Berater sollte das Image des Psychologen mit dem Röntgenblick vermeiden, der durch die Organisation streift und seine Beobachtungen anstellt. Falls es dem Klienten entgegenkommt, mich aufzusuchen, ist mir dies als nächster Schritt sehr willkommen. Ich vermeide es sogar, die Organisation des Klienten zu besuchen, bevor ich mehr über das Problem und die Unternehmenspolitik in Erfahrung gebracht habe. Mehr als einmal schon fand ich mich in der Situation wider, dass Kontakt- oder mittelbare Klienten mich dazu benutzten, Präsentationen zu geben oder in ihren Meetings aufzutauchen, um ihren Kollegen vorzuführen, dass sie den totalen Überblick haben. Der Berater sollte sich nur auf ein Setting einlassen, in dem sich sowohl Klient als auch Berater wohlfühlen und die Probleme und Themen erkunden können, derentwegen der Kontakt in erster Linie zustande kam.
2. Zu dem gewählten Setting sollten Mitarbeiter aus der Unternehmensspitze gehören, denn je höher die Hierarchieebene ist, desto höher ist auch die Wahrscheinlichkeit, grundlegende Normen, Werte und Ziele in vivo beobachten zu können. In den höheren Hierarchieebenen wird die Richtung des Unternehmens, sein Ton, bestimmt und die Kriterien für das effektive Funktionieren der Organisation. Tritt der Berater mit diesen Ebenen nicht in Kontakt, kann er über diese ultimativen Normen, Ziele und Kriterien keine Aussagen treffen. Und wenn er dies nicht kann, erfüllt er nicht seine ethischen Pflichten.

Nur wenn der Berater die Normen, Ziele und Kriterien der Organisation akzeptieren kann, kann er es rechtfertigen, der Organisation bei ihrer Erfüllung zu helfen. Ist der Berater dagegen überzeugt, die Ziele der Organisation seien unethisch, unmoralisch oder aus einem anderen Grund unakzeptabel, kann er versuchen, sie zu verändern, oder die Beziehung beenden. Diese Entscheidung sollte bewusst getroffen werden. Der Berater sollte nicht an die Arbeit gehen, ohne sich über die Absichten der offiziellen Autorität im Klaren zu sein.

Dazu kommt, dass eine Prozessänderung ein umso größeres Ergebnis zeitigt, je höher sie in der Hierarchie angesiedelt ist. Anders ausgedrückt: Gelingt es dem Berater, dem Präsidenten mehr über Organisationsprozesse beizubringen und ihm dabei zu helfen, sein Verhalten entsprechend zu ändern, schlägt diese Veränderung wiederum auf seine Untergebenen durch, und eine ganze Einflusskette wird in Gang gesetzt. Allgemein gesagt gilt, der Berater sollte sich das Setting oder die Gruppe suchen, die seines Erachtens in der Organisation den größten Einfluss ausüben. Das ist in der Regel die Führungsspitze.

3. In dem gewählten Setting sollten Problemlösung sowie interpersonelle und Gruppenprozesse leicht zu beobachten sein. Dafür am besten geeignet ist meist ein wöchentliches oder monatliches Stabsmeeting oder ein anderes Treffen, in dem zwei oder mehr Mitglieder der entscheidenden Klientengruppe miteinander in Transaktion treten. Es ist wichtig, zwischen den Mitgliedern stattfindende Prozesse zu beobachten und sich nicht nur auf die Prozesse zwischen einzelnen Mitgliedern und dem Berater zu stützen. Daher ist eine Umfrage oder ein Interview methodisch immer nur eine Notlösung. Letztlich ist der Berater darauf angewiesen, Zugang zu einer Situation zu haben, in der die Mitglieder der Organisation, wie sie es gewohnt sind, miteinander umgehen.
4. In dem gewählten Setting sollte wirklich gearbeitet werden. Eine Situation, in der die Gruppe einwilligt, mit dem Berater nur ihre interpersonalen Beziehungen zu diskutieren oder seiner Präsentation zuzuhören, gilt es zu vermeiden. Ein solches Meeting kann angebracht sein, wenn sich zwischen der Gruppe und dem Berater bereits eine Beziehung herausgebildet hat, ist jedoch davor verfrüht. Der Gruppe fehlt das nötige Vertrauen zum Berater, um vor ihm tatsächlich offen ihre interpersonalen Beziehungen zu diskutieren; und dem Berater mangelt es an Daten aus Beobachtungen, um der Gruppe bei einer solchen Diskussion helfen zu können. Außerdem kann der Berater nicht wissen, wann interpersonale Probleme und Arbeitsprobleme aufeinanderstoßen. Regelmäßige Komitee- oder

Arbeitsgruppenmeetings sind nicht nur deshalb ideal, weil der Berater die Organisationsmitglieder in einer natürlicheren Rolle sieht, sondern auch, weil er mehr über die Arbeit erfährt, mit der sich die Mitglieder auseinander zu setzen haben.

Mit diesen Prinzipien wird gewöhnlich auch der Kontaktklient während der gemeinsamen Entscheidung über das Setting vertraut gemacht. Indem der Berater dem Klienten diese Prinzipien vermittelt, beginnt er ihm auch den Veränderungsprozess und Organisationsprozesse und -dynamik nahe zu bringen.

Arbeitsmethoden

Die gewählte Arbeitsmethode sollte möglichst kongruent mit den der Prozessberatung zugrundeliegenden Prinzipien und Werten sein. Der Berater sollte möglichst sichtbar und für Interaktionen verfügbar sein. Er sollte nicht den Eindruck eines Diagnostikexperten erwecken, der mit Hilfe geheimnisvoller Methoden zu Schlussfolgerungen gelangt, die dem Klienten verschlossen bleiben. Wünschenswert wäre daher der Einsatz von Beobachtung, informellen Interviews und Gruppendiskussionen, um die Annahme zu untermauern, dass der Berater nicht mit auswendig gelernten Antworten oder standardisierten »Experten«-Lösungen arbeitet und sich bemüht, jederzeit für Fragen und Austausch verfügbar zu sein. Es sollten nur relevante, in Bezug auf die Anforderungen des Klienten sinnvolle Fragen gestellt werden. Häufig wähle ich den Weg, zu Beginn einer Beratung zurückhaltend Informationsfragen zu stellen, um mit den Leuten aus dem Klientensystem in Beziehung zu treten, mit denen ich arbeiten werde oder die ich in Gruppenmeetings beobachte. Bei dem Interview geht es zu gleichen Teilen darum, etwas von mir zu zeigen, wie etwas über mein Gegenüber zu erfahren.

Ich interviewe nicht bei jedem Projekt routinemäßig jedes Mitglied des ursprünglichen Klientensystems, wie es viele Beratungsmodelle empfehlen. Es kommt vor, dass ein Explorationsmeetings die Angst einiger Mitglieder des Klientensystems zum Vorschein bringt, frei zu sprechen, solange dies nicht unter vier Augen geschieht oder ein weiteres Meeting vereinbart wird, indem von anderen Mitgliedern vorgebrachte Tagesordnungspunkte besprochen werden. In solchen Fällen plane ich mit dem Kontaktklienten eine Reihe von Einzelinterviews. Aber die Entscheidung für ein Interview und die Gründe dafür sollten von Kontakt- und mittelbaren Klienten gemeinsam verantwortet werden. Interviews sollten nicht routinemäßig zur »Methode« gehören, da dem Berater dadurch automatisch die Expertenrolle zugewiesen wird, nur weil er Informationen gesammelt hat, über die zu diesem Zeitpunkt niemand anders verfügt.

Benutzt der Berater Fragebögen, Umfragen oder Tests, bleibt er selbst für sein Gegenüber ein unbeschriebenes Blatt und signalisiert gleichzeitig, er besitze geheimnisvolles, esoterisches Wissen über Datenerhebung und Diagnostik. Solange er aber als Experte mit geheimnisvollen Fähigkeiten wahrgenommen wird und als Person ein Unbekannter bleibt, kann sein Gegenüber kein wirkliches Vertrauen entwickeln und daher die Fragen nicht vollkommen aufrichtig beantworten. Daher ziehe ich es vor, auf diese Instrumentarien zu verzichten, solange sie nicht angebracht sind und vom Klientensystem gebilligt werden.

Um die Evolution dieser Prozesse zu illustrieren, folgt hier ein Überblick über mehrere Fälle, der verschiedene Aspekte der Beziehung zum Klientensystem beleuchtet.

In der Billings Company war das Explorationstreffen ein reguläres Meeting der Firmenleitung. Hier lernte ich Stone, den Gründer/Präsidenten, kennen und die anderen Schlüsselmanager und diskutierte mit ihnen die weitere Vorgehensweise. Wir trafen uns in dem Konferenzzimmer neben Stones Büro und saßen um einen großen, nierenförmigen Tisch, über dem ein Mobile hing, das aus sechs sich unabhängig voneinander bewegenden Händen bestand, deren Zeigefinger geradeaus deutete. Wenn sich die Hände in der Luft bewegten, deuteten die Finger in verschiedene Richtungen. Angesichts dieses »Fingerzeigens« fragte ich mich, welches Klima ich wohl in dieser Organisation vorfinden würde.

Beim Meeting stieß ich auf lebhaftes Interesse an der Vorstellung, einen Außenseiter in die Organisation zu holen, um die Effektivität zu erhöhen. Des Weiteren stellte ich fest, dass die Gruppe bereit war, sich auf eine Beziehung mit offenem Ende einzulassen. Ich erklärte meine Philosophie, durch Beobachtung und angemessene Prozessinterventionen zu helfen, und schlug als geeigneten Weg, sich besser kennen zu lernen, vor, in einem absehbaren Zeitrahmen Einzelinterviews mit den Gruppenmitgliedern durchzuführen. Gleichzeitig schlug ich vor, den regulären vierzehntägigen Sitzungen der Firmenleitung beizuwohnen. Die Interviews fänden dann nach einer Reihe dieser Meetings statt. Die Gruppe war mit dieser Vorgehensweise einverstanden.

Bei diesem ersten Treffen mit der Gruppe stachen mir ein paar wichtige Vorgänge ins Auge. Zum Beispiel war Stone leger, übte aber große Macht aus. Von Anfang an hatte ich den Eindruck (der sich mit der Zeit bestätigte), dass die Beziehungen aller Gruppenmitglieder zum Präsidenten entscheidend sind und die Beziehungen untereinander eine untergeordnete Rolle spielen. Ich gewann auch den Eindruck, dass Stone ein sehr großes Selbstvertrauen besitzt und meine Anwesenheit nur so lange tolerieren würde, wie er einen Vorteil darin sieht. Es würde ihm wenig Probleme bereiten, mich zur Rede zu stellen und die Beziehung zu beenden, falls meine Anwesenheit seiner Ansicht nach nichts mehr brächte.

Mich beeindruckte auch, dass Stone nicht das Bedürfnis hatte, mich unter vier Augen zu sprechen – was sich im übrigen als sehr bedeutsam für seinen Managementstil erwies. Von Anfang an war er zufrieden damit, sich mit mir innerhalb der Gruppe auseinander zu setzen. Gegen Ende des ersten Meetings bat ich um ein privates Treffen mit ihm, um mir die Sicherheit zu verschaffen, dass er sich über den psychologischen Vertrag, auf den wir uns einließen, im Klaren war. Diese Zweierbeziehung war ihm überraschend unangenehm, es gab wenig, was er mir mitteilen wollte, und er interessierte sich kaum für meine Sicht der Beziehung. Ich hatte mir dieses Gespräch unter vier Augen gewünscht, weil ich für den weiteren Verlauf der Beratung seine Reaktion auf persönliches Feedback zu seinem Verhalten prüfen wollte. Er meinte, solches Feedback begrüße er, und er schien sich deshalb kaum oder gar nicht Gedanken zu machen. Wie ich später erfahren sollte, spiegelte diese Reaktion sein ausgeprägtes Macht- und Identitätsgefühl wider. Er hatte das Gefühl, sich selbst sehr gut zu kennen, und fühlte sich von dem Feedback nicht im geringsten bedroht.

Stone machte auch von Anfang an unmissverständlich klar, dass ich mir über die weitere Vorgehensweise Gedanken machen sollte und dass ihm an einer Verbesserung der gesamten Gruppenfunktion des Unternehmens gelegen war und nicht an bestimmten Problemlösungen. Seine Offenheit und seine Bereitschaft, mich an den regelmäßigen Arbeitssitzungen teilnehmen zu lassen, überraschten mich und gefielen mir. Was die Klientendefinition betraf, standen zu diesem Zeitpunkt Stone und seine Gruppe als primäre Klienten fest. Ich sollte anfangen, an den Sitzungen der Firmenleitung teilzunehmen, und mich darauf konzentrieren, der Gruppe dabei zu helfen, effektiver zu arbeiten.

In der Boyd Consumer Goods Company begann die Beratung im wesentlichen genauso. Bei dem Explorationsmeeting mit dem Präsidenten erkundigte ich mich, ob es eine regelmäßig stattfindende Sitzung mit seinen direkten Untergebenen gebe. Eine solche Gruppe gab es, sie traf sich wöchentlich. Und da das Unternehmen am Ort war, kamen wir überein, dass ich von nun an an diesen Sitzungen teilnehme. Der Präsident erklärte der Gruppe, er habe mich gebeten, bei ihren Meetings anwesend zu sein, um der Gruppe zu helfen, effektiver zu arbeiten, und bat mich dann zu erläutern, wie ich selbst meine Rolle sähe. Ich beschrieb Prozessberatung und wonach ich Ausschau halten würde, erklärte, dass ich nicht sehr aktiv zu werden gedächte, sondern es vorzöge, wenn die Gruppe einfach wie immer arbeitete, und dass ich mich mit Kommentaren zu Wort melden würde, wenn sich meines Erachtens eine Gelegenheit zur Hilfe böte. Nach einigen Sitzungen wurde beschlossen, dass ich mit jedem Mitglied der siebenköpfigen Gruppe ein Einzelinterview durchführen sollte, um mehr über das Unternehmen herauszufinden und dabei helfen zu können, Veränderungsziele zu definieren, um die Effektivität der Gruppe zu erhöhen.

In der Central Chemical Company war der Ablauf vollkommen anders, da dieses Unternehmen räumlich weit entfernt war und ich zugestimmt hatte, in einigen Monaten nur eine Woche dort zu verbringen. Dieser Fall ist ein gutes Beispiel dafür, mit einer Fortbildungsintervention zu beginnen, in diesem Fall einem Workshop über Changemanagement.

Der Kontaktklient war Mitglied der OE-Gruppe des Unternehmens und war über die diversen Einsatzmöglichkeiten eines Beraters sehr gut informiert. Bevor er mit mir Kontakt aufnahm, hatte er sich von einem meiner Kollegen, Dick Beckhard, beraten lassen, inwiefern ich am besten von Nutzen sein könnte. Sie entschieden sich für einen Workshop, der Fachbereichsmanagern helfen sollte, ihre Diagnosen und Maßnahmepläne für die Veränderungsprogramme zu verbessern, die sie implementieren wollten. Anschließend streckte Dick die Fühler aus, ob ich bereit sei, einen solchen Workshop in England durchzuführen, und erst nachdem ich zugestimmt hatte, hörte ich vom Kontaktklienten nähere Einzelheiten.[35]

Sobald wir uns brieflich auf den Workshop geeinigt hatten, begann ich mit meinem Kollegen das Programm für die Woche zu planen. Wir beschlossen, den Plan bis zum Abend vor Workshopbeginn, wenn ich vor Ort war, offen zu lassen. Wir hatten jedoch eine wichtige Entscheidung getroffen, nämlich nur Manager einzuladen, die an einer Änderung eines Aspekts ihrer unmittelbaren Arbeitssituation interessiert waren, und jeden Manager zu bitten, ein Mitglied ihrer Personalabteilung mitzubringen, mit dem er zusammenarbeitet, um Teams zu haben, die sich mit Veränderungsproblemen beschäftigen.

Als ich einige Monate später in der Central Chemical Company ankam, traf ich mich mit dem »internen« Beratungskontaktmann, dessen Chef (dem Personaldirektor) und einem oder zwei weiteren Leuten aus der Personalabteilung, die sich für das Programm interessierten. Wir gingen die Ziele und den Zeitplan für die Woche durch und beschlossen, flexibel zu bleiben, bis wir von den Teilnehmern mehr über ihre Veränderungsziele erfahren hatten. Außerdem sollte der interne Berater mit mir bei der Implementierung des Programms zusammenarbeiten. Das Ganze sollte im Trainingszentrum des Unternehmens in einer abgelegenen Gegend in Nordengland stattfinden. Sämtliche Teams (insgesamt achtzehn Leute) trafen sich dort täglich zu dem Workshop. Der Kontaktklient hatte alles mit meiner Hilfe arrangiert.

Bei Billings und Boyd ging ich direkt in eine Arbeitsgruppe. Bei Central Co. führte ich einen Workshop durch, um Managern zu helfen, einen Teil ihrer Aufgaben effektiver zu erledigen. Es gibt einen dritten Weg, in dem diese beiden Settings kombiniert werden: die Organisation eines Meetings, um ein bestimmtes Organisationsproblem zu lösen. Der Berater leitet das Meeting, doch die Teilnehmer selbst lösen das Problem.

Dieses Projekt wurde in den 60er Jahren mit dem Internal Revenue Service durchgeführt. Einige Jahre vorher hatten Mitglieder der IRS-Abteilung für Fortbildung Erfahrungen mit Sensitivitätstraining sammeln können und ihr mittleres und gehobenes Management damit bekannt gemacht. Dabei lernten sie sehr viel über die Analyse von Organisationsprozessen. Viele unter ihnen erkannten, dass ein Hauptproblem der Organisation Konflikte zwischen dem zentralen Hauptquartier und den verschiedenen Niederlassungen war – Konflikte darüber, wie viel Dezentralisierung und autoritäre Entscheidungen es geben sollte, wie sehr das System frühere Beschlüsse zu dezentralisieren widerspiegelte und Konflikte über Autoritätshierarchien.

Im Hauptquartier saßen starke Direktoren für die einzelnen Organisationsbereiche, die sich häufig mit den regionalen und Bezirksdirektoren, die für die lokalen IRS-Aktivitäten verantwortlich waren, ins Gehege kamen. Als im Hauptquartier neue Finanz- und Marketingprogramme entwickelt wurden, um die Operationen und das Image der IRS zu verbessern, wurde die formale Hierarchie immer wieder umgangen und direkt die Finanz- und Marketingleute vor Ort angesprochen. Das führte zu Missstimmungen und Ärger auf beiden Seiten, im Hauptquartier wie im regionalen Management.

Die zentrale Fortbildungsgruppe wusste, dass die leitenden Manager, sowohl die Manager aus dem Hauptquartier wie die von den Niederlassungen, insgesamt 15 Personen, sich jährlich trafen. Ein Mitglied dieser Gruppe rief mich an, um herauszufinden, ob es eine Möglichkeit gebe, dass ich eines dieser Meetings so organisiere, dass die gesamte Gruppe an dem Organisationsproblem arbeiten könne, und ob ich bei der Planung und Leitung helfen könne.

In einem Explorationstreffen mit mehreren Leuten aus der Fortbildungsgruppe hörte ich, dass sie sich nicht sicher waren, wie der Kommissar und seine unmittelbaren Untergebenen zu diesem Vorschlag stehen würden, da bisher noch nie ein Berater von außen geholt worden sei. Als sie jedoch eine Reihe der Niederlassungsleiter fragten, die bereits an Sensitivitätstrainings teilgenommen hatten, und dabei von den Möglichkeiten erfuhren, die das Hinzuziehen eines »verhaltensorientierten Beraters« eröffnete, waren sie beruhigt und meinten, ein solcher Versuch sei lohnenswert.

Eine aus dem Leiter der Fortbildung, zwei seiner Untergebenen und einem enthusiastischen Niederlassungsmanager bestehende Kerngruppe traf sich mit mir, um die weitere Strategie zu planen. Wir kamen zu dem Schluss, dass eine entsprechende Anzahl von Leuten, die letztlich an dem Meeting teilnehmen würden, an der Planung und Entwicklung dieses Meetings mitarbeiten mussten, wenn dieses erfolgreich sein sollte. Eine zu gleichen Teilen aus Managern aus dem Hauptquartier wie den Niederlassungen bestehende Gruppe wurde gebildet. Diese Gruppe hatte den Auftrag, in einer zweitägigen Sitzung das gesamte Meeting zu planen. Der von der Gruppe entwickelte Plan sollte anschließend dem Kommissar und seinen leitenden Managern zur Abzeichnung vorgelegt werden.

In meiner Rolle als Berater hatte ich zwei Klippen zu umschiffen. Zunächst musste ich während des zweitägigen Treffens der Planungsgruppe diese davon abbringen, ein herkömmliches Format zu wählen, das hieße, ich stelle meine Präsentation zum Konfliktfeld Hauptquartier/Niederlassungen vor, über die die Gruppe anschließend diskutiert. Zweitens musste ich Mitverantwortung für den Erfolg des letztlich gewählten Meetingformats übernehmen und für mich eine Rolle finden, damit dieses Format auch funktioniert.

Der Plan, der in der zweitägigen Planungsgruppe entwickelt wurde, wies folgende Elemente auf:

Das dreitägige Meeting sollte als Exploration von Organisationsproblemen der Unternehmensleitung in Rechnung gestellt werden, bei der es um die Verbesserung organisationsinterner Beziehungen geht.

Als Chairman[36] *sollte ich fungieren und nicht der Kommissar, um ein Zeichen zu setzen, dass weder das Hauptquartier noch die Niederlassungen die Diskussion dominieren.*

Die Agenda des Meetings sollte nach einer von Dick Beckhard vorgeschlagenen Vorgehensweise entwickelt werden, nach der jedes Mitglied der 15-köpfigen Gruppe gebeten werden sollte, mir einen Brief an meine Heimatadresse zu schicken, in dem es die seiner Ansicht nach wichtigsten Organisationsprobleme der Gruppe schildert. Meine Aufgabe war dann, aus der in diesen 15 Briefen enthaltenen Information die Hauptthemen herauszukristallisieren. Diese Themen sollten der gesamten Gruppe in unserer ersten gemeinsamen Sitzung vorgestellt werden und die Agenda für die drei Tage bilden.

Die Idee, die vor allem hinter diesem Vorschlag steckte, jeden einen Brief schreiben zu lassen, war, jedermann die Möglichkeit zu geben, sich vollkommen frei zu äußern, ohne Angst haben zu müssen, sich den Zorn des Chefs oder anderer Gruppenmitglieder zuzuziehen. Des Weiteren erhielt man so Daten von allen Mitgliedern, bevor das Meeting begann. Und drittens war somit jedes Mitglied am Erstellen der Agenda beteiligt, ein beträchtlicher Unterschied zu den vorausgegangenen Meetings, wo die Agenda vom Kommissar oder dessen Mitarbeitern aufgestellt worden war. Man konnte daher davon ausgehen, dass alle Mitglieder sich von Anbeginn stärker einbezogen fühlen.

Das Briefeschreiben war nicht ganz unproblematisch: (1) hatte es etwas Effekthascherisches und (2) konnte man nicht voraussagen, wie jemand reagieren würde, der mich noch nicht kannte. Würde er einem fremden Professor einen offenen Brief über relativ wichtige Organisationsprobleme schreiben? Wir kamen zu dem Schluss, dass wir das Risiko eingehen mussten, wenig oder keine Reaktionen zu bekommen, dass wir dieses Risiko jedoch minimieren konnten, indem wir die Mitglieder der Planungsgruppe baten, mit ihren Kollegen zu reden und persönlich an sie zu appellieren, offen zu schreiben. Man einigte sich auf diese Vorgehensweise, erläuterte sie dem Kommissar, der sie enthusiastisch willkommen hieß, und gelangte so zu einem Plan für das Meeting. Ich erklärte der Planungsgruppe, dass der Kommissar und sein Stellvertreter sehr vorsichtig auftreten müssten. Falls sie zu rasch in ihre Machtrolle verfielen und dafür die Rolle vernachlässigten, bei der Diagnose der Organisationsprobleme zu helfen, würde sich die Gruppe zurückziehen und schweigen und die Probleme blieben ungelöst. Ich sprach mit den beiden Betroffenen und hatte das Gefühl, dass ihnen diese Gefahr klar war und sie bereit waren, sich darauf einzulassen, und dass ihre Persönlichkeit es ihnen gestattet, dieses etwas andere Meetingformat zu akzeptieren.

Nachdem sich alle einig waren, so weiter zu machen, beschloss die Gruppe, dass der Stellvertreter nun den Brief mit der Erklärung des Meetingformats und der Bitte um die schriftliche Problemdiagnose an die Mitglieder losschicken würde. Die Mitglieder der Planungsgruppe sollten in ihren Bereichen dafür sorgen, dass jedermann den Plan verstand sowie sich darüber im Klaren war, dass dieser Plan von den Mitgliedern der Organisation selbst entwickelt worden war, auch wenn ich viele der einzelnen Elemente vorgeschlagen hatte.

Diese etwas umständliche und zeitintensive Vorgehensweise war entscheidend, um die Mitglieder an einem prozessorientierten Meeting zu beteiligen. Obwohl die Ideen von der Fortbildungsabteilung und von mir stammten, sprach das Konzept offensichtlich die Manager aus dem Hauptquartier und den Niederlassungen an. Hätten sie sich nicht engagiert, hätte das Meeting nicht so stattfinden können.

In den Briefen wurde die aktuelle Situation offen kritisiert, was die Planung einer in den Augen der Gruppe äußerst relevanten Agenda einfach machte. Meine Rolle bestand darin, diese kritischen Anmerkungen in einer vernünftigen Anzahl von Organisationsthemen zusammenzufassen, die im Meeting besprochen werden konnten. Ich konnte diese Themen auf den Punkt bringen und zusammenfassen, ohne dass sich ein Mitglied bedroht fühlen musste, da nur mehrfach erwähnte Punkte in die Agenda aufgenommen wurden. Ich leitete das Meeting und erreichte einen Konsens, wie sich die Beziehungen zwischen Hauptquartier und Niederlassungen in Zukunft strukturieren ließen. Der Kommissar und sein Stellvertreter ordneten sich in die Gruppe ein und erfüllten ihre Rolle, das Meeting nicht zu dominieren.

Durch eine sorgfältige Planung des Prozesses des Helfens war es uns gelungen, schwierige Themen anzugehen, die über viele Jahre hinweg für Spannungen gesorgt hatten, sie an die Öffentlichkeit zu bringen, zu neutralisieren und von einzelnen Personen zu trennen. Dadurch schufen wir ein Klima, in dem die Gruppe konstruktiv mit schwierigen Themen umgehen konnte und Konfrontationen über wichtige Hierarchiegrenzen hinweg möglich waren. Diese Erfahrung lehrte mich auch, wie sehr das Ergebnis von der Zusammenarbeit zwischen mir, dem Mann von außen, und einigen »Internen« bei der Informationserhebung und Intervention abhängt.

Durch diese Fallbeispiele versuchte ich zu vermitteln, dass die Arbeitsmethode in hohem Maße variabel und in hohem Maße von den Umständen abhängig ist, unter denen der erste Kontakt und das Explorationsmeeting stattfinden. Als entscheidend gilt es hervorzuheben, dass ich mit keiner »Standardmethode« ankomme, sondern versuche, den Klienten in den Entscheidungsprozess über die beste Vorgehensweise einzubeziehen. Gleichzeitig bin ich bereit, fest zu bleiben, falls der Klient eine Methode vorschlägt, die mir widerspricht. Würde der Klient z.B. vorschlagen, die Gruppenmitglieder vor dem Meeting einem psychologischen Test zu unterziehen, würde ich ihn mit aller Kraft davon zu überzeugen versuchen, dass dies kontraproduktiv ist. In dieser Diskussion würden meine Prozessberatungsprinzipien offengelegt und geprüft. Beharrte der Klient auf seinem Standpunkt, müsste ich erwägen, mich zurückzuziehen und noch einmal zu bekräftigen, dass diese Vorgehensweise meines Erachtens ein Fehler sei. Es gilt auch zu beachten, dass »Tricks«, wie die Teilnehmer einen Brief an mich schreiben zu lassen, stets dazu gedacht sind, den Klienten schon im Vorfeld in den Problemlösungsprozess einzubinden. Verzichtete man darauf, kämen sie mit einer passiven, abhängigen Grundhaltung zu dem Meeting und warteten darauf, dass der offizielle Gruppenleiter ihnen eine

Agenda vorlegt. All diese Betrachtungen haben mit dem »psychologischen Vertrag« zu tun.

Der psychologische Vertrag

Der psychologische Vertrag besteht aus den impliziten Erwartungen auf Seiten des Beraters sowie des Klienten darüber, was man über das Grundlegende hinaus zu geben und empfangen bereit ist, wann man sich treffen will, für wie lange man sich zu treffen gedenkt und welche Kosten man dafür kalkuliert. Viele Beratungstheorien argumentieren, solche impliziten Erwartungen sollten von Anfang an so offiziell und explizit wie möglich dargestellt werden. Meiner Erfahrung nach ist es nicht besonders praktikabel und wenig effektiv, seine ganzen Hoffnungen und Erwartungen im Vorfeld offen darlegen zu wollen; denn noch weiß keine der beteiligten Parteien ausreichend Bescheid über die sich entwickelnde Situation, um abschätzen zu können, was sie geben kann und was sie zu bekommen hofft. Häufig stellen sich sogar die Formalitäten, auf die man sich geeinigt hat, als unpraktikabel heraus. Es ist sinnvoll, in jeder Phase in Bezug auf die eigenen Erwartungen offen zu sein, aber diese Offenheit beinhaltet, dass ich meine Unsicherheit äußere, was den vor uns liegenden Weg angeht, die weitere Entwicklung der Dinge und/oder die Probleme und Themen, mit denen wir uns auseinandersetzen werden müssen.

Der psychologische Vertrag zwischen Stone und mir bei Billings war sehr vage. Wir hatten beide die besten Absichten, aber keiner von uns konnte am Anfang absehen, wie sich meine Teilnahme an den Meetings auswirken und wie sich ab da die Beziehung entwickeln würde. Was ich zu diesem Zeitpunkt nicht wissen – und Stone mir nicht sagen – konnte, war, dass seine Bereitschaft, vage zu sein, nicht vorübergehend war, sondern Spiegelbild seines ganz eigenen Stils. Einige Jahre später drückte er es in einer Bemerkung über meinen Beitrag in seinem Unternehmen so aus: »Wenn ich irgendwo ein Problem sah, z.B. in der Entwicklungsabteilung, bat ich Ed Schein, mit den Leuten zu reden, und ging davon aus, dass das Problem verschwindet.«

Stone erwartete von mir, zu intervenieren und die Dinge in Ordnung zu bringen, und hielt es nicht für notwendig, selbst einzugreifen oder ein Auge darauf zu haben, was ich machte. Es war sogar so, dass er, wenn ich ihm mitteilen wollte, woran ich gerade arbeitete, gelangweilt wirkte und offensichtlich jedes Interesse an dem Thema verloren hatte. Er wollte über meine Vorgehensweise gar nicht auf dem Laufenden gehalten werden und ließ sich nur einbinden, wenn ich ihn anhand von Beobachtungen oder Ergebnissen meiner Arbeit davon überzeugte, dass sich sein Verhalten ändern musste.

Und ich erfuhr, dass Stone ein starkes Bedürfnis nach einer Beziehung mit einem neutralen Außenseiter hatte, in dessen Gegenwart er laut nachdenken konnte. Ich verbrachte viele Stunden in seinem Büro nur damit, ihm dabei zuzuhören, was ihm zu seinem Unternehmen, seinen Untergebenen, seinen Frustrationen, seiner Managementphilosophie etc. durch den Kopf ging. Oft hatten wir für unsere Treffen eine Agenda, die wir dann nach den ersten Minuten häufig hintanstellten, um uns einfach eine Stunde oder länger darüber zu unterhalten, was Stone an diesem Tag beschäftigte. Ich musste lernen, vollkommen flexibel zu reagieren, entweder auf der einen Seite nur zuzuhören oder, bis hin zum anderen Extrem, seine Gedankengebäude anzugreifen. Stone brauchte andere, die ihm beim Nachdenken halfen, und erklärte immer wieder, wenn er zu einer Entscheidung gezwungen war: »Auf mich gestellt bin ich kein Überflieger, aber wenn ich mit ein paar solchen Überfliegern rede, werde ich sehr schnell selber einer.«

In den Sitzungen der Firmenleitung war ich ebenfalls auf mich gestellt. Stone und seine Untergebenen waren mit meiner Anwesenheit und meinen Bemühungen einverstanden, aber was ich tat oder wann ich es tat, war niemals Diskussionsgegenstand, es sei denn, ich selbst äußerte mich zu meiner Rolle. Meines Erachtens erwarteten die Gruppenmitglieder meine Hilfe, aber solange ich nichts unternahm, hatten sie keine Vorstellung davon, in welcher Form diese Hilfe daherkommen würde. Weiterhin schienen sie auch kein Bedürfnis nach einer Rollenklärung zu haben, was, wie sich herausstellte, in der Kultur dieses Unternehmens ein wichtiges Thema war. Rollen und Verantwortlichkeiten wurden in der Regel vage gehalten, und die Gruppe fühlte sich damit wohl. Eine formaler gehaltene Vertragsausarbeitung wäre hier unmöglich gewesen.

Meine Rechnungen, in denen detailliert aufgeschlüsselt war, wo und wie ich meine Zeit verbrachte, gingen an den VP[37] der Personalabteilung, der im Laufe der Zeit mein interner Informant wurde. Er und ich verbrachten Stunden damit, über Stone zu reden und darüber, wie man am besten mit den von ihm produzierten Agendas verfuhr. Ähnliche Gespräche fanden mit anderen Gruppenmitgliedern statt, so dass ich in gewisser Weise gleichzeitig jeden von ihnen einzeln sowie die Gruppe als Ganzes beriet.

Ein so vager psychologischer Vertrag wie der oben beschriebene ist oft das Übliche. Letztlich widersprechen formalisierte Beratungsregelungen der gesamten Prozessberatungsphilosophie, da weder der Klient noch der Berater voraussehen können, was der nächste Tag bringt. Eindeutig geregelt werden muss nur, wie viel Zeit der Klient zu brauchen glaubt, wie viel Zeit der Berater zur Verfügung hat und welche Kosten veranschlagt werden. Allerdings finde ich persönlich es sinnvoller, sogar bei der Zeitplanung anfangs offen zu bleiben, indem man einen maximalen Zeitrahmen zur Verfügung stellt, von dem man aber nicht erwartet, dass er ganz ausgeschöpft wird. Alles sollte sich dem Prinzip unterordnen, im Hinblick auf die sich für den Klienten stellende Situation ein möglichst sinnvolles und hilfreiches Angebot zu unterbreiten.

Ich verpflichte mich, gegen einen bestimmten Stunden- oder Tagessatz monatlich eine bestimmte Anzahl von Tagen zu arbeiten. Aber ich will nicht, dass sich die Klientenorganisation auf einen wie immer gearteten Vertrag festlegt, noch möchte ich eine andauernde Beziehung versprechen. Beide Parteien sollten die Vereinbarung jederzeit aufkündigen können, falls sie mit der Beziehung nicht mehr zufrieden sind oder sie ihnen nichts mehr bringt. Diese beiderseitige Freiheit, die Beziehung zu beenden, ist ein wichtiger Faktor, um zu gewährleisten, dass Beziehung auf dem tatsächlich erhaltenen Gegenwert basiert und nicht auf der Erfüllung einer Verpflichtung.

Andererseits sollten sowohl der Klient wie der Berater bereit sein, dem Projekt so viel Zeit zu widmen, wie vereinbart wurde. Falls ich monatlich nur einen Tag Zeit habe, und das Problem des Klienten mehr Zeit verlangt, sollte ich eine Beratung offenkundig von vornherein ablehnen. Ich versuche abzuschätzen, wie viel Zeit ein Projekt braucht, und achte darauf, zumindest diesen Zeitrahmen einhalten zu können. Der Klient seinerseits sollte die Kosten so budgetieren, dass er, falls mehr Tage anfallen, diese auch bezahlen kann. In keinem Fall wurde dies über eine allgemein gehaltene Absichtserklärung des Klienten hinaus schriftlich geregelt. Sobald wir uns über den Preis pro Tag einig sind, notiere ich mir meinen Zeitaufwand und sende dem Klienten eine monatliche Rechnung.

Ich versuche möglichst früh in der Beziehung alle bewusst oder unbewusst verborgenen Erwartungen des Klienten herauszufinden, die Maßnahmen meinerseits voraussetzen, die ich ablehne. Zum Beispiel die Erwartung, dass ich nicht nur an dem im Vordergrund stehenden Problem arbeite, sondern darüber hinaus noch auf andere Weise helfe, wie die Untergebenen des Klienten evaluieren, beim Umgang mit den »Problemleuten« in der Organisation zur Hand gehen, Expertenmeinungen zur Lösung bestimmter Managementproblem abgeben, Entscheidungen unterstützen und Überzeugungsarbeit bei den Mitarbeitern leisten, als Kommunikationskanal bei Leuten dienen, mit denen der Klient Kommunikationsprobleme hat, und bei Konflikten vermitteln. Diese Erwartungen sollten wo weit wie möglich früh an die Oberfläche kommen, damit sie nicht später zu Stolpersteinen oder Frustrationsquellen werden, falls ich mich weigere, sie zu erfüllen. Andererseits bleibt mir, falls der Klient bestimmte Motive für sich behalten will, nichts anderes übrig, als diagnostisch behutsam vorzugehen und Fallen zu vermeiden.

Ich meinerseits muss mir so klar wie möglich darüber sein, was ich vom Klientensystem und von mir selbst in meiner Rolle als Berater erwarte. Zum Beispiel erwarte ich die Bereitschaft zur Informationserhebung, zur Exploration von Problemen und die Bereitschaft, sich genügend Zeit zu nehmen, dem Geschehen auf den Grund zu gehen. Ich erwarte Unterstützung in meiner Prozessorientierung und das Engagement der Organisationsmitglieder für den Prozess, die Diagnose und andere Interventionen gemeinsam zu verantworten. Ich muss klarmachen, dass ich nicht als Experte für zwischenmenschliche Beziehungsprobleme zur Verfügung stehen werde, die diese Organisation und ihre Kultur auszeichnen, aber dass ich versuchen werde, dem Klienten bei der Lösung seiner Probleme zu helfen, indem ich ihm Alternativen aufzeige und ihm helfe, die Konsequenzen verschiedener Alternativen zu durchdenken. Ich muss unbedingt erklären, dass ich Informationen sammle, indem ich die Menschen bei der Arbeit beobachte, sie interviewe und jede andere Methode benutze, auf die wir uns einigen. Und es muss von Anfang an klargestellt werden, dass ich mich, wenn ich an Meetings teilnehme, nicht sehr aktiv verhalten werde, sondern das Geschehen kommentieren oder Feedback geben werde, wenn dies meiner Meinung nach der Gruppe bei der Erfüllung ihrer Aufgabe hilft. Mein relativ inaktives Verhalten stellt häufig ein Problem für die Gruppe dar wegen der Erwartung, sie könnten sich nun, da sie einen Berater engagiert haben, zurücklehnen und sich von ihm alles erklären lassen. Sitzt der Berater dann stundenlang in der Gruppe und äußert sich kaum, verstößt das nicht nur gegen diese Erwartung, sondern schafft auch Ängste, was er beobachten könnte. Je mehr ich der Gruppe am Anfang versichere, dass ich nicht auf der Jagd nach persönlichen, möglicherweise destruktiven Daten bin, desto problemloser kann ich später beobachten.

Ich muss herüberbringen, dass nicht nur der Kontaktklient oder das höchstrangige Mitglied des Unternehmens mein Klient ist, sondern die gesamte Gruppe, mit der ich arbeite, und daher notwendigerweise die gesamte Organisation und die Gemeinschaft, in die sie eingebettet ist. Anders ausgedrückt, ich unterstütze keine Entscheidungen, die meines Erachtens einer der betroffenen Gruppen – den Angestellten, den Kunden oder den Zulieferern – schaden könnten, selbst wenn ich nie mit einer dieser Gruppen Kontakt gehabt habe. Dieses Konzept der ahnungslosen und ultimativen Kunden ist einer der schwierigsten, aber auch wichtigsten Aspekte der Prozessberatung.

Bei der Beobachtung anderer Berater in einer Organisation, in der ich arbeitete, fiel mir häufig auf, dass viele von ihnen sich letztlich den hochrangigsten Manager, normalerweise den Präsidenten, als primären Klienten schnappen, ihn davon überzeugen, was sie für die richtige Intervention zur Behebung der Probleme halten, und ihm dann helfen, diese Intervention zu verkaufen und zu implementieren, selbst wenn diese anderen in der Organisation schadet.

Im Gegensatz dazu habe ich festgestellt, dass ich am meisten Wirkung entfalte, wenn ich das Vertrauen aller entscheidenden beteiligten Gruppen gewinnen kann, mit denen ich arbeite, so dass keiner meint, ich wolle nur die Vorstellungen eines anderen durchdrücken. Für diese Art von Hilfe ist die Metapher eines Moderators oder Katalysators treffender als Change-Agent. Sobald einmal ein gewisses Maß an Vertrauen da ist, ist es durchaus möglich, über verschiedene Hierarchieebenen der Organisation hinweg zu arbeiten.

Bei Billings erreichte ich nach vielen Monaten Arbeit mit Stone und seinen sechs wichtigsten Untergebenen einen Punkt, wo sie mich alle als potentiell wichtige Kommunikationsverbindung sahen. Meine primäre Arbeit war zweifelsohne auf diese Gruppe und ihre Meetings konzentriert, doch ich interviewte sie im Lauf der nächsten Monate alle einzeln, um ihnen eine Möglichkeit zu geben, mir mitzuteilen, was sie sich von meiner Anwesenheit bei den Meetings erhofften. Als ich sie besser kennen lernte, baten sie mich, jedem von ihnen über die Reaktionen und Gefühle der anderen zu informieren, wann immer ich etwas erfahre, was nach meinem Dafürhalten weitergegeben werden sollte. Besonders interessiert waren sie daran, was Stone über bestimmte Dinge dachte, und sie wollten, dass ich ihm weitergab, wie sie über bestimmte Dinge dachten. Sie waren ziemlich offen mir gegenüber hinsichtlich ihrer Meinungen übereinander und über Stone, wobei sie wussten, dass ich jede Meinung oder Reaktion weitergeben könnte, von der ich erfuhr. Sie wollten nicht, dass ich ihre Mitteilungen samt und sonders als vertraulich behandle, da sie mir und einander genug vertrauten und meine Verbindung zu ihnen allen als zusätzlichen nützlichen Informationskanal sahen.

Diese Entwicklung fand ich sehr interessant, da ich anfangs diese Art von Rolle als Informationsüberbringer für nicht ideal gehalten und als Anzeichen dafür gesehen hatte, dass die Fähigkeit der einzelnen Gruppenmitglieder, direkt miteinander zu reden, ungenügend ausgebildet war. Daher schlug ich folgende zwei Kurse ein: Erstens versuchte ich, jedem von ihnen so gut es ging beizubringen, den anderen in der Gruppe direkt ihre Meinung mitzuteilen. Gleichzeitig intervenierte ich direkt in ihrem Prozess und gab hin und wieder Informationen und Meinungen weiter, die sie selbst den anderen gegenüber nicht äußern konnten, wenn ich dies für das Erreichen ihrer Arbeitsziele für wichtig hielt.

Hier nun ein einfaches aber entscheidendes Beispiel zur Illustration. Zwei Mitglieder, Pete und Joe, waren nicht immer offen zueinander, was zum Teil an ihrer Rivalität lag. Pete hatte eine Studie abgeschlossen und einen Bericht geschrieben, der von der gesamten Gruppe diskutiert werden sollte. Drei Tage bevor dieser Bericht fällig war, besuchte ich das Unternehmen und sah in Petes Büro vorbei, um mit ihm über den Bericht zu reden und ihn zu fragen, wie es laufe. Er erklärte, alles sei in Ordnung, war aber offensichtlich verwundert, warum Joe nicht zu ihm gekommen war, um einen Blick auf die Daten zu werfen, die seine Arbeit betreffen. Pete empfand dies als weiteren Hinweis, dass Joe ihn nicht wirklich respektiere.

Etwa eine Stunde später arbeitete ich zufällig mit Joe und kam auf den Bericht zu sprechen (meine unilateral getroffene Entscheidung zu intervenieren, weil ich dies für hilfreich hielt). Joe und seine Leute hatten alle Hände voll damit zu tun, sich auf das Meeting vorzubereiten, aber es fiel kein Wort darüber, die bei Pete verfügbaren Daten einzusehen. Joe meinte, er sei sich sicher, die Daten seien unter Verschluss und Pete habe nicht vor, sie herauszugeben. Joe wollte sie unbedingt sehen, war jedoch überzeugt, Pete habe sie ihm ganz bewusst nicht angeboten.

Ich kam zu dem Schluss, es brächte beide weiter, wenn ich preisgab, was ich über Petes Bereitschaft wusste, seine Daten weiterzugeben. Joe zeigte sich sehr erstaunt und ging später an diesem Tag zu Pete, der ihn herzlich begrüßte und ihm drei Bände mit Daten gab, die Joe unbedingt hatte sehen und Pete unbedingt hatte weitergeben wollen. Ich musste sorgfältig abwägen, ob ich Pete oder Joe schadete, indem ich Petes Gefühle nicht für mich behielt, und kam zu dem Schluss, dass die potentiellen Vorteile eindeutig die Risiken überwogen, wie sich letztlich auch zeigte.

Der psychologische Vertrag zwischen mir und den verschiedenen Mitgliedern des Billings-Managements hatte ein Niveau erreicht, das keiner von uns hätte voraussehen können oder angestrebt hatte. Er entwickelte sich einfach in der Reaktion auf die Situation, wie sie sich jeweils darstellte, und diese Situationen unterscheiden sich mit großer Wahrscheinlichkeit bei jeder Beratung.

Zusammenfassung und Schlussfolgerung

Der Kontakt- und Einstiegsprozess, die Wahl des Settings und der Arbeitsmethode und die Entwicklung des psychologischen Vertrags sind hoch variabel. Sowohl das Setting als auch die Arbeitsmethode sollten unbedingt gemeinsam von der Kontaktklientengruppe und dem Berater entschieden werden. Diese Entscheidungen sollten, wie auch immer sie ausfallen, mit den Grundprinzipien der Prozessberatung kongruent sein, damit die Lernerfahrungen des Klientensystems selbstperpetuierend sein können. In einer Hinsicht sollte der Berater Experte sein, in dem schnellen Design von Interventionen, die zugleich helfen und weitere Fakten an den Tag bringen. Die Reaktionen des Beraters müssen stets als Intervention und als Quelle neuer Daten gesehen werden.

Dabei ist am schwierigsten zu verstehen, dass Diagnose und Intervention ein und derselbe Prozess sind. Ich muss dabei immer offen gegenüber der auftretenden Faktenlage sein und mir gleichzeitig darüber klar sein, dass – egal ob ich verbal reagiere, nur verwundert dreinblicke, schweige, argumentiere oder eine weitere Frage stelle – all das immer eine unmittelbare Intervention mit Konsequenzen ist. In diesem flüchtigen Augenblick sollte ich mir über all diese Konsequenzen Gedanken machen. Ich kann mir keine »Auszeit« nehmen, um über meinen nächsten Schritt nachzudenken. Alles, was ich tue, ist eine Intervention.

12. Kapitel

Prozessberatung und die helfende Beziehung in der Gesamtschau

In diesem Kapitel möchte ich das Vorhergegangene zusammenfassen, kommentieren und überdenken. Einige der Fragen, die ich dabei ansprechen möchte, ergaben sich aus dem detaillierten Feedback meines Kollegen Otto Scharmer und seiner Frau Katryn, die das Manuskript sorgfältig und aufmerksam durchlas. Für ihre Vorschläge möchte ich mich bedanken. Auch vier Kollegen – Dick Beckhard, Warner Burke, Michael Brimm und David Coghlan – trugen mit ihren Anregungen und Ideen außerordentlich zu diesem Buch bei.

Was bleibt in einem Abschlusskapitel noch zu sagen? Zunächst möchte ich noch einmal einen Blick auf die zehn Prinzipien der Prozessberatung werfen, da ich sie für eine große Hilfe bei der Fehlersuche halte, wenn etwas nicht so läuft wie erwartet. Sodann möchte ich mich ein paar noch nicht behandelten Themen zuwenden, die sich vor allem auf die Vermittlung von Prozessberatung beziehen.

Zehn Prinzipien als Kern der Prozessberatung

Denkt man über Prozessberatung und den Aufbau einer »helfenden Beziehung« nach, stellt sich die Frage: Wo ist die Akzentverschiebung oder der entscheidende Unterschied, der diese Philosophie der Hilfe »anders« macht? Warum soll man sich damit plagen, »diesen Kram« zu lernen? Als ich die 40 Jahre, in denen ich »diesen Kram« praktizierte, vor meinem geistigen Auge Revue passieren ließ, wurde mir klar, dass der entscheidende Punkt in dem Wort Beziehung enthalten ist. Offen gesagt, gelangte ich zu der Überzeugung, dass der entscheidende Faktor, ob Hilfe in zwischenmenschlichen Situationen stattfindet, bei denen die Persönlichkeit der Beteiligten, Gruppendynamik und kulturelle Faktoren eine Rolle spielen, die Beziehung zwischen dem Helfer und der hilfesuchenden Person, Gruppe oder Organisation ist. Von diesem Gesichtspunkt aus sollte jede Handlung meinerseits, von der Kontaktaufnahme mit einem Klienten an, eine Intervention sein, die zugleich mir wie dem Klienten erlaubt, das Geschehen zu diagnostizieren und eine Beziehung zwischen uns aufzubauen. Wenn alles gesagt und getan ist, messe ich meinen Erfolg in jedem Kontakt daran, ob ich und der Klient die Beziehung als hilfreich empfinden.

Man kann es Prinzipien, Richtlinien, praktische Tipps nennen, wie auch immer: Bei meinen Bemühungen, eine helfende Beziehung aufzubauen, muss ich mir diese selbst ständig vor Augen führen. Betrachten wir die Prinzipien unter diesem Gesichtspunkt.

1. Versuche stets zu helfen

Zweifelsohne wird sich kaum eine helfende Beziehung entwickeln, wenn ich nicht die Absicht habe zu helfen und nicht daran arbeite. Allgemein gesprochen habe ich in zwischenmenschlichen Beziehung festgestellt, dass die Absicht zu helfen die beste Garantie für eine lohnende Beziehung ist, die wechselseitiges Lernen ermöglicht.

2. Verliere nie den Bezug zu der aktuellen Realität

Ich kann nicht helfen, solange ich nicht entschlüsseln kann, was in mir selbst, in der Situation und im Klienten vorgeht.

3. Setze dein Nichtwissen ein

Ich kann meine innere Realität nur entdecken, wenn ich das, was ich weiß, davon zu unterscheiden lerne, was ich zu wissen glaube, und davon, was ich wirklich nicht weiß. Und die Erfahrung hat mich gelehrt, dass es in der Regel am hilfreichsten ist, die Bereiche zu bearbeiten, in denen ich wirklich nichts weiß. Das Einsetzen des eigenen Nichtwissens ist der Schlüssel – und zwar in dem Sinn, dass ich gelernt habe, dass ich Erwartungen und Annahmen nur überwinden kann, wenn ich mich bemühe, in mir selbst herauszufinden, was ich wirklich nicht weiß und durch Fragen klären sollte. Das ist, als scanne man die innere Datenbank und könne auf leere Bereiche zugreifen. Wenn ich die Antwort tatsächlich nicht kenne, werde ich eher als kongruent und aufrichtig herüberkommen, wenn ich danach frage.

4. Alles, was du tust, ist eine Intervention

So wie durch jede Interaktion diagnostische Informationen ans Tageslicht kommen, so zieht sie Konsequenzen sowohl für den Klienten als auch für mich nach sich. Daher muss ich für jede meiner Handlungen die Verantwortung übernehmen und die Konsequenzen abschätzen, um sicherzugehen, dass sie meinem Ziel dienen, eine helfende Beziehung aufzubauen.

5. Das Problem und seine Lösung gehören dem Klienten

Es ist meine Aufgabe, eine Beziehung zu schaffen, in der der Klient Hilfe erhalten kann. Es ist nicht meine Aufgabe, mir die Probleme des Klienten selbst aufzuschultern, noch ist es meine Aufgabe, für eine Situation, in der ich nicht selbst lebe, Ratschläge und Lösungen anzubieten.

6. Geh mit dem Flow

Angesichts der Tatsache, dass ich die Realität des Klienten nicht kenne, muss ich den natürlichen Flow in dieser Realität respektieren und darf der mir unbekannten Situation nicht einen mir angemessen erscheinenden Flow aufzwängen. Hat die Beziehung einmal ein bestimmtes Vertrauensmaß erreicht und teilen Klient und Helfer ihre Ansichten über das Geschehen, nehmen sie beide in gleichem Maß am Prozess des Flow Anteil.

7. Das Timing ist entscheidend

Immer wieder machte ich die Erfahrung, dass die Einführung meiner Perspektive, das Stellen einer klärenden Frage, der Vorschlag einer Alternative oder was immer ich von meiner Warte aus einbringen möchte, sich danach richten muss, wie aufmerksam der Klient gerade ist. Dieselbe Bemerkung kann sich, je nach dem Zeitpunkt, zu dem sie geäußert wird, ganz verschieden auswirken.

8. Sei konstruktiv opportunistisch und arbeite mit konfrontativen Interventionen

Signalisiert der Klient einen Augenblick der Offenheit, einen Augenblick, in dem er für neuen Input ansprechbar scheint, versuche ich diesen Moment so gut wie möglich zu nutzen. Während man auf diese Momente wartet, erscheint es mir am wichtigsten, auf die Bereiche mein Augenmerk zu richten, in denen ich mir die Stärken und positiven Motivationen des Klienten zunutze machen kann. Ein solcher Augenblick bietet sich auch dann, wenn Äußerungen des Klienten eine Bereitschaft andeuten, sich für neue Standpunkte zu öffnen.

9. Alles liefert Daten; Fehler wird es immer geben, sie sind die wichtigste Quelle neuer Erkenntnisse

Wie sehr ich die obigen Prinzipien befolgen mag, ich werde immer wieder etwas sagen oder tun, was beim Klienten unerwartete oder unerwünschte Reaktionen hervorruft. Aus diesen Reaktionen muss ich lernen; Abwehr, Scham- oder Schuldgefühle gilt es um jeden Preis zu vermeiden. Ich weiß nie genug über die Realität des Klienten, um Fehler ganz auszuschließen, doch jeder Fehler ruft Reaktionen hervor, aus denen ich sehr viel über meine Realität und die des Klienten erfahren kann.

10. Teile im Zweifelsfall das Problem mit anderen

In jeder Beziehung kommt der Zeitpunkt, wo mir die Kraft ausgeht, wo ich nicht weiß, wie der nächste Schritt aussehen könnte, frustriert und aus anderen Gründen gelähmt bin. In solchen Situation ist es meiner Erfahrung nach am hilfreichsten, mein »Problem« mit dem Klienten zu teilen. Warum sollte ich davon ausgehen, dass ich immer weiß, was als nächstes zu tun ist? Angesichts der Tatsache, dass wir es mit dem Problem und der Realität des Klienten zu tun haben, ist es vollkommen angebracht, wenn ich den Klienten in meine Hilfebemühungen einbeziehe.

Aus diesen Prinzipien kann ich keine Handlungsanweisungen ableiten. Vielmehr handelt es sich dabei um Merkzeichen, mir ständig die Situation zu vergegenwärtigen, in der ich mich befinde. Sie bieten mir Richtlinien, wenn die Situation zweideutig wird. Und sie erinnern mich daran, was ich zu erreichen suche.

Ist die Entwicklung einer sinnvollen Typologie von Interventionen möglich?

In früheren Versionen dieses Buches versuchte ich die Interventionen zu kategorisieren. Während ich über mögliche Vorgehensweisen nachdachte, kam ich zu dem Schluss, dass solche Kategorien nicht wirklich sinnvoll sind, weil sie von der grundlegenderen Frage ablenken, was in der sich entwickelnden Beziehung gerade hilfreich ist. Ich ziehe ein allgemeines »Konzept der Fördernden Intervention« vor, das nahe legt, der Berater solle die in der jeweiligen Situation hilfreichste Intervention wählen, soweit sich dies nach den vorhandenen Informationen beurteilen lässt. Natürlich sollte der Berater mit verschiedenen Fragetechniken, Übungen, Umfrage- und Feedbackmethoden und anderen Interventionsformen vertraut sein. Viele davon wurden in den vorhergegangenen Kapiteln dargestellt, ausführliche Beschreibungen finden sich auch in anderen Büchern über Organisationsentwicklung.

Doch die Kenntnis vieler unterschiedlicher Interventionsmethoden ist kein Ersatz für das Gespür, was »genau jetzt« nötig ist, um die Beziehung weiter zu bringen. Tatsächlich kann ein Reservoir an Interventionen, auf die man jederzeit zurückgreifen kann, es erschweren, in der aktuellen Wirklichkeit zu bleiben, weil man immer Ausschau nach einer Gelegenheit hält, das einzusetzen, worin man sich für gut hält. Die entsprechende amerikanische Redewendung lautet: Für jemanden, der nur einen Hammer hat, scheint die ganze Welt aus Nägeln zu bestehen. Aber was ist dann die entscheidende Fähigkeit, von der wir reden?

Formales Wissen, Können oder Intuition?

Bei der Durchführung eines Workshops über Prozessberatung erinnern die jungen Berater immer wieder, dass viele meiner Vorschläge vielleicht dank meiner Erfahrung und meines Rufs bei mir funktionieren, aber nicht bei ihnen. Daraus ergeben sich zwei Fragen: Was habe ich, was sie nicht zu haben glauben? Und in welchem Umfang sind formales Wissen, auf formalem Training basierendes Können oder auf Erfahrung basierende Intuition für den Aufbau einer helfenden Beziehung relevant? Dem Leser ist sicherlich nicht entgangen, dass ich bisher keine Unterscheidung traf zwischen diesen drei Wissensebenen. Der Grund dafür ist, dass alle drei für eine helfende Beziehung relevant sind. Formales Wissen, wie es in einigen Kapiteln in vereinfachenden Modellen vorgestellt wurde, ist unentbehrlich. Vor allem der am Anfang seiner Laufbahn stehende Berater muss soviel wie möglich über Psychologie, Gruppendynamik und Organisationsdynamik wissen. Doch formales Wissen allein reicht mit Sicherheit nicht. Durch Workshops und Praktika, durch Versuch und Irrtum entwickelt man das Können und – weitaus wichtiger – das Know-how, das zunehmend automatisiert und intuitiv wird. In den letzten zwei Kategorien habe ich gegenüber dem Neuling sicherlich einen Vorteil. Aber ich betone immer wieder, dass es ein Grundpfeiler der Philosophie ist, sich mit der Realität auseinander zu setzen, der Neuling also mit seiner eigenen Realität arbeiten muss – was immer das impliziert!

Wenn ich z.B. mit einem Manager arbeite, der meine Arbeit kennt, weiß ich, dass ihm bekannt ist, dass ich als Experte auf diesem Gebiet der Beratung gelte. Über diese Wahrnehmung muss ich mir im Klaren sein und entsprechend meine Interventionen planen. Kommt ein jüngerer Berater, ein Berufsanfänger, zu demselben Manager, ist ihm klar, dass der Manager nicht viel über seine Erfahrung oder sein Können weiß, und er muss von dieser Realität aus arbeiten. Konsequenterweise gelangen wir beide zu völlig verschiedenen Interventionen, doch wir würden beide versuchen, eine helfende Beziehung aufzubauen, was uns beiden gelingen könnte. Die Beziehung entwickelt sich womöglich unterschiedlich, doch nichts aus unserer beider Erfahrung spräche automatisch für einen wahrscheinlicheren Erfolg meinerseits.

Soweit ich es beobachten konnte, hängt bei Berufsanfängern mangelnder Erfolg in solchen Situationen damit zusammen, dass sie sich nicht an die Prinzipien halten, zu früh versuchen, Experten zu sein, oder Ratschläge geben, wenn diese nicht gefragt sind. Natürlich lassen sich diese Fehler allesamt auf mangelnde Erfahrung zurückführen, aber das ändert nichts an der Gültigkeit der Prinzipien. Falls der Berufsanfänger in der Helferrolle bleibt, falls er sich auf das hier Beschriebene konzentriert, wird er denselben Erfolg haben, den ich in dieser Situation hätte.

Das habe ich immer wieder in meinen Klassen über das Management geplanter Veränderung beobachtet, wo Gruppen versuchen, sich einander regelmäßig bei ihren Projekten zu helfen. Spiele ich die Rolle des Beraters, kann ich helfen, aber – was wichtiger ist – ermutige ich Studenten, sich daran zu versuchen, zu helfen, sind diejenigen, die sich dabei an diese Prinzipien halten, eine genauso große, wenn nicht größere Hilfe, als ich es hätte sein können. Entscheidend ist ihr Verständnis, nicht das Ausmaß ihrer Erfahrung. Entscheidend ist ihre Bereitschaft, diese Expertenrolle aufzugeben und sich mit der aktuellen Wirklichkeit auseinander zu setzen, nicht wie viele Stunden Praxiserfahrung sie aufweisen können.

Außerdem muss eingeräumt werden, dass die helfende Beziehung das Produkt zweier Persönlichkeitsstile ist. Zwei gleichermaßen erfahrene Berater können zwei gänzlich verschiedene Beziehungen schaffen, die beide hilfreich sein können. Nicht ohne Grund wollten eine ganze Reihe meiner Klienten sich nicht allein darauf verlassen, was ihnen die Kontaktklienten über mich erzählten. Sie wollten mich kennen lernen und selbst herausfinden, wie die »Chemie« zwischen uns beschaffen sei. Von diesem Blickpunkt aus könnte ein Berufsanfänger, bei dem die Chemie stimmt, das gleiche oder mehr erreichen als ein erfahrener Berater, bei dem die Chemie nicht stimmt.

Intuition und Können sind, das lässt sich daraus folgern, zwar wichtig, aber der Berufsanfänger hat genug zwischenmenschliche Erfahrungen, aus denen er schöpfen kann. Mangelnde Berufserfahrung sind bei weitem kein solcher Problemindikator wie mangelndes Verständnis dafür, was es bedeutet, jemandem zu helfen, und mangelndes Bemühen, sich an diese Prinzipien zu halten.

Eine persönliche Anmerkung zum Schluss

Gelegentlich frage ich mich: »Warum predigst du diesen Kram eigentlich mit einer solchen Leidenschaft?« Die saloppe Antwort auf eine saloppe Frage: »Meine Erfahrung hat mir einige Lektionen verpasst, und ich möchte, dass meine Leser die begreifen!« Wenn ich mir selbst bei meinen Bemühungen zusehe, anderen zu helfen, und vor allem wenn ich wiederum diesen dabei zusehe, stoße ich immer wieder auf dieselben einfachen Wahrheiten. In verwandten Feldern haben wir viel über diese Wahrheiten gelernt – in der Psychotherapie, der Sozialarbeit, dem Unterrichten und Coachen. Dennoch beharren wir darauf, Organisationsberatung zu behandeln, als sei sie etwas völlig anderes. Immer wieder höre ich von Beratern, wie wichtig es sei, eine formale Diagnose zu erstellen, Berichte zu schreiben, bestimmte Empfehlungen abzugeben. Verzichten sie darauf, haben sie das Gefühl, ihre Arbeit nicht ordentlich erledigt zu haben. Ich verstehe nicht wirklich, warum wir unsere Erfahrungen aus anderen helfenden Berufen – Erfahrungen darüber, die Klienten zu beteiligen, im eigenen Rhythmus zu lernen, den Klienten zu helfen, ihre Probleme zu verstehen und selbst zu lösen – nicht auf das Gebiet der Management- und Organisationsberatung übertragen können.

Lasse ich meinem Zynismus freien Lauf, denke ich manchmal: »Es wäre wohl einfacher, Produkte, Programme, Diagnosen und Empfehlungen zu verkaufen als eine helfende Haltung.« Beratungsfirmen sind Unternehmen und müssen finanziell überleben, sie stehen daher notwendigerweise unter einem großen Druck, Produkte und Dienstleistungen zu liefern, für die die Kunden bereit sind, Geld zu zahlen. Allerdings ist Beratung, sobald sie ein Geschäft wird, nicht mehr das, was ich unter Beratung verstehe. Sie verwandelt sich in den Verkauf von Expertendienstleistungen. Beratungsfirmen verkaufen Informationen, Ideen und Empfehlungen. Aber verkaufen sie Hilfe? Für mich ist diese Frage schwer zu beantworten.

Auch Helfer müssen ihren Lebensunterhalt verdienen und ihre Dienstleistung in Rechnung stellen. Doch Therapeuten und Sozialarbeiter definieren ihre Arbeit nicht von Anbeginn auf längerfristige Projekte hin, die bestimmte diagnostische Methoden und formale Therapieprogramme verlangen. Sie bauen zuerst eine Beziehung auf und empfehlen andere Dienstleistungen erst, wenn sie gemeinsam mit dem Klienten ein Bedürfnis danach feststellen. Bei einem Großteil der Management- und Organisationsberatung vermisse ich diesen Beziehungsaufbau zu Beginn, der den Klienten erlauben würde, die Verantwortung für ihre Probleme zu übernehmen und vernünftig darüber zu entscheiden, ob sie eine Umfrage, eine konfrontationsorientierte Klausurtagung oder ein zweijähriges, von der Beratungsfirma durchgeführtes Veränderungsprogramm haben wollen.

Meine ausgeprägte Überzeugung, dass zuerst der Aufbau einer Beziehung kommen sollte, rührt von den Erfahrungen mit der Arbeit in Organisationen her, die zuvor unter der Kuratel von expertenorientierten Beratern gestanden hatten, die formale Programme implementierten. Zu häufig sehe ich, dass nur wenig von dem erreicht wurde, was der Klient sich wünschte, obwohl sehr viel Geld ausgegeben wurde. Was mich wieder dazu zwingt, mich mit meiner eigenen Wirklichkeit auseinander zu setzen, dass Hilfe erst dann möglich ist, wenn mit den verschiedenen Klienten, mit denen wir in Berührung kommen, die richtige Beziehung aufgebaut wurde. Und dass der Aufbau einer solchen Beziehung Zeit braucht und die richtige Einstellung auf Seiten des Helfers. Letzten Endes ist dieses Buch der Versuch, das Wesen dieser Einstellung in Worte zu fassen.

Anmerkungen

1 Orig. »process consultation«; Schein benutzt seit vielen Jahren auch die Abkürzung »PC«.

2 Die meisten Aussagen über Organisationskultur und -führung sind meinem Buch über dieses Thema und verwandter Literatur entnommen, auf die in verschiedenen Kapiteln Bezug genommen wird (Schein 1985, [2]1992).

3 Diese Terminologie des Lernens leitet sich ursprünglich von Batesons Konzept des Deutero-Lernens ab und von Argyris' und Schoens Beschreibung des Single- und Double-loop-Lernens. Die gründlichste Arbeit darüber ist vielleicht Michaels *On learning to plan and planning to learn.* Die Unterscheidung zwischen adaptivem und generativem Lernen wurde von Senge erforscht in dem Kontext, wie sich Organisationslernen als Aufbau einer Fähigkeit auffassen lässt (Argyris/Schoen 1996, dt. 1999; Bateson 1972, dt. 1999; Michael 1973, [2]1997; Senge 1990, dt. 1996).

4 Heifetz definiert in seinem Buch *Leadership without easy answers* (1994) adaptive Arbeit als etwas, das die Führungspersönlichkeit gemeinsam mit Untergebenen erledigen muss, wenn Problem und Lösung nicht offenkundig sind. Der Vergleich der Prozessberatung mit einer Art von Führung erscheint absolut angemessen, je komplexer die Situationen werden. »Was kann die Autoritätsperson tun, wenn sie die Antwort nicht kennt? In diesen Situationen kann die Autoritätsperson einen Lernprozess einleiten, indem sie harte Fragen stellt und die Erwartungen der Menschen von Grund auf verändert, um ihre Reaktionsmöglichkeiten zu verbessern […] Alles, was sie tut, ist nur etwas wert, wenn es sich durch profunde Fachkenntnis auszeichnet, aber ihre Fachkenntnisse beziehen sich auf das Management von Prozessen, durch die die Betroffenen ihr Problem lösen können.« (Heifetz 1994, 84f.)

5 Ich wurde durch die Gestalttherapie beeinflusst. Mein erster Trainer war der verstorbene Richard Wallen, der mich viel über die Beobachtung meines Innenlebens lehrte. Im Anschluss daran wurde ich sehr durch Ed Nevis beeinflusst, der die Gestaltprinzipien für die Organisationsberatung nutzbar machte (Nevis 1987; dt. 1988, [3]1998). Während meiner Doktorarbeit und in meinen ersten Berufsjahren prägte mich die Arbeit Kurt Lewins und die Arbeit von Gestaltpsychologen wie Köhler und Koffka.

6 *Chairman*; dt. Präsident, Fimenleiter; die amerikanischen Bezeichnungen für betriebliche Funktionen entsprechen nicht exakt den dt. Übersetzungen; hier und im Folgenden sind deshalb die amerikanischen Funktionsbezeichnungen aus dem Original übernommen worden.

7 Dieses Thema stößt bei den eher psychoanalytisch orientierten Beratern auf großes Interesse. Es gibt viele Veröffentlichungen dazu. Besonders die Arbeit von Hirschhorn (1988, 1991) ist äußerst aufschlussreich. Eine ausgezeichnete

Zusammenfassung vom psychoanalytischen Standpunkt aus findet sich in Jean Neumanns Beitrag zu *Proceedings of the International Consulting Conference* (1994).

8 Das Konzept des »Containers« wurde von Isaacs entwickelt, als er sich mit den Bedingungen für einen Dialog (Isaacs 1993, dt. 1996) und deren Darstellung beschäftigte. Dazu und zur Dynamik des Dialogs Näheres im zehnten Kapitel. Dazu s. Isaacs 1999; dt. Version in Vorbereitung.

9 Fritz 1991

10 Don Michael wies in seinem grundlegenden *On learning to plan and planning to learn* (1973, 21997) darauf hin, dass Fehler »umarmt« werden sollten als Schlüssel für neue Erkenntnisse, statt verleugnet und bedauert zu werden. Glücklicherweise wurde dieses wichtige Buch über Organisationslernen mit einem neuen Vor- und Nachwort wieder herausgebracht, da es heute bedeutender für die Praxis ist denn je. Dazu s.a. Kottler/Blau 1986, dt.1991.

11 ***C**hief **E**xecutive **O**fficer*; dt. Geschäftsführer; s.o. Anm. 6

12 Cooperrider u.a. 1987

13 Diese Unterscheidung wurde von Senge (1990, dt. 1996) getroffen und bezieht sich auf den von vielen Autoren beschriebenen Unterschied zwischen Lernen erster Ordnung und Lernen zweiter Ordnung bzw. dem Erlernen des Lernens (z.B. Bateson 1972, dt. 1999; Argyris/Schoen 1974, 1996, dt. 1999); s.a. Anm. 3.

14 Vortrag beim Meeting der *American Academy of Management* in Cincinnati, am 12. August 1996.

15 Zu diesem Kapitel trug Otto Scharmer, dessen Hilfe und Feedback bei der Niederschrift dieses und der vorangegangenen Kapitel außerordentlich wertvoll waren, einige Gedanken bei.

16 Ein ausgezeichneter Überblick dazu wurde von Bunker und Alban (1997) veröffentlicht.

17 *The Natural Step* ist ein von K.H. Robert entwickeltes Programm, um der Gesellschaft auf allen Ebenen die globalen Umweltprobleme und die Möglichkeiten bewusst zu machen, die jeder einzelne hat, dagegen anzugehen.

18 ***V**ice-**P**resident*; s.o. Anm. 6

19 Es gibt eine ganze Reihe solcher Modelle, die sich auf die eine oder andere Weise mit dem Lernzyklus oder Problemlösungszyklen befassen. Das hier vorgestellte Modell schließt mit ein, was viele andere außen vor lassen: die Rolle der Emotionen bei diesem gesamten Prozess. Orig.: ORJI = **O**bservation – Emotional **R**eaction – **J**udgement – **I**ntervention.

20 Gute Beschreibungen zum *Sehenlernen* s. Frank (1973) und Edwards (1979, dt. 1992)

21 s. Gallway (1974)

22 Elliot Jacques (1982) bemerkte, eine Methode zur Unterscheidung verschiedener Managementebenen sei der Zeithorizont, den sie bei ihrer Planung einbeziehen, und die Länge der Zeiteinheiten, über die sie verfügen können. Die Arbeiter in der Fabrikhalle können vielleicht über Minuten, Stunden oder Tage frei verfügen; das niedere Management über Tage oder Wochen. Auf der Führungsebene dagegen wird über Monate oder Jahre geplant.

23 Simon 1960; Tversky/Kahneman 1974; Carroll/Payne (Hg.) 1976

24 Gute Beispiele dazu finden sich bei Hall (1959, 1966, 1976 und 1983) und Schein (^{2}1992)

25 Ausgezeichnete Darstellungen dieser Interaktionsregeln finden sich bei Erving Goffman (1959, 1967) und John van Maanen (1979)

26 Es ist kein Zufall, dass einer der größten Berater aller Zeiten, Richard Beckhard, am Anfang seiner Karriere als Regieassistent arbeitete.

27 Eine gute Diskussion dieser Prozesse findet sich in van Maanen/Kunda (1989).

28 Dazu s. Schein 1961, 1978, und van Maanen/Schein 1979. Absichtlich herbeigeführte Zerstörung des Selbst geschieht auch in manchen Therapieformen und in der Gehirnwäsche, wie sie Kriegsgefangene und zivile Gefangene während der kommunistischen Revolution in China erlebten (Schein 1961)

29 s.o. Anm. 6

30 Diese Analyse basiert auf einem ursprünglich von Joe Luft und Harry Ingram vorgeschlagenen Modell, daher der Name »Johari-Fenster« (Luft 1961)

31 s.o. Anm. 11

32 s.o. Anm. 18

33 In diesem Feld und weltweit gibt es eine ganze Reihe verschiedener Versionen des Dialogs. Die Form, die ich im Folgenden diskutiere, leitet sich aus der Arbeit David Bohms ab (1989) und wird gegenwärtig von William Isaacs (1999; dt. 2001) weiterentwickelt.

34 Die hier als Billings Company bezeichnete Firma taucht in meinem Buch über Kultur als Action Co. auf (Schein 21992).

35 Dick Beckhard und ich hatten für die National Training Labs einen Workshop zur Umsetzung geplanter Veränderungsprojekte in einer Organisation entwickelt. Es sollte sich hier um eine Adaption dieses Workshop handeln. Ein Großteil der diesem Veränderungsansatz zugrundeliegenden Philosophie stammt aus Beckhards Werk und wird in seinen drei Büchern (Beckhard/Harris 1987; Beckhard/Pritchard 1992; Beckhard 1997) detailliert dargestellt.

36 s.o. Anm. 6

37 s.o. Anm. 18

Literatur

Allen, T.J. Managing the flow of technology. Cambridge/MA 1977

Ancona, D.G. Groups in organizations: Extending laboratory models. In: Hendrick, C. (Hg.), Annual review of personality and social psychology: Group and intergroup processes. Beverly Hills 1988

Argyris, C.; Schoen, D.A. Theory in practice. San Francisco 1974

Argyris, C.; Schoen, D.A. Organizational learning II. Reading/MA 1996. – Dt.: Die Lernende Organisation. Stuttgart 1999

Barrett, F.J.; Cooperrider, D.L. Generative metaphor intervention: A new approch for working with systems devided by conflict and caught in defensive perception. In: Journal of Applied Behavioral Science 26 (1990), 2, 219-139

Bateson, G. Steps to an ecology of mind. New York 1972. – Dt.: Ökologie des Geistes. Frankfurt 1999

Beckhard, R. The confrontation meeting. In: Havard Business Review 45 (1967), March-April, 149-155

Beckhard, R. Agent of change. San Francisco 1997

Beckhard, R.; Harris, R.T. Organizational transitions: Managing complex change. 2. ed. Reading/MA 1987

Beckhard, R.; Pritchard, W. Changing the essence: The art of creating fundamental change in organizations. San Francisco 1992

Blake, R.R.; Mouton, J.S. Building a dynamic organization through grid organization development. Reading/MA 1969

Blake, R.R.; Mouton, J.S.; McCanse, A.A. Change by design. Reading/MA 1989

Bohm, D. On Dialogue. Ojai/CA 1989. – Dt.: Der Dialog. Stuttgart 1998

Bradford, L.P.; Gibb, J.R.; Benne, K.D. (Hg.) T-group theory and laboratory method. New York 1964

Bunker, B.B.; Alban, B.T. Large group interventions: Engaging the whole system for rapid change. San Francisco 1997

Carroll, J.S.; Payne, J.W. (Hg.) Cognition and social behavior. Hillsdale/NJ 1976

Chisholm, R.F. Developing network organizations. Reading/MA 1998

Coghlan, D. Renewing apostolic religious life. Dublin 1997

Cooperrider, D.L. Positive image, positive action: The affirmative basis of organizing. In: Srivastva, S.; Cooperrrider, D.L. (Hg.), Appreciative management and leadership. San Francisco 1990, 91-125

Cooperrider, D.L. u.a. Appreciative inquiry into organizational life. In: Woodman, R.W.; Pasmore, W.A. (Hg.), Research in organizational change and development. Vol. 1. Greenwich/CN 1987, 129-169

Dyer, W.G. Team building: Current issues and new alternatives. Reading/MA 1995

Edwards, B. Drawing on the right side of the brain. Los Angeles 1979. – Dt.: Garantiert Zeichnen lernen. Reinbek 1992

Eriksson, K.E.; Robert, K.H. From the big bang to sustainable societies. In: Review in Oncology 4 (1991), 2, 5-14

Frank, F. The zen of seeing: Seeing drawing as meditation. Garden City/NY 1973

Fritz, R. Creating. New York 1991

Gallway, W.T. The inner game of tennis. New York 1974

Goffman, E. The presentation of self in everyday life. New York 1959. – Dt.: Wir alle spielen Theater. Die Selbstdarstellung im Alltag. München 2000

Goffman, E. Asylums. New York 1961. – Dt.: Asyle. Frankfurt 1973

Goffman, E. Interaction ritual. New York 1967. – Dt.: Interaktionsrituale. Über Verhalten in direkter Kommunikation. Frankfurt 1986

Hall, E.T. The silent language. New York 1959

Hall, E.T. The hidden dimension. New York 1966

Hall, E.T. Beyond culture. New York 1976

Hall, E.T. The dance of life. New York 1983

Harvey, J. The Abilene paradox: The management of agreement. In: Organization Dynamics 17 (1974), 16-43

Heifetz, R.A. Leadership without easy answers. Cambridge/MA 1994

Heron, J. Helping the client. London 1990

Hirschhorn, L. The workplace within. Cambridge/MA 1988

Hirschhorn, L. Managing in the new team environment. Reading/MA 1991

Isaacs, W.N. Taking flight: Dialogue, collective thinking, and organizational learning. In: Organization Dynamics (1993), Winter, 24-39. – Dt.: Dialog, kollektives Denken und Organisationslernen. In: Fatzer, G. (Hg.), Organisationsentwicklung und Supervision: Erfolgsfaktoren bei Veränderungsprozessen. Köln 1996 (Trias-Kompass, 1), 181-207

Isaacs, W.N. Dialogue and the art of thinking together. New York 1999. – Dt.: Dialog. Köln 2001 (in Vorbereitung)

Jacques, E. The forms of time. London 1982

Janis, I. Group think. 2. rev. ed. Boston 1982

Kottler, J.A.; Blau, D.S. The imperfect therapist. Learning from failure in therapeutic practice. San Francisco 1986. – Dt.: Wenn Therapeuten irren. Versagen als Chance. Köln 1991

Lifton, R.J. Thought reform and the psychology of totalism: A study of brainwashing in China. New York 1989

Likert, R. New patterns of management. New York 1961

Luft, J. The Johari Window. In: Human Relation Training News 5 (1961), 6-7

March, J.; Simon, H.A. Organizations. New York 1958

Marshak, R.J. Managing the metaphors of change. In: Organization Dynamics (1993), Summer

Michael, D.N. On learning to plan and planning to learn. San Francisco 1973. – 2. ed. Alexandria/VA 1997

Nadler, D.A. Feedback and organization development. Reading/MA 1977

Neumann, J. Difficult beginnings: Confrontation between client and consultant. In: Casemore, R. u.a. (Hg.), What makes consultancy work: Understanding the dynamics. London 1994, 13-47

Nevis, E.C. Organizational consulting: The Gestalt approach. Cleveland 1987. – Dt.: Organisationsberatung. Ein gestalttherapeutischer Ansatz. Köln 1988. – 3. Aufl. 1998

Rashford, N.S.; Coghlan, D. The dynamics of organizational levels. Reading/MA 1994

Schein, E.H. Management development as a process of influence. In: Industrial Management Review 2 (1961), 59-77

Schein, E.H. The Problem of moral education for the business manager. In: Industrial Management review 8 (1966), S. 3-14

Schein, E.H. Career dynamics: Matching individual and organizational needs. Reading/MA 1978

Schein, E.H. Organizational psychology. 3. ed. Englewood Cliffs/NJ 1980

Schein, E.H. Organizational culture and leadership. San Francisco 1985. – 2. ed. 1992. – Dt.: Unternehmenskultur. Frankfurt 1995

Schein, E.H. Career anchors. Rev. ed. San Diego/CA 1990. – Dt.: Karriereanker. Mit Trainerleitfaden. Darmstadt 1998

Schein, E.H.; Bennis, W.G. Personal and organizational change through group methods: The laboratory approach. New York 1965

Schein, E.H.; Schneier, I.; Barker, C.H. Coercive persuasion. New York 1961

Senge, P. The fifth discipline. New York 1990. – Dt.: Die Fünfte Disziplin. Stuttgart 1996

Senge, P. u.a. The fifth discipline fieldbook. New York 1994

Simon, H.A. Models of man. New York 1953

Simon, H. The new science of management decisions. New York 1960

Tversky, A.; Kahneman, D. Judgement under uncertainty: Heuristics and biases. In: Science 185 (1974), 1124-1131

Van Maanen, J. The self, the situation, and the rules of interpersonl relations. In: Bennis, W. u.a. (Hg.), Essays in interpersonal dynamics. Homewood/IL 1979

Van Maanen, J.; Kunda, G. Real feelings: Emotional expression and organizational culture. In: Staw, B. (Hg.), Research in organizational behavior. Vol. 11. Greenwich/CT 1989

Van Maanen, J.; Schein, E.H. Toward a theory of organizational socialization. In: Staw, M.B.; Cummings, L.L. (Hg.), Research in organizational behavior. Vol. 1. Greenwich/CT 1979

Weisbord, M.R.; Janoff, S. Future search. San Francisco 1995

Worley, C.G.; Hitchin, D.E.; Ross, W.L. Integrated strategic change. Reading/MA 1996

Edgar H. Schein

PROZESS UND PHILOSOPHIE DES HELFENS

Grundlagen und Formen der helfenden Beziehung für Einzelberatung, Teamberatung und Organisationsentwicklung

Aus dem Amerikanischen von Irmgard Hölscher

978-3-89797-061-8 · 224 S., Hardcover

Schein entwickelt in diesem Buch, das sein System von Beratungswissenschaft abrundet, wie man in persönlichen Beziehungen, Teams und Organisationen Hilfe verständnisvoll anbietet, effektiv leistet und vertrauensvoll annimmt: Hilfe als System.

In seinen Ansätzen von »Prozessberatung« (*Prozessberatung für die Organisation der Zukunft*, 978-3-89797-010-6), »Kulturentwicklung« (*Organisationskultur*, 978-3-89797-014-4), »Karriereanker« (*Karriereanker* und *Führung und Veränderungsmanagement*, 978-3-89797-056-4) sowie »Lerngeschichte« (*Aufstieg und Fall von Digital Equipment Corporation*, 978-3-89797-027-4) stellen die Konzepte von Führung und Helfender Beziehung die Grundlagen jedes Veränderungsmanagements dar. Mit diesem Buch hat er sich nun der systematischen Darstellung von Hilfe als System angenommen.

»Helping is a fundamental human relationship.«